工程建设理论与实践丛书

水利水电工程
施工技术与管理

SHUILI SHUIDIAN GONGCHENG
SHIGONG JISHU YU GUANLI

于跃伟 武守猛 周 伟 张小亮 主编

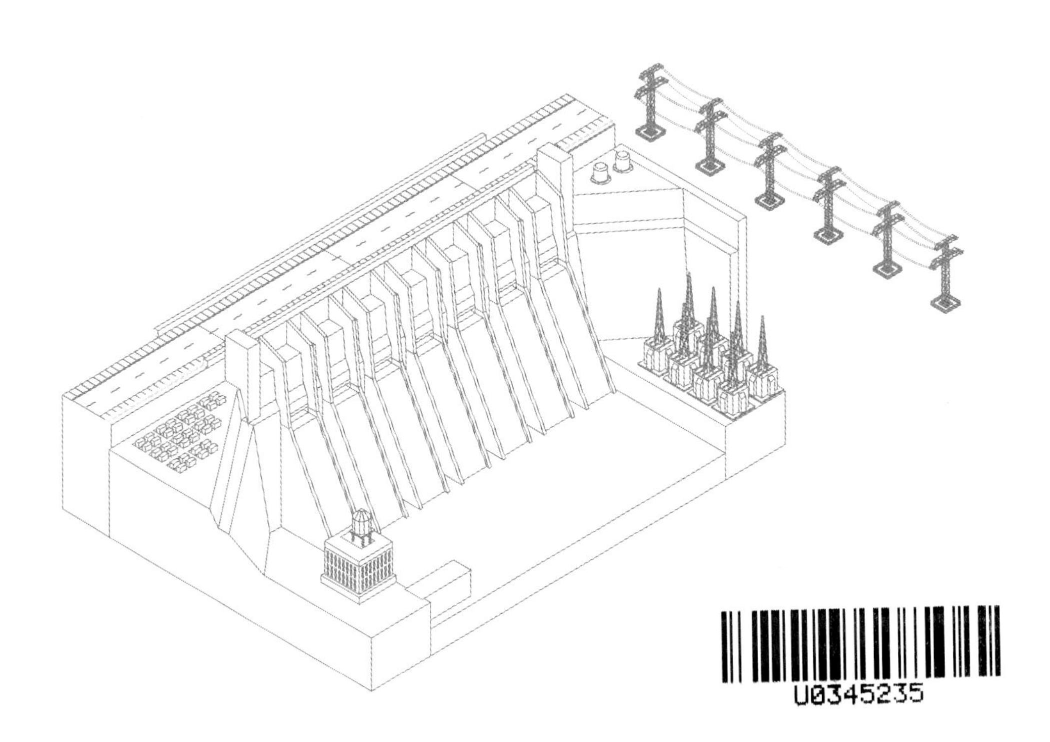

華中科技大學出版社
http://press.hust.edu.cn
中国 · 武汉

内 容 简 介

本书围绕水利水电工程的“施工技术”与“管理”展开，除水利水电工程建设、施工导流与水流控制技术、基础处理工程、土石建筑物施工、混凝土建筑物施工、隧洞施工等基础内容外，还较为全面地介绍了水利水电工程项目监理等诸多内容，为从事水利水电工程施工和监理的人员提供了实用参考。

图书在版编目(CIP)数据

水利水电工程施工技术与管理/于跃伟等主编. —武汉：华中科技大学出版社，2024.5
ISBN 978-7-5772-0782-7

Ⅰ. ①水…　Ⅱ. ①于…　Ⅲ. ①水利水电工程-工程施工　②水利水电工程-工程管理
Ⅳ. ①TV5

中国国家版本馆 CIP 数据核字(2024)第 090547 号

水利水电工程施工技术与管理
Shuili Shuidian Gongcheng Shigong Jishu yu Guanli

于跃伟　武守猛　周　伟　张小亮　主编

策划编辑：周永华
责任编辑：吴晨希　陈　骏
封面设计：杨小勤
责任校对：王亚钦
责任监印：朱　玢
出版发行：华中科技大学出版社(中国·武汉)　电话：(027)81321913
武汉市东湖新技术开发区华工科技园　邮编：430223
录　　排：华中科技大学惠友文印中心
印　　刷：武汉科源印刷设计有限公司
开　　本：710mm×1000mm　1/16
印　　张：21.5
字　　数：386 千字
版　　次：2024 年 5 月第 1 版第 1 次印刷
定　　价：98.00 元

编　委　会

前　言

中国是水旱灾害频繁发生的国家，化害为利历来是治国安邦的重要大事。新中国成立以来，中国修建了众多的大坝、跨流域调水工程、抽水蓄能电站等，成为世界上拥有水坝数量最多的国家，是名副其实的水利水电大国。

伴随着我国社会的迅速发展，水利水电工程建设达到了一个前所未有的高度，这在很大程度上影响着我国工农业的基本生产，同时对水资源起到了很好的保护作用，维持着整个社会及生态的稳定。可是，在水利水电工程建设过程中，因受到来自各方面因素的影响，工程质量并不能达到人们的理想值。为此，加大对水利水电施工技术研发的投入力度，探究更多的先进施工技术，建设高质量的水利水电工程，是我们肩负的重大责任。

同时，水利水电工程的安全和稳定至关重要，与人们的安全密切相关。为了增强水利水电工程的安全性，工程监理非常重要。根据水利水电工程的特点，水利水电工程监理主要是对建设工程的进度、质量、成本和安全进行控制。同时，通过合同管理和信息管理，组织协调项目参建各方之间的关系，确保水利水电工程施工全过程的安全。水利水电工程监理，可以使水利水电工程的安全性得到提升，保证工程质量，同时控制好造价。

对此，本书围绕水利水电工程的“施工技术”与“管理”展开，主要分为十章：水利水电工程建设、施工导流与水流控制技术、基础处理工程、土石建筑物施工、混凝土建筑物施工、隧洞施工、水利水电工程项目监理概述、水利水电工程监理目标控制、水利水电工程监理管理工作以及水利水电工程项目施工监理实践。本书可以为从事水利水电工程施工和监理的人员提供参考。

本书借鉴了相关专业文献和资料，在此对相关文献及资料的作者表示感谢。限于编者的理论水平和实践经验，书中难免存在疏漏和不妥之处，恳请广大读者批评指正。

目　　录

第1章　水利水电工程建设

1.1　水利工程与水利水电工程

1.1.1　水利工程

水利工程是通过控制和调配自然界的地表水和地下水，为达到除害兴利目的而修建的工程，也称为“水工程”。水是人类生产和生活必不可少的宝贵资源，但其自然存在的状态并不完全符合人类的需要。只有修建水利工程，才能控制水流，防止洪涝灾害，并进行水量的调节和分配，以满足人们生活和生产的需要。水利工程需要修建坝、堤、溢洪道、水闸、进水口、渠道、渡槽、筏道、鱼道等不同类型的水工建筑物，以实现其目标。

1. 分类

水利工程按目的或服务对象可分为：防止洪水灾害的防洪工程；防止旱、涝、渍灾，为农业生产服务的农田水利工程，或称“灌溉和排水工程”；将水能转化为电能的水力发电工程；改善和创建航运条件的航道和港口工程；为工业和生活用水服务，并处理和排除污水、雨水的城镇供水和排水工程；防止水土流失和水质污染，维护生态平衡的水土保持工程和环境水利工程；保护和增进渔业生产的渔业水利工程；围海造田，满足工农业生产或交通运输需要的海涂围垦工程；等等。一项水利工程是同时为防洪、灌溉、发电、航运等多种目标服务的，称为“综合利用水利工程”。

此外，水利工程还可分为蓄水工程、引水工程、提水工程、调水工程、地下水源工程等。

蓄水工程指水库和塘坝（不包括专为引水、提水工程修建的调节水库），按大、中、小型水库和塘坝分别统计。

引水工程指从河道、湖泊等地表水体自流引水的工程（不包括从蓄水、提水

工程中引水的工程），按大、中、小型规模分别统计。

提水工程指利用扬水泵站从河道、湖泊等地表水体提水的工程（不包括从蓄水、引水工程中提水的工程），按大、中、小型规模分别统计。

调水工程指水资源一级区或独立流域之间的跨流域调水工程，蓄、引、提工程中均不包括调水工程的配套工程。

地下水源工程指利用地下水的水井工程，按浅层地下水和深层承压水分别统计。

2. 组成

不管是治理水害还是开发水力，都需要通过一定数量的水工建筑物来实现。按照功用，水工建筑物大体分为三类：挡水建筑物、泄水建筑物以及专门性水工建筑物。由若干座水工建筑物组成的集合体称为“水利枢纽”。

（1）挡水建筑物。挡水建筑物是阻挡或拦束水流、控制壅高或调节上游水位的建筑物，一般横跨河道的称为“坝”，沿水流方向在河道两侧修筑的称为“堤”。坝是形成水库的关键性工程。近代修建的坝，大多数是采用当地土石料填筑的土石坝或用混凝土灌筑的重力坝，它依靠坝体自身的重量维持坝的稳定。当河谷狭窄时，可采用平面上呈弧线的拱坝。当缺乏足够筑坝材料时，可采用钢筋混凝土的轻型坝，但它抵抗地震的能力和耐久性都较差。砌石坝是一种古老的坝，不易机械化施工，主要用于中小型工程。大坝设计中要考虑的主要问题是坝体抵抗滑动或倾覆的稳定性、防止坝体自身的破裂和渗漏。土石坝或砂、土地基，在防止渗流引起的土颗粒移动破坏（即“管涌”和“流土”）中更有优势。在地震区建坝时，还要注意坝体或地基中浸水饱和的无黏性砂料在地震时强度突然消失而引起滑动的可能性，即“液化现象”。堤是沿江、河、渠、湖、海岸边或行洪区、分洪区、围垦区边缘修筑的挡水建筑物。筑堤可抵御洪水泛滥，挡潮防浪，保护堤内居民和工农业生产的安全，是世界上最早广为采用的防洪工程措施。堤按照位置可分为河（江）堤、湖堤、海堤、渠堤和围堤。

（2）泄水建筑物。泄水建筑物是能从水库安全可靠地放泄多余或需要水量的建筑物。历史上曾有不少土石坝，因洪水超过水库容量而漫顶造成溃坝。为保证土石坝的安全，必须在水利枢纽中设河岸溢洪道，一旦水库水位超过规定水位，多余水量将经由溢洪道泄出。混凝土坝有较强的抗冲刷能力，可利用坝体过水泄洪，称“溢流坝”。修建泄水建筑物，关键是要处理好消能、防蚀和抗磨问题。泄出的水流一般具有较大的动能和冲刷力，为保证下游安全，常利用水流内部的

撞击和摩擦消除能量,如水跃或挑流消能等。当流速大于10 m/s时,泄水建筑物中行水部分的某些不规则地段可能出现空蚀破坏,即由高速水流在邻近边壁处出现的真空穴所造成的破坏。防止空蚀的主要方法是尽量采用流线型体形、提高压力或降低流速、采用高强度材料以及向局部地区通气等。多泥沙河流或当水中夹带有石渣时,还必须解决磨损的问题。

(3) 专门性水工建筑物。除上述两类常见的一般性建筑物外,还有专门性水工建筑物,其是为某一专门目的或为完成某一特定任务所设的建筑物。渠道是输水建筑物,多数用于灌溉和引水工程。当建筑物遇高山挡路,可盘山绕行或开凿输水隧洞穿过;如与河、沟相交,则需设渡槽或倒虹吸,此外还有同桥梁、涵洞等交叉的建筑物。水力发电站枢纽按其厂房位置和引水方式分,有河床式、坝后式、引水道式和地下式等。水电站建筑物主要有集中水位落差的引水系统、防止突然停车时产生过大水击压力的调压系统、水电站厂房以及尾水系统等。通过水电站建筑物的流速一般较小,但这些建筑物往往承受着较大的水压力,因此,许多部位要用钢结构。水库建成后,大坝会阻拦船只、木筏、竹筏以及鱼类洄游等的原有通路,对航运和鱼类繁殖的影响较大。因此,应专门修建过船、过筏、过鱼的船闸、筏道和鱼道。这些建筑物具有较强的地方性,修建前要做专门研究。

3. 特点

(1) 具有很强的系统性和综合性。单项水利工程是同一流域、同一地区内各项水利工程的有机组成部分,这些工程既相辅相成,又相互制约。单项水利工程自身往往是综合性的,各服务目标之间既紧密联系,又相互矛盾。水利工程和国民经济的其他部门也是紧密相关的。规划设计水利工程必须从全局出发,系统地、综合地进行分析研究,才能得到最经济合理的优化方案。

(2) 对环境有很大影响。水利工程不仅通过其建设任务对所在地区的经济和社会产生影响,而且对江河、湖泊以及附近地区的自然面貌、生态环境、自然景观甚至是区域气候都将产生不同程度的影响。这种影响有利有弊,规划设计时必须对这种影响进行充分估计,努力发挥水利工程的积极作用,消除其消极影响。

(3) 工作条件复杂。水利工程中,各种水工建筑物都是在难以确切把握的气象、水文、地质等自然条件下进行施工和运行的,它们又多承受水的推力、浮力、渗透力、冲刷力等的作用,工作条件较其他建筑物更为复杂。

（4）效益具有随机性。水利工程的效益具有随机性，根据每年水文状况不同而不同，农田水利工程的效益还与气象条件的变化有着密切的联系。

（5）要按照基本建设程序和有关标准进行。一般水利工程规模大、技术复杂、工期较长、投资多，兴建时必须按照基本建设程序和有关标准进行。

1.1.2 水利水电工程

水利水电工程按工程作用分为水利工程和水电工程，通常由挡水建筑物、泄水建筑物、水电站建筑物、取水建筑物和通航建筑物构成。实际可以按照具体工程的特性，选取以上几种或全部水工建筑物构成水利枢纽，较为常见的水利枢纽以发电为主，同时具有灌溉、供水、通航的功能。

水力发电是通过人工的方式升高水位或将水从高处引到低处，从而借助水流的动力带动发电机发电，再通过电网使电能进入千家万户。水力发电具有可再生、污染小、费用低等特点，还可以起到改善河流通航、控制洪水、提供灌溉等作用，促进当地经济的快速发展。

水利水电工程项目自身施工的特点决定了其建设方法有别于一般的工程项目，其具体的施工特点包括以下几个方面。

（1）水利水电工程项目大部分在远离城市的偏远山区，交通不便利，且离工厂较远，造成施工材料、机械设备的采购难度较大，成本增加。因此，对于施工中的基础原材料，如砂石料、水泥等，通常在工程项目施工的当地建厂生产。

（2）在水利水电工程建设过程中，涉及的危险作业很多，例如爆破开挖、高处作业、洞室开挖、水下作业等，存在的安全隐患很大。

（3）水利水电工程的建设选址一般在水利资源比较丰富的地方，通常是山谷河流之中，这样施工就会容易受到地质、地形、气象、水文等自然因素的影响。在工程建设的过程中，主要需要控制的因素包括施工导流、围堰填筑和主体结构施工。

（4）通常水利水电工程项目的工程量大、环境因素影响大、技术种类多、劳动强度大。因此，在施工参与人员、设备、选材等方面都要求具有较强的专业性，施工方案也应该在施工的过程中不断地修改与完善。

1.2　水利水电工程建设程序

1.2.1　建设程序

建设程序可分为常规程序与非常规程序两大类。常规的建设程序已流行百余年，其间虽有变化，但基本模式没变。它以业主→建筑师→承包人的三边关系为基础，基本的程序是设计→发包→营造。非常规建设程序是第二次世界大战之后发展起来的，主要有两种形式：一种是常规程序的延伸，仍以业主→建筑师→承包人的三边关系为基础，但设计与施工可以适当交叉；另一种以业主与单一承包人的双边关系为基础。

基本建设程序是建设项目从设想、选择、评估、决策、设计、施工到竣工验收、投入使用的整个建设过程中，各项工作必须遵守的先后次序。按照建设项目发展的内在联系和发展过程，建设程序分成若干阶段，它们各有不同的工作内容，有机地联系在一起，有着客观的先后顺序，不可违反，必须共同遵守。这是因为建设程序科学地总结了建设工作的实践经验，反映了建设工作所固有的客观自然规律和经济规律，是建设项目科学决策和顺利进行的重要保证。

目前，我国对基本建设项目的管理规定如下，大中型项目由中华人民共和国国家发展和改革委员会（以下简称“国家发展改革委”）审批，小型及一般地方项目由地方发展和改革委员会审批。随着投资体制的改革和市场经济的发展，国家对基本建设程序的审批权限几经调整，但建设程序始终未变。我国现行的基本建设程序分为立项、可行性研究、初步设计、开工建设和竣工验收。基本建设程序始终是国家管理建设项目的一项重要内容，现将国家规定的基本建设五道程序流程及内容、审批权限分述如下。

1. 立项

项目建议书是对拟建项目的一个轮廓设想，主要作用是说明项目建设的必要性、条件的可行性和获利的可能性。项目建议书批准后即为立项。根据国民经济中长期发展规划和产业政策，由审批部门确定是否立项，并据此开展可行性研究工作。

（1）项目建议书主要内容。

①建设项目提出的必要性和依据。

②产品方案、拟建规模和建设地点的初步设想。

③资源情况、建设条件、协作关系等的初步分析。

④投资估算和资金筹措设想。

⑤经济效益和社会效益初步估计。

(2) 立项审批部门和权限。

①大、中型基本建设项目，由市发展和改革委员会(以下简称“市发展改革委”)报省发展和改革委员会(以下简称“省发展改革委”)转报国家发展改革委审批立项。

②总投资3000万元以上的非大、中型及一般地方项目，需国家、市投资，银行贷款和市平衡外部条件的项目，由市发展改革委审批立项。

③总投资3000万元以下，符合产业政策和行业发展规划的，能自筹资金，能自行平衡外部条件的项目，由区县发展和改革委员会(以下简称“区县发展改革委”)或企业自行立项，报市发展改革委备案。

2. 可行性研究

可行性研究的主要作用是对项目在技术上是否可行和经济上是否合理进行科学的分析、研究。在评估论证的基础上，由审批部门对项目进行审批。经批准的可行性研究报告是进行初步设计的依据。

(1) 可行性研究报告的内容。

虽项目性质不尽相同，但可行性研究报告一般应包括以下内容。

①项目的背景和依据。

②建设规模、产品方案、市场预测和确定依据。

③技术工艺、主要设备和建设标准。

④资源、原料、动力、运输、供水等配套条件。

⑤建设地点、厂区布置方案、占地面积。

⑥项目设计方案及其协作配套条件。

⑦环保、规划、抗震、防洪等方面的要求和措施。

⑧建设工期和实施进度。

⑨投资估算和资金筹措方案。

⑩经济评价和社会效益分析。

⑪研究并提出项目法人的组建方案。

(2) 可行性研究报告审批部门和权限。

①大、中型基本建设项目，由市发展改革委报省发展改革委转报国家发展改革委。

②市发展改革委立项的项目由市发展改革委审批。

③区县发展改革委和企业自行立项的项目由区县发展改革委和企业审批。

3. 初步设计

初步设计是根据批准的可行性研究报告和必要准确的设计基础资料，对设计对象所进行的通盘研究、概略计算和总体安排，目的是阐明在指定的地点、时间和投资额度内，拟建工程技术上的可能性和经济上的合理性。初步设计由市发展改革委负责审批或上报国家发展改革委。环保、消防、规划、供电、供水、防汛、人防、劳动、电信、卫生防疫、金融等有关部门按各自管理职能参与项目初步设计审查，从专业角度提出审查意见。初步设计经批准，项目即进入实质性阶段，可以开展工程施工图设计和开工前的各项准备工作。

(1) 各类项目的初步设计。

各类项目的初步设计内容不尽相同，大体如下。

①设计依据和指导思想。

②建设地址、占地面积、自然和地质条件。

③建设规模及产品方案、标准。

④资源、原料、动力、运输、供水等用量和来源。

⑤工艺流程、主要设备选型及配置。

⑥总图运输、交通组织设计。

⑦主要建筑物的建筑、结构设计。

⑧公用工程、辅助工程设计。

⑨环境保护及“三废”(指工业污染源产生的废水、废气和固体废弃物)治理。

⑩消防设计。

(2) 初步设计审批部门和权限。

①大、中型基本建设项目，由市发展改革委报省发展改革委转报国家发展改革委审批。

②市发展改革委立项的项目由市发展改革委审批初步设计。

③区县发展改革委和企业自行立项的项目由区县发展改革委和企业审批。

4. 开工建设

建设项目具备开工条件后，可以申报开工，经批准开工建设，即进入建设实施阶段。项目新开工时间是指建设项目设计文件中规定的任何一项永久性工程第一次正式破土开槽开始施工的时间。不需要开槽的工程，以建筑物的正式打桩作为正式开工。招标投标只是项目开工建设前必须完成的一项具体工作，而不是基本建设程序的一个阶段。

(1) 项目开工必须具备的条件。

①项目法人已确定。

②初步设计及总概算已经批准。

③项目建设资金(含资本金)已经落实并经审计部门认可。

④主体施工单位已经通过招标选定。

⑤主体工程施工图纸至少可满足连续3个月施工的需要。

⑥施工场地实现“四通一平”(通电、通水、通路、通信、场地平整)。

⑦施工监理单位已经通过招标选定。

(2) 开工审批部门和权限。

①大、中型基本建设项目，由市发展改革委报省发展改革委转报国家发展改革委审批；特大项目由国家发展改革委报国务院审批。

②1000万元以上的项目由市发展改革委报请市人民政府签审批准后开工。

③1000万元以下的市管项目，由市发展改革委批准开工。

④1000万元以下的区管项目，由区发展改革委审批。

⑤1000万元以上的区管项目，报市发展改革委按程序审批。

5. 竣工验收

竣工验收是对建设工程办理检验、交接和交付使用的一系列活动，是建设程序的最后一环，是全面考核基本建设成果，检验设计和施工质量的重要阶段。在各专业主管部门单项工程验收合格的基础上，实施项目竣工验收，保证项目按设计要求投入使用，并办理移交固定资产手续。竣工验收要根据工程规模大小、复杂程度组成验收委员会或验收组。验收委员会或验收组应由计划、审计、质监、环保、劳动、统计、消防、档案及其他有关部门组成，建设单位、主管单位、施工单位、勘察设计单位应参加验收工作。

(1) 项目竣工验收必须具备的条件。

①建设项目已按批准的设计内容建完，能满足使用要求。

②主要工艺设备经联动负荷试车合格，形成生产能力，能生产出合格的产品。

③工程质量经质监部门评定为质量合格。

④生产准备工作能适应投产的需要。

⑤环境保护设施、劳动安全卫生设施、消防设施已按设计要求与主体工程同时建成使用。

⑥编制好竣工决算，并经审计部门审计。

⑦对所有技术文件材料进行系统整理、立卷，竣工验收后交档案管理部门。

(2) 组织竣工验收部门和权限。

①大、中型基本建设项目，由市发展改革委报国家发展改革委，由国家发展改革委组织验收或受国家发展改革委委托由市发展改革委组织验收。

②地方性建设项目由市发展改革委或受市发展改革委委托由项目主管部门、区县组织验收。

1.2.2　水利水电工程基本建设程序

1. 基本建设程序

基本建设程序是基本建设项目从决策、设计、施工到竣工验收整个工作过程中各个阶段必须遵循的先后次序。水利水电基本建设项目因其规模大、费用高、制约因素多等特点，更具复杂性及失事后的严重性。

(1) 流域(或区域)规划。

流域(或区域)规划就是根据该流域(或区域)的水资源条件和国家长远计划对该地区水利水电建设发展的要求，对该流域(或区域)水资源的梯级开发和综合利用的最优方案。

(2) 项目建议书。

项目建议书又称“立项报告”，它是在流域(或区域)规划的基础上，由主管部门提出的建设项目轮廓设想。其主要是从宏观上衡量分析该项目建设的必要性和可能性，即分析项目是否具备建设条件，是否值得投入资金和人力。项目建议书是进行可行性研究的依据。

(3) 可行性研究。

可行性研究的目的是研究兴建本工程在技术上是否可行、经济上是否合理。

其主要任务如下。

①论证工程建设的必要性，确定本工程建设任务和综合利用的主次顺序。

②确定主要水文参数和成果，查明影响工程的地质条件和存在的主要地质问题。

③基本选定工程规模。

④选定基本坝型和主要建筑物的基本形式，初选工程总体布置。

⑤初选水利工程管理方案。

⑥初步确定施工组织设计中的主要问题，提出控制性工期和分期实施意见。

⑦评价工程建设对环境和水土保持设施的影响。

⑧提出主要工程量和建材需用量，估算工程投资。

⑨明确工程效益，分析主要经济指标，评价工程的经济合理性和财务可行性。

（4）初步设计。

初步设计是在可行性研究的基础上进行的，是安排建设项目和组织施工的主要依据。初步设计的主要任务如下。

①复核工程任务及具体要求，确定工程规模，选定水位、流量、扬程等特征值，明确运行要求。

②复核区域构造稳定性，查明水库地质和建筑物工程地质条件、灌区水文地质条件和设计标准，提出相应的评价和结论。

③复核工程的等级和设计标准，确定工程总体布置以及主要建筑物的轴线、结构形式与布置，控制尺寸、高程和工程数量。

④提出消防设计方案和主要措施。

⑤选定对外交通方案、施工导流方式、施工总布置和总进度、主要建筑物施工方法及主要施工设备，提出天然（人工）建筑材料、劳动力、供水和供电的需要量及其来源。

⑥提出环境保护措施设计，编制水土保持方案。

⑦拟定水利工程的管理机构，提出工程管理范围、保护范围以及主要管理措施。

⑧编制初步设计概算，利用外资的工程应编制外资概算。

⑨复核经济评价。

（5）施工准备阶段。

项目在主体工程开工之前，必须完成各项施工准备工作，其主要包括以下

内容。

①施工现场的征地、拆迁工作。

②完成施工用水、用电、通信、道路和场地平整等工程。

③必需的生产、生活临时建筑工程。

④组织招标设计、咨询、设备和物资采购等。

⑤组织建设监理和主体工程招投标,并择优选定建设监理单位和施工承包队伍。

(6) 建设实施阶段。

建设实施阶段是指主体工程的全面建设实施阶段。项目法人应按照批准的建设文件组织工程建设,保证项目建设目标的实现。

主体工程开工必须具备以下条件。

①前期工程各阶段文件已按规定审批,施工详图设计可以满足初期主体工程施工需要。

②建设项目已列入国家或地方水利水电建设投资年度计划,年度建设资金已落实。

③主体工程招标已经决标,工程承包合同已经签订,并已得到主管部门同意。

④现场施工准备和征地移民等建设项目外部条件能够满足主体工程开工需要。

⑤建设管理模式已经确定,投资主体与项目主体的管理关系已经理顺。

⑥项目建设所需全部投资来源已经明确,且投资结构合理。

(7) 生产准备阶段。

生产准备是项目投产前要进行的一项重要工作,是建设阶段转入生产经营的必要条件。项目法人应按照建管合一和项目法人责任制的要求,适时做好有关生产准备工作。

生产准备应根据不同类型工程的要求确定,一般应包括如下主要内容。

①生产组织准备。

②招收和培训人员。

③生产技术准备。

④生产物资准备。

⑤正常的生活福利设施准备。

⑥及时具体落实产品销售合同及协议的签订,提高生产经营效益,为偿还债

务和资产的保值、增值创造条件。

(8) 竣工验收,交付使用。

竣工验收是工程完成建设目标的标志,是全面考核基本建设成果、检验设计和工程质量的重要步骤。竣工验收合格的项目即可从基本建设转入生产或使用。

当建设项目的建设内容全部完成,经过单位工程验收,符合设计要求,按水利基本建设项目档案管理的有关规定,完成了档案资料的整理工作,并完成竣工报告、竣工决算等必需文件的编制后,项目法人按照有关规定,向验收主管部门提出申请,根据国家和部颁验收规程,组织验收。

竣工决算编制完成后,须由审计机关组织竣工审计,其审计报告作为竣工验收的基本资料。

2. 基本建设项目审批

(1) 规划及项目建议书阶段审批。

规划及项目建议书的编制一般由政府或开发业主委托有相应资质的设计单位承担,并按国家现行规定权限向主管部门申报审批。

(2) 可行性研究阶段审批。

可行性研究报告按国家现行规定的审批权限报批。申报项目可行性研究报告,必须同时提出项目法人组建方案及运行机制、资金筹措方案、资金结构及回收资金办法,并依照有关规定附具有管辖权的水行政主管部门或流域机构签署的规划同意书。

(3) 初步设计阶段审批。

可行性研究报告被批准以后,项目法人应择优选择有相应资质的设计单位承担勘测设计工作。初步设计文件完成后且报批前,一般由项目法人委托有相应资质的工程咨询机构或组织有关专家,对初步设计中的重大问题进行咨询论证。

(4) 施工准备阶段和建设实施阶段的审批。

施工准备工作开始前,项目法人或其代理机构须依照有关规定,向水行政主管部门办理报建手续,项目报建须交验工程建设项目的有关批准文件。工程项目进行项目报建登记后,方可组织施工准备工作。

(5) 竣工验收阶段的审批。

在完成竣工报告、竣工决算等必需文件的编制后,项目法人应按照有关规定,向验收主管部门提出申请,主管部门根据国家和部颁验收规程组织验收。

第 2 章　施工导流与水流控制技术

2.1　施 工 导 流

2.1.1　施工导流方法

1. 全段围堰法

全段围堰法导流，就是在修建于河床上的主体工程上、下游各建 1 道拦河围堰，使水流经河床以外的临时或永久性建筑物下泄，主体工程建成或即将建成时，再将临时泄水建筑物封堵。该法多用于河床狭窄、基坑工作量不大、水深、流急、难于实现分期导流的地方。全段围堰法按其泄水道类型分为以下几种。

（1）隧洞导流。山区河流处，一般河谷狭窄、两岸地形陡峻、山岩坚实，采用隧洞导流较为普遍。但由于隧洞泄水能力有限，造价较高，一般在汛期泄水时另找出路或采用淹没基坑方案。导流隧洞设计时，应尽量与永久隧洞相结合。隧洞导流的布置形式如图 2.1 所示。

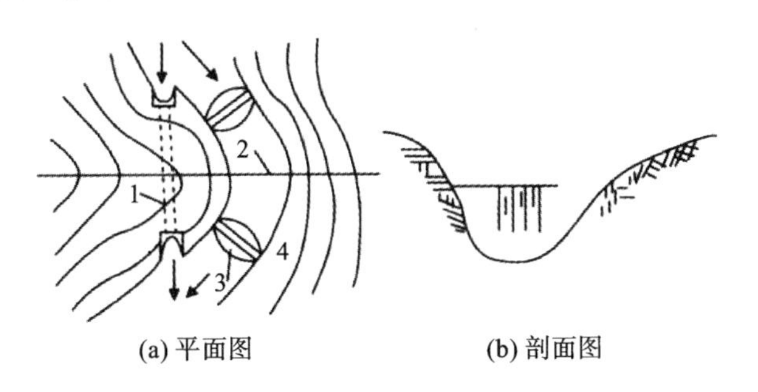

(a) 平面图　　(b) 剖面图

图 2.1　隧洞导流示意图

1—隧洞；2—坝轴线；3—围堰；4—基坑

（2）明渠导流。明渠导流是在河岸或滩地上开挖渠道，在基坑上、下游修筑围堰，河水经渠道下泄。它用于岸坡平缓或有宽广滩地的平原河道上。如果当

地有老河道可利用或工程修建在弯道上时,采用明渠导流比较经济合理。具体布置形式如图 2.2 所示。

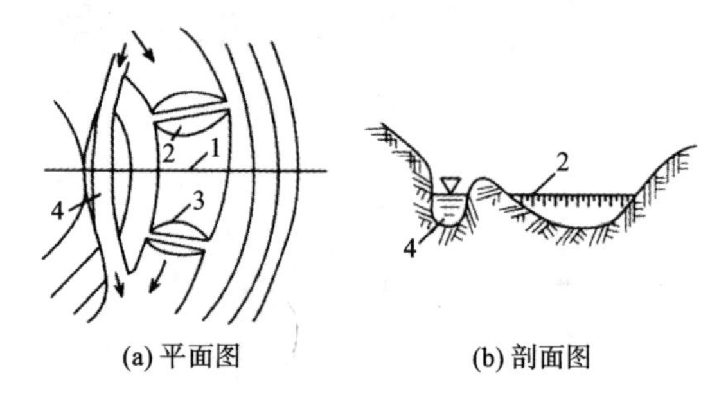

图 2.2 明渠导流示意图

1—坝轴线;2—上游围堰;3—下游围堰;4—导流明渠

(3) 涵管导流。一般在修筑土坝、堆石坝时采用涵管导流。但涵管的泄水能力较小,因此适合用于流量较小的河流或只用来担负枯水期的导流任务。具体布置形式如图 2.3 所示。

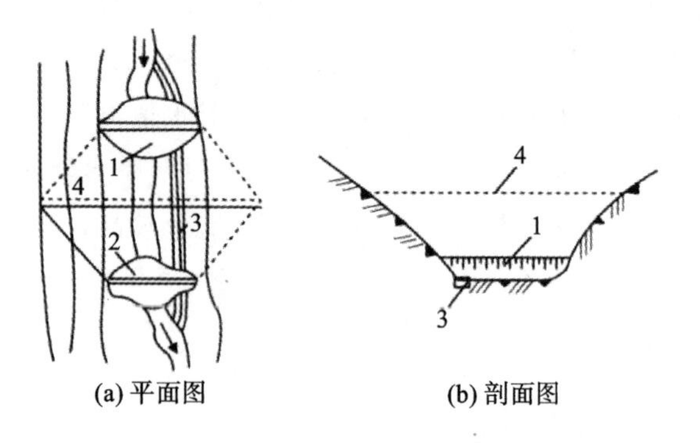

图 2.3 涵管导流示意图

1—上游围堰;2—下游围堰;3—涵管;4—坝体

(4) 渡槽导流。渡槽导流方式结构简单,但泄流量较小,一般用于流量小、河床窄、导流期短的中、小型工程。具体布置形式如图 2.4 所示。

2. 分段围堰法

分段围堰法也称"分期围堰法",是指用围堰将水工建筑物分段分期围护起来进行施工,如图 2.5 所示。所谓分段,是从空间上用围堰将拟建的水工建筑物圈围成若干施工段。所谓分期,是从时间上将导流工程分为若干时期。导流的分期数和围堰的分段数并不一定相同,如图 2.6 所示。

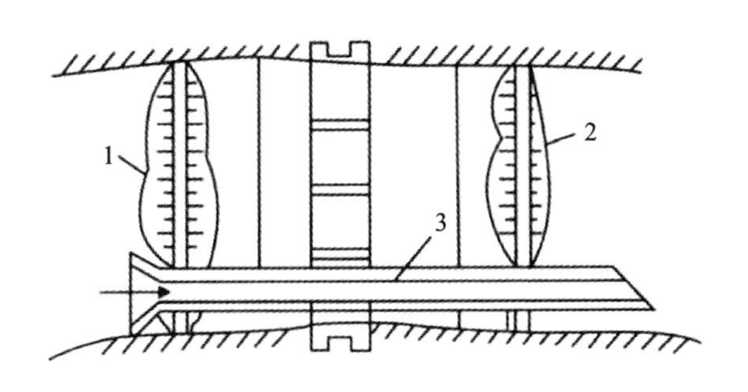

图 2.4　渡槽导流示意图

1—上游围堰；2—下游围堰；3—渡槽

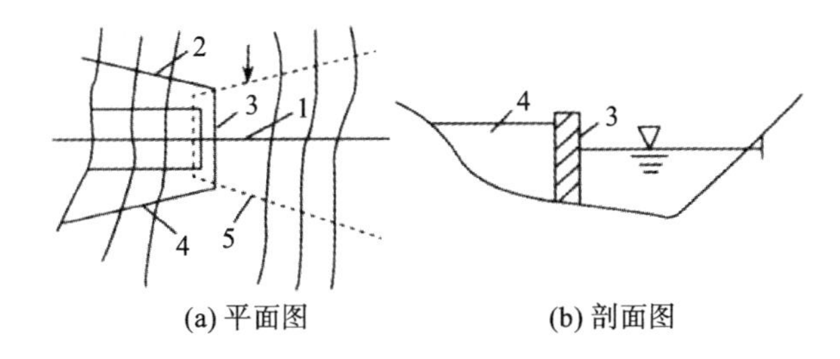

图 2.5　分段围堰示意图

1—坝轴线；2—上横围堰；3—纵围堰；4—下横围堰；5—第二期围堰轴线

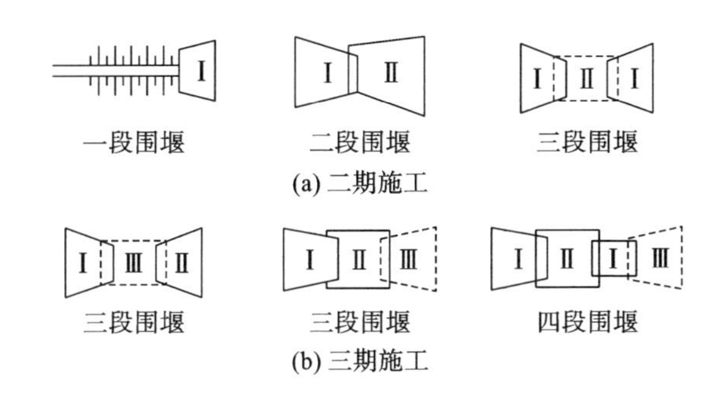

图 2.6　导流分期与围堰分段示意图

Ⅰ、Ⅱ、Ⅲ—施工分期期数

(1) 底孔导流。采用底孔导流时，应事先在混凝土坝体内修好临时或永久底孔，然后让全部或部分水流通过底孔宣泄至下游。对临时底孔，应在工程接近完工或需要蓄水时封堵。底孔导流布置形式如图 2.7 所示。

底孔导流可使挡水建筑物上部的施工不受干扰，有利于均衡、连续施工，这对修建高坝有利，但在导流期有被漂浮物堵塞的危险，封堵水头较高，安放闸门较困难。

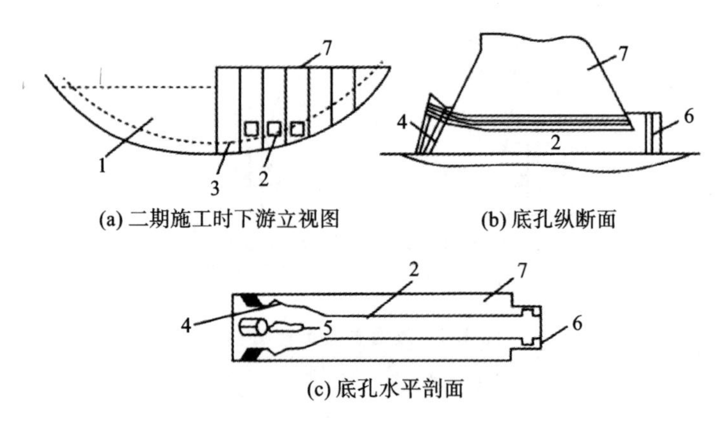

图 2.7　底孔导流示意图

1—二期修建坝体；2—底孔；3—二期纵向围堰；4—封闭闸门门槽；
5—中间墩；6—出口封闭门槽；7—已浇筑的混凝土坝体

(2) 缺口导流。在混凝土坝施工过程中，为了保证在汛期河流水位暴涨暴落时能继续施工，可在兴建的坝体上预留缺口宣泄洪峰流量，待洪峰过后，上游水位回落再修筑缺口，此种导流方法即缺口导流。具体形式如图 2.8 所示。

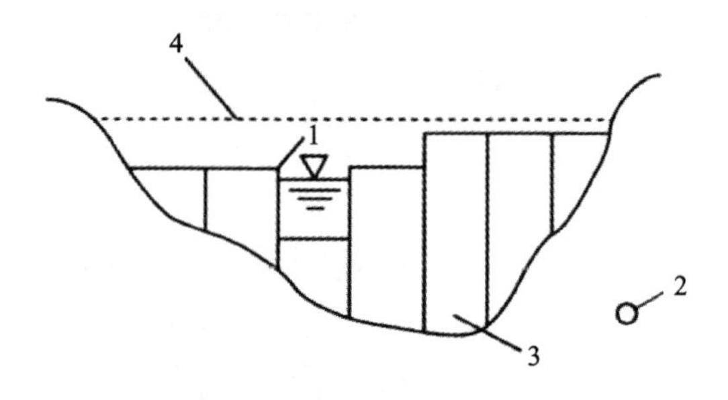

图 2.8　坝体缺口过水示意图

1—过水缺口；2—导流隧洞；3—坝体；4—坝顶

2.1.2　导流建筑物

1. 导流建筑物设计流量

导流建筑物设计流量是选择导流方案，确定导流建筑物的主要依据。而导流建筑物设计洪水标准是选择导流建筑物设计流量的标准，即施工导流的设计标准。

(1) 洪水设计标准。导流建筑物指枢纽工程施工期所使用的临时性挡水和

泄水建筑物，根据其保护对象、失事后果、使用年限和工程规模划分为Ⅲ～Ⅴ级。具体划分要求如表 2.1 所示。

表 2.1　导流建筑物级别划分

级别	保护对象	失事后果	使用年限/年	围堰工程规模	
				最高/m	库容/ $(10\times10^7)\mathrm{m}^3$
Ⅲ	有特殊要求的Ⅰ级永久性建筑物	淹没重要城镇、工矿企业、交通干线或推迟工程总工期及第一批机组发电，造成重大灾害和损失	＞3	＞50	＞1.0
Ⅳ	Ⅰ级、Ⅱ级永久性建筑物	淹没一般城镇、工矿企业或推迟工程总工期及第一批机组发电而造成较大灾害和损失	1.5～3	15～50	0.1～1.0
Ⅴ	Ⅲ级、Ⅳ级永久性建筑物	淹没基坑，但对总工期及第一批机组发电影响不大，经济损失较小	＜1.5	＜15	＜0.1

应根据建筑物的类型和级别在规定幅度内选择导流建筑物设计洪水标准，并结合风险度进行综合分析，使所选标准经济合理。对失事后果严重的工程，要考虑对超标准洪水的应急措施。具体规定幅度如表 2.2 所示。

表 2.2　导流建筑物洪水标准划分

导流建筑物类型	导流建筑物级别		
	Ⅲ	Ⅳ	Ⅴ
	洪水重现期/年		
土石	20～50	10～20	5～10
混凝土	10～20	5～10	3～5

当坝体筑高到无须围堰保护时，应根据坝型及坝前拦洪库容按规定的洪水重现期(年)确定临时度汛洪水标准。具体标准如表 2.3 所示。

表 2.3　坝体施工期临时度汛洪水标准

坝型	拦洪库容/$(10\times10^{7})m^{3}$		
	>1.0	0.1~1.0	<0.1
	洪水重现期/年		
土石坝	>100	50~100	20~50
混凝土坝	>50	20~50	10~20

导流泄水建筑物封堵后，如永久性泄洪建筑物尚未具备泄洪能力，应分析坝体施工和运行要求后确定坝体度汛洪水标准，并按规定执行。汛前坝体上升高度应满足拦洪要求，帷幕灌浆和接缝灌浆高程应能满足蓄水要求。具体要求如表 2.4 所示。

表 2.4　导流泄水建筑物封堵后坝体度汛洪水标准

坝型		导流建筑物级别		
		Ⅰ	Ⅱ	Ⅲ
		洪水重现期/年		
混凝土坝	设计	100~200	50~100	20~50
	校核	200~500	100~200	50~100
土石坝	设计	200~500	100~200	50~100
	校核	500~1000	200~500	100~200

(2) 导流时段。导流时段是按照导流程序来划分的各施工阶段的延续时间。划分导流时段，需正确处理施工安全可靠和争取导流的经济效益的矛盾。因此，要全面分析河道的水文特点、被围的永久性建筑物的结构形式及其工程量大小、导流方案、工程最快的施工速度等，这些是确定导流时段的关键。尽可能采用低水头围堰进行枯水期导流，这是降低导流费用、加快工程进度的重要措施。

2. 围堰

(1) 围堰的类型。

围堰是一种临时性水工建筑物，用于围护河床中基坑，保证水工建筑物施工在干地上进行。在导流任务完成后，应拆除不能作为永久性建筑物的部分或妨

碍永久性建筑物运行的部分。

通常按使用材料将围堰分为土石围堰、草土围堰、混凝土围堰、钢板桩格型围堰、木笼围堰等；按所处的位置将围堰分为横向围堰、纵向围堰；按是否过水将围堰分为不过水围堰和过水围堰。

(2) 围堰的基本要求。

围堰的基本要求主要有以下几点：第一，安全可靠，能满足稳定、抗渗、抗冲要求；第二，结构简单，施工方便，易于拆除，同时能充分利用当地材料及开挖弃料；第三，堰基易于处理，堰体便于与岸坡或已有建筑物连接；第四，在预定施工期内修筑到需要的断面和高程；第五，具有良好的技术经济指标。

(3) 围堰的结构。

此处主要对土石围堰、草土围堰和混凝土围堰进行介绍。

①土石围堰。土石围堰能充分利用当地材料，地基适应性强，造价低，施工简便，应在设计时优先选用。土石围堰的结构可分为不过水土石围堰和过水土石围堰两种。由于不过水土石围堰不允许过水，且抗冲能力较差，一般不宜作为纵向围堰，如河谷较宽且采取了防冲措施，也可将土石围堰作为纵向围堰。一般土石围堰的水下部位采用混凝土防渗墙防渗，水上部位采用黏土心墙、黏土斜墙、土工合成材料等防渗。当采用淹没基坑方案时，为了降低造价、便于拆除，许多工程采用过水土石围堰形式。为了克服过水时水流对堰体表面的冲刷以及由渗透压力引起的下游边坡连同堰顶一起深层滑动，目前采用较普遍的措施是在下游护面上压盖混凝土面板。

②草土围堰。草土围堰是黄河上传统的筑堤方法，它是一种草土混合结构。施工时，先用稻草或麦草做成长为 1.2～1.8 m、直径为 0.5～0.7 m 的草捆，再用长为 6～8 m、直径为 4～5 cm 的草绳将两个草捆扎成件，重约 20 kg。堰体由河岸开始修筑，首先沿着河岸迎水面在围堰整个宽度内分层铺设草捆，并将草绳拉直放在岸上，以便与后铺的草捆互相联结。铺草时，应使第一层草捆浸入水中 1/3，各层草捆按水深的程度叠接 1/3～1/2，这样，逐层压放的草捆就形成一个 35°～45°的斜坡，直至高出水面 1.0 m；随后，在草捆层的斜坡上铺一层厚度为 0.25～0.30 m 的散草，再在散草上铺一层厚度为 0.25～0.30 m 的土层。土质以遇水易于崩解、固结为好，可采用黄土、砂壤土、黏壤土、粉土等。铺好的土层只需人工踏实；最后，在填土面上同样做堰体压草、铺散草和压土工作，如此继续进行，堰体即可向前进占，后部的堰体也渐渐深入河底。

③混凝土围堰。混凝土围堰的抗冲能力和抗渗能力强，适应高水头，底宽

小，易于与永久建筑物相结合，必要时可以过水，因此应用较广泛。峡谷地区岩基河床，多用混凝土拱围堰，且多为过水围堰形式，可使围堰工程量小，施工速度快，且拆除较为方便。采用分段围堰法导流时，重力式混凝土围堰往往作为纵向围堰。目前混凝土围堰一般采用碾压混凝土，在低土石围堰保护下施工，施工速度快。

(4) 围堰的平面布置。

围堰的平面布置是一个很重要的课题，如果平面布置不当，围护基坑的面积过大，会增加排水设备容量；基坑面积过小，会妨碍主体工程施工，影响工期，甚至会造成水流宣泄不顺畅，冲刷围堰及其基础，影响主体工程安全施工。

一般围堰的平面布置按导流方案、主体工程的轮廓和对围堰提出的要求而定。当采用全段围堰法导流时，基坑由上、下游横向围堰和两岸围成。

是否采用分段围堰法取决于主体工程的轮廓。通常，基坑坡趾与主体工程轮廓之间的距离应不小于 20 m，以便布置排水设施、交通运输道路及堆放材料和模板等，具体如图 2.9 所示。基坑开挖坡度的大小则与地质条件有关。当采用分段围堰法导流时，上、下游横向围堰一般不与河床中心线垂直，其平面布置常呈梯形，既可保证水流顺畅，也便于运输道路的布置和衔接。当采用全段围堰法导流时，为了减少工程量，围堰多与主河道垂直。当纵向围堰不作为永久性建筑物的一部分时，一般纵向基坑坡趾与主体工程轮廓之间的距离不大于 2 m，以供布置排水系统和堆放模板。如果无此要求，只需留 0.4～0.6 m。

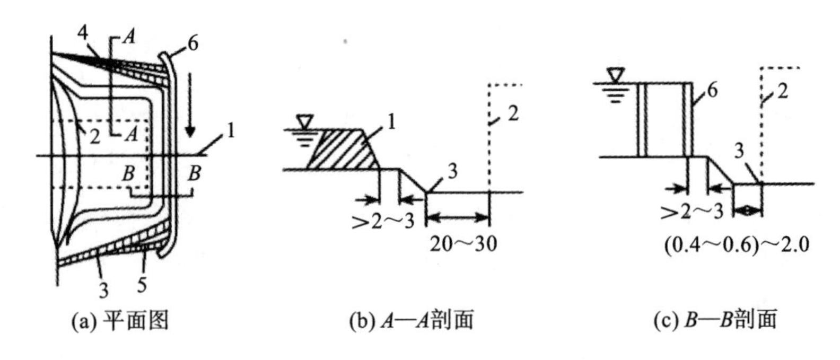

图 2.9　围堰布置与基坑范围(单位:m)

1—主体工程轴线；2—主体工程轮廓；3—基坑；4—上游横向围堰；5—下游横向围堰；6—纵向围堰

(5) 围堰堰顶高程的确定。

围堰堰顶高程的确定，不仅取决于导流建筑物设计流量和导流建筑物的型式、尺寸、平面位置、高程和糙率等，而且要考虑到河流的综合利用和主体工程

工期。

上游围堰的堰顶高程计算见式(2.1)。

$$H_{上} = h_{d} + Z + \delta \tag{2.1}$$

式中：$H_{上}$ 为上游围堰的堰顶高程(m)；h_{d} 为下游水面高程(m)，可直接由原河流水位流量关系曲线查得；Z 为上、下游水位差(m)；δ 为围堰的安全超高(m)，按表 2.5 选用。

表 2.5　不过水围堰堰顶的安全超高下限值　　(单位：m)

围堰形式	围堰级别	
	Ⅲ	Ⅳ～Ⅴ
土石围堰	0.7	0.5
混凝土围堰	0.4	0.3

下游围堰的堰顶高程计算见式(2.2)。

$$H_{下} = h_{d} + \delta \tag{2.2}$$

式中：$H_{下}$ 为下游围堰的堰顶高程(m)；其他符号意义同上。

围堰拦蓄一部分水流时，应通过水库调洪的计算来确定堰顶高程。纵向围堰的堰顶高程要与束窄河床中宣泄导流建筑物设计流量时的水面曲线相适应，其上、下游端部分别与上、下游围堰同高，因此其顶面往往做成倾斜状。

(6) 围堰的拆除。

围堰是临时性建筑物，导流任务完成以后，应按设计要求进行拆除，以免影响永久性建筑物的施工及运行。

土石围堰断面较大，应在施工期最后一次汛期过后，上游水位下降时，从围堰的背水坡开始分层拆除。但必须保证依次拆除后所残留的断面能继续挡水和维持稳定，以免发生安全事故，使基坑过早淹没，影响施工。土石围堰一般可用挖土机或爆破等方法拆除。

草土围堰的拆除比较容易，一般水上部分使用人工拆除，水下部分可在堰体挖一缺口，让其过水冲毁或使用爆破法拆除。

混凝土围堰一般只能使用爆破法拆除。但应注意的是，必须使主体建筑物或其他设施不受爆破危害。

2.2 截　　流

2.2.1 截流方法

1. 立堵法

立堵法截流的施工过程是：首先在河床的一侧或两侧向河床中填筑截流戗堤，逐步缩窄河床，称为“进占”；当河床束窄到一定的过水断面时停止（这个断面称为“龙口”），对河床及龙口戗堤端部进行防冲加固（护底及裹头）；然后掌握时机封堵龙口，使戗堤合龙；最后为了防止戗堤漏水，必须在戗堤迎水面设置防渗设施（闭气），具体如图 2.10 所示。整个截流过程包括进占、护底及裹头、合龙和闭气等工作。截流之后，对戗堤加高培厚，即修成围堰。

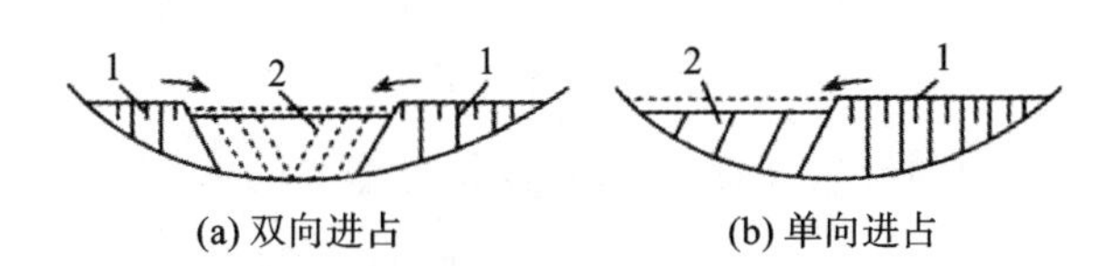

图 2.10　立堵法截流

1—截流戗堤；2—龙口

2. 平堵法

平堵法截流是沿整个龙口宽度全线抛投，抛投料堆筑体全面上升，直至露出水面，具体如图 2.11 所示。为此，合龙前必须在龙口架设栈桥。由于它是沿龙口全宽均匀平层抛投，所以其单宽流量较小，流速较小，需要的单个抛投材料质量较轻，抛投强度较大，施工速度较快，但有碍通航。

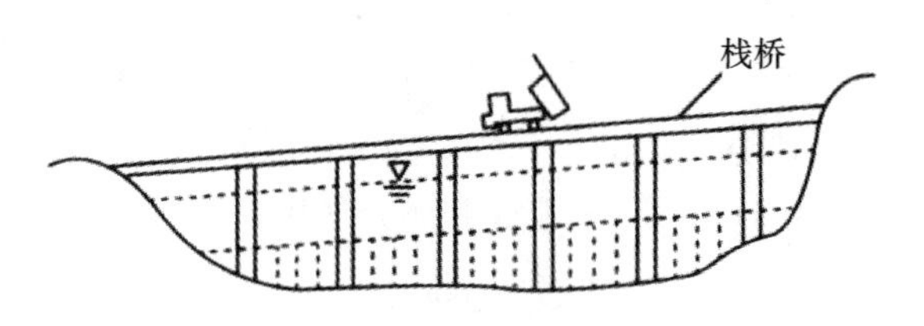

图 2.11　平堵法截流

在截流设计时，可根据具体情况采用立堵与平堵相结合的截流方法，如先用

立堵法进占，然后在龙口小范围内用平堵法截流；或先用船抛土石材料的平堵法进占，再用立堵法截流。

2.2.2　截流时间及设计流量

1. 截流时间的确定

确定截流时间应考虑以下几点：第一，导流泄水建筑物必须建成或部分建成，具备泄流条件，河道截流前，应清除泄水道内的围堰或其他障碍物；第二，必须抢在汛前完成截流后的许多工作（如围堰或永久性建筑物抢筑到拦洪高程等）；第三，在有通航要求的河道上，截流日期宜选在对通航影响最小的时期；第四，在北方有冰凌的河流上截流，不宜选择流冰期进行。

根据上述要求，一般将截流时间选在枯水初期，可根据历史水文资料来确定具体的日期，但可能有较大出入。因此，在实际工作中应根据当时的水文气象预报以及实际水情分析进行修正，最后确定截流时间。

2. 截流设计流量的确定

截流设计所取的流量标准是指某一确定的截流时间的截流设计流量。因此，当截流时间确定以后，可根据工程所在河道的水文、气象特征选择设计流量。通常可按重现年法或结合水文气象预报修正法确定设计流量，按工程的重要程度选择截流时段重现期 5～10 年的月或旬平均流量，也可用其他方法分析确定。

3. 截流戗堤轴线和龙口位置的选择

（1）截流戗堤轴线位置的选择。

通常截流戗堤是土石横向围堰的一部分，应结合围堰结构型式和围堰布置统一考虑。单戗截流的戗堤可布置在上游围堰或下游围堰中非防渗体的位置。如果戗堤靠近防渗体，应在两者之间留足闭气料或过渡带的厚度，同时防止合龙时的流失料进入防渗体部位，以免在防渗体底部形成集中漏水通道。为了在合龙后能迅速闭气并进行基坑抽水，一般情况下应将单戗堤布置在上游围堰内。

当采用双戗或多戗截流时，戗堤间距必须满足一定的要求，才能发挥每条戗堤分担落差的作用。如果围堰底宽不太大，上、下游围堰间距也不太大时，可将两条戗堤分别布置在上、下游围堰内，大多数双戗截流工程均采用这种做法；如果围堰底宽很大，上、下游间距也很大，可考虑将双戗布置在一个围堰内。当采用多戗时，一个围堰内通常需要布置两条戗堤，两条戗堤之间应有适当的间距。

采用土石围堰时，一般将截流戗堤布置在围堰范围内。但也有戗堤不与围堰相结合的情况，此时戗堤轴线位置的选择应与龙口位置相一致。如果围堰所在地的地质、地形条件不利于布置戗堤和龙口，戗堤工程量又很小，则可将截流戗堤布置在围堰之外。但由于这种戗堤多数均需拆除，因此采用这种布置方法时应进行专门论证。

平堵截流戗堤轴线的位置，应考虑便于抛石桥的架设。

(2) 龙口位置的选择。

选择龙口位置时，应着重考虑地质条件、地形条件以及水利条件。从地质条件来看，龙口应尽量选在河床抗冲刷能力强的地方，如岩基裸露或覆盖层较薄处，这样可以避免合龙过程中的过大冲刷，防止戗堤突然塌方失事。从地形条件来看，龙口河底不宜有顺流向陡坡和深坑。如果龙口选在底部基岩面粗糙、参差不齐的地方，有利于抛投料的稳定。另外，龙口周围应有比较宽阔的场地，离料场和特殊截流材料堆场的距离近，便于布置交通道路和组织高强度施工，这一点也十分重要。从水利条件来看，对于有通航要求的河流，一般在深槽主航道处布置预留龙口，有利于合龙前的通航。

对龙口的上、下游水流条件的要求，在以往的工程设计中有两种不同的见解：一种认为龙口应布置在浅滩，并尽量造成水流进出龙口的折冲和碰撞，以增大附加壅水作用；另一种则认为进出龙口的水流应平直顺畅，可将龙口设在深槽中。实际上，这两种布置各有利弊，前者进口处的强烈侧向水流对戗堤端部抛投料的稳定不利，由龙口下泄的折冲水流容易对下游河床和河岸造成冲刷。后者的主要问题在于合龙段戗堤高度大，进占速度慢，并且深槽中水流集中，不易形成较好的分流条件。

(3) 龙口宽度。

龙口宽度主要根据水力计算而定。对于通航河流，确定龙口宽度时，应着重考虑通航要求；对于无通航要求的河流，主要考虑戗堤预进占所使用的材料及合龙工程量的大小。一方面，在形成预留龙口前，通常使用石碴进占，根据其抗冲流速可计算出相应的龙口宽度。另一方面，合龙是高强度施工，合龙时间不宜过长，工程量不宜过大。当此要求与预进占材料允许的束窄度有矛盾时，也可考虑提前使用部分大石块进占，或者尽量提前分流。

(4) 龙口护底。

对于非岩基河床，当覆盖层较深，抗冲刷能力小时，为防止截流过程中覆盖层被冲刷，一般在整个龙口部位或施工困难区段进行平抛护底，防止截流料物流失量过大。对于岩基河床，有时为了降低截流难度，增大河床糙率，也抛投一些料物护底，形成拦石坎。计算最大块体时，应按护底条件选择稳定系数。

4. 截流抛投材料

截流抛投材料主要有块石、石串、装石竹笼、帚捆、柴捆、土袋等。当截流水力条件较差时，还须采用人工块体，一般有四面体、六面体、四脚体及钢筋混凝土构件等。

选择截流抛投材料的原则有以下几点：第一，预进占段填筑料尽可能利用开挖渣料和当地天然料；第二，应慎重研究和确定龙口段抛投的大块石、石串或混凝土四面体等人工制备材料数量；第三，应根据截流料物堆存、运输条件、可能流失量及戗堤沉陷等因素综合分析截流备料总量，并留适当备用；第四，戗堤抛投物应具有较强的透水能力，且易于起吊运输。

2.2.3　降低截流难度的技术措施

降低截流难度的主要技术措施包括：加大分流量，改善分流条件；改善龙口水力条件；增大抛投材料的稳定性，减少块料流失；加大截流施工强度等。

(1) 加大分流量，改善分流条件。

分流条件直接影响到截流过程中龙口的流量、落差和流速。分流条件好，截流容易；反之，截流困难。改善分流条件的措施如下。

①合理确定导流建筑物尺寸、断面形式和底高程。导流建筑物不仅要求满足导流要求，而且应该满足截流要求。

②重视泄水建筑物上下游引渠开挖和上下游围堰拆除的质量，这是改善分流条件的关键环节。否则，虽然泄水建筑物尺寸很大，但是分流受上下游引渠或上下游围堰残留部分限制，泄水能力很小，增加截流工作的困难程度。

③在永久性泄水建筑物尺寸不足的情况下，可以专门修建截流分水闸或其他形式的泄水道帮助分流，待截流完成以后，借助于闸门封堵泄水闸，最后完成截流任务。

④增大截流建筑物的泄水能力。当采用木笼、钢板桩格型围堰时，也可以间隔一定距离安放木笼或钢板桩格体，从其中间孔口宣泄河水，然后以闸板截断中间孔口，完成截流任务。另外，可以在进占戗堤中埋设泄水管，以帮助泄水，或者

采用投抛构架块体以增大戗堤的渗流量等办法来减少龙口溢流量和溢流落差，从而减轻截流的困难程度。

(2) 改善龙口水力条件。

龙口水力条件是影响截流的重要因素，改善龙口水力条件的措施有双戗堤截流、三戗截流、宽戗截流等。

①双戗堤截流。双戗堤截流以采取上下戗立堵的方式较为普遍，落差均摊容易控制，施工方便，也比较经济。常见的进占方式有上下戗轮换进占、双戗固定进占和以上两种方式混合进占。也有以上戗进占为主，由下戗配合进占一定距离，局部壅高上戗下游水位，以减少上戗进占的龙口落差和流速。

②三戗截流。三戗截流利用第三戗堤分担落差的方法，可以在更大的落差下完成截流任务。

③宽戗截流。增大戗堤宽度，工程量也大为增加，和上述扩展断面一样可以分散水流落差，从而改善龙口水力条件。但是进占前线宽，要求投抛强度大，所以只有当戗堤可以作为坝体(土石坝)的一部分时，才宜采用，否则用料太多，过于浪费。

除了用双戗、三戗、宽戗来改善龙口的水力条件，在立堵进占中应注意采用不同的进占方式来改善进占抛石面处水的流态。国内的立堵实践中，多采用上挑角进占方式，如图 2.12 所示。采用这种进占方式，水流为大块料所形成的上挑角挑离进占面，使得有可能用较小块料在进占面投抛进占。

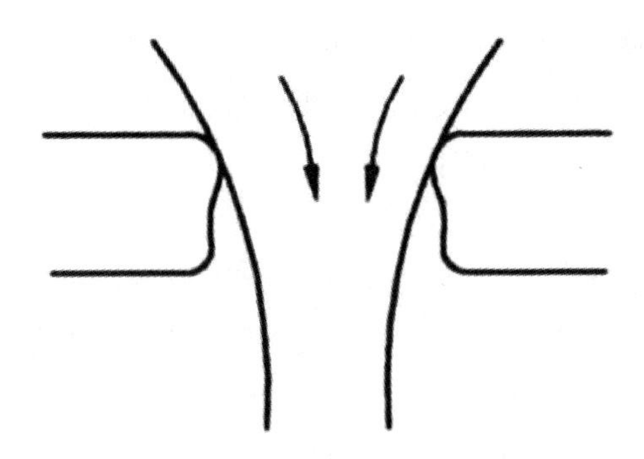

图 2.12　立堵上挑角进占方式

(3) 增大投抛材料的稳定性，减少块料流失。

主要措施有：采用葡萄串石、大型构架和异型人工投抛体；投抛钢构架和比重大的矿石或用矿石骨料做成的混凝土块体等来提高投抛体本身的稳定性；在龙口下游平行于戗堤轴线处设置一排拦石坎来保证投抛材料的稳定，防止块料

的流失。拦石坎可以是特大的块石、人工块体，也可以是伸到基础中的拦石桩。

(4) 加大截流施工强度。

加大截流施工强度，可以加快施工速度。施工速度加快，一方面，可以增大上游河床的拦蓄水量，从而减少龙口的流量和落差，起到降低截流难度的作用；另一方面，可以减少投抛材料的流失，这就有可能采用较小块料来完成截流任务。例如定向爆破截流方法和炸倒预制体截流方法都是可加大截流施工强度的施工方法。

2.3 施工排水

2.3.1 基坑积水的排除

基坑积水主要是指围堰闭气后存于基坑内的水体，还要考虑排除积水过程中从围堰及地基渗入基坑的渗水和降雨。初期排水的流量是确定水泵数量的主要依据，应根据地质情况、工期长短、施工条件等因素估算。初期排水流量可按式(2.3)估算。

$$Q = \frac{V}{T}K \tag{2.3}$$

式中：Q 为初期排水流量(m^3/s)；V 为基坑积水的体积(m^3)；T 为初期排水时间(s)；K 为积水系数，考虑了围堰、基坑渗水和可能降雨等因素，对于中、小型工程，取 $K=2\sim3$。

初期排水时间与积水深度和允许的水位下降速度有关。如果水位下降太快，围堰边坡土体的动水压力过大，容易引起坍坡；如果水位下降太慢，则影响基坑开挖工期。基坑水位下降的速度一般控制在 0.5～1.5 m/d 为宜。在实际工程中，应综合考虑围堰型式、地基特性及基坑内水深等因素。对于土围堰，水位下降速度应小于 0.5 m/d。

根据初期排水流量，即可确定水泵工作台数，并考虑一定的备用量。水利工地常用离心泵或潜水泵。为了运用方便，可选择容量不同的水泵，组合使用。水泵站一般布置成固定式或移动式两种，具体如图 2.13 所示。当基坑水深较大时，采用移动式水泵站。

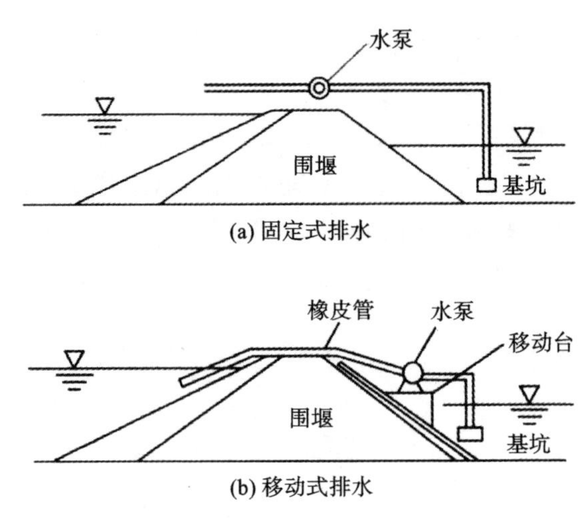

图 2.13　水泵站布置

2.3.2　经常性排水

1. 排水系统布置

经常性排水通常采用明排法，排水系统包括排水干沟、支沟和集水井等。一般情况下，排水系统用于两种情况：一种是基坑开挖中的排水；另一种是建筑物施工过程中的排水。

基坑开挖中的排水是根据土方分层开挖的要求，分次下降水位，不断降低排水沟高程，使每一个开挖土层呈干燥状态。排水系统的排水沟通常布置在基坑中部，以利于两侧出土。当基坑较窄时，将排水干沟布置在基坑上游侧，以利于截断渗水。沿干沟垂直方向设置若干排水支沟。基础范围外布置集水井，井内安设水泵，渗水进入支沟后汇入干沟，再流入集水井，由水泵抽出坑外。

建筑物施工过程中的排水目的是控制水位低于坑底高程，保证施工在干地条件下进行。排水沟通常布置在基坑四周，离开基础轮廓线不小于 0.3 m。集水井与基坑外缘的距离必须大于集水井深度。一般来说，排水沟的底坡坡度不小于 2‰，底宽不小于 0.3 m，干沟的沟深为 1.0～1.5 m，支沟的沟深为 0.3～0.5 m。集水井的容积应保证水泵停止运转 10～15 min，井内的水量不致漫溢。井底应低于排水干沟底 1～2 m。经常性排水系统布置如图 2.14 所示。

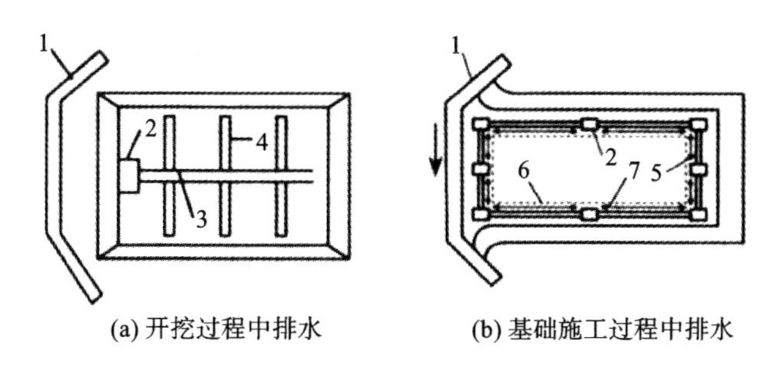

图 2.14　修建建筑物时基坑排水系统布置

1—围堰；2—集水井；3—排水干沟；4—排水支沟；5—排水沟；6—基础轮廓；7—水流方向

2. 经常性排水流量

经常性排水主要排除基坑和围堰的渗水，并考虑排水期间的降雨、地基冲洗和混凝土养护弃水等。这里仅介绍渗流量估算方法。

(1) 围堰渗流量。透水地基上的均质土围堰，每米堰长渗流量 Q 可按式(2.4)计算。

$$Q = K\frac{(H+T)^2-(T-y)^2}{2L} \tag{2.4}$$

式中：Q 为每米长围堰渗入基坑的渗透流量[$m^3/(d \cdot m)$]；K 为围堰与透水层的评价渗透系数(m/d)；H 为上游水深(m)；T 为透水层厚度(m)；y 为排水沟水面到沟顶的距离(m)；L 为地基底宽 L_0 与下游坡脚至排水沟边缘的距离 l 相加的长度(m)。

(2) 基坑渗流量。由于基坑情况复杂，计算结果不一定符合实际情况，应用试抽法确定。降雨量按在抽水时段中最大日降水量当天抽干计算；施工弃水包括基岩冲洗弃水与混凝土养护用水，两者不同时发生，按实际情况计算。排水水泵台数根据流量及扬程确定，并考虑一定的备用量。

2.3.3　人工降低地下水位

在经常性排水中采用明排法时，由于多次降低排水沟和集水井高程，变换水泵站位置，影响开挖工作正常进行。此外在细砂、粉砂及砂壤土地基开挖中，因渗透压力过大易引起流沙、滑坡和地基隆起等事故，对开挖工作产生不利影响。采用人工降低地下水位措施可以克服上述缺点。

人工降低地下水位，是在基坑周围钻井，地下水渗入井中，随即被抽走，使地

下水位降至基坑底部以下，整个开挖部分土壤呈干燥状态，开挖条件大为改善。

1. 管井法

管井法就是在基坑周围或上、下游两侧按一定间距布置若干单独工作的井管，地下水在重力作用下流入井内，各井管布置一台抽水设备，使水面降至坑底以下，如图 2.15 所示。

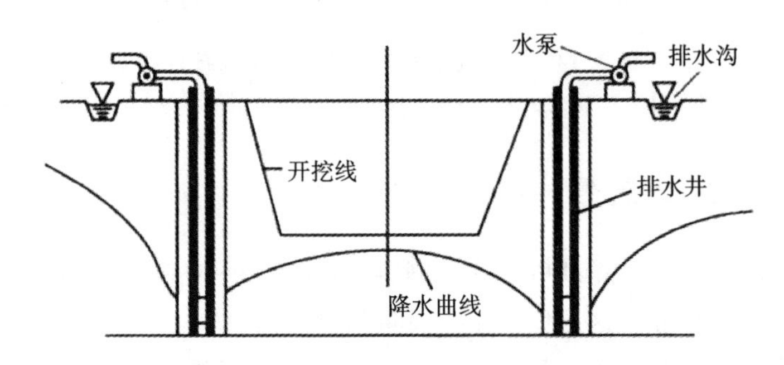

图 2.15　管井法降低地下水位布置图

管井法适用于基坑面积较小，土的渗透系数较大（$K=10\sim250$ m/d）的土层。当要求水位下降不超过 7 m 时，采用普通离心泵；如果要求水位下降较大，需采用深井泵，每级泵降低水位 20～30 m。

管井由井管、滤水管、沉淀管及周围反滤层组成。地下水从滤水管进入井管，水中泥沙沉淀在沉淀管中。滤水管可采用带孔的钢管，外包滤网。井管可采用钢管或无砂混凝土管。后者采用分节预制，套接而成，每节长 1 m，壁厚为 4～6 cm，直径一般为 30～40 cm。管井间距应满足在群井共同抽水时，地下水位最高点低于坑底，一般取 15～25 m。

2. 井点法

当土壤的渗透系数 $K<1$ m/d 时，用管井法排水，井内水会很快被抽干，水泵经常中断运行，既不经济，抽水效果又差。在这种情况下，使用井点法较为合适。井点法适用于渗透系数为 0.1～50 m/d 的土壤。井点的类型有轻型井点、喷射井点和电渗井点三种，比较常用的是轻型井点。轻型井点是由井管、集水管、普通离心泵、真空泵和集水箱等设备组成的排水系统，如图 2.16 所示。

轻型井点的井管直径为 38～50 mm，采用无缝钢管，井管的间距一般为 0.8～1.6 m，最大可达 3.0 m。地下水从井管底部的滤水管内借真空泵和水泵的抽

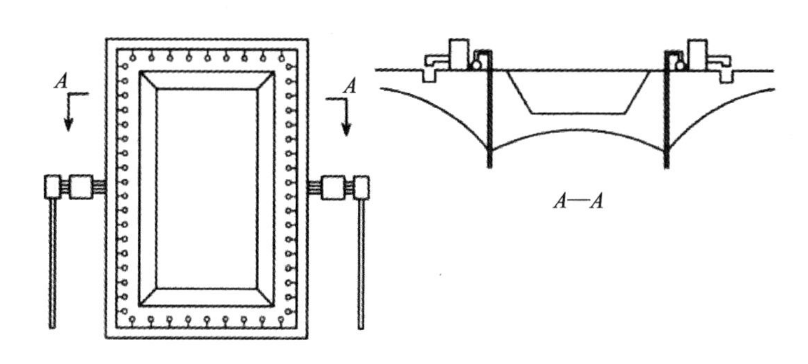

图 2.16　井点法降低地下水位布置图

吸作用流入井管内，沿井管上升汇入集水管，再流入集水箱，由水泵抽出。

轻型井点系统开始工作时，先开动真空泵排出系统内的空气，待集水箱内水面上升到一定高度时，再启动水泵抽水。如果系统内真空值不够，仍需真空泵配合工作。

采用井点法排水时，地下水位下降的深度取决于集水箱内的真空值和水头损失。一般集水箱的真空值为 400～500 mmHg。

当地下水位要求降低值大于 5 m 时，需分层降低，每层井点控制 3～4 m，且分层数应以少于 3 层为宜。因层数太多，坑内管路纵横交错，妨碍交通，影响施工。此外，当上层井点发生故障时，由于下层水泵能力有限，容易造成地下水位回升，严重时甚至会导致基坑淹没。

2.4　施工度汛及后期水流控制

2.4.1　施工度汛

施工度汛是指保护跨年度施工的水利工程，在施工期间安全度过汛期而不遭受洪水损害的措施。施工度汛需根据已确定的当年度汛洪水标准，制定度汛规划及技术措施，包括度汛标准论证、大坝及泄洪建筑物鉴定、水库调度方案、非常泄洪设施、防汛组织、水文气象预报、通信系统、道路运输系统、防汛器材准备等，并报上级审批。施工度汛是指从工程开工到竣工期间，由围堰及未完建大坝坝体拦洪，或围堰过水及未完建坝体过水，使永久性建筑物不受洪水威胁，安全施工。施工度汛包括施工导流初期围堰度汛和后期坝体拦洪度汛。围堰及坝体能否可靠拦洪(或过水)与安全度汛，将关系到工程的建设成败。施工度汛是整个工程施工进度中的一个控制性环节，必须慎重对待。

建筑物度汛包括挡水建筑物度汛和泄水建筑物度汛。挡水建筑物主要包括围堰、大坝(包括溢洪坝、河床式或坝后式电站厂房、升船机坝段等)。泄水建筑物主要包括导流隧洞、导流明渠、放空洞、导流底孔、溢洪道、泄洪洞、坝体预留缺口等。

辅助设施主要包括施工营地、场内道路、砂石混凝土系统、存料场、弃渣场、采石场等。

1. 坝体拦洪标准

经过多个汛期才能建成的坝体工程，用围堰来挡汛期洪水显然是不经济的，且安全性未必好。因此，对于不允许淹没基坑的情况，常采用低堰挡枯水期水流、汛期由坝体临时拦洪的方案。这样只需增加汛前坝体施工的强度，就能既减少围堰工程费用，又提高拦洪度汛标准。

坝体拦洪首先需确定拦洪标准，然后确定拦洪高程。坝体施工期临时度汛的洪水标准，应根据坝型和坝体升高后形成的拦洪蓄水库库容确定。

洪水标准确定以后，通过调洪演算计算拦洪水位，再考虑安全超高，即可确定坝体临时拦洪高程。

2. 度汛措施

根据施工进度安排，若坝体在汛期到来之前不能达到拦洪高程，应根据所采用的导流方法、坝体溢流能力及施工强度，周密细致地考虑度汛措施。对于允许溢流的混凝土坝或浆砌石坝，可采用过水围堰，也可在坝体中预设底孔或缺口，并将坝体其余部分填筑到拦洪高程，以保证汛期继续施工。

对于不能过水的土坝、堆石坝，可采取下列度汛措施。

(1) 抢筑坝体临时度汛断面。当用坝体拦洪导致施工强度太大时，可抢筑临时度汛断面，如图 2.17 所示。但应注意以下几点：第一，断面顶部应有足够的宽度，以便在非常紧急的情况下仍有余地抢筑临时度汛断面；第二，临时度汛断面的边坡稳定安全系数应不低于正常设计标准，为防止坍坡，必要时可采取简单的防冲和排水措施；第三，一般斜墙坝或心墙坝的防渗体不允许采用临时断面；第四，上游护坡应按设计要求筑到拦洪高程，否则应考虑临时的防护措施。

(2) 采取未完建(临时)溢洪道溢洪。当采用临时度汛断面仍不能在汛前达到拦洪高程时，可降低溢洪道底槛高程或开挖临时溢洪道溢洪，但要注意防冲措

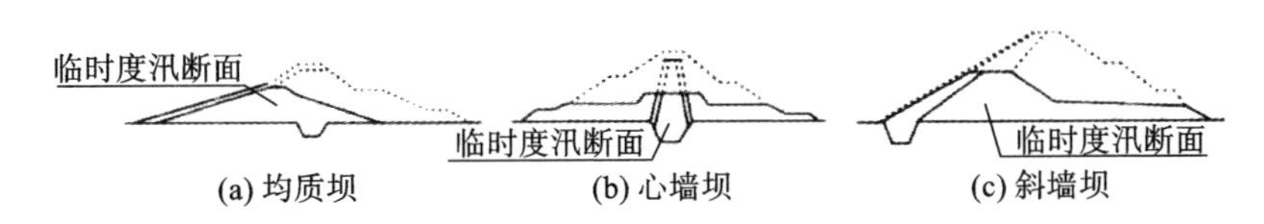

图 2.17 临时度汛断面示意图

施得当。

3. 度汛失事的后果及原因

由于难以精确预测洪水变化等因素，国内、外大坝的施工度汛失事案例时有发生。一旦度汛失事，不仅使部分已建工程冲坏而前功尽弃，而且将导致发电推迟，同时给下游的工农业生产和居民的安全带来威胁。

大坝度汛失事原因主要有以下几个方面：第一，超标准洪水的袭击；第二，库区大滑坡产生较大涌浪，冲击大坝；第三，污物或大塌方堵塞泄水建筑物；第四，施工进度拖后，挡水建筑物未按时筑到预定的高程；第五，设计和计算失误；第六，施工质量差，产生裂缝、不均匀沉陷和管涌、流土现象而导致事故；第七，认识不足，或明知有问题而不解决；第八，地震或其他因素。

工程项目部管理人员必须深刻认识到施工度汛的重要性以及度汛失事的严重性，根据上述原因做好应急预案，确保能够安全度汛。

2.4.2 施工后期水流控制

当导流泄水建筑物完成导流任务，整个工程进入完建期后，必须有计划地进行封堵，使水库蓄水，以使工程按期受益。

自蓄水之日起至枢纽工程具备设计泄洪能力为止，应按蓄水标准分月计算水库蓄水位，并按规定防洪标准计算汛期水位，确定汛前坝体上升高程，确保坝体安全度汛。

施工后期水库蓄水应和导流泄水建筑物封堵统一考虑，并充分分析以下几个条件：①枢纽工程提前受益的要求；②与蓄水有关的工程项目的施工进度及导流工程封堵计划；③库区征地、移民和清库的要求；④水文资料、水库库容曲线和水库蓄水历时曲线；⑤要求的防洪标准、泄洪与度汛措施及坝体稳定情况；⑥通航、灌溉等下游供水要求；⑦有条件时，应考虑利用围堰挡水受益的可能性。

计算施工期蓄水历时，应扣除核定的下游供水流量。蓄水日期按以上要求统一研究确定。

通常采用保证率 $P=75\%\sim85\%$的年流量过程线来制订水库蓄水计划。从发电、灌溉、航运及供水等部门所提出的运用期限要求，反推算出水库开始蓄水的时间，即封孔日期。据各时段的来水量与下泄量和用水量之差、水库库容与水位的关系曲线，可得到水库蓄水计划，即水库水位和蓄水历时关系曲线，它是施工后期进行水流控制、安排施工进度的重要依据。

封堵时段确定后，还需要确定封堵时的施工设计流量。可采用封堵期 5～10 年重现期的月或旬平均流量，或按实测水文统计资料分析确定。

导流用的临时泄水建筑物，如隧洞、涵管、底孔等，都可利用闸门封孔。常用的封孔门有钢筋混凝土整体闸门、钢闸门等。

2.5 导流和降水施工实践——以南水北调中线一期工程总干渠Ⅳ渠段焦作 1 段为例

2.5.1 工程概况

焦作 1 段是南水北调中线一期工程总干渠Ⅳ渠段（黄河北—羑河北）的组成部分，位于Ⅳ渠段的北部。Ⅳ渠段（黄羑段）共分 9 个设计单元，焦作 1 段是继温博段和沁河倒虹吸工程段后的第 3 个设计单元，地域上属于河南省焦作市区的西北部。渠段南起温博段大沙河渠道倒虹吸工程出口 701.8 m（博爱县与焦作市区交界）处，总干渠设计桩号为Ⅳ28＋500，与温博段的终点相接；终点在李河渠道倒虹吸工程出口 88.9 m 处，设计桩号为Ⅳ41＋400，与焦作 2 段起点相连接。焦作 1 段全长 12.900 km，其中，明渠段长 10.925 km，占用渠道水头的建筑物 5 座，共长 1.975 km。

沿线共有各类交叉建筑物 20 座，其中河渠交叉 5 座，铁路交叉 1 座，公路交叉 9 座，移民桥 2 座，控制建筑物 3 座（分水口门、节制闸和退水闸各 1 座），本段没有左岸排水和渠渠交叉建筑物。

本渠段全填方段有 1 段，最大填筑高度 12 m，明渠长约 2.108 km，占明渠总长的 19.30％；半挖半填段共有 4 段，累计长度 8.777 km，约占明渠总长的 80.3％。本渠段设计底宽为 17～21 m。堤顶宽 5 m，坡度 1∶2.0～1∶2.75，渠道纵坡为 1/29000。

本标段为焦作 1 段第二施工标段，设计桩号为Ⅳ33＋700～Ⅳ38＋000。标

段长度 4.3 km，标段内共有各种建筑物 8 座。其中，河渠交叉建筑 2 座，节制闸、退水闸各 1 座，公路桥 4 座。

本标段施工导流和水流控制主要有以下施工内容。

(1) 普济河渠道倒虹吸工程、闫河渠道倒虹吸工程作业区的导流工程。

(2) 普济河渠道倒虹吸工程、闫河渠道倒虹吸工程作业区上下游横向围堰工程。

(3) 建筑物的基坑排水。

(4) 施工期间的安全度汛措施。

(5) 各期导流建筑物的拆除。

2.5.2　渠道倒虹吸施工导流

1. 导流建筑物级别与导流标准

本工程主体建筑物(大型河渠交叉建筑物)为 1 级。按照《水利水电工程施工组织设计规范》(SL 303—2004)表 3.2.1 的规定，根据其保护对象、失事后果、使用年限和围堰工程规模，导流建筑物应按 4 级标准设计。结合本工程各交叉建筑物的具体情况，主体部分采用非汛期施工(10 月—次年 5 月)，普济河导流建筑物设计洪水标准采用 5 年一遇，相应设计流量为 2.70 m^3/s；闫河导流建筑物设计洪水标准采用 10 年一遇，相应设计流量为 5.0 m^3/s。

建筑物采用非汛期施工，即当年 10 月初至次年 5 月底施工，汛期河槽内停工。

2. 施工导流规划

本工程开挖施工规划是根据总体施工进度计划及工程度汛需要，结合混凝土(尤其是管身段混凝土)浇筑计划而制定的，施工支道和斜坡道安排充分考虑了开挖运输车辆和管身段浇筑混凝土运输车辆通行情况。倒虹吸开挖料运至临时储料场，倒虹吸填筑所需料源取自临时储料场和渠道开挖料。

(1) 普济河渠道倒虹吸施工导流规划。

①施工区布置。

普济河渠道倒虹吸利用沿渠道路和进场公路直通施工区，施工便利。

除便利的交通网线外，根据自身需要修建其他临时施工道路。各个施工区布置有施工主干道、施工支道和斜坡道，以满足开挖填筑施工需要。沿开挖边线外侧修筑开挖区施工主干道，上、下游各修 1 条，道路宽 8 m，为碎石路面，与进

场公路贯通;施工支道宽 6 m,连接施工主干道与营地、场区、工作面和堆料场,随施工进度逐步修建。

施工用水:抽取地下水(或取自附近居民供水管网),通过供水池引入工地后,经枝状管路输送到各工作面。

施工供电:通过架空线路输送到倒虹吸施工基坑顶部,然后通过电缆引到现场配电柜,现场电气设备通过配电柜引接。

施工区照明:基坑两侧设置 8 盏镝灯,用于施工场地大面积照明,各工作面需要配置一定数量的 500 W 碘钨灯,满足局部照明需要。

②普济河渠道倒虹吸施工导流。

普济河渠道倒虹吸位于焦作市中站区新庄村附近,建筑物处地面高程 104～107 m。普济河为人工开挖的泄洪排污河道,属海河流域卫河水系的一条支流,自北向南流经本区。

根据导流布置与总进度安排,普济河渠倒虹吸分两期进行施工。其中,一期施工时,需切断普济路。

普济河渠道倒虹吸工程两期降水示意图如图 2.18 和图 2.19 所示。

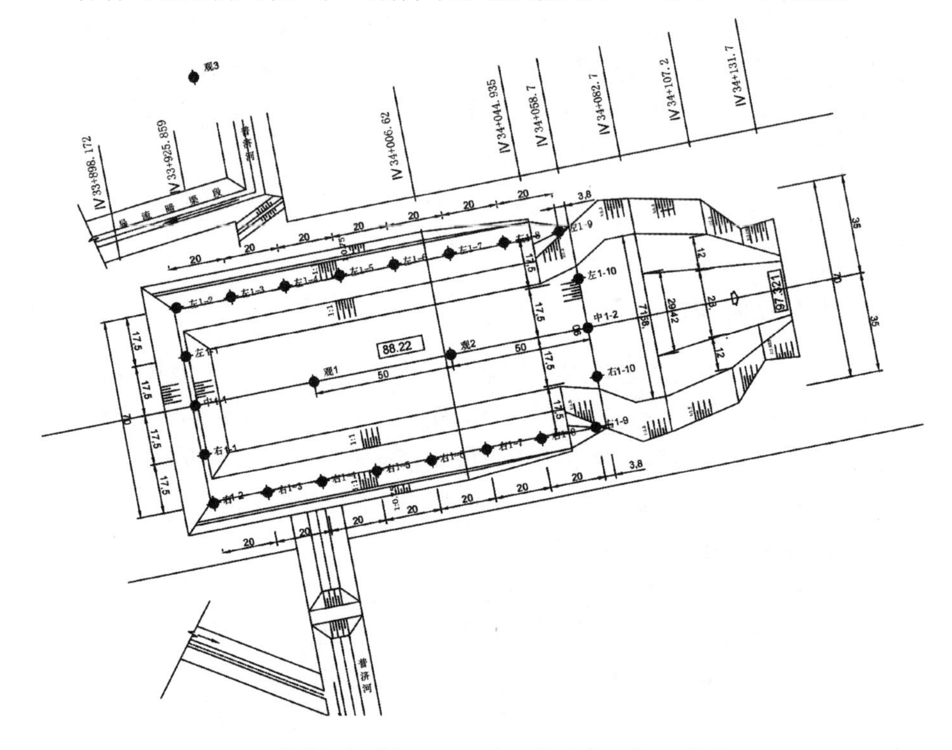

图 2.18　普济河渠道倒虹吸工程一期降水示意图(单位:mm)

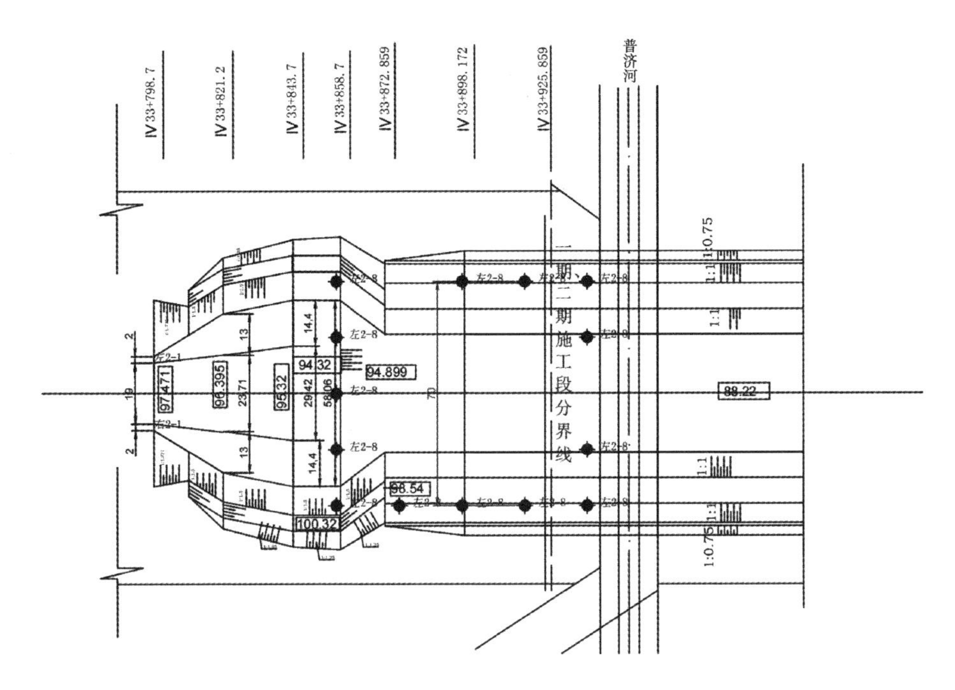

图 2.19　普济河渠道倒虹吸工程二期降水示意图(单位:mm)

③导流明渠及围堰设计。

普济河渠道倒虹吸施工时的导流明渠设在原河道的左岸,渠底高程 103.05 m,底宽 1.5 m,渠坡 1∶2,渠顶高程 106.2 m,导流明渠长 500 m。

普济河施工导流上游围堰顶部高程 105.5 m,堰顶宽 5 m,上下游坡面均为 1∶2;下游围堰顶部高程 105 m,堰顶宽 5 m,上下游坡面均为 1∶2。采用均质黏土围堰,上下游围堰长均为 15 m。考虑防渗,在背水面做齿墙。

④围堰施工。

上下游围堰土料采用明渠开挖料作为填筑土料。

开挖明渠的同时,进行围堰填筑,土方填筑采用斗容量 1.6～2.0 m^3 挖掘机挖装,载重 15～20 t 自卸汽车运输,水上分层厚度 0.3 m,采用压实力 18 t 振动碾碾压,碾压遍数为 6～8 遍。

土料填筑的每一层土层按规定参数施工完毕,检查合格后,才能继续铺筑上一层。在继续铺筑上层新土之前,对压实层表面残留的、被碾子凸块翻松的半压实土层进行处理(包括含水量的调整),以免形成土层间接合不良的现象。

在每期围堰围护的基坑工作内容完成后,汛前即可拆除围堰。采用 1.6 m^3 液压反铲直接挖除,装入 15 t 自卸汽车运至弃渣场。堰体拆除时,采用倒退法施工。

施工导流阶段初步估计土方开挖工程量8370 m^3，土方填筑工程量7200 m^3，利用导流明渠开挖料填筑。

⑤普济河渠道倒虹吸施工程序。

普济河渠道倒虹吸施工程序为：开工→施工准备→测量放线→导流明渠施工→一期围堰填筑→西环路绕线修建（临时改至进口渐变段和进口闸室段位置）→上游管身段（总干渠桩号Ⅳ33＋858.7～Ⅳ34＋006.11）开挖→基础处理→上游管身段混凝土施工→上游管身段回填、防护及拆除一期导流围堰→西环路恢复→进口渐变段和进口检修闸、出口节制闸、出口渐变段基坑开挖，管身下游段开挖→基础处理→进口渐变段、进口检修闸、出口控制闸、出口渐变段、管身下游段混凝土施工→管身回填、防护→金属结构、电气设备安装→房屋建筑施工→尾工处理。

(2) 闫河渠道倒虹吸施工导流规划。

①施工区布置。

闫河渠道倒虹吸靠近本标段施工和生活营地，进场公路直通施工区，施工便利。

临时施工道路修建、施工用水、施工供电以及施工区照明同普济河渠道倒虹吸施工导流规划，具体见上述“(1)普济河渠道倒虹吸施工导流规划”中的“①施工区布置”。

②闫河渠道倒虹吸施工导流。

闫河渠道倒虹吸位于焦作市中站区小庄新村西，横跨焦作市塔南路。地面高程101.41～105.48 m。闫河为经人工修整的排水河道，自北向南流经本区。河谷呈宽浅“U”形，宽约24 m，深约4 m，河底高程101 m左右。两岸为人工筑堤，高1.5～2.0 m。

根据地形，闫河渠道倒虹吸所在部位采用明渠导流，分两期施工。其中，一期采用明渠导流，明渠设在倒虹吸管身外，布置在闫河的右岸。

闫河渠道倒虹吸工程平面布置如图2.20所示。闫河渠道倒虹吸工程两期施工示意图如图2.21和图2.22所示。

③导流明渠及围堰设计。

闫河渠道倒虹吸施工时的导流明渠设在原河道的右岸，渠底高程101.2 m，底宽2.0 m，渠坡1∶2，渠顶高程105.49 m，导流明渠长500 m。

闫河施工导流上游围堰顶部高程103.5 m，堰顶宽5 m，上下游坡面均为

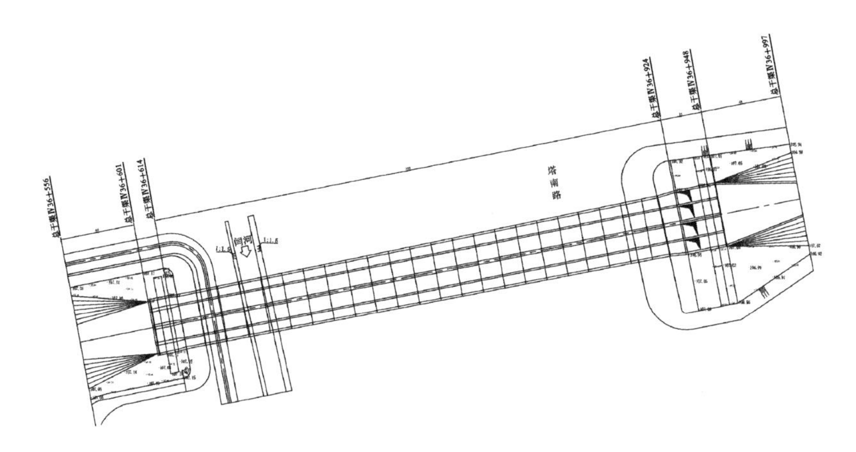

图 2.20　闫河渠道倒虹吸工程平面布置图

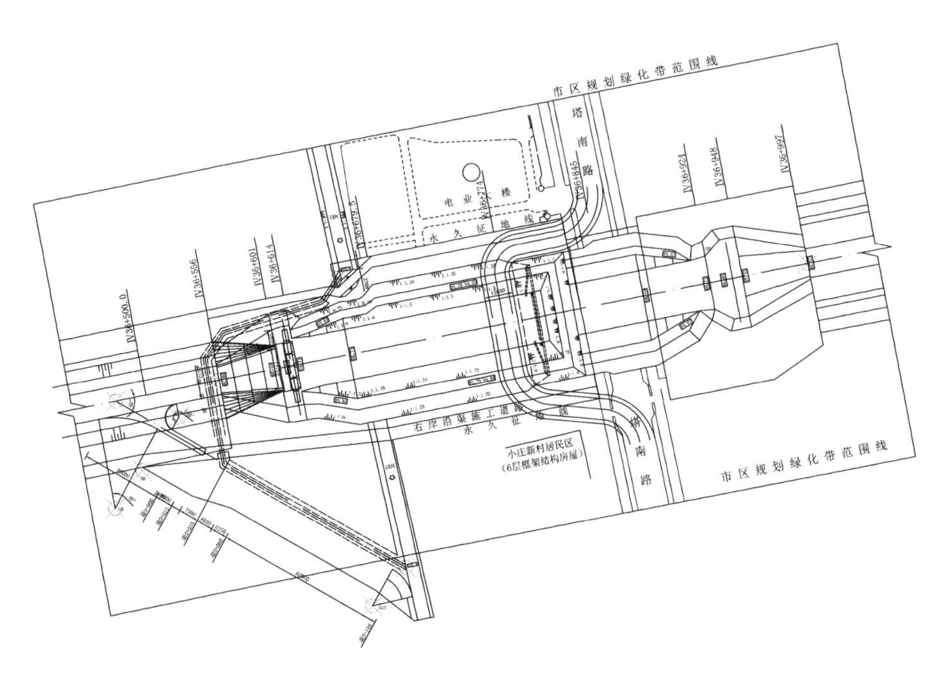

图 2.21　闫河渠道倒虹吸工程一期施工示意图

1∶2;下游围堰顶部高程 103 m,堰顶宽 5 m,上下游坡面均为 1∶2。采用均质黏土围堰,上游围堰长 35 m,下游围堰长 20 m,考虑防渗,在背水面做齿墙。

④围堰施工。

上下游围堰土料利用明渠开挖料作为填筑土料。

开挖明渠的同时,进行围堰填筑,土方填筑采用 2.0 m^3 挖掘机挖装,20 t 自卸汽车运输,水上分层厚度 0.3 m,采用 18 t 振动碾碾压,碾压遍数为 6～8 遍。

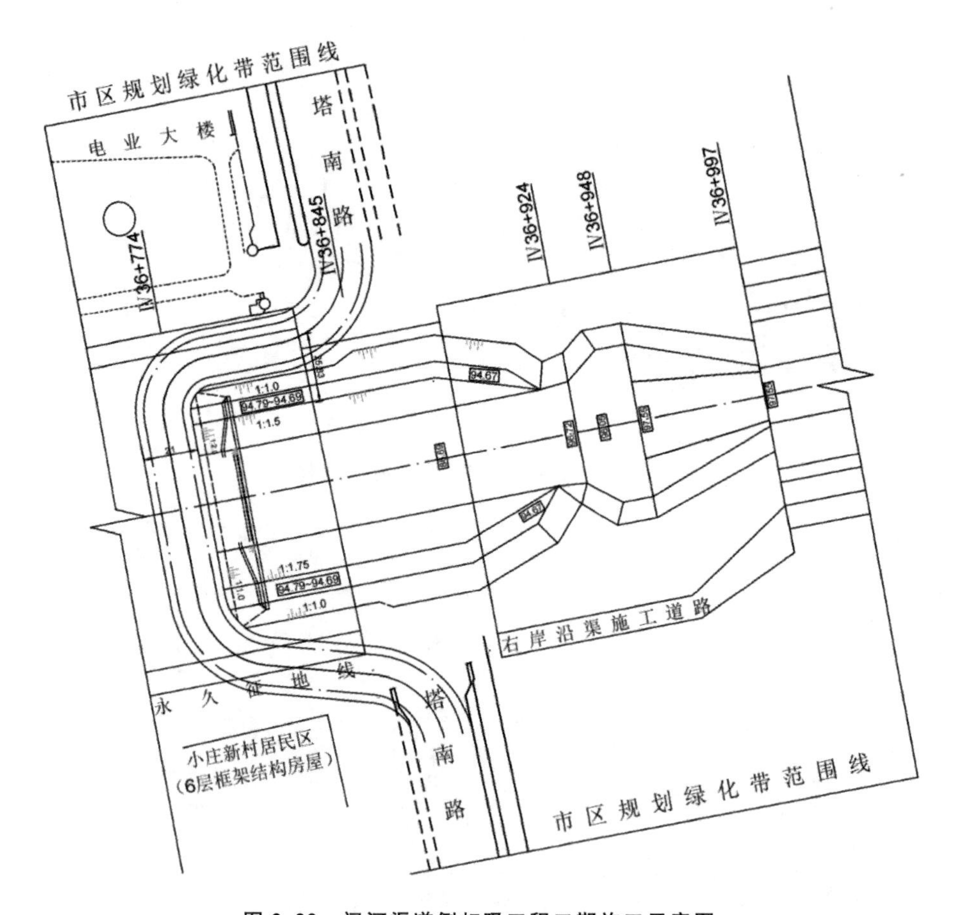

图 2.22　闫河渠道倒虹吸工程二期施工示意图

土料填筑的每一层土层按规定参数施工完毕，检查合格后，才能继续铺筑上一层。在继续铺筑上层新土之前，对压实层表面残留的、被碾子凸块翻松的半压实土层进行处理（包括含水量的调整），以免形成土层间接合不良的现象。

在每期围堰围护的基坑工作内容完成后，汛前即可拆除围堰。围堰拆除采用 1.6 m^3 液压反铲直接挖除，装入 15 t 自卸汽车运至弃渣场。堰体拆除时，采用倒退法施工。

施工导流阶段初步估计土方开挖工程量 20000 m^3，土方填筑工程量 15800 m^3，利用导流明渠开挖料填筑。

⑤闫河渠道倒虹吸施工程序。

闫河渠道倒虹吸施工程序：开工→施工准备→测量放线→导流明渠施工→一期围堰填筑→塔南路绕线修建（改线至下游斜管段与出口控制闸段位置）→管

身上游段(总干渠桩号Ⅳ36+614～Ⅳ36+874.02)基坑开挖→基础处理→管身上游段混凝土施工→上游段管身回填、防护及拆除一期导流围堰→塔南路恢复→进口区开挖,管身下游斜管段及出口渐变段、出口控制闸段开挖→基础处理→进口渐变段、进口检修闸段、管身下游斜管段及出口渐变段、出口控制闸段混凝土施工→管身回填、防护→金属结构、电气设备安装→房屋建筑施工→尾工处理。

2.5.3　施工降水

1. 基坑排水

围堰合龙后,基坑开挖过程中需要排除基坑积水、渗水,以利施工。排水包括初期排水、经常性排水和基坑降排水等。

(1) 初期排水。

根据现场考察的情况,上游围堰合龙后,等基坑位置积水不再自流后,再填筑下游围堰。下游围堰合龙后,普济河基坑约有 5000 m^3 积水,闫河基坑约有 7500 m^3 积水需要排除。基坑初期排水水泵的配置要兼顾经常性排水的需要,配置 6 台 QS40-25-5.5J 型潜水泵(5 用 1 备,扬程 25 m、流量 40 m^3/h、功率 5.5 kW)。

(2) 经常性排水。

根据基坑特点,四周坡脚设排水沟,在基坑底部的 4 个角处各挖 1 个积水坑,配备潜水泵作为经常性排水设施使用。水泵容量根据实际情况再做调整。

(3) 基坑降排水。

由于地下水位高出建筑物底部 9～12 m,为确保边坡稳定和基坑的干地施工,必须采取降排水措施。根据招标文件提供的地质资料,经管井渗流公式计算,两处倒虹吸施工时,在基坑外缘设置深井降水。

普济河渠道倒虹吸排水量根据均质含水层潜水完整井基坑近河岸涌水量计算,公式见式(2.5)～式(2.7)。

$$Q = 1.366K(2H - S)S/(\lg R - \lg x_0) \tag{2.5}$$

$$R = 1.95S(HK)^{1/2} \tag{2.6}$$

$$x_0 = (A/3.14)^{1/2} \tag{2.7}$$

式中:Q 为基坑开挖后的涌水量;K 为土层综合渗透系数;H 为含水层厚度,为 14.66 m;S 为满足基坑开挖的水位降低值;R 为管井抽水影响半径(水位降低值)；x_0 为基坑假想半径；A 为基坑面积。

基坑四周两期共需要布置 22 眼井，井深 60 m，直径 0.3 m，间距 30 m，配置 25 台 QJ10-65-12J 型潜水泵(3 台备用，扬程 65 m、流量 10 m^3/h、功率 12 kW)。

根据相关地质资料，闫河渠道倒虹吸基础下部存在承压水层，估计前期抽排水量比较大，根据均质含水层承压水完整井涌水量计算，公式见式(2.8)和式(2.9)。

$$Q = 2.73KMS/(\lg R - \lg x_0) = 4753\ m^3/d \tag{2.8}$$

$$x_0 = (F/3.14)^{1/2} \tag{2.9}$$

式中：Q 为基坑开挖后的涌水量；K 为土层综合渗透系数，根据招标文件可知细砂的渗透系数为 $5.8\times10^{-3}\sim1.5\times10^{-2}$ cm/s，渗透系数取为 5 m/d；M 为承压含水层厚度(6.7～7.9 m)，取值为 7.5 m；S 为满足基坑开挖的水位降低值，当前实测潜水位高程为 98.509～98.782 m，建基面高程为 86.69 m，考虑 1 m 的高程降深取 S 为 13.0 m；R 为管井抽水影响半径，取 160 m；x_0 为基坑假想半径；F 为基坑面积，基坑长 220 m，宽 80 m，取值 84 m。

基坑四周共需要布置 32 眼井，井深 45 m，直径 0.5 m，间距 30 m，配置 35 台 QJ40-60/2-7.5J 型潜水泵(3 台备用，扬程 60 m、流量 40 m^3/h、功率 7.5 kW)。

2. 渠道施工排水

渠道(桩号Ⅳ36＋300 以前)需采取降排水措施。在渠道挖至水位以上 1 m 左右时，开始排水井的施工。根据招标文件提供的地质资料，以及均质含水层潜水完整井涌水量计算，公式见式(2.10)。

$$Q = 1.366K(2H - S)S/(\lg R - \lg x_0) \tag{2.10}$$

式中：符号意义同式(2.5)～式(2.7)。

经管井渗流公式计算，在渠道回填区域外侧，沿渠道两侧各布置一排抽水井，井深 50 m，间距 60 m，直径 30 cm。经计算，每口井的渗流量约为 20 m^3/h，配置 QJ20-60-15J 型潜水泵[扬程 60 m、流量 20 m^3/h、功率 15 kW、3×1.5 电缆 50 m 长(3 指 3 根线芯，1.5 指电线截面积为 1.5 mm^2)]。支排水管为 ϕ75 mm 的塑料管，渠外设汇集管(ϕ300 mm 的钢管)。渠道每 400～500 m 一段，流水作业施工，每段在含水层开挖前一个月开始降水。

桩号Ⅳ36＋300 以后的渠道地下水位低于渠底板，只需排除雨水及施工弃水，明渠开挖采用分层开挖，开挖区域在水平面上保持不小于 1%的坡度，并开

挖临时排水沟槽。然后在最低处挖积水坑，以保证雨水和施工弃水能够向低处汇集。最后架设潜水泵集中排出施工作业区范围。

3. 降水井施工及运行

(1) 测量定位，埋设井口护筒。修建临时施工道路、钻井平台和泥浆沉淀池，进行测量定位，确定降水井的位置。经检查无误后，埋设井口钢护筒。护筒采用厚度为3 mm的钢板加工而成，护筒直径1 m，高1.5～2.0 m，埋入地下1～1.5 m，护筒外用黏土填实，以防井口坍塌。

(2) 钻机安装就位。安装钻机前，对钻机进行全面检查、维护保养，保持良好状态，如动力系统、升降系统、钻塔各部件及有关辅助设备、工具等。合理规划和布置电力系统、供水系统。安装钻机塔身时，采取安全措施，任何人不得在钻塔起落范围内通过和停留。整体起落钻机时，操作要平稳、准确。钻机卷扬机或绞车低速运行，以保持钻机塔架平稳升降，防止钻机突然倾倒、碰坏和伤人。

(3) 钻井成孔。采用SPJ-300型钻机钻进，孔径800 mm。在钻井过程中，由操作人员根据地质特征及孔内实际情况掌握好钻井速度、泥浆浓度。严格控制钻孔的垂直度，以保证混凝土透水管顺利下入井内。按设计要求，选用直径800 mm三叶或四锥形钻头，正循环钻进，一次成孔。配套水泵为BWT450/12泥浆泵，最大工作压力不低于1.2 MPa，输浆量不低于5 L/s。泥浆泵排除的泥浆排入泥浆沉淀池，经沉淀后的水经水沟自流入井孔。在钻井过程中，做好原始记录。

(4) 混凝土管安装。成井后，首先置换孔内浓泥浆，降低孔内泥浆比重，但要保证孔内不坍塌，泥浆比重控制在1.01～1.04 g/cm^3。接着按照设计的各种管节顺序下直径为500 mm(内径为400 mm)的混凝土透水管，管外采用一层80目尼龙纱网作为过滤器，用12＃镀锌铁丝箍紧。底端配置2 m高混凝土盲管，用硬木托盘和钢丝绳揽吊，缓慢下落孔内，直至预定深度。最后盲管上接混凝土透水管，管口要对齐，管中心与成井中心要重合。为了防止井管安装偏移，沿管壁每隔2 m设导向木一组。

(5) 滤料回填。混凝土透水管下入孔内后，开始回填滤料，管壁与孔壁之间有15 cm厚的滤料层，滤料采用粒径1～5 mm优质绿豆砂回填，作为过滤层。滤料填至基坑底部高程后，填筑黏土封口。孔口顶部应高出周边地面10～20 cm，以防外部雨水流入井内，回填料及回填工艺要认真做好原始记录。

(6) 洗井。虽然采用正循环工艺钻孔，但是沉淀后再使用的泥水内含有一定的泥浆。为了使降水井达到良好的降水效果，滤料填充完成后，应立即洗井，采用潜水泵进行大降深抽水，使残留在滤料内的泥浆被水流带出来，增加其透水性能。一般抽 4～5 h 出现清水即可。

(7) 供电、排水系统安装。水泵应在距井底 1 m 处，采用钢丝绳悬吊，自制的手摇轱辘提升。水管采用 ϕ75 mm 的高压软管，直接从每口井井内敷设至集水总管，将水排入河道。降水供电采用独立的线路，其他施工电源不得接线。主供电线路采用截面积 35 mm^2 的电缆沿井敷设，敷设两条线路。两条线路按井间隔供电，即使一条被意外破坏，还有一半的井可以继续抽水，防止地下水位上升浸泡基坑。每一口井旁边设一电源控制开关，独立控制，在水泵出现问题时不至于影响其他的井抽水。考虑到工程降水不能间断，备用发电机、备用电源与系统电源之间设切换控制设备。在系统电源停电后，10 min 内可以启动备用电源并供电，以确保基坑安全。

(8) 降水井运行管理。降水井设专人 24 h 进行管理运行，确保降水连续进行。前期降水井全部投入使用，通过观测管观测到地下水位达到预计高程后，可适当调整抽水井数量，使地下水位保持在开挖底板以下 1.5 m 左右。每天至少观测地下水位 2 次，在雨季或河水位上升时，应加大观测频率，确保降水安全运行。

第3章 基础处理工程

3.1 概 述

基础是构成建筑物的一个部分，位于建筑物的下部，常常在地面以下或水下。作为水工建筑物，还有一类结构物，它们处在基础的位置，其作用主要是截断或削减地基中的渗流，有的兼有承重、传力的能力，也归于基础工程中。

基础处理是指通过采取人工措施，改善和改变地基土(或岩石)的性质，使之能够满足上部结构(包括基础)要求的工程措施。水工建筑物对地基的要求一般为需有承载能力(抗压强度)、刚度(变形模量)、抗滑稳定性(抗剪强度)和抗渗性能(渗透系数或透水率、渗透破坏比降)等。

3.1.1 水工建筑物的地基分类

水工建筑物的地基分为两大类型，即基岩和软基。

基岩是由岩石构成的地基，又称“硬基”。其处理的目的包括从整体上改善岩基的强度、刚度和防渗性能以及对软弱岩体进行加固。常用的方法有水泥灌浆、化学灌浆、预应力锚固以及对局部软弱带进行开挖置换。

软基即软土地基，是指强度低、压缩量较高的软弱土层，多数含有一定的有机物质。其处理的目的是提高该段地基的稳定性和承载能力。常用的方法有强夯法、堆载预压法、换填垫层法等。

覆盖层地基处理的目的包括软土地基加固和透水地层防渗。加固的方法主要有开挖置换、预压、排水、降水、夯实固结、注浆挤密、振冲挤密、深搅、高喷固结、土层锚杆等；防渗处理的方法主要有设置帷幕灌浆、高喷灌浆防渗墙以及深层搅拌防渗墙、各种槽孔型防渗墙(混凝土防渗墙、自凝灰浆或固化灰浆防渗墙)、桩柱式防渗墙等。

3.1.2 水工建筑物地基基础的施工特点

（1）直接事关建筑物的安危。由于水工建筑物承载情况复杂，运行条件的不利因素多，地基与基础非常重要。

（2）技术复杂，前期工作重要。为了避免或减少大的失误，减少损失，地质勘探工作应做细，需要在施工前进行必要的补充勘探或现场施工试验。

（3）为隐蔽工程，施工过程质量重要。地基基础工程是隐蔽工程，工程完工以后难以进行直观的质量检查和评定，其质量缺陷在运行使用阶段方能暴露出来，一旦发生质量缺陷或事故，返工修补十分困难。

3.1.3 基础处理方法的分类

基础处理方法的分类多种多样。如按时间可分为临时处理和永久处理；按处理深度可分为浅层处理和深层处理；按处理土性对象可分为砂性土处理和黏性土处理、饱和土处理和非饱和土处理。

水利水电工程基础处理方法主要有开挖，灌浆，防渗墙、桩基础施工，还有置换法、排水法以及挤实法等。

（1）开挖。开挖处理是将不符合设计要求的覆盖层、风化破碎有缺陷的岩层挖掉，是基础处理常用的方法。

（2）灌浆。灌浆是利用灌浆泵的压力，通过钻孔、预埋管路或其他方式，把具有胶凝性质的材料（水泥）和掺合料（如黏土等）与水搅拌混合的浆液或化学溶液灌注到岩石、土层的裂隙，洞穴，混凝土的裂隙、接缝内，以达到加固、防渗等工程目的的技术措施。

（3）防渗墙施工。防渗墙施工是使用专用机具钻凿圆孔或直接开挖槽孔，以泥浆护壁，孔内浇灌混凝土或其他防渗材料，或安装预制混凝土构件，形成连续的地下墙体。

（4）桩基础施工。桩基础可将建筑物荷载传到深部地基，起增大承载力、减小或调整沉降等作用。桩基础有打入桩、灌注桩、旋喷桩和深层搅拌桩。打入桩施工是将不同材料制作的桩，采用不同工艺打入、振入或插入地基。灌注桩施工是向使用不同工艺钻出的不同形式的钻孔内，灌注砂、砾石（碎石）或混凝土，建成砂桩、砾（碎）石桩或混凝土桩。旋喷桩是利用高压旋流喷射，将地层与水泥基质浆液搅拌混合而成的圆断面桩。深层搅拌桩是以机械旋转方法搅动地层，同

时注入水泥基质浆液或喷入水泥干粉，在松散细颗粒地层内形成的桩体。

（5）置换法。置换法是将建筑物基础底面以下一定范围内的软弱土层挖去，换填无侵蚀性和低压缩性的散粒材料，从而加速软土固结的一种方法。

（6）排水法。排水法是采用砂垫层、排水井、塑料多孔排水板等，使软基表层或内部形成水平或垂直排水通道，然后在土壤自重或外荷压载作用下，加速土壤中的水分排出，使土壤固结的一种方法。

（7）挤实法。挤实法是将某些填料，如砂、碎石或生石灰等，用冲击、振动或两者兼有的方法压入土中，形成一个柱体，将原土层挤实，从而增加地基强度的一种方法。

3.2　基础开挖与基础清理

3.2.1　坝基处理内容、施工特点和注意事项

1. 坝基处理内容

（1）清理地表物及软弱覆盖层。

（2）坝基坡段岩石开挖和砂砾石地基修整。

（3）防渗体部位坝基和岸坡岩面封闭及顺坡处理。

（4）明挖截水槽。

（5）基坑排水及渗水处理。

2. 坝基处理施工特点

（1）坝基和岸坡开挖处理是坝体施工关键路线上的关键工作，工期紧迫。

（2）施工程序受导流方式和坝区地形的制约，河床部分的处理需在围堰保护下进行。

（3）防渗体部位的坝基和岸坡处理技术要求高，应严格控制施工质量。

（4）一般施工场地较狭窄，工程量集中，工序多，交叉施工多，相互干扰较大，施工受渗水和地表水的影响。因此，要合理安排开挖程序，规划和布置好施工道路和排水系统。

（5）工期安排和施工机械设备的数量要留有足够的富余，以免气象及地质

情况变化，工程量增加，或因停电等意外事故延误工期。

3. 坝基处理施工注意事项

（1）一般开挖顺序是自上而下、先岸坡后河床。在河床比较开阔、上下施工干扰能够避免的场合，可同时开挖河床台地与岸坡。

（2）施工程序要与导流方式相协调。

（3）宜在填筑前一天完成堆石体岸坡的开挖清理工作。

（4）要考虑水文、气象条件对施工的影响。

（5）坝基开挖料可以用于坝体填筑的，应安排好填筑部位，尽量做到开挖料直接上坝填筑，减少坝外堆放、二次回采土方量；不能用于坝体填筑的料物，应尽量作为围堰或其他临建工程的填方，或安排好弃料场地。

（6）坝基固结灌浆和帷幕灌浆施工安排：①坝内未设灌浆廊道的河床段，坝基固结灌浆、帷幕灌浆宜在坝体填筑前完成，可在心墙填筑到一定高程时进行河床段灌浆施工。岸坡灌浆可以和下部填筑平行进行，但不得影响防渗体填筑期。②对设置灌浆廊道的工程，帷幕灌浆施工和填筑作业可以同时进行，但应与水库蓄水过程相协调。

3.2.2 坝基与岸坡处理施工

（1）基础面施工。

应清除全部树木、草皮、乱石及各种建筑物；清除表层黏土、淤泥、细沙、耕植层；按设计要求处理风化岩石、堆积物、残积物、滑坡体等；彻底处理水井、泉眼、洞穴及勘探孔洞、竖井、试坑。

（2）坝壳区基础面处理。

①非岩基面处理。河床覆盖层按要求开挖至合适基础后，挖坑取样进行试验，然后根据规范要求用振动碾进行压实，即为坝基基础。对于土基础，在对其表面进行清理后，按设计要求进行压实或不压实。

②岩基面处理。清除植被及表面松散浮渣后，可以填筑基础。对于较大的凹坑、陡坎和陡坡，按设计要求予以适当处理（用混凝土、浆砌石补填或者削除）。填筑堆石时，注意避免大块料的集中和适当补充小粒径石料。

③基础面验收。处理完成后，应进行验收。

（3）渗体基础处理。

①表面修整。修整局部凹凸不平的岩面，即凿除明显的台阶、岩坎、反坡，清

除表面岩坎、浮渣，用混凝土填补凹坎等，以达到对外形轮廓的要求。对于可能风化破坏的岩土面应预留保护层或进行适当的保护。

②岩面封闭。对于高坝和节理(裂隙)发育、渗水严重的低坝地基，防渗体(包括反滤)基础一般用混凝土板封闭岩面并作为基岩固结灌浆和帷幕灌浆作业的盖板。对于低坝岩石地基，当岩石较完整且裂隙细小时，在清理节理内的充填物后，冲洗干净，用混凝土或砂浆封闭处理张开的节理和断层。

③断层、破碎带处理。一般断层和破碎带，按其宽度的 1～1.5 倍挖槽，用混凝土回填处理。有的工程会再浇筑帷幕盖板混凝土，跨断层布设一层钢筋网。

3.2.3　坝基开挖

1. 坝基开挖的施工内容

坝基开挖的施工内容主要包括以下七项：①布置施工道路；②选择开挖程序；③确定施工方法；④土石方平衡；⑤爆破安全控制及施工安全措施；⑥质量控制要求；⑦环境污染的治理措施。

其中，坝基开挖的一般原则是自上而下顺坡开挖。坝基开挖程序的选择与坝型、枢纽布置、地形地质条件、开挖量、导流方式及导流程序等因素有关。其中，导流方式及导流程序是主要因素。

2. 坝基开挖方式

确定开挖程序以后，开挖方式的选择主要取决于开挖深度、具体开挖部位、开挖量、技术要求以及投入的施工机械和设备类型等。

(1) 薄层开挖。基岩开挖深度小于 4.0 m，采用浅孔爆破的方法。根据不同部位，采取的开挖方式有劈坡开挖、大面积浅孔爆破开挖、结合保护层开挖、一次爆除开挖方法等。

(2) 分层开挖。开挖深度大于 4.0 m，一般采用分层开挖。开挖方式有自上而下逐层开挖、台阶式分层开挖、竖向分段开挖、深孔与洞室组合爆破开挖以及洞室爆破开挖等。影响分层厚度选择的因素主要有：①地形地质条件；②道路布置；③设计结构尺寸；④钻孔机械规格、类型及钻孔直径、钻孔深度；⑤挖掘装载机械装渣作业的适应性；⑥爆破作业的基本技术要求。

(3) 开挖方法。一般石方爆破开挖方法主要为浅孔、深孔梯段爆破，并尽可能采用控制爆破技术。

(4) 保护层开挖施工。①保护层厚度的确定。保护层开挖施工采用预留保护层时,须通过现场爆破试验确定层厚,并采用控制爆破技术进行开挖。②一般开挖方法。保护层一般开挖方法即逐层开挖方法,常采用浅孔小炮爆破方式。可分三层开挖:第一层,采用梯段爆破方法,炮孔不得穿入距建基面 1.5 m 的范围。第二层,对节理不发育、较发育、发育和坚硬的岩体,炮孔不得穿入距建基面 0.5 m 的范围;对节理极发育和软弱岩体,炮孔不得穿入距水平建基面 0.7 m 的范围。第三层,对节理不发育、较发育、发育和坚硬、中等坚硬的岩体,炮孔不得穿过水平建基面;对节理极发育和软弱的岩体,炮孔不得穿过距水平建基面 0.2 m 的范围,剩余 0.2 m 厚的岩体应进行撬挖。

3.2.4 堤基处理

软弱堤基包括软黏土、湿陷性黄土、易液化土、膨胀土、泥炭土和分散性黏土堤基等。为提高堤基的强度和稳定性,确保堤防工程安全,除挖除置换软弱土层外,也可采取其他相应的处理措施。

1. 垫层法

(1) 加固原理。

在软弱堤基上铺设垫层可以扩散堤基承受的荷载,减少堤基的应力和变形,提高堤基的承载力,从而使堤基满足稳定性的要求。

(2) 适用范围。

垫层法适用于深度 2.5 m 内的软弱土,不宜用于加固湿陷性黄土堤基和膨胀土堤基。

(3) 施工材料。

采用垫层法施工时,其透水材料可以使用砂、砂砾石、碎石及土工织物,各透水材料可单独使用,亦可多者结合使用。

(4) 施工要点。

①铺筑垫层前,要清除基底的浮土、淤泥、杂物等。

②垫层底面尽量铺设在同一高程上。当垫层深度不同时,要按先深后浅的顺序施工,交接处挖成踏步或斜坡状搭接,并加强对搭接处的压实处理。

③垫层要分层铺设,分层夯实或压实。可采用平振法、夯实法、碾压法等。根据压实方法确定每层铺设厚度。在现场通过试验确定夯实、碾压遍数,振实时间。

④人工级配的砂石，施工前，要将砂石拌和均匀，再铺垫夯实或压实。

2. 强夯法

（1）加固原理。

用起吊设备将具有一定质量的夯锤吊起，从高处自由落下，对地基进行反复夯击，地基强烈的冲击和振动，使得软弱土孔隙中的气体和液体排出，迫使土体孔隙压缩，使土粒重新排列，从而提高地基的强度，降低地基的压缩性。

（2）适用范围。

适用于加固碎石土、砂土、黏性土、湿陷性黄土、杂填土堤基等各类软弱堤基及消除粉细砂液化现象。

（3）施工设备。

施工设备主要有夯锤、起吊设备、脱钩装置。

（4）施工要点。

①强夯前，首先进行场地平整，然后按夯点布置测量放线，并在每个夯点中心做好标记，其偏差控制在 5 cm 以内。

②当地下水位较高或在黏性土、湿陷性黄土上强夯时，可在表面铺设一层厚 50～200 cm 的砂、砂砾或者碎石垫层，以防止设备下陷，便于消散强夯产生的孔隙水压力。

③可分段进行强夯施工，从边缘向中央，从一边向另一边进行。每夯完一遍，用填料填平夯坑，再用推土机整平场地，放线定位，进行下一遍夯击，直至将计划的夯击遍数夯完为止。

④夯击时，按试验和设计确定的强夯参数进行。落锤要保持平稳，夯位要准确。应及时排除夯击坑内的积水。坑底含水量过大时，可铺砂石后再进行夯击。

⑤强夯时，要对每一夯击点的夯击能量、夯击次数和每次夯沉量等做好详细的现场记录。

⑥夯击时，要做好安全防范措施，现场施工人员均戴好安全防护用品。

（5）效果检测。

①标准贯入试验。在现场测定砂或黏性土的地基承载力。

②动力触探试验。通过试验判断土的力学特性。

③静力触探试验。通过试验确定土的基本物理力学特性，如土的变形模量、土的容许承载力等。

④室内土工试验。从探井、钻孔中采集土样，在试验室中对土料在强夯前后

的物理性能、颗分、标准贯入、干容重、孔隙比进行测试并分析比较。

3. 振冲法

本部分内容详细叙述见本章“3.7.3 振冲法”相关内容，这里不做赘述。

3.3 基岩灌浆

3.3.1 基岩灌浆的分类

水工建筑物的岩石基础，一般需要分别进行帷幕灌浆、固结灌浆和接触灌浆处理，如图 3.1 所示。

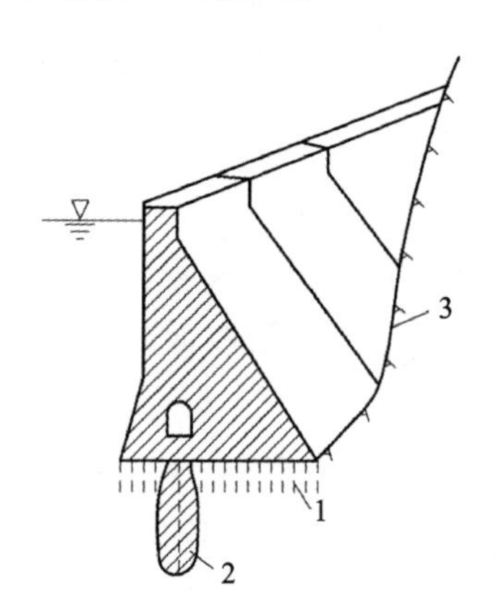

图 3.1 基岩灌浆示意图

1—固结灌浆；2—帷幕灌浆；3—接触灌浆

(1) 帷幕灌浆。

布置在靠近上游迎水面的坝基内，形成一道连续的防渗幕墙。其目的是减少坝基的渗流量，降低坝底渗透压力，保证基础的渗透稳定。帷幕灌浆的深度主要由作用水头和地质条件等确定，较之固结灌浆要深得多，有些工程的帷幕深度超过百米。在施工中，通常采用单孔灌浆，所使用的灌浆压力比较大。

一般安排帷幕灌浆在水库蓄水前完成，有利于保证灌浆的质量。由于帷幕灌浆的工程量较大，与坝体施工在时间安排上有矛盾，所以通常安排在坝体基础灌浆廊道内进行。这样既可实现坝体上升与基岩灌浆同步进行，又为灌浆施工提供了一定厚度的混凝土压重，有利于提高灌浆压力，保证灌浆质量。对于高坝的帷幕灌浆，常常要深入两岸坝肩较大范围的岩体中，一般需要在两岸分层开挖灌浆平洞。许多工程在坝基与两岸山体中所形成的地下帷幕灌浆，其面积较之可见的坝体挡水面要大得多。

(2) 固结灌浆。

固结灌浆的目的是提高基岩的整体性与强度，并降低基础的透水性。当基岩地质条件较好时，一般可在坝基上、下游应力较大的部位布置固结灌浆孔；在

地质条件较差而坝体较高的情况下，需要对坝基进行全面的固结灌浆，甚至在坝基以外上、下游一定范围内也要进行固结灌浆。一般灌浆孔的深度为5～8 m，也有深达15～40 m的，各孔在平面上呈网格状交错布置。通常采用群孔冲洗和群孔灌浆。

固结灌浆宜在一定厚度的坝体基层混凝土上进行，可以防止基岩表面冒浆，并采用较大的灌浆压力，提高灌浆效果，同时兼顾坝体与基岩的接触灌浆。如果基岩比较坚硬、完整，为了加快施工进度，可直接在基岩表面进行无混凝土压重的固结灌浆。在基层混凝土上进行钻孔灌浆，必须在相应部位混凝土的强度达到50%设计强度后方可开始。或者先在岩基上钻孔，预埋灌浆管，待混凝土浇筑到一定厚度后再灌浆。

同一地段的基岩灌浆，必须按先固结灌浆后帷幕灌浆的顺序进行。

(3) 接触灌浆。

接触灌浆的目的是加强坝体混凝土与坝基或岸肩之间的结合能力，提高坝体的抗滑稳定性。一般是使用混凝土钻孔压浆或预先在接触面上埋设灌浆盒及相应的管道系统，也可结合固结灌浆进行。接触灌浆应安排在坝体混凝土达到稳定温度以后进行，以防止混凝土收缩产生拉裂。

灌浆技术不仅大量运用于大坝的基岩处理，而且是进行水工隧洞围岩固结、衬砌回填、超前支护、混凝土坝体接缝以及建(构)筑物补强、堵漏等的主要措施。

3.3.2　灌浆设备、机具和灌浆材料

1. 灌浆设备和机具

(1) 钻探机。宜采用回转式钻机，如XY-2型液压立轴式钻机或其他适宜的钻机。

(2) 搅拌机。常用搅拌机有ZJ-400L型、GZJ-200型高速搅拌机，NJ-100L型低速搅拌机和200L×2型双层贮浆筒。

(3) 灌浆泵。常用灌浆泵有TBW-100/100型灌浆泵或BW250/50型泥浆泵等。灌注纯水泥浆液应采用多缸柱塞式灌浆泵。容许工作压力应大于最大灌浆压力的1.5倍。

(4) 压力表。使用压力宜为压力表最大标准值的1/4～3/4。应经常检定压力表，不合格的严禁使用。应在压力表与管路之间设隔浆装置。

(5) 灌浆管路。应保证能承受1.5倍的最大灌浆压力。

(6) 水泥湿磨机。常用水泥湿磨机有长江科学院研制的 JTM135S-1 型湿磨机和 JTM 胶体磨(转速为 3000 r/min)。

(7) 自动记录仪。可采用 GJY-Ⅲ型、GY-Ⅳ型或 J-31 型等微机自动记录仪,以提高灌浆记录的准确性和工作效率。

(8) 灌浆压力大于 3 MPa 时,应采用高压灌浆泵、高压灌浆塞、耐蚀灌浆阀门、钢丝编织胶管、大量程压力表、孔口封闭器或专用高压灌浆塞。

(9) 集中制浆站的制浆能力应满足灌浆高峰期所有机组用浆需要。制浆站应配置除尘设备。

(10) 所有灌浆设备应做好维护保养,保证正常工作状态,并有必要的备用量。

2. 灌浆材料

基本上,灌浆材料可分为两类。一类是固体颗粒的灌浆材料,如水泥、黏土、砂等。用固体颗粒浆材制成的浆液,其颗粒处于分散的悬浮状态,是悬浮液。另一类是化学灌浆材料,如环氧树脂、聚氨酯、甲凝等。由化学浆材制成的浆液是真溶液。

岩石地基固结灌浆材料和帷幕灌浆材料均以水泥浆液为主。遇到一些特殊地质条件,如断层、破碎带、微细裂隙等,当使用水泥浆液难以达到预期效果时,采用化学灌浆材料作为补充,而且化学灌浆多在水泥灌浆基础上进行。砂砾石地基帷幕灌浆材料则以水泥黏土浆为主。

(1) 浆液的选择。

在地基处理灌浆工程中,浆液的选择非常重要,在很大程度上关系到帷幕的防渗效果、地基岩石在固结灌浆后的力学性能以及工程费用。因此,研究灌浆材料及其配浆工作一直是灌浆工程中的一个重要课题。由于灌浆的目的和地基地质条件的不同,组成浆液的基本材料和浆液中各种材料的配合比例也有很大的变化。

在选择灌注浆液时,一般满足如下要求。①浆液在受灌的岩层中应具有良好的可灌性,即在一定的压力下,能灌入受灌岩层的裂隙、孔隙或空洞中,充填密实。这对微细裂隙岩石的处理尤为重要。②浆液硬化成结石后,应具有良好的防渗性能、必要的强度和黏结力。帷幕灌浆在长期高水头作用下,应能保持稳定,不受冲蚀,耐久性强;固结灌浆应能满足地基安全承载和稳定的要求。③为便于施工和增大浆液的扩散范围,浆液须具有良好的流动性。④浆液应具有较

好的稳定性，析水率低。

基岩灌浆以水泥灌浆最普遍。灌入基岩的水泥浆液，由水泥与水按一定配合比制成，水泥浆液呈悬浮状态。水泥灌浆具有灌浆效果可靠、灌浆设备与工艺比较简单、材料成本低廉等优点。

水泥浆液所采用的水泥品种，应根据灌浆目的和环境水的侵蚀作用等因素确定。一般情况下，可采用不低于 42.5 级的普通硅酸盐水泥或硅酸盐大坝水泥。如有耐酸等要求时，选用抗硫酸盐水泥。由于矿渣水泥与火山灰质硅酸盐水泥具有析水快、稳定性差、早期强度低等缺点，一般不宜使用。

水泥颗粒的细度对于灌浆的效果有较大影响。水泥颗粒越细，越能灌入细微的裂隙中，水泥的水化作用也越完全。对于帷幕灌浆，对水泥细度的要求为通过 80 μm 方孔筛的筛余量不大于 5%。灌浆用的水泥要符合质量标准，不得使用过期、结块或细度不合要求的水泥。

对于岩体裂隙宽度小于 200 μm 的地层，一般普通水泥制成的浆液难于灌入。为了提高水泥浆液的可灌性，自 20 世纪 80 年代以来，许多国家陆续研制出各类超细水泥，并在工程中得到广泛应用。超细水泥颗粒平均粒径约为 4 μm，比表面积为 8000 cm^2/g，它不仅具有良好的可灌性，而且在结石体强度、环保及价格等方面具有优势，特别适合细微裂隙基岩的灌浆。

在水泥浆液中掺入一些外加剂（如速凝剂、减水剂、早强剂及稳定剂等），可以调节或改善水泥浆液的一些性能，满足工程对浆液的特定要求，提高灌浆效果。应通过试验确定外加剂的种类及掺入量。有时为了灌注大坝基础中的细砂层，也常采用化学灌浆材料。

（2）浆液类型。

①水泥浆。水泥浆的优点是：胶结情况好，结石强度高，制浆方便。缺点是：水泥价格高；颗粒较粗，细小孔隙不易灌入；浆液稳定性差，易沉淀，常会过早地将某些渗透断面堵塞，因而影响灌浆效果；灌浆时间较长时，易将灌浆器胶结，难以起拔。灌注水泥浆时，其配合比常分为 10∶1、5∶1、3∶1、2∶1、1.5∶1、1∶1、0.8∶1、0.6∶1、0.5∶1 九个比级，也可采用稍小一些的比级。灌浆开始时，采用最稀一级的浆液，后续根据砂砾层单位吸浆量的情况，逐级变浓。

②水泥黏土浆。水泥黏土浆是一种最常使用的浆液，国内、外大坝砂砾层灌浆大多数采用这种浆液。其主要优点是：稳定性好；能灌注细小孔隙；天然黏土材料较多，可就地取材，费用比较低廉；防渗效果好。水泥黏土浆中，水泥和黏土的比例多为水泥∶黏土＝1∶1～1∶4（质量比），浆液浓度范围多为干料∶水＝

1∶1～1∶3(质量比)。

③黏土浆。黏土浆胶结慢、强度低,多用于砂砾层较浅,承受水头也不大的临时性小型防渗工程。

④水泥黏土砂浆。为了有效堵塞砂砾层中的大孔隙,当吸浆量很大,采用上述浆液难以奏效时,有时在水泥黏土浆中掺入细砂,掺量的多少视具体情况而定。这种浆液仅用于处理特殊地层,一般情况下不采用。

⑤硅酸盐浆液、丙凝、聚氨酯及其他灌浆材料。为了进一步降低帷幕的渗透性,有一些大坝的防渗帷幕在使用水泥黏土浆灌注后,再用硅酸盐浆液或丙凝进行附加灌浆。

3.3.3 水泥灌浆的施工

任一工程的坝基灌浆处理,一般在施工前均需进行现场灌浆试验。通过试验,可以了解坝基的可灌性,确定合理的施工程序与工艺及灌浆参数等,为进行灌浆设计与编制施工技术文件提供主要依据。

下面主要介绍基岩灌浆施工中的主要环节与技术,包括钻孔、钻孔(裂隙)冲洗、压水试验、灌浆的方法与工艺、灌浆的质量检查等。

1. 钻孔

帷幕灌浆钻孔宜采用回转式钻机和金刚石钻头或硬质合金钻头,其钻进效率较高,不受孔深、孔向、孔径和岩石硬度的限制,还可钻取岩心。钻孔的孔径一般在 75～91 mm。固结灌浆则可采用各种合适的钻机与钻头。

钻孔的质量对灌浆效果影响很大。钻孔时应注意:①确保孔深、孔向、孔位符合设计要求;②力求孔径上下均一,孔壁平顺,这样灌浆栓塞能够卡紧、卡牢,灌浆时不致产生返浆;③钻进过程中产生的岩粉细屑较少,如产生过多的岩粉细屑,容易堵塞孔壁的缝隙,影响灌浆质量。

钻孔方向和钻孔深度是保证帷幕灌浆质量的关键。如果钻孔方向发生偏斜,钻孔深度达不到要求,则通过各钻孔所灌注的浆液不能连成一体,将形成漏水通路。

孔深的控制可根据钻杆钻进的长度推测。孔斜的控制比较困难,特别是钻设斜孔,掌握钻孔方向更加困难。在工程实践中,按钻孔深度不同规定了钻孔偏斜的容许偏差值,见表 3.1。当深度大于 60 m 时,容许的偏差应不超过钻孔间距。钻孔结束后,应对孔深、孔斜和孔底残留物进行检查,不符合要求的,采取补

救处理措施。

表3.1　钻孔孔底最大容许偏差值

钻孔深度/m	容许偏差/m
20	0.25
30	0.50
40	0.80
50	1.15
60	1.50

2. 钻孔(裂隙)冲洗

钻孔后，进入冲洗阶段。冲洗工作通常分为：①钻孔冲洗，冲洗残存在孔底和黏滞在孔壁上的岩粉、铁屑等；②岩层裂隙冲洗，将岩层裂隙中的充填物冲洗出孔外，以便浆液进入腾空的空间，使浆液结石与基岩胶结成整体。在断层、破碎带、宽大裂隙和细微裂隙发育等复杂地层中灌浆，冲洗的质量对灌浆效果影响极大。

一般采用灌浆泵将水压入孔内循环管路进行冲洗，如图3.2所示。将冲洗管插入孔内，用阻塞器将孔口堵紧，用压力水冲洗。也可采用压力水和压缩空气混合冲洗的方法。

钻孔冲洗时，将钻杆下到孔底，通入压力水进行冲洗。冲孔时流量要大，使孔内回水的流速足以将残留在孔内的岩粉、铁屑冲出孔外。冲孔一直要进行到回水澄清5～10 min才结束。

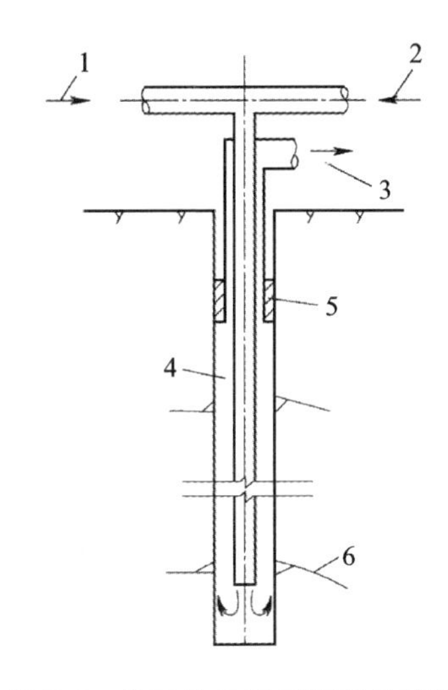

图3.2　钻孔冲洗孔口装置示意图

1—压力水进口；2—压缩空气进口；3—出口；4—灌浆器；5—阻塞器；6—岩层缝隙

3. 压水试验

在冲洗完成并开始灌浆施工前，一般要对灌浆地层进行压水试验。压水试验的主要目的是：测定地层的渗透特性，为岩基的灌浆施工提供基本技术资料。压水试验也是检查地层灌浆实际效果的主要方法。

压水试验的原理:在一定的水头压力下,通过钻孔将水压入孔壁四周的缝隙中,根据压入的水量和压水的时间,计算出代表岩层渗透特性的技术参数。

一般可采用单位吸水量 W 来表示岩层的渗透特性。所谓单位吸水量,是在单位时间内,单位水头压力作用下压入单位长度试验孔段内的水量。试验孔段长度和灌浆长度一致,一般为 5～6 m。采用纯压式压水方法时,单位吸水量可按式(3.1)计算。

$$W = \frac{Q}{LH} \tag{3.1}$$

式中:W 为单位吸水量[L/(min·m·m)];Q 为试验孔段压入流量(L/min);L 为压水试验段的长度(m);H 为试验孔段长度(m)。

灌浆施工时的压水试验,使用的压力通常为同段灌浆压力的 80%,但一般不大于 1 MPa。试验时,可在预定压力之下,每隔 5 min 记录一次流量读数,直到流量稳定 30～60 min,取最后的流量作为计算值,再按式(3.1)计算该地层的透水率 q。

对于构造破碎带、裂隙密集带、岩层接触带以及岩溶洞穴等透水性较强的岩层,应根据具体情况确定试验孔段的长度。同一试验段不宜跨越透水性相差悬殊的两种岩层,这样所获得的试验资料才具有代表性。如果地层结构比较单一、完整,透水性又较小时,可适当延长试验孔段长度,但不宜超过 10 m。另外,对于有岩溶泥质充填物和遇水性能恶化的地层,在灌浆前可以不进行裂隙冲洗,也不宜做压水试验。

4. 灌浆的方法与工艺

为了确保基岩灌浆的质量,必须注意以下问题。

(1) 钻孔灌浆的次序。

基岩的钻孔与灌浆应遵循分序加密的原则进行。一方面,可以提高浆液结石的密实性;另一方面,通过后灌序孔透水率和单位吸浆量的分析,可推断先灌序孔的灌浆效果,还有利于减少相邻孔串浆现象。

无盖重固结灌浆:钻孔的布置分为规则布孔和随机布孔两种。规则布孔形式分为正方形布孔和梅花形布孔两种。正方形布孔分为三序施工。随机布孔形式为梅花形布孔。断层构造岩可采用三角形加密或梅花形加密布置。

有盖重固结灌浆:钻孔按正方形和三角形布置。正方形中心布置加密灌浆孔,在试区四周布置物探孔,在正方形孔区设静弹模测试孔。断层地区采用梅花形布孔，并布设弹性波测试孔和静弹模测试孔。

对于岩层比较完整、孔深 5 m 左右的浅孔固结灌浆，可以采用两序孔进行钻灌作业；孔深 5 m 以上的中深孔固结灌浆，以采用三序孔施工为宜。固结灌浆最后序孔的孔距和排距与基岩地质情况及应力条件等有关，一般为 3～6 m。

对于帷幕灌浆，单排帷幕孔的钻灌次序是先钻灌第Ⅰ序孔，然后依次钻灌第Ⅱ、第Ⅲ序孔，如有必要，再钻灌第Ⅳ序孔，见图 3.3。

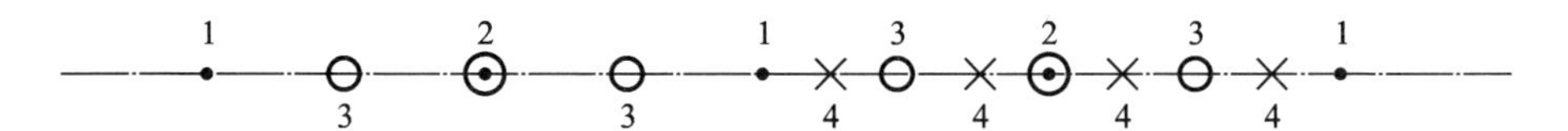

图 3.3　单排帷幕孔的钻灌次序

1—第Ⅰ序孔；2—第Ⅱ序孔；3—第Ⅲ序孔；4—第Ⅳ序孔

双排和多排帷幕孔，在同一排内或排与排之间，均应按逐渐加密的次序进行钻灌作业。双排帷幕孔通常先灌下游排，后灌上游排；多排帷幕孔先灌下游排，再灌上游排，最后灌中间排。在坝前已经壅水或有地下水活动的情况下，更有必要按照这样的次序进行钻灌作业，以免浆液过多流失到灌浆区范围外。

帷幕灌浆各个序孔的孔距视岩层完好程度而定，一般多采用第Ⅰ序孔孔距 8～12 m，然后内插加密，第Ⅱ序孔孔距 4～6 m，第Ⅲ序孔孔距 2～3 m，第Ⅳ序孔孔距 1～1.5 m。

(2) 注浆方式。

按照灌浆时浆液灌注和流动的特点，灌浆方式有纯压式和循环式两种。帷幕灌浆应优先采用循环式。

纯压式灌浆，是一次将浆液压入钻孔，并扩散到岩层缝隙里。灌注过程中，浆液从灌浆机向钻孔流动，不再返回，如图 3.4(a)所示。这种方法设备简单，操作方便，但浆液流动速度较慢，容易沉淀，造成管路与岩层缝隙堵塞，影响浆液扩散。纯压式灌浆多用于吸浆量大，有大裂隙存在，孔深不超过 12 m 的情况。

循环式灌浆，是灌浆机把浆液压入钻孔后，浆液一部分被压入岩层缝隙中，另一部分由回浆管路返回拌浆筒中，如图 3.4(b)所示。这种方法一方面可使浆液保持流动状态，减少浆液沉淀；另一方面可以根据进浆和回浆浆液比重的差别来了解岩层吸收情况，并作为判定灌浆结束的一个依据。

(3) 钻灌方法。

按照同一钻孔内的钻灌的顺序，钻灌有全孔一次钻灌和全孔分段钻灌两种方法。

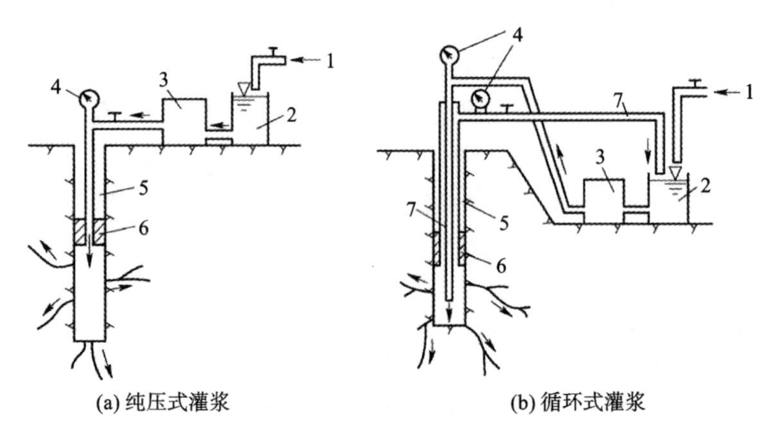

图 3.4　纯压式灌浆和循环式灌浆示意图

1—水；2—拌浆筒；3—灌浆泵；4—压力表；5—灌浆管；6—灌浆塞；7—回浆管

全孔一次钻灌是将灌浆孔一次钻到全深，并沿全孔进行灌浆。这种方法施工简便，多用于孔深不超过 6 m，地质条件良好，基岩比较完整的情况。全孔分段钻灌又分为自上而下分段钻灌法、自下而上分段钻灌法、综合灌浆法及孔口封闭灌浆法等。

①自上而下分段钻灌法。其施工顺序是：钻一段灌一段，待凝一定时间以后，再钻灌下一段，钻孔和灌浆交替进行，直到设计深度，如图 3.5 所示。这种方法的优点是：随着段深的增加，可以逐段增加灌浆压力，借以提高灌浆质量；由于上部岩层经过灌浆，形成结石，当下部岩层灌浆时，不易产生岩层抬动和地面冒浆等现象；分段钻灌、分段进行压水试验，压水试验的成果比较准确，有利于分析灌浆效果，估算灌浆材料的需用量。这种方法的缺点是：钻灌一段以后，要待凝一定时间，才能钻灌下一段，钻孔与灌浆交替进行，设备搬移频繁，影响施工进度。

②自下而上分段钻灌法。一次将孔钻到全深，然后自下而上逐段灌浆，如图 3.6 所示。这种方法的优缺点和自上而下分段钻灌法刚好相反。一般多用在岩层比较完整或基岩上部已有足够压重不致引起地面抬动的情况。

③综合灌浆法。在实际工程中，通常是接近地表的岩层比较破碎，越往下岩层越完整。因此，在进行深孔灌浆时，可以兼取以上两法的优点，上部孔段采用自上而下分段钻灌法，下部孔段则用自下而上分段钻灌法。

④孔口封闭灌浆法。施工顺序：先在孔口镶铸长度不小于 2 m 的孔口管，以便安设孔口封闭器；采用小孔径（直径 55～60 mm）的钻孔，自上而下逐段钻孔与

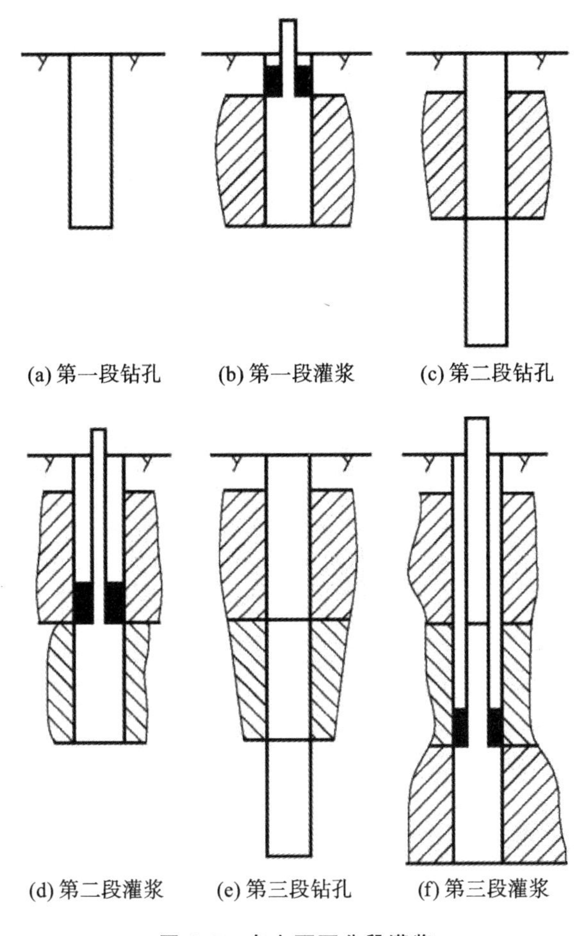

图 3.5　自上而下分段灌浆

灌浆；上段灌后不必待凝，进行下段钻灌，如此循环，直至终孔；可以多次重复灌浆，可以使用较高的灌浆压力。其优点是：工艺简便、成本低、效率高、灌浆效果好。其缺点是：当灌注时间较长时，容易造成灌浆管被水泥浆凝住的现象。该法对孔口封闭器的质量要求较高，以保证灌浆管灵活转动和上下活动。

需要说明的是，灌浆孔段的划分对灌浆质量有一定的影响。原则上说，应该根据岩层裂隙分布的情况来确定灌浆孔段的长度，每一孔段的裂隙分布应大体均匀，以便施工操作，提高灌浆质量。一般情况下，灌浆孔段的长度多控制在5～6 m。如果地质条件较好，岩层比较完整，可适当放长段长，但不宜超过 10 m；在岩层破碎、裂隙发育的部位，应适当缩短段长，可取 3～4 m；在破碎带、大裂隙等漏水严重的地段以及坝体与基岩的接触面，应单独分段进行处理。

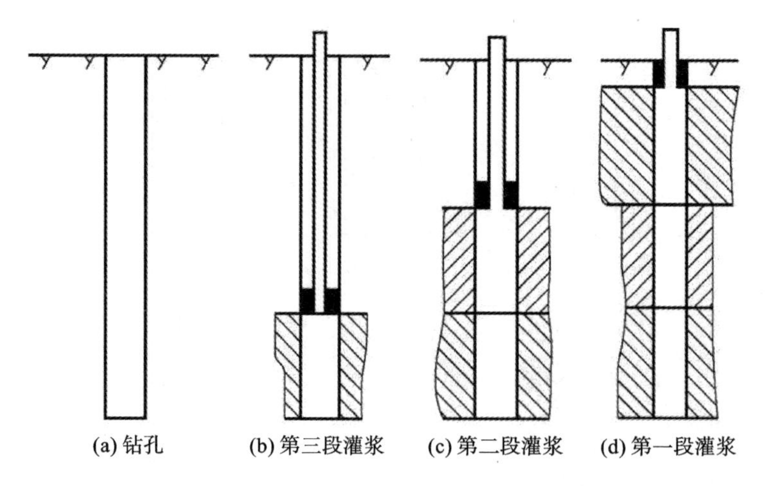

图 3.6　自下而上分段灌浆

(4) 灌浆压力。

灌浆压力通常是指作用在灌浆段中部的压力,可由式(3.2)来确定。

$$P = P_1 + P_2 \pm P_f \tag{3.2}$$

式中:P 为灌浆压力(MPa);P_1 为灌浆管路中压力表的指示压力(MPa);P_2 为计入地下水水位影响以后的浆液自重压力,浆液密度按最大值进行计算(MPa);P_f 为浆液在管路中流动时的压力损失(MPa)。

计算 P_f 时,如压力表安设在孔口进浆管上(纯压式灌浆),则按浆液在孔内进浆管中流动时的压力损失进行计算,在式(3.2)中取负号;当压力表安设在孔口回浆管上(循环式灌浆),则按浆液在孔内环形截面回浆管中流动时的压力进行计算,在式(3.2)中取正号。

灌浆压力是控制灌浆质量、提高灌浆经济效益的重要因素。确定灌浆压力的原则是:在不破坏基础和坝体的前提下,尽可能采用比较高的压力。高压灌浆可以使浆液更好地压入细小缝隙内,增大浆液扩散半径,析出多余的水分,提高灌注材料密实度。

灌浆压力的大小,与孔深、岩层性质、有无压重以及灌浆质量要求等有关,可参考类似工程的灌浆资料,特别是通过现场灌浆试验成果确定,并且在具体的灌浆施工中结合现场条件调整。帷幕灌浆是在混凝土压重条件下进行的,其表层孔段的灌浆压力宜不小于 1.5 倍帷幕的工作水头,底部孔段宜不小于 2 倍帷幕的工作水头。固结灌浆若为浅孔,且无盖重时,其压力可采用 0.2～0.5 MPa;有盖重时,可采用 0.3～0.7 MPa。在地质条件较差或软弱岩层中,应适当降低灌

浆压力。

通常，将灌浆压力大于4 MPa的灌浆称为“高压灌浆”，如隔河岩工程的帷幕灌浆，其灌浆压力达到5 MPa。但灌浆压力不能过高，压力过高会导致岩体裂隙扩大，引起基础或坝体的抬动变形。

(5) 灌浆压力和浆液稠度的控制。

在灌浆过程中，合理控制灌浆压力和浆液稠度是提高灌浆质量的重要保证。灌浆过程中，基本上灌浆压力的控制有两种方法，即一次升压法和分级升压法。

①一次升压法。灌浆开始后，一次将压力升高到预定的压力，并在这个压力作用下灌注由稀到浓的浆液。当每一级浓度的浆液注入量和灌注时间达到一定限度以后，变换浆液配合比，逐级加浓。随着浆液浓度的增加，裂隙将被逐渐充填，浆液注入率将逐渐减小，当达到结束标准时，结束灌浆。这种方法适用于透水性不大、裂隙不甚发育、岩层比较坚硬完整的地方。

②分级升压法。将整个灌浆压力分为几个阶段，逐级升压直到预定的压力。从最低一级压力起灌，当浆液注入率减小到规定的下限时，将压力升高一级，如此逐级升压，直到预定压力。

分级升压法的压力分级不宜过多，一般以三级为限，如分为 $0.4P$、$0.7P$ 及 P 三级，P 为该灌浆段预定的灌浆压力。浆液注入率的上、下限视岩层的透水性和灌浆部位、灌浆次序而定，通常上限可定为80～100 L/min，下限为30～40 L/min。在遇到岩层破碎、透水性很大或有渗透途径与外界连通的孔段时，可采用分级升压法。如果遇到大的孔洞或裂隙，则应按特殊情况处理。处理的原则一般是低压浓浆，间歇停灌，直到符合规定的标准结束灌浆。待浆液凝固后再重新钻开，进行复灌，以确保灌浆质量。

灌浆过程中，还必须根据灌浆压力或吸浆率的变化情况，适时地调整浆液的稠度，使岩层的大小缝隙既能灌饱，又不浪费。按先稀后浓的原则控制浆液稠度，这是由于稀浆的流动性较好，宽细裂隙都能进浆，使细小裂隙先灌饱，后随着浆液稠度逐渐变浓，其他较宽的裂隙也能逐步得到良好的充填。对于帷幕灌浆的浆液配合比即水灰比，一般可采用5∶1、3∶1、2∶1、1∶1、0.8∶1、0.6∶1、0.5∶1七个比级。

(6) 灌浆的结束条件和封孔。

灌浆的结束条件，一般用两个指标来判断：一个是残余吸浆量，又称“最终吸浆量”，即灌到最后的限定吸浆量；另一个是闭浆时间，即在残余吸浆量的情况下保持设计规定压力的延续时间。

帷幕灌浆时，在设计规定的压力之下，灌浆孔段的浆液注入率小于0.4 L/min时，再延续灌注60 min(自上而下钻灌法)或30 min(自下而上钻灌法)；浆液注入率不大于1.0 L/min时，继续灌注90 min或60 min，可结束灌浆。

对于固结灌浆，其结束标准是浆液注入率小于0.4 L/min，延续时间30 min，灌浆可以结束。

灌浆结束以后，应清理干净灌浆孔。对于帷幕灌浆孔，宜采用浓浆灌浆法填实，再用水泥砂浆封孔。对于固结灌浆，当孔深为10 m时，可采用机械压浆法进行回填封孔，即通过深入孔底的灌浆管压入浓水泥浆或砂浆，顶出孔内积水，随浆面的上升缓慢提升灌浆管；当孔深大于10 m时，其封孔与帷幕孔封孔相同。

(7) 特殊情况的处理方法。

①灌浆中断的处理方法。因机械、管路、仪表等出现故障而造成灌浆中断时，应尽快排除故障，立即恢复灌浆。否则应冲洗钻孔，重新灌浆。恢复灌浆时，应使用开灌比级的浆液进行灌注，如浆液注入率较中断前减小较多，按依次换比的规定重新灌浆。恢复灌浆后，若停止吸浆，可用高于灌浆压力0.14 MPa的高压水进行冲洗，再恢复灌浆。

②串浆处理方法。相邻两孔段均具备灌浆条件时，可同时灌浆；若相邻两孔段有一孔段不具备灌浆条件，首先在可能被串孔段充满清水，以防水泥浆凝固，影响未灌浆孔段的灌浆质量。然后用直径大于孔口管的实心胶塞放在孔口管上，用钻机立轴钻杆压紧。

③冒浆处理方法。混凝土地面裂缝处冒浆，可暂停灌浆，用清水冲洗干净冒浆处，再用棉纱堵塞。冲洗后，用快干地勘水泥加氯化钙捣压封堵，再进行低压、限流、限量灌注。

④漏浆处理方法。浆液在延伸较远的大裂隙通道渗漏，并渗漏至山体周围，可采取长时间间歇(一般在24 h以上)待凝灌浆方法灌注。如一次不行，再进行二次间歇灌注。浆液在大裂隙通道渗漏，但不渗漏到山体周围，可采用限压、限流与短时间间歇(数十分钟)灌浆。如达不到要求，可采取长时间间歇待凝，然后限流逐渐升压灌注。一般反复1次或2次即可达到结束标准。

⑤固管处理方法。灌注水灰比在1∶1以下的浓浆时，容易发生固管现象。采用小口径孔口封闭自上而下分段循环灌浆法施工，可解决固管问题。

⑥遇溶洞和暗河时的处理方法。如溶洞内有黏土填充且稳定性较好，可不必清除，按常规浆液灌注即可；如填充物不密实、不稳定，应冲洗清除，然后投砂、砾石骨料回填，再灌注水泥浆液。溶洞、暗河通道漏浆量很大时，可采用布袋法

灌注:将浓浆灌入布袋内,封好袋口放入孔内,边投砂、砾石骨料,边投布袋浓浆,边灌双液浆(加速凝剂的浆液),待通道基本堵塞,待凝 48 h 后再扫孔,按常规方法灌注水泥浆液。

5. 灌浆的质量检查

(1) 质量评定。灌浆质量的评定方法,以检查孔压水试验成果为主,结合对竣工资料测试成果的分析进行综合评定。每段压水试验压力值满足规定要求即为合格。

(2) 检查孔位置的布设。一般在岩石破碎及有断层、裂隙、溶洞等地质条件复杂的部位,注入量较大的孔段附近,灌浆情况不正常以及经分析资料认为对灌浆质量有影响的部位,灌浆结束 3～7 d 后可布设检查孔。采用自上而下分段钻灌法进行压水试验,压水压力为相应段灌浆压力的 80%。检查孔数量为灌浆孔总数的 10%,每一个单元至少应布设 1 个检查孔。

(3) 压水试验结束。检查孔压水试验结束后,按技术要求进行灌浆和封孔,检查孔质量常采用岩心采取率进行描述。

(4) 压水试验检查。压水试验检查标准:坝体混凝土和基岩接触段及其下一段的合格率应为 100%;以下各段的合格率应在 90%以上;不合格段透水率值不得超过设计规定值的 100%,且不集中,灌浆质量可认为合格。

(5) 抽样检查。对封孔质量宜进行抽样检查。

3.4 基岩锚固

3.4.1 锚固分类

锚固按结构形式分为四大类,即锚桩、锚洞、喷锚支护及预应力锚索(锚固)。

(1) 锚桩。

锚桩也叫“抗滑桩”,能利用刚性桩身的抗剪、抗弯强度防止滑动面滑动。此锚固的适用条件应是:场地有明显的滑动面,并且其下盘坚固稳定。锚桩按所用材料不同可分为以下三种。

①钢筋混凝土桩。通过滑动面在上、下盘中打一桩孔,然后在孔中浇筑钢筋混凝土即成。桩身埋入盘的深度为桩全长的 1/3～1/2。灌注桩成孔法分人工

挖孔和大直径钻机钻孔两种。人工挖孔尺寸一般为 2 m×2 m 或 2 m×3 m，桩长 10～20 m。采用大口径钻机，钻成 1 m 以上的孔径后，浇筑钢筋混凝土。

②钢管桩。施工时先用大口径钻机成孔，然后将钢管下入孔，在管内浇筑混凝土，或先在管内插入大型工字钢后，再在管的内外同时浇灌混凝土。

③钢桩。施工时用钻机钻孔，孔径为 130 mm 左右。成孔后，浇灌水泥砂浆，并立即插入型钢组或钢棒组，并在桩间进行固结灌浆，使桩与桩之间联结成为整体，以提高锚固效果。

(2) 锚洞。

锚洞是锚桩的一种特殊形式，施工时在上、下盘之间的滑动面内开挖一个水平向岩洞，或者利用已有的洞浇筑混凝土形成卡在上下盘之间的抗滑键，一般不需配钢筋，利用此混凝土键抗滑。

(3) 喷锚支护。

喷锚支护是喷混凝土支护、锚杆支护、喷混凝土锚杆支护、钢筋网等不同支护的统称。喷混凝土支护是指岩石开挖后，在开挖面立即喷上一层厚度 3～5 cm 混凝土的支护技术。必要时加设锚杆以稳定岩石，以后再加喷混凝土至设计厚度作为永久支护。

锚杆的锚固措施是在设计位置钻孔，把锚杆插入孔中，先使其根部固定或者在孔内灌浆，使全锚杆与岩石固结为一体，然后把露出岩体外的锚杆(称为“锚头”)予以固定并封住孔口。

锚杆的类型按不同标准可以有不同的分类。按材料分为木锚杆、金属锚杆(钢筋、钢丝绳、钢绞线、高强钢丝)、竹锚杆等；按作用分为局部锚固、系统锚固及拉杆支架；按受力状况分为普通锚杆、预应力锚杆或锚索；按锚固接触部位分为集中锚固和全长锚固。

(4) 预应力锚索(锚固)。

预应力锚索(锚固)是利用高强钢丝束或钢绞线穿过滑动面或不稳定区深入岩层深层的索状支架。利用锚索体的高抗拉强度可以增大正向拉力，改善岩体的力学性质，增加岩体的抗剪强度，并对岩体起加固作用，也增大了岩层间的挤压力。

在选用锚固措施时，可根据其不同的特性和适用条件，因地制宜地选用其中一种，或联合使用几种锚固措施，以期获得最佳的加固效果。

在采用减载、压坡、排水等手段尚不足以保证边坡的长期稳定性时，使用预应力锚固技术，这是一种施工方便、效果明显的手段。

3.4.2　预应力锚索结构

预应力锚索的结构可分为三部分：内锚头、锚索体（锚束）和外锚头。

内锚头置于稳定岩体中，通过水泥浆材和岩体紧密结合，对不稳定岩体提供锚固力。锚索体通常由高强度钢索组成，它一端连接内锚头，另一端连接外锚头。外锚头是对岩体施加张拉力实现锚固的机械装置。

按锚索体的结构分类，预应力锚索又分为无黏结锚索和有黏结锚索两种。无黏结锚索的钢绞线周围带有胶套，中有防腐油剂，钢绞线可以在胶套中自由滑移。同时，在锚索体外增加了一个塑料护套。在施工时，将内锚头和钢绞线周围的水泥浆材一次灌入，待浆液凝固后再行张拉，这样可以减少一道工序，提高工效。无黏结锚索不仅可重复张拉，而且使得大部分钢绞线能获得防腐油剂和护套的双重保护。有黏结锚索无相对滑动。

（1）内锚头。

内锚头结构分为机械式和胶结式两种。机械式仅适用于小吨位的锚固中。为了加强胶结效果，通常胶结式的内锚头做成“枣核”形。

通常内锚固段的胶结材料采用纯水泥浆或树脂材料，要求具有快凝、早强、对钢材无腐蚀等性能。胶结材料的强度不低于 30 MPa。

水泥胶结材料是对内锚头进行自由回填的主要材料。由于火山灰水泥中含有较多的硫化物和氯化物，会导致钢绞线腐蚀，不建议使用。改善水泥浆材的稳定性和力学特性是胶结材料设计的主要内容。降低水灰比是提高胶结材料强度的最直接的方法，但水灰比降低将导致水泥浆流动性降低，对此可掺入减水剂、早强剂、增强剂、膨胀剂等，以满足工程实际要求。

内锚固段长度是预应力锚索设计的一个重要指标，直接影响工程造价。内锚固段长度按式(3.3)确定。

$$L = K\frac{q_{\mathrm{m}}}{\pi Rc} \tag{3.3}$$

式中：L 为内锚固段长度(cm)；K 为安全系数；q_{m} 为单束锚索的锚固力(kN)；R 为锚索孔直径(cm)；c 为胶结材料同孔壁的黏结强度(MPa)。

（2）锚索体。

当前，锚索体的发展趋势是高强度、粗直径、低松弛和耐腐蚀，可分为钢丝和钢筋两大类。《预应力混凝土用钢丝》(GB/T 5223—2014)对预应力钢丝的外观与力学性能作出了规定，压力管道用冷拉钢丝的公称抗拉强度 R_{m} 为 1470～

1770 MPa，消除应力光圆钢丝及螺旋肋钢丝的公称抗拉强度 R_m 为 1470～1860 MPa。《水工预应力锚固技术规范》(SL/T 212—2020)则要求预应力钢绞线的标准强度等级宜为 1860 MPa(270 级)和 1960 MPa(290 级)，预应力锚杆可采用预应力混凝土用螺纹钢筋，级别不宜低于 PSB 785 级。钢绞线一般用 7 根钢丝在绞线机上以其中一根钢丝为中心螺旋拧合而成。钢绞线通常用于 1000 kN、1200 kN 和 3000 kN 的预应力加固工程中。

水利水电工程中常用的钢筋包括热处理钢筋和精轧螺纹钢筋，后者锚头大，可直接采用螺母，具有连接可靠、锚固简单、施工方便和无须焊接等优点。

为了防止锚索体材料锈蚀，《水工预应力锚固技术规范》(SL/T 212—2020)规定使用的灌浆材料细骨料中云母、硫化物及硫酸盐等有害物质含量应不大于 1%，水泥浆中的氯离子含量不得超过水泥质量的 0.02%。

(3) 外锚头。

外锚头包括锚具和夹具，是为保持预应力并将其传递到加固体上的永久性锚固装置。我国目前常用的锚具、夹具可分为螺杆式、镦头式、锥锚式、夹片式四种。在大吨位的预应力锚索中，多用镦头式和夹片式。

3.4.3 锚固施工

1. 造孔和测斜

(1) 造孔。

用经纬仪测定每层孔位的高程，具体孔位用钢卷尺测量确定，实际孔位与设计孔位的偏差不大于 10 cm。用地质罗盘仪测量确定钻孔方位角及倾角，误差不得大于 2%。钻孔的孔深、孔径均不得小于设计值，有效孔深的超深必须小于 30 cm。终孔后，必须用高压风、水冲洗，直到孔口返出清水为止。经检查合格后，才可转入下孔钻进。当锚固段处于破碎地层时，应加深锚孔，使锚固段处于完整岩体内。

为保证工程锚固质量，尽量减少预应力沿孔壁的摩擦损失，《水工预应力锚固技术规范》(SL/T 212—2020)要求终孔的孔轴线偏差不大于孔深的 2%。应采取有效的防斜措施，防止孔斜，并及时测斜，采用合理的纠斜措施，保证孔斜精度达到规定要求。

(2) 测斜。

锚索钻孔对孔斜精度要求高。端头锚测斜可将灯光置于孔底，利用经纬仪

施测钻孔的方位角与倾角，对穿锚钻孔也采用经纬仪两点交会法列出进、出口端孔中心的坐标和高程，从而算出孔斜率。在破碎地层造孔完成后，对锚索孔锚固段应进行压水试验。如果透水率 $q<1$ Lu，则不必进行固结灌浆。否则，应对该孔锚固段进行固结灌浆。

固结灌浆应分段进行，段长宜不大于 8 m。施工时，在规定压力下，吸浆速度不大于 0.4 L/min，继续灌注 30 min，即可结束。灌浆结束 48 h 后进行扫孔。终孔后，以高压风、水混合冲洗，直至返水变清。然后进行压水试验。如透水率满足规定要求，即可进行下道工序。如不合格，应重复上述步骤，直到满足要求为止。

完成造孔后等待下道工序的锚索孔，应做好孔口保护，防止异物、污水进入孔内。

2. 编索

(1) 端头锚。

根据锚具、垫座混凝土和钻孔长度进行锚索下料，用机械切割机精确切割。锚索下料长度误差应不大于总长度的 1/5000，且不得超过 5 mm。根据锚索级别和设计要求，确定每束锚索所需钢绞线根数。将架线环，止浆环与进、回浆管，充气管与钢绞线逐一对应编号，然后对号入座。止浆环内用环氧树脂与丙酮封填密实。为防止架线环窜动，经过架线环的每根钢绞线应与架线环绑扎在一起。内锚固段每 1 m 设一个架线环，两环之间进行捆扎，使内锚段索体呈糖葫芦状，以提高锚索在锚固体中的极限握裹力。张拉段钢绞线每 2 m 设一个架线环。最后在锚固段顶部焊一个导向帽，并用铁线将其固定在架线环上。端头锚索结构如图 3.7 所示。

(2) 对穿锚索编制。

将钢绞线对号穿过架线环，并用无锌铅丝绑扎架线环，每 5 m 设一个。对穿锚索上设有止浆环、充气管及进、出浆管。对穿锚索结构如图 3.8 所示。

(3) 无黏结锚索编制。

无黏结端头锚固段钢绞线应先去皮清洗，再将钢绞线、止浆环及进、出浆管与架线环一一对号。锚固段架线环每 1 m 设一个，张拉段每 2 m 设一个，并使内锚段索体呈糖葫芦状。无黏结对穿锚索编制与普通对穿锚索编制相同。

(4) 锚索编制注意事项。

①锚索编制前，对钢绞线进行检查，确保钢绞线保护层无损伤、无锈蚀、无杂

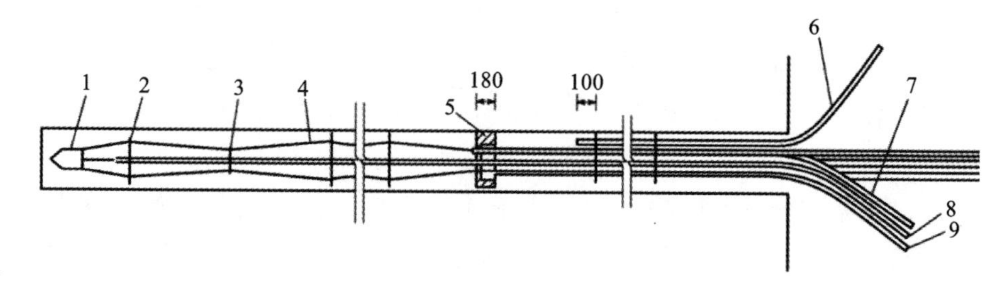

图 3.7　端头锚索结构图(单位:mm)

1—顶帽;2—架线环;3—铁丝绑扎;4—钢绞线;5—止浆环;6—二期灌浆管;
7—一期回浆管;8—一期灌浆管;9—止浆环充气管

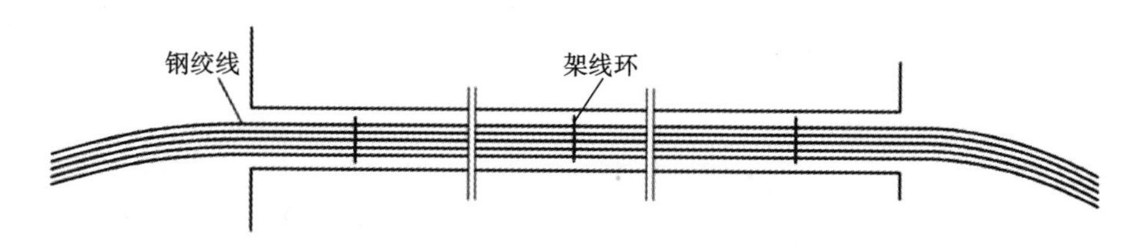

图 3.8　对穿锚索结构图

质、无油污。

②锚固段清洗务求干净,可将钢丝分开清洗。用清洗剂和钢丝刷彻底清除油脂和锈迹后,再将钢绞线还原。

③下料和编束必须在工作平台上进行。

④预应力钢材编索及各种管路应平行排列,不得有交叉缠绕现象。锚索绑扎牢固。

⑤为避免异种金属长期接触发生电化学腐蚀,不得在预应力锚索上使用两种不同的金属材料。

⑥焊接导向帽时,应将地线接到导向帽上。不能用索体作地线,防止打火使索体损伤。

⑦编索制作完成后,应进行外观检验,并签发合格证。按锚孔编号挂牌堆放成品锚索,并注明完成日期。

3. 下索

(1) 将编制好的锚索水平运至现场。在运输过程中,应按下列规定执行:①水平运输中,各支点间距不得大于 2 m,转弯半径不宜过小,以不改变锚索结构为限;②垂直运输时,除主吊点外,其他吊点应能在锚索入孔前快速、安全脱

钩；③运输、吊装过程中，应细心操作，不得损伤锚索及其防护涂层；④由车辆串联的水平运输车队，应另设直接受力的连接杆件，锚索不得直接受力。

(2) 锚索入孔前，必须进行下列各项检验，合格后方能进行吊装安放：①锚孔内及孔口周围杂物必须清除干净；②锚索的孔号牌与锚孔号必须相同，并应核对孔深与锚索长度；③锚索应无明显弯曲、扭转现象；④锚索防护涂层无损伤，凡有损伤必须修复；⑤锚索中的进浆、排气管道必须畅通，阻塞器必须完好；⑥承压垫座不得损坏、变形。

(3) 胶结式锚固段的施工，应符合下列规定。①向下倾斜的锚孔，当孔内无积水，并能在 30 min 内完成放索时，可采用先填浆后放锚索的施工方法；当孔内积水很难排尽时，可采用先放锚索后填浆的施工方法，放索后应及时填浆。②水平孔及仰孔安放锚索时，必须设置阻塞器，并采用先放索后灌浆的施工方法。阻塞器不得发生滑移、漏浆现象。

(4) 安放机械式锚固段的锚索前，应检测孔径与锚具外径匹配程度。放索时，锚索应顺直、均匀用力。锚索就位后，应先抽动活结，使外夹片弹开，嵌紧孔壁。

(5) 安放镦头锚对穿锚索时，必须妥善保护锚具螺纹，严防损伤。张拉孔口应增设防护罩，活动锚具内外螺纹衔接完好。

(6) 分索张拉的锚索，吊装时应确保锚索平顺，全索不得扭曲，各分索不得相互交叉。钢绞线端部应绑扎牢固，锚索或测力装置应紧贴孔口垫板。

4. 垫座混凝土的浇筑

(1) 垫座用钢筋混凝土浇筑前，为防止张拉过程中发生跑墩事故，必须处理孔口岩面，清除碎渣和不稳定岩块，并使孔口岩面基本垂直于钻孔轴线。对孔口大片光滑斜面，必须用手风钻处理成蜂窝状的粗糙面。

(2) 锚板是将锚索的集中荷载均匀地传递到混凝土垫座的主要构件，必须安装牢固，与锚孔轴线垂直。施工时，先将孔口管的一端与锚板正交焊接，另一端插入锚孔轴线处，与孔口管中心线重合。

(3) 预应力锚索级别、垫座混凝土配合比根据设计要求而定。垫座混凝土为正梯台状。

(4) 垫座混凝土浇筑应分层振捣，每层振捣应深入下一层 1/3 厚度。振捣应密实周到，尤其注意边角部位。

(5) 高温或低温季节，浇筑完成后应及时养护。夏季浇水降温，冬季采用保温措施。

(6) 垫座混凝土浇筑完 1 d 后拆模。垫座浇筑应做到内实外光，表面无蜂窝、麻面等缺陷，如发现应及时修补。

5. 封孔灌浆

内锚固段的锚固施工是预应力端头锚施工工艺关键技术之一。锚固体以高强度、早强、微膨胀、可灌性好和对钢材不产生锈蚀和应力腐蚀为宜，故水泥、水、外加剂中均不得含有氯、硫等有害成分。水泥宜用高强度普通硅酸盐水泥。应根据室内试验确定不同锚固部位水泥浆材料配合比。

(1) 黏结型永久防护的封孔灌浆必须留有排气孔道，以保证封孔灌浆不出现连通气泡、脱空现象。

(2) 封孔灌浆所用纯水泥浆，水灰比宜采用 0.3～0.4；水泥砂浆水灰比宜采用 0.5。

(3) 向下倾斜锚孔封孔灌浆时，射浆管必须下到孔底，以浆排水，不扰动浆液；水平孔与仰孔灌浆时，必须将排气管插至孔底，并且密封孔口，浆液不得漏出孔外。

(4) 采用有压灌浆，最后 5 m 孔段应进行循环灌浆，回浆浓度与进浆浓度相同后，才能结束灌浆。

(5) 封孔灌浆必须形成密实、完整的保护层。隔离架间距宜不大于 2 m，隔离架支板外露高度不得小于 5 mm。

(6) 无黏结永久性防护措施必须可靠、耐久，并有良好的化学稳定性。孔口应加设防护罩，做好防护体系搭接部位的防护。预应力钢材、涂层或套管应伸入锚固段浆体内，其埋入深度宜不小于 0.5 m。

(7) 预应力钢材不得与有色金属材料长期接触。

(8) 安放锚索后，应及时进行张拉和做永久性防护。张拉前，定期检查临时防护措施，确保锚索得到可靠的防护。

6. 张拉

(1) 机具准备。张拉前，应对压力表、千斤顶认真校验并做好记录。

(2) 张拉。一般采用适当的超张拉。第一次超张拉达到超张拉应力时，要静载 0.5 h；第二次超张拉也要静载 0.5 h；第三次超张拉静载 0.5 h 后，卸荷至设计应力加预应力损失之和，即长久施加此荷载维持锚固应力。反复超张拉能

使应力趋于均匀，减少松弛损失。但对机械式锚杆不得进行反复超张拉，以免外夹片齿槽被岩粉填平后失效，反而增大预应力损失。

(3) 安装。最后一次超张拉后，控制卸荷到安装吨位。安装吨位是设计吨位与预应力损失之和。

(4) 补偿张拉。待早期预应力损失基本完成后，进行补偿张拉。参照室内拉力试验规范要求确定张拉的升荷、卸荷速度，并监测荷载大小与材料引伸值是否一致。若相差较大，应停机查明原因后，再继续张拉。

3.4.4　锚束的防护

预应力钢丝(或钢绞线)在冷拔过程中残留较高的内应力，若防护不当，易引起均匀锈蚀，还可能导致应力腐蚀或氢脆断裂。均匀锈蚀只限于表层，一般不会引起早期断裂；钢丝断裂，则往往是应力腐蚀或氢脆造成的。引起腐蚀的原因如下。

(1) 原材料具有点状腐蚀坑或局部夹杂物，在高应力状态下引起应力集中。

(2) 原材料防护层有局部破损，或异种金属长期直接接触引起电化学腐蚀。

(3) 防护材料中含有氯、硫等有害成分，或防护层不严密，使周围介质中的有害成分侵入。

锚束的防护分为临时防护和永久性防护。

临时防护指封灌前的储存、待凝、补偿张拉过程中的防护。临时防护，在孔外阶段应改善储存条件。在孔内防护，应先排除孔内积水，后注满石灰水(pH 值>12)，并增设自动注水设施，使水面超出孔口套管，并始终浸没锚头，避免在水面波动范围内造成严重锈蚀。

永久性防护指在锚束完成全部张拉后对全束的防护。可以采用纯水泥浆封孔灌浆或其他措施，使锚束与二氧化碳、水汽隔绝，表面锈蚀不再发生或发展，已有的锈蚀也不会产生危害。

3.4.5　试验与观测

1. 受力性能试验

(1) 预应力锚固的受力性能试验，必须按设计要求进行，并在正式开工前完成。

（2）受力性能试验应具有代表性，锚索试验数量不得小于3索。当锚固对象或地质条件有明显变化时，应扩大性能试验数量。

（3）受力性能试验所用锚夹具、张拉机具及施工工艺，应与工程实际采用的相同。

（4）受力性能试验的张拉力值应以测力装置读数为准。试验前，测力装置必须与千斤顶、压力表配套标定。

（5）受力性能试验中，索的伸长值、锚索受力的均匀性和摩阻损失等参数均应在分级张拉中同步量测。

（6）受力性能试验的测试，应以初始应力为起始点；初始应力为设计应力的20％，分级张拉力分别为设计值的25％、50％、75％、100％、115％；最大张拉力不得超过预应力钢材强度标准值的75％。

2. 长期观测

（1）长期观测必须按设计文件施行。施工期内，应由施工单位负责长期观测工作。预应力锚固工程竣工后，应移交运行单位，继续观测。

（2）长期观测持续时间宜不小于5年。各承担单位必须设专人负责，不得中断观测。

（3）应尽早安排预应力长期观测孔施工，并应将测试成果用于指导施工。

（4）应妥善保护长期观测孔所用仪表、接线线路。当仪表受到撞击或观测数据出现异常时，必须及时查明原因，进行补救处理，才能继续观测。

（5）长期观测数据应及时整理、分析，做好信息回馈。

3. 验收试验

（1）预应力锚固施工中，应按设计要求对锚索随机抽样进行验收试验。抽样数量应不小于3索。

（2）对高边坡预应力锚固的验收试验，必须在张拉后及时进行。

（3）采用有黏结型永久防护的锚索，必须在封孔灌浆前进行验收试验。无黏结型锚索验收试验的时间可由施工条件确定。验收试验与竣工抽样检查合并进行，其数量为锚索总数的5％。

（4）竣工抽样检查的合格标准：应力实测值不得大于设计值5％，并不得小于设计值3％。

（5）竣工抽样检查，当发现随机抽样的锚索中有一索不合格时，应加倍扩

检;如扩检中再发现不合格时,必须会同设计人员及有关单位研究处理。

(6) 抽样检查及验收试验全部结束后,应汇总各孔的设计张拉力,评定预应力锚固效果。

4. 特殊规定

(1) 凡采用成熟锚固体系的抢险工程、数量较少的预应力锚固工程,可不做受力性能试验、验收试验及长期观测。

(2) 临时性预应力锚固和不具备重复张拉条件及无法复查张拉力的预应力锚固工程,其受力性能试验、验收试验的方案可参照有关规定另行制订。

(3) 对分索张拉的大型锚索,应另行制定验收试验方法。

(4) 凡采用新材料、新工艺、新型锚索及锚固段的预应力锚固工程,必须按有关规定执行,并根据设计要求增做破坏性试验及延长长期观测时间。

3.5　砂砾石地基灌浆

3.5.1　可灌性

可灌性指砂砾石地基能接受灌浆材料灌入的一种特性。可灌性主要取决于地基的颗粒级配、灌浆材料的细度、浆液的稠度、灌浆压力和施工工艺等因素。砂砾石地基的可灌性一般常用以下两种指标衡量。

(1) 可灌比值 M,计算公式见式(3.4)。

$$M=\frac{D_{15}}{d_{85}} \tag{3.4}$$

式中:D_{15} 为受灌砂砾石地层的颗粒级配曲线上,相应于含量为 15% 的颗粒粒径(mm);d_{85} 为灌注材料的颗粒级配曲线上,相应于含量为 85% 的颗粒粒径(mm)。

M 值愈大,可灌性愈好。一般认为,当 $M\geqslant15$ 时,可灌水泥浆;$M=10\sim15$ 时,可灌水泥黏土浆;$M=5\sim10$ 时,宜灌含水玻璃的高细度水泥黏土浆。

(2) 砂砾石地层中粒径小于 0.1 mm 的颗粒含量百分数愈高,则可灌性愈差。

3.5.2　灌浆材料

基岩灌浆以水泥灌浆为主,砂砾石地层的灌浆以采用水泥黏土浆为宜。因为在砂砾石地层中灌浆多限于修筑防渗帷幕，对浆液结石强度要求不高，28 d 强度测试中 0.4～0.5 MPa 可满足要求，对帷幕体的渗透系数则要求在 10^{-6} cm/s 以下。

配制水泥黏土浆所使用的黏土，要求遇水以后能迅速崩解分散，吸水膨胀，具有一定的稳定性和黏结力。

浆液的配合比，水泥与黏土的比例为 1∶1～1∶4(质量比)，水和干料的比例多在 1∶1～3∶1(质量比)。有时为了改善浆液的性能，可掺加少量膨润土或其他外加剂。

水泥黏土浆的稳定性与可灌性指标均比纯水泥浆优越，费用也低廉。其缺点是析水率低，排水固结时间长，浆液结石强度低，抗渗性及抗冲性较差。

有关灌浆材料的选用、浆液配合比的确定以及浆液稠度的分级等问题，应根据地层特性与灌浆设计要求，通过室内外的试验来确定。

3.5.3 灌浆方法

砂砾石地层的钻孔灌浆方法有：打管灌浆法、套管灌浆法、循环钻灌法、预埋花管灌浆法等。

1. 打管灌浆法

打管灌浆是将带有灌浆花管的厚壁无缝钢管，直接打入受灌地层中，并利用它进行灌浆，如图 3.9 所示。其施工程序是：先将钢管打入设计深度，再用压力水将管内冲洗干净，最后用灌浆泵进行压力灌浆，或利用浆液自重进行自流灌浆。灌完一段以后，将钢管拔起一个灌浆段高度，再进行冲洗和灌浆，如此自下而上，拔一段灌一段，直到结束。

这种方法设备简单，操作方便，适用于砂砾层较浅、结构松散、颗粒不大、容易打管和起拔的场地。用这种方法所灌成的帷幕，防渗性能较差，多用于临时性工程，如围堰。

2. 套管灌浆法

套管灌浆的施工程序是：一边钻孔，一边跟着下护壁套管；或者一边打设护壁套管，一边冲掏管内的砂砾石，直到套管下到设计深度。然后将孔内冲洗干净，下入灌浆管，起拔套管到第一灌浆段顶部，安好止浆塞，对第一段进行灌浆。如此自下而上，逐段提升灌浆管和套管，逐段灌浆，直到结束。

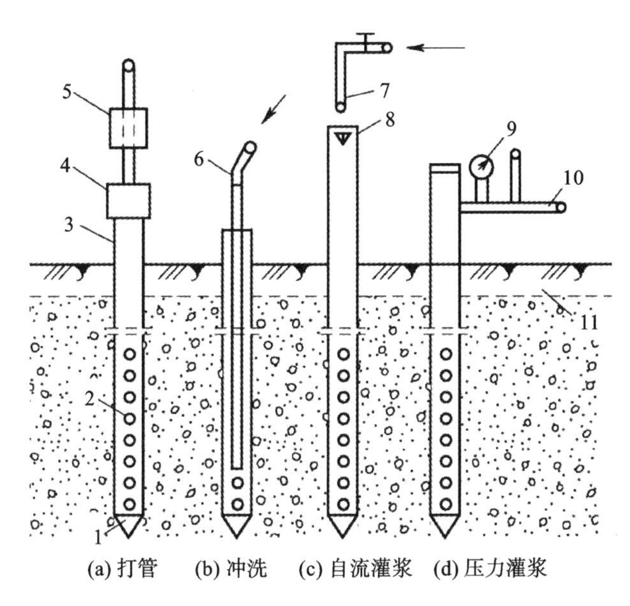

图 3.9　打管灌浆法施工程序

1—管锥；2—花管；3—钢管；4—管帽；5—打管锤；6—冲洗用水管；

7—注浆管；8—浆液面；9—压力表；10—进浆管；11—盖重层

采用这种方法灌浆，由于有套管护壁，不会产生坍孔埋钻等事故。但是，在灌浆过程中，浆液容易沿着套管外壁向上流动，甚至产生地表冒浆现象。如果灌浆时间较长，会胶结套管，造成起拔困难。近年来已较少采用套管灌浆法。

3. 循环钻灌法

这是一种我国自创的灌浆方法，实质是一种自上而下，钻一段灌一段，无须待凝，钻孔与灌浆循环进行的施工方法。钻孔时，用黏土浆或最稀一级水泥黏土浆固壁。钻孔长度即灌浆段的长度，视孔壁稳定和砂砾层渗漏程度而定。容易坍孔和渗漏严重的地层，分段短一些，反之长一些，一般为 1～2 m。灌浆时，可利用钻杆作灌浆管。

用这种方法灌浆，应做好孔口封闭，以防止地面抬动和地表冒浆，并有利于提高灌浆质量。图 3.10 为循环钻灌法的原理。

4. 预埋花管灌浆法

预埋花管灌浆法在国际上比较通用。其施工程序如下。

(1) 用回转式或冲击式钻机钻孔，跟着下护壁套管，一次直达孔的全深。

(2) 钻孔结束后,立即进行清孔,清除孔底残留的石渣。

(3) 在套管内安设花管。花管的直径一般为73～108 mm,沿管长每隔33～50 cm钻一排(3～4个)射浆孔,孔径1 cm,用橡皮圈箍紧射浆孔外面。花管底部要封闭严密、牢固。安设花管要垂直对中,不能偏在套管的一侧。

(4) 在花管与套管之间灌注填料,边下填料,边起拔套管,连续灌注,直到全孔填满、套管拔出为止。填料由水泥、黏土和水配制而成。其配合比范围为水泥∶黏土＝1∶2～1∶3;干料∶水＝1∶1～1∶3。国外工程所用的填料多为水泥黏土浆。

(5) 填料要待凝5～15 d,达到一定强度,可紧密地将花管与孔壁之间的环形圈封闭起来。

(6) 在花管中下双栓灌浆塞,灌浆塞的出浆孔要对准花管上准备灌浆的射浆孔,如图3.11所示,然后用清水或稀浆压开花管上的橡皮圈,压穿填料,形成通路,为浆液进入砂砾层创造条件,称为"开环"。开环以后,继续用稀浆或清水灌注5～10 min,再开始灌浆。每排射浆孔作为一个灌浆段。灌完一段,移动双

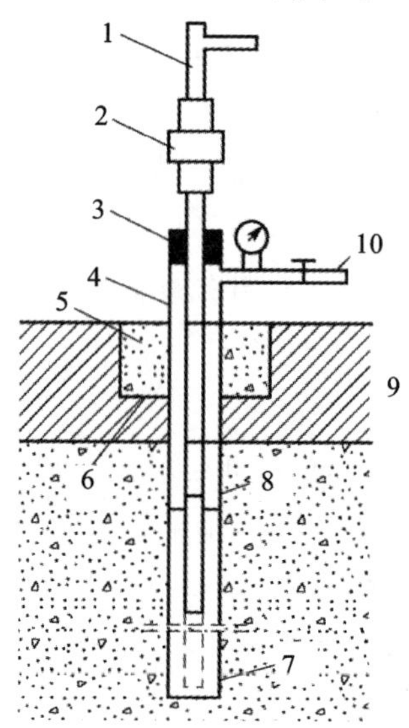

图3.10 循环钻灌法的原理

1—灌浆管(钻杆);2—钻机竖轴;
3—封闭器;4—孔口管;
5—混凝土封口;6—防浆环(麻绳缠箍);
7—射浆花管;8—孔口管下部花管;
9—盖重层;10—回浆管

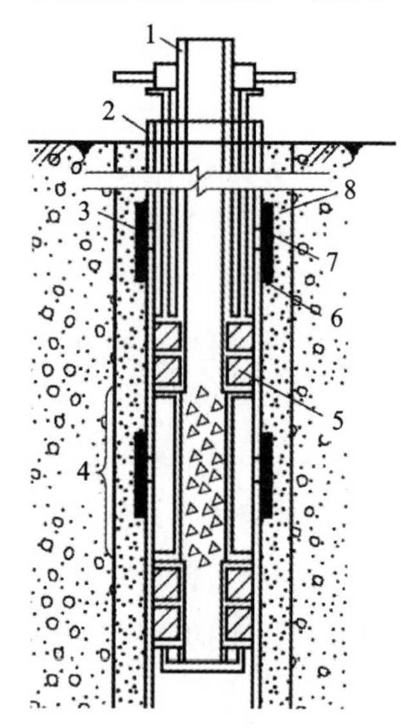

图3.11 预埋花管孔内装置示意图

1—灌浆管;2—花管;3—射浆孔;
4—灌浆段;5—双栓灌浆塞;
6—铅丝防滑环;7—橡皮圈;8—填料

栓灌浆塞,使其出浆孔对准另一排射浆孔,进行另一灌浆段的开环与灌浆。

用预埋花管灌浆法,由于有填料阻止浆液沿孔壁和管壁上升,很少发生冒浆、串浆现象,灌浆压力可相对提高。另外,由于双栓灌浆塞的构造特点,灌浆比较机动灵活,可以重复灌浆,对确保灌浆质量是有利的。这种方法的缺点是花管被填料胶结以后不能起拔,耗用管材较多。

3.6　防渗墙施工

3.6.1　防渗墙施工技术措施

防渗墙是修建在挡水建筑物松散透水地层中的地下连续墙。防渗墙之所以得到如此广泛的应用和迅速的发展,主要是因为较打设板桩、灌浆等方法,防渗墙结构可靠,防渗效果好,能适应各种不同的地层条件,并且施工时几乎不受地下水位的影响。它的修建深度较大,可以在与已有建筑物十分邻近的地方施工,并具有施工速度快、工程造价不高等优点。

在水利水电工程建设中,防渗墙的应用有以下几个方面:①控制闸坝基础的渗流;②坝体防渗和加固处理;③控制围堰堰体和基础的渗流;④防止泄水建筑物下游基础的冲刷;⑤作一般性水工建筑物基础的承重结构等。总体来说,它可用来处理防渗、防冲、加固、承重等多方面的工程问题。

防渗墙的施工方法主要有两种:一是排桩成墙,二是开槽筑墙。目前国内、外应用最多的是开槽筑墙。开槽筑墙的施工工艺是在地面上用一种特殊的挖槽设备,沿着铺设好的导墙工程,在泥浆护壁的情况下,开挖一条窄长的深槽,在槽中浇筑混凝土(有的在浇筑前放置钢筋笼、预制构件)或其他材料,筑成地下连续墙体。防渗墙按其材料可分为土质墙、混凝土墙、钢筋混凝土墙和组合墙。

槽孔型防渗墙的施工是分段分期进行的:先建造单号槽段的墙壁,称为“一期槽(墙)段”;再建造双号槽段的墙壁,称为“二期槽(墙)段”。一、二期槽段相接而成一道连续墙。

3.6.2　防渗墙钻孔施工作业

混凝土防渗墙的施工程序一般可分为:①成槽前的准备工作;②用泥浆固壁进行成槽;③终槽验收和清槽换浆;④防渗墙浇筑前的准备工作;⑤防渗墙的浇

筑;⑥成墙质量验收等。

混凝土防渗墙的基本形式是槽孔型,它是由一段段槽孔套接而成的地下连续墙,先施工一期槽孔,后施工二期槽孔。

1. 造孔前的准备工作

根据防渗墙的设计要求和槽孔长度的划分做好槽孔的测量定位工作,在此基础上设置导向槽。

(1) 槽段的宽度及长度。

槽段的宽度即防渗墙的有效厚度,视筑墙材料和造孔方法而定。一般钢板桩水泥砂浆和水泥黏土砂浆灌注的防渗墙厚度为 10～20 cm;混凝土及钢筋混凝土防渗墙厚度为 60～80 cm。

槽段长度的划分,原则上为减少槽段间的接头,尽可能采用比较长的槽段。但由于墙基地形、地质条件的限制,以及施工能力、施工机具等因素的影响,槽段又不能太长。故槽段长度必须满足式(3.5)的要求。

$$L \leqslant \frac{Q}{kBV} \tag{3.5}$$

式中:L 为槽段长度(m);Q 为混凝土生产能力(m^3/h);k 为墙厚扩大系数,可取 1.2～1.3;B 为防渗墙厚度(m);V 为槽段混凝土面的上升速度,一般要求小于 2 m/h。

一般槽段长度为 10～20 m。

(2) 导墙施工。

导墙是建造防渗墙不可缺少的构筑物,必须认真设计,最后通过质量验收后才能进行施工。

钢筋混凝土导墙常用现场浇筑法修筑。其施工顺序依次为:平整场地、测量位置、挖槽与处理弃土、绑扎钢筋、支模板、灌注混凝土、拆模板并设横撑、回填导墙外侧空隙并碾压密实。导墙的施工接头位置应与防渗墙的施工接头位置错开。另外,可设置插铁保持导墙的连续性。

导向槽沿防渗墙轴线设在槽孔上方,支撑上部孔壁,其净宽一般等于或略大于防渗墙的设计厚度,深度以 1.5～2.0 m 为宜。导向槽可用木料、条石、灰拌土或混凝土做成。灰拌土导向槽如图 3.12 所示。

为了维持槽孔的稳定,要求导向槽底部高程高出地下水位 0.5 m 以上。为防止地表积水倒流和便于自流排浆,其顶部高程要高于两侧地面高程。

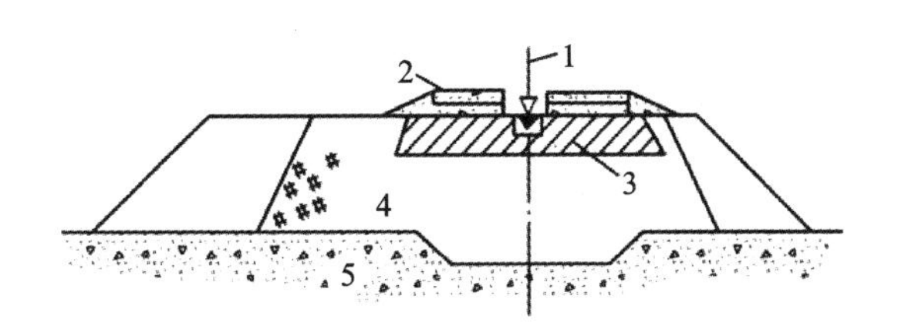

图 3.12　灰拌土导向槽

1—防渗墙轴线；2—钻机轨枕；3—灰拌土；4—黏土心墙；5—透水砂卵石

安设好导向槽后，在槽侧铺设钻机轨道，安装钻机，修筑运输道路，架设动力和照明线路及供水供浆管路，做好排水排浆系统，并向槽内灌泥浆，保持液面在槽顶以下 30～50 cm 即可开始造孔。

(3) 泥浆制备。

泥浆在造孔中的主要作用：①固壁作用，其具有较大的比重(一般为 1.1～1.2)，以静压力作用于槽壁借以抵抗槽壁土压力和地下水压力；②在成槽过程中，泥浆尚有携砂、冷却和润滑钻头的作用；③成墙以后，渗入孔壁的泥浆和胶结在孔壁的泥皮还有防渗作用。

泥浆直接影响墙底与基岩及墙间的结合质量。一般槽内泥浆面应高出地下水位 0.6～2.0 m。由于泥浆的特殊重要性，对泥浆的制浆土料、配合比以及施工过程中的质量控制等方面提出了严格的要求。要求固壁泥浆比重小(新浆比重小于 1.05，槽内比重不大于 1.15，槽底比重不大于 1.20)，黏度适当(25～30 mPa・s，指体积为 500 cm^3 的浆液从一标准漏斗中流出来的时间)，掺 CMC(carboxymethyl cellulose，羧甲基纤维素)可改善黏度，且稳定性好，失水量小，国外一般要求用膨润土制浆。

根据经验，对制浆土料可以用下列指标作为初步鉴定和选择的参考：①黏粒含量大于 50%；②塑性指数大于 20；③含砂量小于 1%；④土料矿物成分中二氧化硅(SiO_2)与三氧化二铝(Al_2O_3)含量的比值以 3～4 为宜。

必须根据地层的地质和水文地质条件、成槽方法和使用部位等因素综合选定泥浆的技术指标。如：①在松散地层中，浆液漏失严重，应选用黏度较大、静切力较高的泥浆。②土坝加固补强时，为了防止坝体在泥浆压力作用下扩展原有裂缝或产生新的裂缝，宜选用比重较小的泥浆。③在成槽过程中，因泥浆受压失水量大，容易形成厚而不牢的固壁泥皮，应选用失水量较小的泥浆。④黏土在碱性溶液中容易进行离子交换，为提高泥浆的稳定性，应选用 pH 值大于 7 的泥浆。但是 pH 值不宜过大，否则泥浆的胶凝化倾向增大，反而会降低泥浆的固壁性能，一般 pH 值以 7～9 为宜。

在施工过程中，必须加强泥浆生产过程中各个环节的管理和控制。一方面，在施工现场要定时测定泥浆的比重、黏度和含砂量，在试验室内还要进行胶体率、失水量（泥皮厚）、静切力等多项试验，以全面评价泥浆的质量和控制泥浆的技术指标；另一方面，要禁止一切违章操作，如严禁砂卵石和其他杂质与制浆土料相混，不允许随便往槽段中倾注清水，未经试验的两种泥浆不许混合使用等。槽壁严重漏浆时，要抛投与制浆土料性质一样的泥球。

为了保质保量供应泥浆，必须在工地设置泥浆系统。泥浆系统主要包括土料仓库、供水管路、量水设备、泥浆搅拌机、储浆池、泥浆泵，以及废浆池、振动筛、旋流器、沉淀池、排渣槽等泥浆再生净化设施。制浆工艺及布置如图 3.13 所示。

搅拌机通常用 2 m^3 或 4 m^3 等不同容量的卧式搅拌机和 NJ-1500 型泥浆搅拌机。过滤用振动除砂机、除砂过滤机。槽孔返回的悬渣浆液可通过泥浆净化系统对泥浆进行筛分和旋流处理，除去大于粒径 75 μm 的颗粒后又回到浆池中重复利用。泥浆的再生净化和回收利用，不仅能够降低成本，而且可以改善环境，防止泥浆污染。

2. 造孔

(1) 钻劈法。用冲击式钻机开挖槽孔时，一般采用钻劈法（见图 3.14），即“主孔钻进、副孔劈打”。先将一个槽段划分为主孔和副孔，利用钻机钻头自重冲击钻凿主孔，当主孔钻到一定深度后，为劈打副孔创造了临空面，然后用同样的钻头劈打副孔两侧。使用冲击钻劈打副孔产生的碎渣有以下两种出渣方式：可以利用泵吸设备将泥浆连同碎渣一起吸出槽外，通过再生处理后，泥浆可以循环使用；也可用抽砂筒及接砂斗出渣，进行钻进与出渣间歇性作业。这种方法一般要求主孔先导 8～12 m，适用于砂卵石等地层。

(2) 钻抓法。钻抓法又称为“主孔钻进、副孔抓取”法，如图 3.15 所示。它是先用冲击式钻机或回转式钻机钻凿主孔，然后用抓斗抓挖副孔，副孔的宽度要求小于抓斗的有效作用宽度。这种方法可以充分发挥两种机具的优势：抓斗的效率高，钻机可钻进不同深度的地层。具体施工时，可以两钻一抓，也可以三钻两抓、四钻三抓，形成不同长度的槽孔。钻抓法主要适用于土层颗粒粒径较小的松散软弱地层。

(3) 分层钻进法。采用回转式钻机造孔（见图 3.16）。分层成槽时，槽孔两端应领先钻进，它是利用钻具的重量和钻头的回转切削作用，按一定程序分层下

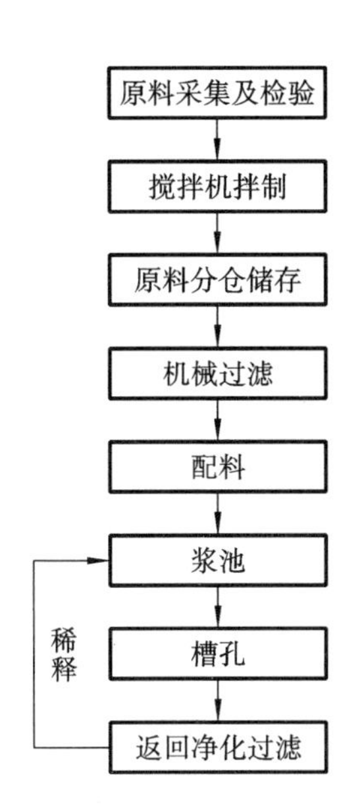

图 3.13　制浆工艺流程图

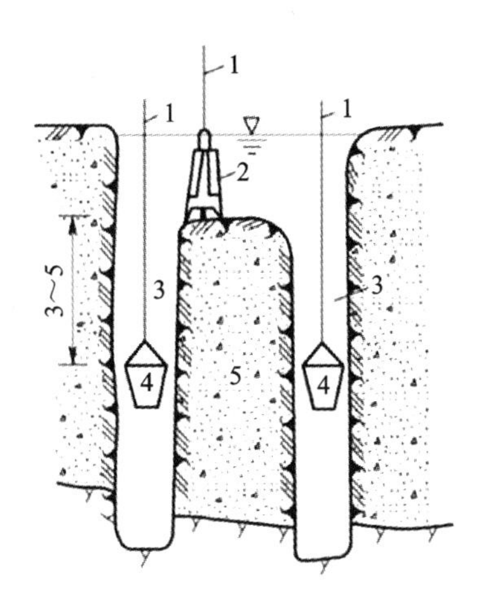

图 3.14　钻劈法(单位:m)

1—钢丝绳;2—钻头;3—主孔;4—接砂斗;5—副孔

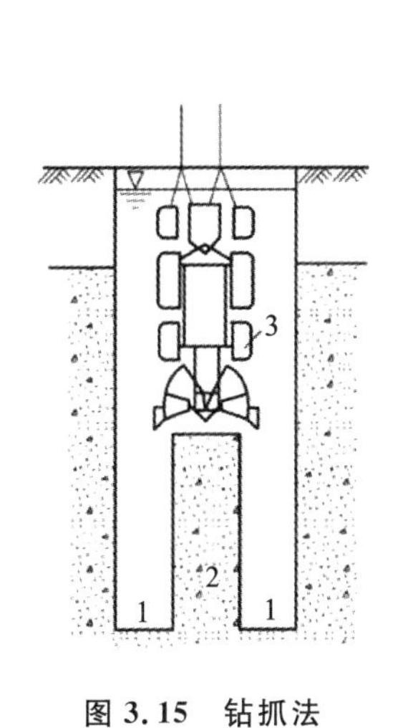

图 3.15　钻抓法

1—主孔;2—副孔;3—抓斗

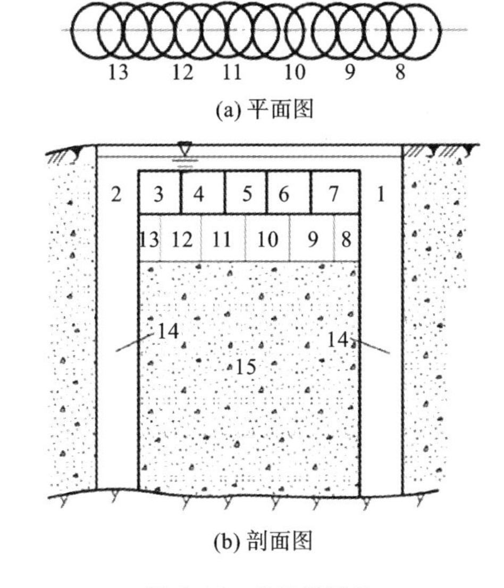

图 3.16　分层钻进法

1~13—分层钻进顺序;14—端孔;15—分层平挖部分

挖,用砂石泵经空心钻杆将土渣连同泥浆排出槽外,同时不断补充新鲜泥浆,维持泥浆液面的稳定。分层钻进法适用于均质颗粒的地层,碎渣能从排渣管内顺利通过。

(4) 铣削法。采用液压双轮铣槽机,先从槽段一端开始铣削,然后逐层下挖成槽(见图 3.17)。液压双轮铣槽机是目前比较先进的一种防渗墙施工机械,它由两组相向旋转的铣切刀轮,对地层进行切削,这样可抵消地层的反作用力,保持设备的稳定。切削下来的碎屑集中在中心,由离心泥浆泵通过管道排到地面。

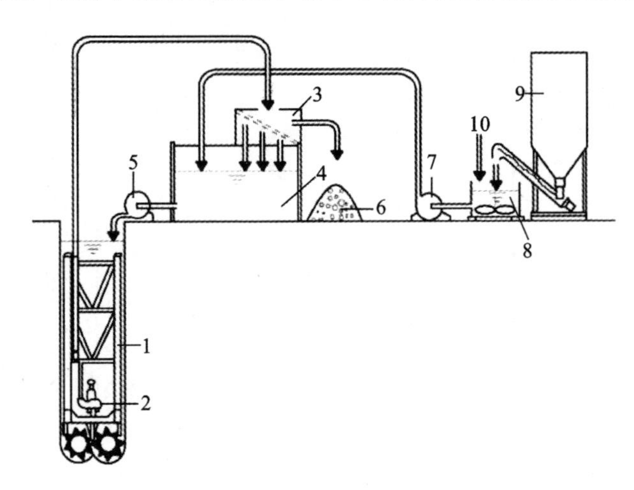

图 3.17 液压双轮铣槽机的工艺流程

1—铣槽机;2—泥浆泵;3—除渣装置;4—泥浆罐;5—供浆泵;6—筛除的钻渣;7—补浆泵;8—泥浆搅拌机;9—膨润土储料罐;10—水源

以上各种造孔挖槽方法,均采用泥浆固壁,在泥浆液面下钻挖成槽。在造孔过程中,要严格按操作规程施工,防止掉钻、卡钻、埋钻等事故发生;必须经常注意泥浆液面的稳定,发现严重漏浆时要及时补充泥浆,采取有效的止漏措施;定时测定泥浆的性能指标,以免影响工作,甚至造成孔壁坍塌;要保持槽壁平直,保证孔位、孔斜、孔深、孔宽以及槽孔搭接厚度符合要求;嵌入基岩的深度等满足规定的要求,防止漏钻漏挖和欠钻欠挖。

在钻进粉细砂地层时,常常向孔内投黏土球,以改善土层的颗粒组成,加快进尺。使用冲击或回转反循环式钻机及抓斗施工时,粉细砂层处进度很快,无须采用特殊的工艺。在用冲击式钻机钻进含孤石、漂石地层和基岩时,常用表面聚能爆破或钻孔爆破等方法,先爆破后钻进,往往可提高钻进工效 1～3.5 倍。

在用冲击式钻机施工时,通常采用抽筒出渣。尽管施工验收时一般满足孔底泥浆含砂率小于 12%的要求,但当混凝土浇筑进度较慢而槽孔较深时,泥浆中的砂粒会沉积到混凝土的表面,随着混凝土面的上升,这些泥沙可能被裹入混

凝土中，形成夹泥，或推向两边与相邻槽孔的连接处，形成接缝夹泥，不利于保证防渗墙的质量。近年来，由于冲击循环作业采用泵吸法并经泥浆处理装置去除了孔内泥浆中粒径大于 75 μm 的颗粒，这一问题得以解决。此外，在单独使用冲击式钻机和抓斗施工时，开始采用一种可置于孔底的潜水泵抽吸孔底泥浆以清孔，使防渗墙的质量大大提高。

3.6.3　终孔工作

（1）岩心鉴定。为了使防渗墙达到设计深度，主孔钻进到预定部位前，应放下抽筒，抽取岩样进行鉴定，并编号装袋。

（2）终孔验收。终孔后，按规范对孔深、槽宽、孔壁倾斜率、槽孔底淤积厚度与平整度进行检查验收。造孔结束后，应进行终孔验收，其验收项目及质量要求可参考表 3.2。

表 3.2　终孔验收项目及质量要求

终孔验收项目	终孔验收要求
孔位允许偏差	±3 cm
孔宽	≥设计墙厚
孔斜	<4‰
一、二期槽孔搭接孔位中心偏差	≤设计墙厚的 1/3
槽孔水平断面	没有梅花孔、小墙
槽孔嵌入基岩深度	满足设计深度

（3）清孔换浆。采用钻头扰动、砂石泵抽吸或其他方法清孔，抽吸出的泥浆经净化后，再回到槽孔，将孔内含有大量砂粒和岩屑的泥浆换成新鲜泥浆。将孔段两端已浇筑混凝土弧面上附着的黏稠泥浆、岩屑冲洗干净。

造孔完毕后的孔内泥浆常含有过量的土石渣，影响混凝土与基岩的连接。因此，必须清孔换浆，以保证混凝土浇筑的质量。清孔换浆的要求为：经过 1 h 后，孔底淤积厚度≤10 cm，泥浆比重≤1.3，黏度≤30 mPa·s，含砂量≤15%；清孔换浆后 4 h 内应开始浇筑混凝土。

3.6.4　混凝土浇筑

防渗墙的墙体材料，按其抗压强度和弹性模量，一般分为刚性材料和柔性材料。可根据工程性质及技术经济比较方案，选择合适的墙体材料。

刚性材料包括普通混凝土、黏土混凝土和掺粉煤灰混凝土等，其抗压强度大于 5 MPa，弹性模量大于 10000 MPa。柔性材料的抗压强度则小于 5 MPa，弹性模量小于 10000 MPa，包括塑性混凝土、自凝灰浆、固化灰浆等。其中，采用自凝灰浆能减少墙身的浇筑工序，简化施工程序，使建造速度加快、成本降低，在水头不大的堤坝基础及围堰工程中使用较多。采用固化灰浆可省去导管法混凝土浇筑工序，提高接头造孔工效，减少泥浆废弃，使劳动强度减轻，施工速度加快。另外，现在有些工程开始使用强度大于 25 MPa 的高强混凝土，以适应高坝深基础对防渗墙的技术要求。

1. 泥浆下浇筑混凝土的施工要求

(1) 不允许泥浆和混凝土掺混成泥浆夹层。

(2) 确保混凝土与基础以及一、二期混凝土间的结合。

(3) 连续浇筑，一气呵成。

2. 泥浆下浇筑混凝土的方法

泥浆下浇筑混凝土常采用导管提升法。导管由若干根直径 20～25 cm 的钢管用法兰盘连接而成，导管顶部作为受料斗。每根钢管长 2 m 左右，整个导管悬挂在导向槽上，并通过提升机升降。导管布置如图 3.18 所示。由于防渗墙混凝土坍落度一般为 18～22 cm，其扩散半径为 1.5～2.0 m，所以导管间距以小于 3 m 为宜。

3. 浇筑前的准备工作

泥浆下混凝土浇筑前的准备工作包括：制订浇筑方案，准备好导管及孔口用具并下设导管；检查混凝土搅拌与运输机械及导管提升机械的完好情况，检查运输道路情况；搭设孔口料台；准备好孔内混凝土顶面深度测量用具及混凝土顶面上升指示图；制订好孔内泥浆排放与回收方案等。

浇筑前，应仔细检查导管的形状、接头和焊缝的质量，过度变形和破损的不能使用，并按预定长度在地面进行分段组装和编号，然后安装布置到槽段中。

应严格遵循先深后浅的原则开浇导管，即从最深的导管开始，由深到浅一个个依次开浇，直到全槽混凝土面浇平以后，再全槽均衡上升。相邻混凝土面高差控制在 0.5 m 以内。

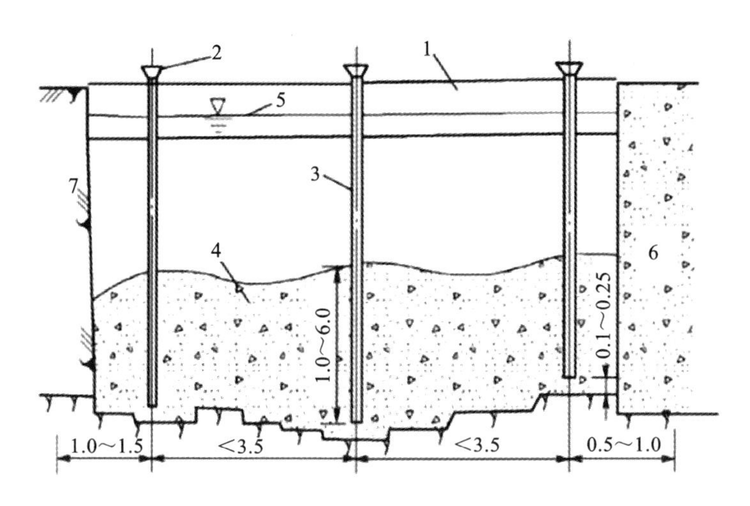

图 3.18　导管布置图(单位:m)

1—导向槽;2—受料斗;3—导管;4—混凝土;5—泥浆液面;6—已浇槽孔;7—未挖槽孔

孔口料台的结构应稳固、简单,能够方便地均匀分料给每一根导管,并在清孔验收合格后 2 h 内搭设完毕。一般使用钢管束装配式孔口料台。孔内混凝土顶面常用钢丝芯测量绳或细钢丝绳起吊的测锤测量,测锤绳索上的刻度标记应准确,并经常校核。

4. 泥浆下混凝土的浇筑

每个导管开浇时,将导管下至距槽底 10～25 cm 处,管内放一个直径略小于导管内径、能漂浮在浆面上的木球,以便在开浇时把混凝土与泥浆隔开。开浇时,先用坍落度为 18～20 cm 的水泥砂浆,再用体积稍大于整根导管容积,有同样坍落度的混凝土一次把木球压至管底。混凝土满管后,提管 20～30 cm,使球体跑出管外,混凝土流入槽内,再立即将导管放回原处,使导管底孔插入已浇入的混凝土中。然后迅速检查导管连接处是否漏浆,若不漏浆,立即开始连续浇筑混凝土,维持全槽混凝土面均衡上升,其上升速度不小于 2 m/h。随着混凝土顶面的不断上升,继续拆管,始终保持导管底口埋入混凝土内 1～6 m 的深度,直至混凝土顶面浇筑至规定高程。混凝土浇筑施工包括压球、满管、提管排球、理管、查管、连续浇筑、终浇等工序。

当混凝土面上升到距槽口 4～5 m 时,由于混凝土柱压力减小,槽内泥浆浓度增加,混凝土扩散能力相对减弱,易发生堵管和夹泥等情况,可采取加强排浆、稀释泥浆、抬高漏斗、增加起拔次数、经常提动导管及控制混凝土坍落度等措施解决。

3.6.5 墙段接头的施工工艺

目前,我国水利水电工程中的混凝土防渗墙在接头施工时有五种不同的方式。

(1) 套打一钻的接头方式。该方式在对一期墙段的两面端孔处套打一钻后,与二期墙段混凝土呈半圆弧形相接,主要采用冲击式钻机施工。

(2) 双反弧接头方式。该方式是在两个已浇筑混凝土的槽段中间预留一个孔的位置,待两个墙段形成后,再用双反弧钻头钻凿中间的双反弧形土体,然后浇混凝土将两个墙段连接。这种方法多在墙体混凝土强度等级较高时采用。

(3) 预埋接头管的接头方式。这种方式是在一期槽段的两端放置和墙厚尺寸相同的圆钢管,待混凝土凝固后,再将接头管拔出,形成光滑的半圆弧形墙段接头。

(4) 预埋塑料止水带的接头方式。一期槽孔两端放置一个与墙厚尺寸相同的接头板,板上可以卧入塑料止水带,待一期混凝土凝固后,留在槽孔内的塑料止水带被浇筑在一期混凝土中;二期槽孔造成后,再将接头板拔除,则原卧入此接头板中的另外一半塑料止水带留在了二期槽中;待二期槽孔混凝土浇筑完毕,这两期槽孔混凝土之间的接缝被塑料止水带封堵。

(5) 低强度等级混凝土包裹接头法。这种接头的施工程序是先用抓斗在设计的墙段接头部位沿垂直于墙轴线方向抓取一个槽孔,该槽的长度和宽度即抓斗的长度和宽度,成槽后浇筑低强度等级混凝土,此为包裹接头槽段。然后在每两个包裹接头中间抓取一期槽孔,并浇筑混凝土,这时每个包裹接头槽段的混凝土均被抓去一部分。此后再在每两个一期槽段之间抓取二期槽段,同时将包裹接头的另一部分抓出,并用双轮铣槽机铣削一期槽孔混凝土接头端面,待二期槽孔混凝土浇筑完毕后,每个槽段接头就被原已浇筑好的包裹接头槽段包裹住(见图 3.19)。此种接头的优点是不易漏水,即使有少量漏水,渗径也比较长。

目前来看,预埋接头管的方法和预埋塑料止水带的方法一般只适用于 30～50 m 深的槽孔,双反弧接头方式适用于较深的槽孔,且此法十分经济。低强度等级混凝土包裹接头法只适用于用抓斗施工的工程。套打一钻的接头方式由于工效低,且浪费混凝土,已逐渐被淘汰。

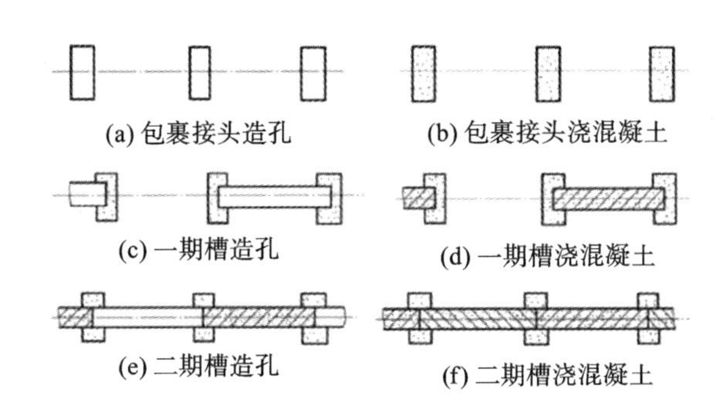

图3.19 低强度等级混凝土包裹接头法施工工艺过程

3.6.6 全墙质量检查验收

1. 检查内容

对混凝土防渗墙的质量检查应按规范及设计要求进行,主要包括以下几个方面。

(1) 槽孔检查,包括几何尺寸和位置、钻孔孔斜、入岩深度等。

(2) 清孔检查,包括槽段接头效果、孔底淤积厚度、清孔质量等。

(3) 混凝土质量检查,包括原材料、新拌料的性能,浇筑时间,导管位置,导管埋深,浇筑速度,浇筑工艺,硬化后的物理力学性能等。

(4) 墙体的质量检测。

2. 检查方法

一般通过钻检查孔来评定浇筑混凝土的质量,也可与开挖法结合检查评定。

(1) 基岩岩性及入岩深度的检查。一般在地质资料比较准确的情况下,通过泥浆携出的钻渣即可判断基岩岩性和入岩深度。但遇有与基岩岩性相同的漂卵砾石地层时,常常发生误判,此时需钻取岩心才能得到可靠的结果。为了减少基岩面判断的失误,在开工前沿墙轴线多布置一些勘探孔(间距10～12 m)是必要的。

(2) 墙段接缝的检查。主要检查墙段接缝间是否有夹泥以及判定夹泥的厚度。如果夹泥过厚,在高水头的作用下,接缝中的夹泥可能被冲蚀,形成集中渗漏通道,严重时,将在墙后产生管涌甚至危及大坝的安全。

一般来说,如果清孔泥浆的密度不大于1.2 g/cm³(对黏土泥浆),黏度为25

～55 mPa·s，含砂量不大于3%，墙缝将不会产生夹泥。当泥浆密度较大、含砂量较大、黏度较低且浇筑槽孔较深、混凝土强度不高时，在长时间的浇筑过程中，泥浆中的砂粒有可能沉积在混凝土表面，并被裹入混凝土中或被挤向接缝处，从而形成接缝夹泥层。近年来，由于技术和工艺的进步，采用泵吸法出渣和用振动筛、旋流器对泥浆进行处理，可以把泥浆中粒径大于75 μm的颗粒全部清除，保证清孔泥浆的质量，从而保证防渗墙混凝土的质量。

(3) 槽孔混凝土的浇筑速度检查。浇筑速度太低时会大大延长浇筑时间，时间越长，混凝土的坍落度损失也越大，越容易造成堵管等各种事故。随着施工机械化程度的提高，自动化、大容量混凝土搅拌车的采用，浇筑速度可达4～5 m/h，甚至更快。

(4) 混凝土和易性的检查。由于防渗墙混凝土是流态的，又是用导管在泥浆下浇筑，如果和易性不好，极易造成堵管。

3.7 软土及砂类地基的处理方法

软土及砂类地基处理的方法比较多，主要有高压喷射注浆法、深层搅拌法、振冲法、开挖置换、排水、降水、夯实固结、灌浆等，借此达到地基加固与防渗的目的。下文主要对前三种方法进行介绍。

3.7.1 高压喷射注浆法

高压喷射注浆技术是利用钻机在地层中造孔，将带有喷嘴的注浆管下至预定位置，用高压设备使浆液或水成为20～40 MPa的高压射流从喷嘴中喷射出去，冲击、切割、破坏、剥蚀地层，同时钻杆以一定速度渐渐向上提升，将浆液与土粒强制搅拌混合，浆液凝固后，在土中形成一个固结体。

1. 使用范围

高压喷射灌浆防渗和加固技术适用于软弱土层，如第四纪冲(淤)积层、残积层以及人工填土层等。我国的实践证明，砂土、黏性土、黄土和淤泥等地层均能进行喷射加固，效果较好。

2. 方法与种类

高压喷射灌浆法有单管、二重管、三重管和多管之分。

(1) 单管法。单管法是利用钻机把安装在注浆管(单管)底部侧面的特殊喷嘴,置入土层预定深度后,用高压泥浆泵等装置,以 20 MPa 左右的压力,使浆液从喷嘴中喷射出来冲击破坏土体,并与土体上崩落下来的土搅拌混合,经过一定时间凝固,便在土中形成一定形状的固结体。

(2) 二重管法。该方法使用双通道的二重注浆管。当二重注浆管钻到土层的预定深度后,通过管底部侧面的一个同轴双重喷嘴,同时喷射出高压浆液和空气冲击破坏土体。具体来说,是通过高压泥浆泵等高压发生装置,从内喷嘴中高速喷出 20 MPa 左右压力的浆液,并用 0.7 MPa 左右压力把压缩空气从外喷嘴中喷出。在高压浆液和其外圈环绕气流的共同作用下,破坏土体的能量显著增大,最后在土中形成较大的固结体。

(3) 三重管法。该方法使用分别输送水、气、浆三种介质的三重注浆管。在高压泵等高压发生装置产生的 20～30 MPa 的高压水喷射流的周围,环绕一股 0.5～0.7 MPa 的圆筒状气流,使高压水喷射流和气流同轴喷射冲切土体,形成较大的空隙,再另由泥浆泵注入压力为 0.5～3 MPa 的浆液填充,喷嘴做旋转和提升运动,最后在土中凝固为较大的固结体。

(4) 多管法。其喷管包含输送水、气、浆管,泥浆排出管和探头导向管。采用超高压水射流(40 MPa)切削地层,所形成的泥浆由管道排出,用探头测出地层中形成的空间,最后由浆液、砂浆、砾石等置换充填。多管法可在地层中形成直径较大的柱状凝结体。

高压喷射灌浆形式一般分为旋喷、定喷和摆喷三种。

(1) 旋喷。采用旋喷法施工时,喷嘴一面喷射,一面旋转并提升,固结体呈圆柱状。主要用于加固地基、提高地基的抗剪强度、改善土的变形性质,也可组成闭合的帷幕,用于截阻地下水流和治理流砂。

(2) 定喷。采用定喷法施工时,喷嘴一面喷射,一面提升,喷射的方向固定不变,固结体形如板状或壁状。

(3) 摆喷。采用摆喷法施工时,喷嘴一面喷射,一面提升,喷射的方向呈较小角度来回摆动,固结体形如较厚墙状。

3. 高压喷射注浆法的特征

(1) 适用范围较广。由于固结体的质量明显提高,它既可用于工程新建之前,又可用于竣工后的托换工程;既不损坏建筑物的上部结构,又能使既有建筑物在托换施工时的使用功能正常。

(2) 施工简便。在土层中钻一个小孔,便可在土中喷射成大直径的固结体。因而施工时能贴近既有建筑物,成型灵活,既可在钻孔的全长形成柱形固结体,也可仅做其中一段。

(3) 可控制固结体形状。在施工中,可调整旋喷速度、增减喷射压力或更换喷嘴孔径改变流量,使固结体形成工程设计所需要的形状。

(4) 可垂直、倾斜和水平喷射。通常是在地面上进行垂直喷射注浆,但在隧道、矿山井巷工程、地下铁道等建设中,亦可采用倾斜和水平喷射注浆。

(5) 耐久性较好。由于能得到稳定的加固效果并有较好的耐久性,所以可用于永久工程。

(6) 料源广阔。浆液以水泥为主体,在地下水流速快或含有腐蚀性元素、土的含水量大或固结体强度要求高的情况下,可在水泥中掺入适量的外加剂,以达到速凝、高强、抗冻、耐蚀和浆液不沉淀效果。

(7) 设备简单。高压喷射注浆全套设备结构紧凑、体积小、机动性强、占地少,且能在狭窄和低矮的空间施工。

4. 加固机理

高压水射流是一种以很高的速度连续喷射出来的能量高度集中的液体射流。

高压喷射注浆的作用机理主要体现在以下五个方面。

(1) 冲切搅拌作用。强大的射流作用于土体,直接产生冲切地层的作用,使土体承受很大的动压力和沿孔隙的水力劈裂力及由脉动压力和连续喷射造成的土体强度疲劳等综合作用,造成土体结构破坏,并使土体与浆液搅拌混合。

(2) 升扬置换作用。在实行浆、气、水喷射时,压缩空气所产生的气泡将冲切下来的土颗粒升至孔口,同时浆液被掺搅灌入地层,使地层发生变化。

(3) 充填挤压作用。射流束末端可对周围土体产生挤压力,喷射过程中及结束后,静压灌浆作用一直持续,这种挤压力促使凝结体与两侧土体结合更为紧密。

(4) 渗透凝结作用。在冲切范围以外将产生浆液渗透,形成渗透凝结层,成为凝结体与地层的过渡层,其厚度与地层渗透性有关。

(5) 位移包裹作用。对于大颗粒,随着自下而上冲切掺搅,其位置将发生变化(这种位移在喷射孔距较小时较为有效),并被浆液包裹。因此,对大颗粒地层,应尽量减小孔距,增加喷射能量级次。

5. 灌浆设备和机具

(1) 钻机。要求除有一般钻机功能外，还需具有带动注浆管以 10～20 r/min的慢速转动和以 5～50 cm/min 的慢速提升的功能。或者改制和配备具有上述两种功能的旋喷机与钻机配合使用。

(2) 高压泵。①高压水泵：三重管和多管喷射注浆用，性能要求为泵压 40～50 MPa，排量 60～100 L/min。常用类型有 3W-6B、3W-7B、3XB 等型号。②高压浆泵：单管和二重管喷射注浆用。性能一般要求额定排量为 0.7～1.0 m^3/min，额定压力为 20～30 MPa。常用型号有 SNC-H300 型水泥车或 Y-2 型液压泵。

(3) 泥浆泵。三重管和多管喷射注浆用。要求额定泵压 2～5 MPa，额定排量 30～250 L/min。常用型号有 BW-150、BW-200、BW-250、BWJ-125 等。

(4) 空压机。二重管和三重管喷射注浆用。要求风量 3～10 m^3/min，风压 0.7～1.2 MPa。常用型号有 YV-3/8、YV-6/8、IV3-2.8/12 等。

(5) 搅浆机。要求制浆量不小于 8 m^3/h，容量一般为 0.8～2 m^3，可制水泥和黏土两种。最好使用双筒卧式搅浆机，造浆率高。

6. 施工程序

(1) 施工前的准备。

①组建队伍，根据工程情况选定技术人员、工人，并进行技术交底、安全操作训练，以此熟悉工程施工的各种要求。

②检查施工机械，对选定的设备配套状况和运行性能进行全面检查和检修，并进行试运转。

③现场准备，平整场地，按施工组织设计进行布孔、管路布置，接通水、电设备等，并进行现场试车。建立生活设施、材料备品库等。

(2) 施工设备选用、布置及劳动力配备。

根据工程要求选定喷射方式及类型，并选择相应的设备机具。一般一套设备以集中布置为好，还要考虑到喷射架和水、气、浆管路的移动以及冒浆的处理。有条件时，可将设备放在专门铺设的轨道上运行，以提高施工效率，加快进度。

(3) 孔距及布置形式。

对于防渗工程，通过大量的工程实践及定性理论分析，总结了几种常用孔距及布置形式。临时性和一般性工程常采用单排孔，重要工程布置成双排或多排结构。在相同工艺参数情况下，中细砂、粉砂地层，孔距取 2.0～2.5 m；砂卵石及卵漂石层，孔距多采用 1.5 m 以下；中粗砂、壤土或杂填土层，孔距多采用 1.5～2.0 m。目前，工程部门大多采用交叉折线连接式喷射形式，喷射方向与防渗轴线夹角设计为 15°～30°，施工时可分序进行。当用于加固地基时，一般采用旋喷桩，布置成单个或多个连续或不连续的结构形式。桩径应依据地层、水位情况等合理估计，一般多采用 1.0～1.5 m，特殊条件下也可用 2.0 m。

（4）喷射灌浆程序。

①钻孔。钻孔对准孔位，用水平尺校准机身水平，垫稳、垫平机架。孔位偏差应不大于 2 cm。喷射防渗板墙时，孔斜应不大于 3%。钻孔深度应深入下伏基层 0.5～1.0 m。钻进过程中要做好记录，真实反映孔内情况。

②下喷射管。下管时，要轻、慢，防止刮塌孔壁。下放至设计深度后，校正孔深。当用振动钻时，造孔与插管同时进行；地层为砂层、淤泥等，也可边喷水边插管。到孔深后，用钢球堵塞下方出水口，再正常喷射提升。为防止喷嘴堵塞，可采用低压送水、气、浆的方法下管，也可用胶布包喷嘴孔。下管完成后，靠高压水、气鼓开胶布后喷射提升。

③喷射灌浆。在统一指挥下，依次低压送水、送浆、送气，然后提高水压至设计值，在孔底喷射 1～3 min 后，待孔口返浆正常（即比重达到进浆比重），再按要求进行旋喷、摆喷或定喷提升。喷射到预定高度后，停止喷射，提出喷射管。

④清洗。完成一孔后，应用清水将喷射管内冲洗干净，可直接将吸浆笼头放入清水池内吸水向地面喷射，直至喷出清水。当孔深不大且连续作业时，也可每 2～3 孔冲洗一次。提出孔口后，应检查喷嘴，不合格及时更换。

⑤回填、灌浆。为解决凝结体顶部因浆液析水而出现的凹穴问题，喷射结束后，应及时在喷射孔内回填灌浆，直到孔口浆面不再下沉为止。所用浆液应稠些，一般水灰比为 0.5∶1。对于孔壁不稳地层，应考虑下导浆管，下置深度视易塌孔部位而定，以防止塌落物堵塞孔口，造成漏灌。

7. 喷射工艺

为了增加喷射长度或喷射范围，除增加喷射压力、降低提升速度外，还可在第一次喷射完毕后，将喷射管再下入孔内进行第二次喷射。一般在松散地层复喷效果低于黏土层。此法也可处理前期钻孔出现的质量事故。对于一些大孔隙地层，如卵砾石层，在防渗工程中，为避免因地下水流速过大或孔隙较多而造成材料大量消耗，也可以用复喷的方式解决。

喷射灌浆时，部分土颗粒随浆液从喷射管壁冒出地面，叫作“冒浆”。从冒浆成分和流量可大致了解喷射灌浆质量及地层情况。冒浆量的大小与喷射类型、被灌地层和进浆量有关。

若为地层中有较大孔隙引起的冒浆，可灌注黏土浆或加细砂、中砂，待填满空隙后，再继续正常喷射。若冒浆量过大，通常是有效喷射范围与注浆量不适应，可通过下列措施提高喷射压力，如适当缩小喷嘴孔径、适当加快提升速度等。

8. 质量检查

高压喷射注浆工程质量检查，一般应在高压注浆结束 4 周后进行。

(1) 质量检查的内容。

根据凝结体本身的性能、作用，主要检查以下几个项目。

①力学特性：包括密度，比重，抗压、抗剪强度，弹性模量，溶蚀性等。

②抗渗性：测定其渗透系数、渗透比降等。

③整体连续性：凝结体的均匀程度。

④形状与尺寸：地层中的空间分布、厚度等。

作为防渗工程，主要检查凝结体的抗渗性、抗剪强度和弹性模量、耐久性以及整体连贯性；作为加固工程，则以检查力学强度为主。

(2) 质量检查方法。

目前检查的方法有室内试验、开挖检查、钻孔检查、围井检查、整体效果检查等。

①室内试验。一是施工前进行浆液配合比试验，按设计指标选取浆液材料及配方；二是在现场用各种方法取样，在室内进行各项试验，可测定其抗渗性、力学强度、密度、比重、弹性模量及耐久性等指标。

②开挖检查。当凝结体具有一定强度后，选取典型部位开挖，暴露凝结体，可直接描绘以及用回弹仪、测波仪等仪器进行测试。开挖取样时，深度一般为 2～3 m，可检查其整体连续性、形状及尺寸等。

③钻孔检查。当凝结体具有相当强度后，利用钻机在其上钻孔，可做三项检查(多用于旋喷桩)。第一，取样分析、加工后做室内试验；第二，在钻孔内做压水或注水试验；第三，在孔内做标贯试验。另外，可在高喷防渗体两侧钻孔，进行水位观测、抽水试验；还可设置仪器，如渗压计、超声波发生接收器等，检查墙体的防渗及连贯性。

④围井检查。对于用作防渗体的定喷和摆喷板墙，多采用在施工板墙一侧

加喷2～3孔，与原板墙构成三边或四边围井的方法检查。当围井待凝一定时间后，在井内打孔进行压、注水试验。当为悬挂式帷幕时，还需在围井底部旋喷封底。还可开挖围井，在井内做注水试验；观察墙体连续性、均匀性，取不同部位试样做室内试验；做围井展示图等。

⑤整体效果检查。作为防渗工程，最终效果应是施工前后渗流量产生变化，基坑封闭后抽水效果良好等；作为地基加固工程，最终效果应是沉降的大小适宜。

3.7.2 深层搅拌法

深层搅拌法是利用水泥、石灰等材料作为固化剂的主剂，通过专用的深层搅拌机械，在地基中边钻进，边喷射固化剂，边旋转搅拌，使固化剂与土体充分拌和，形成具有整体性和抗水性的水泥土或灰土桩柱体，以达到加固地基或防止渗漏的目的的工程措施。

1. 使用范围

深层搅拌法适合于加固淤泥、淤泥质土和含水量较高而地基承载力小于140 kPa的黏性土、粉质黏土、粉土、砂土等软土地基。深层搅拌法对地基具有加固、支承、止水等多种功能，用途十分广泛。深层搅拌法主要用在水工建筑物地基中形成复合地基，在堤坝及其地基中形成连续的防渗墙等。

2. 分类方法与种类

深层搅拌桩按使用水泥的不同物理状态，分为浆体和粉体深层搅拌桩两类；按使用的深层搅拌机械具有的搅拌头数，分为单头、双头和多头深层搅拌桩。

3. 加固机理

土体中喷入水泥浆再经拌和后，水泥和土有以下物理、化学反应：水泥的水解和水化反应；离子交换与团粒化反应；硬凝反应；碳酸化反应。

4. 施工机具

目前，国内常用的深层搅拌桩机分动力头式和转盘式两大类。

动力头式深层搅拌桩机可采用液压马达或机械式电动机减速器。这类搅拌桩机主电机悬吊在架子上，重心高，必须配有足够重量的底盘。同时，由于主电机与搅拌钻具连成一体，质量较大，因此可以不必配置加压装置。转盘式深层搅

拌桩机多采用大口径转盘，配置步履式底盘，主机安装在底盘上，安有链轮、链条加压装置。

5. 施工程序

(1) 工艺试验。

工艺试验的目的是验证并确定设计提出的施工技术参数和要求，包括以下内容。

①搅拌桩机钻进深度，桩底标高，桩顶水泥浆停浆面标高。

②水泥浆液的水灰比，外加剂的种类。

③搅拌桩机的转速和提升速度。

④泥浆泵的压力。

⑤输浆量及每米注浆量变化，水泥浆经注浆管到达喷浆口的时间。

⑥是否需要冲水或注水下沉，是否需要复搅、复喷及其部位、深度等。

(2) 工艺流程。

桩机就位→喷浆、钻进、搅拌→喷浆、提升、搅拌→重复喷浆、钻进、搅拌→重复喷浆、提升、搅拌→成桩完毕。

6. 施工中的注意事项

(1) 拌制好的水泥浆液不得发生离析，存放时间不应过长。

(2) 过程中遇有硬土层，搅拌钻进困难时，应启动加压装置加压，或边输入浆液边搅拌钻进成桩，也可采用冲水下沉搅拌。

(3) 搅拌桩机喷浆时，应连续供浆，上提喷浆时因故停浆，须立即通知操作者。此时为防止断桩，应将搅拌桩机下沉至停浆位置以下 0.5 m，待恢复供浆时再施工。

(4) 当喷浆口被提升到桩顶设计标高时，停止提升，搅拌数秒，以保证桩头均匀密实。

(5) 施工时，停浆面应高出桩顶设计标高 0.3 m，开挖时再将超出桩顶标高部分凿除。

(6) 桩与桩搭接时，相邻桩施工的间隔时间应不超过 24 h。

(7) 应做好每一根桩的施工记录。

7. 工程质量检查

工程质量检查要做好施工过程检查和桩体质量检测。

施工过程检查内容包括水泥规格及用量、外加剂用量、水泥浆液密度、搅拌轴的提升速度及转速、成桩时间、成桩速度、钻头直径、桩架的垂直偏差、断桩处理情况和施工记录等。

桩体质量检测主要检测质量偏差。工程完工后应对所施工的深层搅拌桩进行抽样检测，检测结果应满足允许偏差标准。检测方法有开挖检验、取芯试验、注水试验、无损检测。

3.7.3 振冲法

采用振冲机具加密地基土或在地基中建造碎(卵)石桩柱，并和周围土体组成复合地基，以提高地基的强度和抗滑及抗震稳定性的地基处理技术，称“振冲法”。

1. 使用范围

振冲法几乎适用于各类土层，用以提高地基的强度和抗滑稳定性，减少沉降量。振冲法是砂土抗震、防止液化的有效处理措施。

2. 分类方法与种类

按施工工艺分，振冲法施工可分为湿法和干法两类。

按对地基土加密效果，振冲法可分为振冲加密和振冲置换两大类。振冲加密是指经过振冲法处理后地基土强度有明显提高。振冲置换是指经过振冲法处理后地基土强度没有明显提高，主要依靠在地基中建造强度高的碎(卵)石桩柱与周围土组成复合地基，从而提高地基强度。

3. 施工机具

施工机具主要包括振冲器和施工辅助机具。

振冲器是一种通过自激振动并辅以压力水冲贯于土中，对土体进行加固，使其密实的机具。

施工辅助机具主要有起吊机械、填料机械、电气控制设备、供水设备、排泥浆设施及其他配套的电缆、水管等。

4. 施工程序

振冲法施工一般包括造孔、清孔、填料、加密四个工序。

（1）造孔。造孔应注意下列事项：①振冲器对准桩位，对准偏差应小于 100 mm；②造孔过程中，振冲器应处于悬垂状态；③造孔速度和能力取决于地基土质、振冲器类型及水冲压力等，因此造孔速度不是完全可以人为控制的；④造孔水压大小取决于振冲器贯入速度和土质条件；⑤当造孔时振冲器出现上下颠动或电流大于电机额定电流，经反复冲击不能达到设计深度时，宜停止造孔，并及时研究其他解决方法。

（2）清孔。如造孔时返出的泥浆较稠，孔中有狭窄或缩孔段，应进行清孔。

（3）填料。造孔或清孔结束后，可将填料倒入孔中。目前，填料方式有连续填料、间断填料和强迫填料三种。

（4）加密。加密分为不填料加密和填料加密。不填料加密是完全利用地基土自身振动密实。填料加密是将填入孔中的填料挤振密实。加密控制标准基本上可分为以下三种：①填料量控制，加密过程按每延米填入的填料数量规定控制；②电流控制，按振冲器的电流设计确定值控制；③加密电流、留振时间、加密段长度按综合指标法控制。

5. 制桩顺序

对单项振冲法加固工程，按施工顺序可采用排打法、围打法、跳打法。

排打法是由一端开始，依次到另一端结束。围打法是先施工外围的桩孔，逐步向内施工。跳打法是一排孔施工完后，隔一排孔再施工，反复进行。

6. 施工过程质量控制

施工过程中质量控制主要有桩位偏差、成桩深度、填料质量和数量、施工工艺参数的控制，以及对桩体密实度和桩间土加密效果进行跟踪抽检。

3.8　基础处理施工实践——以南水北调济南至引黄济青段东湖水库工程为例

3.8.1　工程概述

东湖水库位于济南市东北约 30 km 的历城区和章丘区境交界处，小清河与白云湖之间，为新建平原调蓄水库。水库总占地面积 532.323 hm^2（按 1 亩＝

0.066 hm^2 计算，共 8065.5 亩），围坝长 8.125 km，最大坝高 13.7 m，设计最高蓄水深度 11.0 m，最高蓄水水位 30.0 m，相应最大库容 53770000 m^3；设计死水位 19.0 m，死库容 6780000 m^3。

水库采用泵站提水充库，涵闸控制出库的运行方式。设计最大入库流量 11.6 m^3/s，设计最大出库流量 22.3 m^3/s。主要建筑物包括围坝、干渠分水闸及小清河倒虹吸工程、入库泵站及入（出）库涵闸、供水洞、截渗沟、排渗泵站等建筑物。

为了改善地基承载力，协调各结构之间的变形，济南、章丘放水洞闸室基础和过坝涵洞的洞身基础均采用了水泥搅拌桩。桩间距 1.0 m，桩长 8.5 m，桩径 0.6 m，桩基础工程总量约 9588 m，成型桩体积约 2711 m^3，需造桩 1128 根。具体如表 3.3 所示。

表 3.3　水泥搅拌桩设计指标及分布情况

<table>
<tr><th>项目名称</th><th>部位</th><th>桩径/mm</th><th>数量/根</th><th>深度/mm</th></tr>
<tr><td rowspan="2">济南放水洞</td><td>闸室段</td><td rowspan="4">600</td><td>84</td><td rowspan="4">8500</td></tr>
<tr><td>涵洞 8 节</td><td>480</td></tr>
<tr><td rowspan="2">章丘放水洞</td><td>闸室段</td><td>84</td></tr>
<tr><td>涵洞 8 节</td><td>480</td></tr>
<tr><td>合计</td><td>—</td><td>—</td><td>1128</td><td>—</td></tr>
</table>

根据招标文件，东湖水库全坝段范围内做坝基截渗处理，采用薄混凝土防渗墙，墙厚 0.3 m，墙顶高程平清基面，防渗墙最大深度 28.53 m，其轴线位于库内距上游坝脚 2.0 m 处，插入第⑥层壤土 1.0 m。本标段成墙面积 96011 m^2，浇筑塑性混凝土 28803 m^3，出浆土方 28803 m^3。

下文主要对水泥搅拌桩和混凝土防渗墙施工技术进行介绍。

3.8.2　水泥搅拌桩施工

1. 施工准备

（1）材料。

水泥：用 32.5 R 级普通硅酸盐水泥，要求新鲜无结块。

外加剂：减水剂采用木质素磺酸钙，促凝剂采用硫酸钠、石膏，应有产品出厂合格证，掺量通过试验确定。

（2）配合比要求。

一般水泥掺入量为加固土重的 7%～20%；每加固 1 m^3 的土体，掺入水泥 110～160 kg。当用水泥浆作固化剂，配合比为 1∶1～2∶1(水泥∶砂)。为增加流动性，可掺入水泥质量 0.2%～0.25%的木质素磺酸钙减水剂与 1%的硫酸钠和 2%的石膏，水灰比为 0.43～0.50。

（3）生产性工艺试验。

水泥搅拌桩开工前，根据监理人员的指示，在选定的区域，根据设计要求进行与实际施工条件相仿的各项现场生产性工艺试验，包括施工机械的类型、成桩方法、技术参数等，最终确定输浆量、输浆时间、提升速度等相关施工技术参数。对含水率较大(如大于塑限)的土体应特别注意。遇到问题，应及时与监理工程师和设计单位协商解决。试桩数量应符合设计要求，且不少于 2 根。

（4）作业条件。

①施工前对建基面进行平整并用振动碾压实。

②测量放线，定出控制轴线、打桩场地边线并标识。根据轴线放出桩位线，用木橛钉好桩位，并用白灰标识，以便于施打。

③桩机械表面应有明显的进尺标记，以此来控制成桩深度。

④确定打桩机进出路线和打桩顺序，制订施工方案，做好技术交底。

（5）施工机具。

机具设备：搅拌桩机、履带式起重机、灰浆搅拌机、灰浆泵、冷却泵及其配套设备。

主要工具：导向架、集料斗、磅秤、提升速度测定仪、电气控制柜。

2. 施工顺序

根据设计提供的桩基土层土质情况，结合以往施工经验，基础水泥搅拌桩拟沿建筑物轴线方向分区段间隔作业，隔排、隔行(间隔 1～2 孔)跳打(施工时据试验结果及现场的实际情况进行调整)，每一作业区段处理时原则上沿轴线方向(纵向)由一端向另一端进行，垂直轴线方向(横向)由里向外进行。当土体含水量较大时，应采用跳点、跳排打的方法施工。

3. 施工工艺

（1）桩机就位。

桩机就位时，使搅拌头尖对准桩位，调平机架，使桩机保持垂直，用线锤吊线

检查桩机垂直度，确保桩机垂直度偏差不大于 1.0%，桩位的偏差不大于 50 mm。同时要有固定措施，确保在施工时不发生倾斜。

(2) 成桩。

水泥土搅拌桩采用湿法成桩，并应遵循以下要求。

①施工时，先将搅拌桩机用钢丝绳吊挂在起重机上，用输浆胶管将贮料罐、砂浆泵与深层搅拌机接通。开动电动机，搅拌机叶片相向而转，借设备自重，以 0.38～0.75 m/min 的速度沉至要求的加固深度，再以 0.3～0.5 m/min 的均匀速度提起搅拌机(实际施工时由试验确定)。同时开动砂浆泵，将砂浆从深层搅拌机中心管不断压入土中，使叶片泥浆与深层处的软土搅拌。边搅拌边喷浆，直到搅拌机提至地面(接近地面时，停浆面应高于桩顶设计标高 300～500 mm)，即完成一次搅拌过程。用同法再一次搅拌下沉和喷浆上升，即完成一根桩体。

②施工中，应严格按预定的配合比拌制固化剂，并应有防离析措施。起吊应保证起吊设备的平整度和导向的垂直度。成桩要控制搅拌机的提升速度和次数，控制注浆量，保证搅拌均匀，同时泵送必须连续。

③搅拌机预搅下沉时，不宜冲水，当遇到较硬土层下沉过慢时，方可适量冲水，但应考虑冲水成桩对桩身强度的影响。

④所有使用的水泥都应过筛，制备好的浆液不得离析，泵送必须连续。拌制水泥浆液的罐数、水泥和外掺剂用量以及泵送浆液的时间等应有专人记录；喷浆量及搅拌深度必须采用经国家计量部门认证的监测仪器进行自动记录。

⑤当水泥浆液到达出浆口后应喷浆搅拌 30 s，在水泥浆与桩端土充分搅拌后，再开始提升搅拌头。

⑥因故停浆时，应将搅拌头下沉至停浆点以下 0.5 m，恢复供浆再喷浆搅拌提升；若停浆超过 3 h，应拆卸输浆管路，并妥善清洗。

4. 质量控制及检验

施工前，应检查水泥、外加剂的质量，桩位，搅拌机工作性能及各种计量设备(主要是水泥浆流量计及其他计量装置)完好程度；施工中，应检查机头提升速度、水泥浆或水泥注入量、搅拌桩的长度及标高；施工后，应检查桩体强度、桩体直径及地基承载力。

进行强度检验时，对承重水泥搅拌桩应取 90 d 后的试件，对支护水泥搅拌桩应取 28 d 后的试件。

水泥搅拌桩地基质量检验标准应符合表 3.4 的规定。

表 3.4　水泥搅拌桩地基质量检验标准

项目	序号	检查项目	允许偏差或允许值		检查方法
			单位	数值	
主控项目	1	水泥及外加剂质量	设计要求		查产品合格证书或抽样检验
	2	水泥用量	参数指标		查看流量计
	3	桩体强度	设计要求		按规定办法
	4	地基承载力	复合地基承载力不小于 130 kPa,单桩承载力不小于 100 kN		用触探或荷载法
一般项目	1	机头提升速度	m/min	≤0.5	量机头上升距离及时间
	2	桩底标高	mm	±200	测机头深度
	3	桩顶标高	mm	+100,−50	用水准仪量(最上部 500 mm 不计入)
	4	桩位偏差	mm	<50	用钢尺量
	5	桩径	mm	≮设计值	用钢尺量
	6	垂直度	%	≤1.0	用经纬仪量
	7	搭接	mm	>200	用钢尺量

特殊工艺或关键控制点的控制应符合表 3.5 的规定。

表 3.5　特殊工艺或关键控制点的控制

序号	关键控制点	控制措施
1	桩径、搅拌的均匀性	成桩 7 d 后,采用浅部开挖桩头检查
2	桩径、搅拌的均匀性	成桩 3 d 内,用轻型动力触探(N10)检查每米桩身的均匀性
3	承载力	载荷试验必须在桩身强度满足试验载荷条件时,并宜在成桩 28 d 后进行。检查数量为总桩数的 0.5%～1%,且每项单体工程应不少于 3 桩

3.8.3 混凝土防渗墙施工

1. 施工准备

(1) 详细分析防渗墙槽位的地质条件,并在复勘后编制槽位轴线剖面,以确定地层的分布特征。

(2) 划分槽段,测量槽段中心线位置,定出控制轴线、开槽场地边线并标识,及时报送监理人员确认。

(3) 施工前,清除地表耕植土,清除障碍物,标记和处理场地范围及地下构造物和管线。平整场地时,应注意对松散地基进行加密处理,深度不小于 5 m。

(4) 混凝土导墙修筑。

(5) 成孔机械表面应有明显的进尺标记,以此控制成孔深度。

(6) 生产性试验。开工前,在防渗墙中心线部位选择 2～3 个槽段进行生产性试验。通过试验,最终确定导墙形式、槽段划分、造孔、固壁泥浆、塑性混凝土浇筑等施工工艺和技术参数,并将试验成果报送监理人员。监理人员批复后才可正式施工。

2. 施工顺序

根据标书及图纸提供的地质情况,结合现场施工条件及以往施工经验,整个防渗墙沿轴线方向分为 22 段,每段 200 m,布置 4 台抓斗,沿轴线方向由一端向另一端同时推进施工。待该段防渗墙完成后,4 台抓斗先后撤入下一段继续施工。

成槽验收合格后,立即浇筑混凝土,以防止槽段之间互相挤压,造成相邻槽孔坍塌。

3. 施工工艺

(1) 槽段划分。

围坝塑性混凝土地下连续墙总延长约为 4400 m,根据场地条件和防渗墙的施工特点,施工槽长暂定Ⅰ、Ⅱ期均为 8 m,即 2 个 2.6 m 的边孔和 1 个 2.8 m 的中间孔,约为 579 个槽段。槽段划分示意图见图 3.20。施工时的槽段具体长度待防渗墙生产性试验完成后确定。

图 3.20　槽段划分示意图(单位:mm)

(2) 测量放线。

根据设计交桩提供的基点布置导线控制网及水准点,按地下连续墙轮廓和轨道中心线设置若干控制点,控制点应用标识标出。所有点都必须经常复核,同时做好工程施工测量放样。

(3) 导墙施工。

①导墙。

根据施工图纸所示,防渗墙导向槽采用钢筋混凝土梯形断面,在上、下两个断面共布置 4 根 ϕ12 mm 纵向受力钢筋,浇筑二级配 C15 混凝土。

导墙施工顺序:平整场地→测量放样→挖槽→浇筑导墙垫层混凝土→钢筋绑扎→立模板→浇筑混凝土→养护→设置横向支撑→施工便道。整个地下连续墙导墙分为多段施工,每段施工长度控制在 80 m 左右。

施工应先放出导墙的轴线,定出挖土位置。挖土采用机械开挖与人工修整相结合的方法,控制挖土标高。挖土结束后定出导墙位置,绑定钢筋,架设模板,设立支撑,进行混凝土浇筑。导墙要对称浇筑,强度达到 70%后可拆模。拆模后,设置直径 10 cm 的上、下两道圆木支撑,并在导墙顶面铺设安全网片,保障施工安全。

导墙内墙面要垂直,导墙平行于防渗墙中心线,墙面与纵轴线距离的允许偏差为±10 mm;导墙顶面高程(整体)允许偏差为±10 mm;导墙顶面高程(单幅)允许偏差为±5 mm;导墙间净距允许偏差为±5 mm。混凝土底面和土面应紧贴,导墙的施工接头与地下墙的接头位置错开,并尽量做成一体。混凝土养护期间,起重机等重型设备不应在导墙附近作业区停留。成槽前不允许拆除支撑,以免导墙变位。利用排水沟防止雨、污水进入槽段污染泥浆。导墙与施工道路搭接处,导墙钢筋应伸入道路。穿过导墙的施工道路必须用钢板架空。

②施工平台。

将原地面平整后形成防渗墙施工平台,施工平台宽 11 m,位于防渗墙轴线内侧 8 m、外侧 3 m 的范围。内侧平台利用 4# 临时道路作为抓斗作业、下设监测仪器和混凝土浇筑等施工平台。

4. 防渗墙造孔成槽

防渗墙成槽主要施工机具为3台德国宝峨公司生产的GB系列液压抓斗和1台上海金泰SG35型液压抓斗。

宝峨地连墙液压抓斗施工效率高、成槽垂直度好、适用地层范围广、抓斗闭合力大、抓斗闭合时间短、设备运行成本低，配置有先进的电脑测斜纠偏装置，可有效地保证工程质量。

防渗墙槽段施工分两期进行，先Ⅰ期、后Ⅱ期；成槽采用钻抓法，先抓取两边孔，后抓取中间孔。墙段连接采用预埋接头管法。

5. 固壁泥浆

泥浆在防渗墙施工中的作用主要是保持孔壁稳定、悬浮钻渣等。

(1) 原材料选用。

根据工程实际情况，本工程采用膨润土泥浆进行护壁，主要材料为膨润土、分散剂、增黏剂和水。膨润土质量应达到《钻井液材料规范》(GB/T 5005—2001)标准，分散剂为工业碳酸钠(Na_2CO_3)，降失水增黏剂为中黏类羧甲基纤维素钠。配制泥浆用水从机井内抽取，使用前进行水质分析，以免对泥浆性能产生不利影响。

(2) 原材料检测。

膨润土进场前对料源和生产厂家进行考察，对相应指标进行检测，检测项目见表3.6。

表3.6 不同阶段泥浆性能测定项目表

阶段	泥浆检测项目
鉴定土料造浆性能时	密度、漏斗黏度、含砂量、胶体率、稳定性
确定泥浆配合比时	密度、漏斗黏度、失水量、泥饼厚、动切力、静切力、pH值
施工过程中	密度、漏斗黏度、含砂量

每批膨润土进场之后，取样进行全性能试验，以其ϕ600读值、滤失量、屈服值、筛余量等数项指标达到《钻井液材料规范》(GB/T 5005—2001)标准为宜。如达不到上述标准，则应根据现场试验结果和监理人员的指示处理或适当调整泥浆拌制时的材料用量或掺加外加剂进行改善。

（3）制浆设备选用。

选用 400 L 高速泥浆搅拌机移动制浆。

（4）泥浆配合比。

配合比确定之前，按表 3.6 规定的检测项目进行膨润土性能测定，然后通过现场试验确定具体的配合比。根据施工经验和相应的技术标准拟定的新制膨润土泥浆经验配合比见表 3.7。

表 3.7　膨润土泥浆经验配合比表

材料	用量
水/L	1000
膨润土/kg	80～100
碳酸钠/kg	3～4

注：如需加入增黏剂，拟定加入比例为水量的 0.1%。

（5）泥浆制备、检验与使用。

①按规定的配合比配制泥浆，各种材料的加量误差不大于 5%。每槽膨润土泥浆的搅拌时间为 3～5 min，实际搅拌时间通过试验确定后适当调整。

②新制膨润土泥浆应做表 3.8 所列的项目检测，并达到该表中规定的标准。新制膨润土泥浆需存放 24 h，经充分水化溶胀后使用。

表 3.8　新制膨润土泥浆性能指标

项目	单位	性能指标	试验仪器
密度	g/cm^3	≤1.2	泥浆比重秤
黏度	mPa·s	30～60	马什漏斗
含砂量	%	≤1	含砂量测定仪

③储浆池内泥浆应经常搅动，保持泥浆性能指标均一，避免沉淀或离析。

④在钻进过程中，槽孔内的泥浆由于岩屑混入和其他处理剂的消耗，泥浆性能将逐渐恶化，必须进行处理。造孔过程中，孔内泥浆面应始终保持在导墙顶面以下 30～50 cm，严防塌孔。

⑤在槽孔和储浆池周围设置排水沟，防止地表污水或雨水大量流入后污染泥浆。被混凝土置换出来的距混凝土面 2 m 以内的泥浆，因污染较严重，应予以废弃。

6. 清孔换浆和接头孔的刷洗

槽孔终孔后，即开始组织清孔换浆工作，Ⅱ期槽终孔后还需进行接头孔的刷洗。

(1) 清孔换浆。

本标段防渗墙直接利用抓斗清孔换浆,即用抓斗预先将槽孔内钻渣、沉淀物等抓取干净,同时向槽孔内注入新鲜、合格浆液,将槽孔内废旧泥浆置换掉。静置一段时间后,检测孔深及孔内沉淀,满足要求即可。

清孔结束前,在槽内取样测试泥浆的性能,其结果作为确定换浆指标的依据。用膨润土泥浆置换槽内的混合浆,一般换浆量为槽孔容积的1/3～1/2。槽内抽出的泥浆通过杆泵送入回浆池,成槽时再作为护壁浆液循环使用。

(2) 接头孔洗刷。

接头孔的洗刷采用具有一定重量的圆形钢丝刷子,通过调整钢丝绳位置的方法,使刷子对接头孔孔壁进行施压。在此过程中,利用抓斗带动刷子不断由孔底至孔口进行往返运动,从而达到对孔壁进行清洗的目的。接头孔壁洗刷的结束标准是钢丝刷子基本不带泥屑,并且孔底淤积不再增加。

(3) 清孔换浆结束标准。

清孔换浆结束后1 h,在槽孔底部0.5 m部位取样进行泥浆试验。如果达到结束标准,即可结束清孔换浆的工作。

结束标准:孔底淤积厚度不大于10 cm;膨润土泥浆指标合格。

7. 槽段连接

本标段槽段连接采用预埋接头管法。其是施工时混凝土防渗墙施工接头处理的先进技术,具有防渗墙接头质量可靠、施工效率高的特点。预埋接头管法施工有一定的技术难度,但有着其他接头连接技术无可比拟的优势:首先,由于接头管的下设,节约了套打接头混凝土的时间,提高了工效,也节约了墙体材料,降低了费用;其次,预埋接头管法连接接头的形状有利于延长渗径,保证了墙体抗渗要求;最后,这种接头连接由于具有最大的镶嵌强度,增加了摩阻力,更好地传递单元墙段之间的应力,使墙体的上下和左右受力条件好,连接可靠。接头管直径配置与设计墙厚相同。

(1) 拔管机具。

本标段拔管机具采用BG420/600全液压拔管机。BG420/600全液压拔管机为本标段施工时国内地下连续墙施工中使用过的大口径、大吨位的液压拔管机。

(2) 预埋接头管法墙段连接施工程序。

Ⅰ期槽孔清孔换浆结束，在槽孔端头下设接头管，混凝土浇筑过程中及浇筑完成一定时段内，根据槽内混凝土初凝情况逐渐起拔接头管，在Ⅰ期槽孔端头形成接头孔。Ⅱ期槽孔浇筑混凝土时，接头孔靠近Ⅰ期槽孔的侧壁形成圆弧形接头，墙段形成有效连接。

(3) 接头管安设。

下设前检查接头管底阀开闭是否正常，底管淤积泥沙是否清除，接头管接头的卡块、盖是否齐全，锁块活动是否自如等。

采用吊车起吊接头管，先起吊底节接头管，对准端孔中心，垂直徐徐下放，一直下到销孔位置，用拔管机锁死。然后起吊第二节接头管，用定位销连接后松开拔管机锁死装置，用吊车下设第二节接头管至孔内，用拔管机锁死。最后起吊第三节接头管，依次下设直至孔底。

(4) 接头管起拔。

在Ⅰ期槽段墙体塑性混凝土浇筑过程中，根据混凝土初凝情况逐渐起拔接头管。拔管法施工关键是要准确掌握起拔时间：起拔时间过早，墙体塑性混凝土尚未达到一定的强度，会出现接头孔缩孔和垮塌；起拔时间过晚，接头管表面与墙体塑性混凝土的黏结力使摩擦力增大，增加了起拔难度，甚至接头管被铸死拔不出来，造成重大事故。

墙体塑性混凝土正常浇筑时，应仔细分析浇筑过程是否有意外，并随时从浇筑柱状图上查看墙体塑性混凝土上升速度情况以及接头管埋深情况。

安排专职人员负责接头管起拔，随时观测接头管的起拔力，避免因人为因素导致铸管事故发生。接头管全部拔出后，应对新形成的接头孔及时进行检测、处理和保护。

8. 塑性混凝土浇筑

(1) 塑性混凝土设计要求。

塑性混凝土物理特性指标要求如下：出机口坍落度 20～24 cm，扩散度 34～40 cm，拌和析水率小于 3%，初凝时间不小于 8 h，终凝时间不大于 48 h。

(2) 塑性混凝土原材料。

水泥：水泥强度等级应不低于 42.5 R，应通过试验选定水泥品种，其细度、安定性和凝结时间等应满足施工图纸规定的塑性混凝土性能要求。

粗骨料：最大粒径不大于 20 mm，含泥量不大于 1%，饱和面干吸水率不大于1.5%。

细骨料：应选用细度模数为2.68～3.0的中砂，含泥量不大于1%，饱和面干吸水率不大于1.6%。

黏土：黏粒含量大于50%，塑性指数不小于35。

膨润土：黏粒含量不小于55%，塑性指数不小于60。

水：采用地下水，质量符合规定。

外加剂：各种外加剂的掺量通过试验确定，其质量要求符合规定。

上述各种材料在进场前均须通过检验，各项指标满足设计及施工要求后方可使用。

(3) 塑性混凝土配合比。

把检验合格的砂石骨料和水泥，送当地具有相应资质的水利工程试验中心进行塑性混凝土的室内配合比试验，确定塑性混凝土的配合比。塑性混凝土的设计强度为5 MPa，弹性模量为1000 MPa。

(4) 浇筑导管。

塑性混凝土浇筑导管采用快速丝扣连接的ϕ250 mm钢管，在每套导管的上部和底节管以上部位设置数节长度为0.3～1.0 m的短管，导管接头设有悬挂设施，便于吊车起拔、下设导管。

导管使用前，做调直检查、压水试验、圆度检验、磨损度检验和焊接检验，检验合格的导管做上醒目的标识。

导管在孔口的支撑架用型钢制作，其承载力为塑性混凝土充满导管时总重量的2.5倍以上。

(5) 导管下设。

导管下设前，需进行配管并做好记录，配管应符合规范要求。

导管按照要求依次下设，每个槽段布设3套导管，导管安装应满足如下要求：Ⅰ期槽段导管距离孔端或接头管不大于1.5 m，Ⅱ期槽段不大于1.0 m，导管间距不大于3.5 m，当孔底高差大于25 cm时，导管中心置放在该导管控制范围内的最深处。

(6) 混凝土开浇及入仓。

混凝土搅拌车运送塑性混凝土进槽口储料罐，再分流到各溜槽进入导管。

塑性混凝土开浇时采用压球法开浇，每个导管均下入隔离塞球。开始浇筑塑性混凝土前，先在导管内注入适量的水泥砂浆，并准备好足量的塑性混凝土，以使隔离塞球被挤出后，能将导管底端埋入混凝土内。

塑性混凝土必须连续浇筑，槽孔内塑性混凝土上升速度为3～5 m/h，并连续上升至墙顶有效高程。

(7) 浇筑过程的控制。

导管埋入塑性混凝土内的深度为1.0～6.0 m。槽孔内塑性混凝土面应均匀上升，其高差控制在0.5 m以内。每隔30 min测量一次塑性混凝土面，每隔2 h测定一次导管内塑性混凝土面，在开浇和结束时适当增加测量次数，根据每次测得的塑性混凝土表面上升情况，填写浇筑记录和绘制浇筑指标图，核对浇筑方量，指导导管拆卸。

严禁不合格的塑性混凝土进入槽孔内。浇筑塑性混凝土时，孔口设置盖板，防止塑性混凝土散落至槽孔内。槽孔底部高低不平时，从低处浇起。塑性混凝土浇筑完毕后的顶面应高于设计要求的顶高程50 cm。

塑性混凝土浇筑时，在机口或槽孔入口处随机取样，检验塑性混凝土的物理力学性能指标。

浇筑塑性混凝土时，如发生质量事故，立即停止施工，并及时将事故发生的时间、位置和原因分析报告监理人员，除按规定进行处理外，将处理措施和补救方案报送监理人员批准，按监理人员批准的处理意见执行。

9. 防渗墙质量检查

(1) 终孔质量检查。

①槽孔的位置和槽宽测量。开工前，在槽孔两端设置测量标桩，根据标桩确定槽孔中心线并且始终用该中心线校核、检验所成墙体中心线的误差。孔位在设计防渗墙中心线上下游方向的允许偏差不得大于±10 mm，在不同方向都应满足此要求。

②槽孔偏斜测量。槽孔孔斜率指标为不大于0.2%，整个槽孔孔壁应当平整，无梅花孔、探头石和波浪形小墙。Ⅰ、Ⅱ期槽孔接头套接孔的两次孔位中心线在任一深度的偏差值应不大于施工图纸规定墙厚的1/3，并应采取措施保证设计厚度。本工程根据相似三角形原理采用重锤法进行槽孔偏斜测量。

③孔深测量槽孔嵌入第⑥层壤土深度。验收应在监理人员的监督下使用专用的孔深测绳进行测量。测量前应将抓斗取出的终孔段地层土样进行分析认定，并妥善保存，做好相应记录，然后交监理人员鉴定检查以使孔深的确定有充分的依据。

(2) 清孔质量检查。

槽孔终孔验收合格后,进行清孔换浆工作,并做以下检查。

①孔内泥浆性能指标。使用特制的取浆器从孔底以上 0.5 m 处取试验泥浆,试验仪器有泥浆比重秤、马什漏斗、量杯、秒表、含砂量测量瓶等。

②孔内淤积厚度。孔内淤积厚度采用测针和测饼进行测量,孔底淤积厚度不大于 10 cm。

③接头孔刷洗质量。Ⅱ期槽段在清孔换浆结束之前,用刷子钻头清除二期槽孔端头混凝土孔壁上的泥皮。在清孔验收合格后 4 h 内浇筑混凝土,如因下设预埋件不能按时浇筑,则重新按上述规定进行检测,如不合格应重新进行清孔。

(3) 墙体质量检查。

检查方法包括混凝土拌和机口或槽口随机取样检查、钻孔取芯检查、钻孔注水试验、芯样室内物理力学性能试验、墙体声波测试等。

由于本工程设计墙厚为 30 cm,故只进行机口、槽口混凝土拌和物取样检查。浇筑前,按图纸要求完成塑性混凝土室内配合比试验,试验内容包括坍落度试验和试块检测试验。

塑性混凝土浇筑过程中,在机口或槽口由试验员随机取样,测试塑性混凝土熟料主要性能指标。在每个槽孔达到混凝土浇筑量的 1/6、3/6、5/6 时应分别做现场坍落度试验,并按相关规定取混凝土试块,每组试块应按规范要求制作、养护。确认达到 28 d 或 90 d 龄期后做室内检测试验,主要包括强度、抗渗性能及其他设计要求检测的项目,以便对混凝土质量进行综合评价。

考虑本工程防渗墙墙体较薄(30 cm 厚),不宜进行有损检测。

第4章 土石建筑物施工

4.1 土石方平衡调配和土方工程量计算

4.1.1 土石方平衡调配的方法和原则

一般用于水利水电工程施工的有土石方开挖料、土石方填筑料以及其他用料，如开挖料作混凝土骨料等。在开挖的石料中，一般有废料，还可能有剩余料等，因此要设置堆料场和弃料场。开挖的土石料的利用和弃置，不仅有数量的平衡（即空间位置上的平衡）要求，而且有时间的平衡要求，还要考虑质量和经济效益等。

1. 土石方平衡调配方法

土石方平衡调配是否合理的主要判断指标是运输费用，费用花费最少的方案就是最好的调配方案。土石方调配可按线性规划进行。当基坑和弃料场不太多时，可用简便的“西北角分配法”求解最优调配数值。

2. 土石方平衡调配原则

土石方平衡调配的基本原则是在进行土石方调配时要做到料尽其用、时间匹配和容量适度。

（1）料尽其用。开挖的土石料可用作堤坝的填料、混凝土骨料或平整场地的填料等。前两种利用方式对材料的质量要求较高，一般对场地平整填料的质量要求不高。

（2）时间匹配。土石方开挖应与用料在时间上尽可能相匹配，以保证施工高峰用料。

（3）容量适度。堆料场和弃料场的设置应容量适度，尽可能少占地。应合理匹配开挖区与弃料场，使运费最少。

堆料场是指堆存备用土石料的场地，当基坑和料场开挖出的土石料需作建筑物的填筑用料，而开挖和填筑不能同时进行时就需要堆存土石料。由于开挖施工工艺问题，常有不合格料混杂，应禁止送这些混杂料入堆料场。

弃料场是处理开挖出的不能利用的土石料的场地。弃料场选择与堆弃原则是：尽可能位于库区内，这样可以不占农田、耕地。施工场地范围内的低洼地区可作为弃料场，平整后可作为或扩大为施工场地。弃料堆置应不使河床水流产生不良的变化，不妨碍航运，不对永久性建筑物与河床过流产生不利影响。在可能的情况下，应利用弃土造田，增加耕地。弃料场的使用应做好规划，合理调配开挖区与弃料场，以使运费最少。

4.1.2 土方工程量计算

(1) 场地平整土方量的计算。

场地平整是将施工现场平整为满足施工布置要求的一块施工场地。场地平整前，应确定场地的设计标高，计算挖、填土方工程量，进行挖、填方的平衡调配。

场地平整土方量的计算，一般采用方格网法，计算步骤如下。

①在地形图上将需要平整的施工场地划分成边长为 10～40 m 的方格网。

②计算各方格角点的自然地面标高。

③确定场地设计标高，并根据泄水坡度要求计算各方格角点的设计标高。

④确定各方格角点的挖填高度。

⑤确定零线，即挖、填方的分界线。

⑥计算各方格内挖、填土方量和场地边坡土方量，最后求得整个场地挖、填总方量。

(2) 基坑、基槽土方量的计算。

①基坑的土方量可按拟柱体体积公式计算，见式(4.1)和图 4.1。

$$V = (A_1 + 4A_0 + A_2)H/6 \tag{4.1}$$

式中：V 为基坑土方量(m^3)；A_1、A_2 为基坑上、下底面积(m^2)；A_0 为基坑深度 $H/2$ 处的面积(m^2)；H 为基坑深度(m)。

②基槽是一狭长沟槽，其土方量计算可沿其长度方向分段进行，然后相加求得总方量。当基槽某段内横截面尺寸不变时，其土方量即为该段横截面的面积乘以该段基槽长度；当某段内横截面的尺寸、形状有变化时，可按式(4.1)计算该段土方量。

(3) 堤坝填筑工程量的计算。

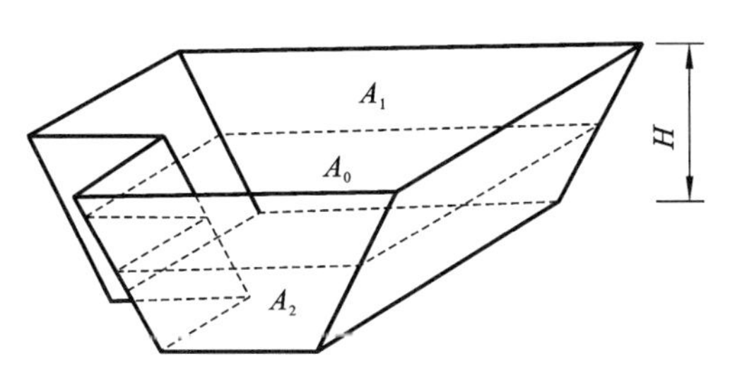

图 4.1　基坑土方量计算

堤坝工程为狭长形，一般采用断面法计算工程量，即每隔一定长度（形状变化较小时取大值，反之取小值）取一断面，每一段的土方量用两端的断面面积的平均值乘以段长，各段土方量之和即为总土方量。

4.2　土方工程施工工艺

4.2.1　土方开挖

1. 推土机

推土机是一种挖运综合作业机械，是在拖拉机上装推土铲刀而成。按推土板操作方式的不同，可分为索式和液压式两种。索式推土机的铲刀是借刀具自重切入土中，切土深度较小；液压式推土机能强制切土，可以调整推土板的切土角度，切土深度较大。因此，目前液压式推土机是工程中常用的一种推土机。

推土机构造简单，操作灵活，运转方便，所需作业面小，功率大，能爬 30°左右的缓坡。适用于施工场地清理和平整，开挖深度不超过 1.5 m 的基坑以及沟槽的回填土，堆筑高度在 1.5 m 以内的路基、堤坝等。在推土机后面安装松土装置，可破、松硬土和冻土，还可牵引无动力的土方机械（如拖式铲运机、羊脚碾等）进行其他土方作业。推土机的推运距离宜在 100 m 以内，当推运距离在 30～60 m 时，经济效益最好。

提高推土机生产效率的方法有如下几点。

(1) 下坡推土。借推土机自重，增大铲刀的切土深度和运土数量，以提高推土能力和缩短运土时间。一般可提高效率 30%～40%。

(2) 并列推土。对于大面积土方工程，可用 2～3 台推土机并列推土。推土时，两铲刀相距 15～30 cm，以减少土的侧向散失；倒车时，分别按先后顺序退回。平均运距 50～75 m 时，效率最高。

(3) 沟槽推土。当运距较远，挖土层较厚时，利用前次推土形成的沟槽推土，可大大减少土方散失，从而提高效率。还可在推土板两侧附加侧板，增大推土板前的推土体积，以提高推土效率。

2. 铲运机

按行走方式不同，铲运机有拖式和自行式两种。拖式铲运机由拖拉机牵引，工作时靠拖拉机上的操作系统进行操作。根据操作系统不同，拖式铲运机又分索式和液压式两种。自行式铲运机的行驶和工作都靠本身的动力设备，不需要其他机械的牵引和操作。

铲运机能独立完成铲土、运土、卸土和平土作业，对行驶道路要求低，操作灵活，运转方便，生产效率高。铲运机适用于平整大面积场地，开挖大型基坑、沟槽以及填筑路基、堤坝等，最适合开挖含水量不大于 27%的松土和普通土，不适合在砾石层和沼泽区工作。当铲运较坚硬的土壤时，宜先用推土机翻松 0.2～0.4 m，以减少机械磨损，提高效率。常用铲运机的铲斗容量为 1.5～6 m^3。拖式铲运机的运距以不超过 800 m 为宜，当运距在 300 m 左右时效率最高；自行式铲运机经济运距为 800～1500 m。

3. 装载机

装载机是一种高效的挖运综合作业机械。主要用途是铲取散粒材料并装上车辆，可用于装运、挖掘、平整场地和牵引车辆等，更换工作装置后，可用于抓举或起重等作业，因此在工程中被广泛应用。

装载机按行走装置分为轮胎式和履带式两种；按卸料方式分为前卸式、后卸式和回转式三种；按载重量分为小型(＜1 t)、轻型(1～3 t)、中型(4～8 t)、重型(＞10 t)四种。目前，使用最多的是铰接式轮式装载机，其铲斗多为前卸式，有的兼可侧卸。

4. 单斗挖掘机

单斗挖掘机是一种循环作业的施工机械，在土石方工程施工中最常见。按其行走机构的不同，可分为履带式和轮胎式；按其传动方式的不同，可分为机械传动和液压传动两种；按工作装置的不同，可分为正铲、反铲、拉铲和抓铲等。以

下主要对正铲挖掘机和反铲挖掘机进行介绍。

(1) 正铲挖掘机。

正铲挖掘机由动臂、斗杆、铲斗、提升索等主要部分组成。

图 4.2 为正铲挖掘机工作过程示意图。每一工作循环包括挖掘、回转、卸料、返回四个过程。挖掘时，先将铲斗放到工作面底部(Ⅰ)的位置，然后自下而上提升，同时向前推压斗杆，在工作面上形成一弧形挖掘带(Ⅱ、Ⅲ)；铲斗装满后，将铲斗后退，离开工作面(Ⅳ)；回转挖掘机上部机构至运输车辆处，打开斗门，将土卸出(Ⅴ、Ⅵ)；再回转挖掘机，进入第二个工作循环。

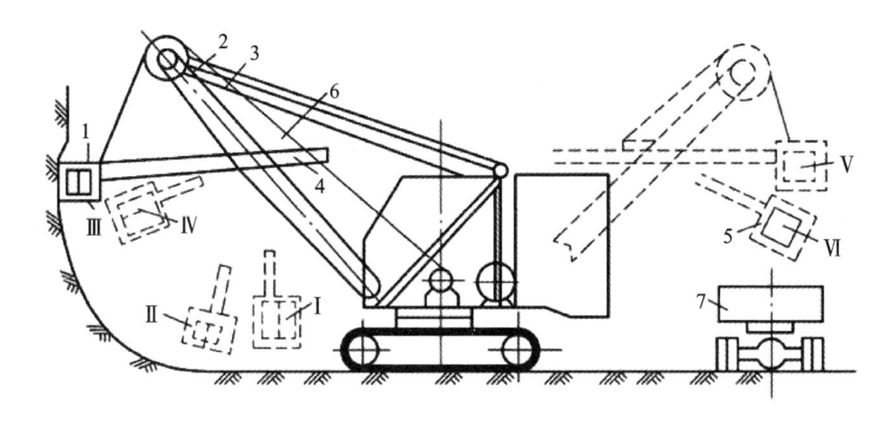

图 4.2　正铲挖掘机工作过程示意图

1—铲斗；2—支杆；3—提升索；4—斗杆；5—斗底；6—鞍式轴承；7—车辆；

Ⅰ、Ⅱ、Ⅲ、Ⅳ—挖掘过程；Ⅴ、Ⅵ—装卸过程

正铲挖掘机施工时，应注意以下几点：为了操作安全，应将最大挖掘高度、最大挖掘半径值减少 5%～10%；在挖掘黏土时，工作面高度应小于最大挖土半径时的挖掘高度，以防止出现土体倒悬现象；为了提高挖掘机的生产效率，工作面高度应不低于挖掘一次即可装满铲斗的土方高度。

挖掘机的工作面称为“掌子面”，正铲挖掘机主要用于停机面以上的掌子开挖。根据掌子面布置的不同，正铲挖掘机有以下两种不同的作业方式。

①正向挖土，侧向卸土。挖掘机沿前进方向挖土，运输工具停在侧面装土(可停在停机面或高于停机面)。这种方式在挖掘机卸土时，动臂回转角度很小，卸料时间较短，挖运效率较高，施工中应尽量布置成这种施工方式。

②正向挖土，后方卸土。挖掘机沿前进方向挖土，运输工具停在它的后面装土。卸土时，挖掘机动臂回转角度大，运输车辆需倒退对位，运输不方便，生产效

率低。该方式适用于开挖深度大、施工场地狭小的场合。

(2) 反铲挖掘机。

反铲挖掘机为液压操作方式，适用于停机面以下的土方开挖。挖土时后退向下，强制切土，挖掘力比正铲挖掘机小。主要用于小型基坑、基槽和管沟开挖。反铲挖土时，可用自卸汽车配合运土，也可直接弃土于坑槽附近。

反铲挖掘机工作方式分为以下两种。

①沟端开挖。挖掘机停在基坑端部，后退挖土，汽车停在两侧装土。

②沟侧开挖。挖掘机停在基坑的一侧移动挖土，可用汽车配合运土，也可将土弃于土堆。由于挖掘机与挖土方向垂直，挖掘机稳定性较差，而且挖土的深度和宽度均较小，故这种开挖方法只在无法采用沟端开挖或无须将弃土运走时采用。

(3) 单斗挖掘机生产率的计算。

挖掘机的生产率是指在单位时间内从掌子中挖取并卸入土堆或车厢的土方量。影响挖掘机生产率的主要因素有土壤性质、掌子高度、旋转角度、工作时间的利用程度、运输车辆的大小、司机的操作水平和挖掘机的技术状况等。根据具体施工条件分析上述因素后，单斗挖掘机生产率 P 可按式(4.2)～式(4.4)计算。

$$P = 60nqK_{充} K_{修} K_{时} K_{延} / K_{松}（自然方,\mathrm{m^3/h}） \tag{4.2}$$

$$K_{修} = 1/(0.4K_{土} + 0.6\beta) \tag{4.3}$$

$$n = 3600/T \tag{4.4}$$

式中：n 为设计每分钟循环次数(次)；q 为铲斗平装容量($\mathrm{m^3}$)，即铲斗的几何容积；$K_{充}$ 为铲斗充盈系数，与土质有关，一般取 0.80～1.10；$K_{修}$ 为工作循环时间修正系数；$K_{时}$ 为时间利用系数，取 0.8～0.9；$K_{延}$ 为联合工作系数，卸入弃土堆时取 1.0，卸入车厢时取 0.9；$K_{松}$ 为土壤的可松性系数；$K_{土}$ 为土壤级别修正系数，可采用 1.0～1.2；β 为转角修正系数，转角 90°时取 1.0，转角 100°～135°时取 1.08～1.37；T 为挖掘机一个工作循环时间(s)。

可采用以下措施提高挖掘机生产率：合理布置掌子面，缩短挖掘机工作循环时间；合理配套挖运设备；规范施工方法和步骤，提高机械设备操作水平，加强施工管理，提高时间利用系数；加强机械维修保养，保证机械正常运转。

4.2.2 土方运输

土方运输机械可分为有轨运输、无轨运输和皮带机运输。

(1) 有轨运输。

有轨运输分为标准轨运输和窄轨运输两种方式。

标准轨运输(轨距1435 mm)工程量一般不少于300000 m^3,运距不少于1 km,坡度宜不大于2.5%,转弯半径不小于200 m。

窄轨运输轨距有1000 mm、762 mm、610 mm三种。窄轨运输设备简单,线路要求比标准轨低,能量消耗少,在工程中使用较多。

有轨运输路基施工较难,效率较低,除有时窄轨运输用于隧洞出渣外,一般较少采用。

(2) 无轨运输。

无轨运输有自卸汽车运输和拖拉机运输两种方式。

自卸汽车运输机动灵活,运输线路布置受地形影响小,但运输效率易受气候条件的影响,燃料消耗多,维修费用高。自卸汽车运输时运距一般宜不小于300 m,重车上坡最大允许坡度为10%,转弯半径宜不小于20 m。

拖拉机运输是用拖拉机拖带拖车进行运输。根据行走装置不同,拖拉机分为履带式和轮胎式两种。履带式拖拉机牵引力大,对道路要求低,但行驶速度慢,适用于运距短、道路不良的情况。轮胎式拖拉机对道路的要求与自卸汽车相同,适用于道路良好、运距较大的情况。

(3) 皮带机运输。

皮带机是一种连续式的运输设备。与车辆运输相比,皮带机具有以下特点:结构简单、工作可靠、管理方便,易于实现自动控制;负荷均匀,动力装置的功率小,能耗低;可连续运输,生产效率高。

4.2.3　土方压实

1. 压实理论

通过压实填筑于土坝或土堤的土方,可以达到以下目的:提高土体密度、土方承载能力;加大土坝或土堤坡角,减小填方断面面积,减少工程量,从而减少工程投资,加快工程进度;提高土方防渗性能,提高土坝或土堤的渗透稳定性。

土坝或土堤填方的稳定性主要取决于土料的内摩擦力和黏聚力。土料的内摩擦力、黏聚力和防渗性能均随填土的密实度的增大而提高。例如:某种砂壤土的干密度为1.4 g/cm^3,压实提高到1.7 g/cm^3,其抗压强度可提高4倍,渗透系数将降低为原来的1/2000。

土体是三相体，即由固相的土粒、液相的水和气相的空气组成。通常土粒和水不会被压缩，土料压实的实质是将水包裹的土料挤压填充到土粒间的空隙里，排走空气占有的空间，使土料的空隙率减少，密实度提高。所以，土料压实的过程实际上是在外力作用下土料的三相重新组合的过程。

黏性土的主要压实阻力是土体内的黏聚力。在铺土厚度不变的条件下，黏性土的压实效果(即干密度)随含水量的增大而增大，当含水量增大到某一临界值时，干密度达到最大。如此时进一步增加土体含水量，干密度反而减小，此临界含水量值称为土体的“最优含水量”，即相同压实功能作用时压实效果最大的含水量。当土料中的含水量超过最优含水量后，土体中的空隙体积逐步被水填充，此时作用在土体上的外力有一部分作用在水上。因此，虽然压实功能增加，但是由于水的反作用抵消了一部分外力，被压实土体的体积变化很小，呈此伏彼起的状态，土体的压实效果反而降低。

对于非黏性土，压实的主要阻力是颗粒间的摩擦力。由于土料颗粒较粗，单位土体的表面积比黏性土小得多，土体的孔隙率小，可压缩性小，土体含水量对压实效果的影响也小，在外力及自重的作用下能迅速排水固结。黏性土颗粒细，孔隙率大，可压缩性也大，由于其透水性较差，所以排水固结速度慢，难以迅速压实。此外，土体颗粒级配的均匀性对压实效果也有影响。颗粒级配不均匀的砂砾土较级配均匀的砂土易于压实。

2. 压实方法

土料的物理力学性能不同，压实时要克服的压实阻力也不同。黏性土的压实主要是克服土体内的黏聚力，非黏性土的压实主要是克服颗粒间的摩擦力。压实机械有静压碾压、振动碾压和夯击三种。

(1) 静压碾压。作用在土体上的外力不随时间变化。

(2) 振动碾压。作用在土体上的外力随时间周期性地变化。

(3) 夯击。作用在土体上的外力是瞬间冲击力，其大小随时间变化。

3. 压实机械

(1) 平碾。平碾是利用机械滚轮的压力压实土料，使之达到所需的密实度。平碾碾压质量差，效率低，较少采用。

(2) 肋碾。肋碾单位面积压力较平碾大，压实效果比平碾好，用于黏性土的碾压。

(3) 羊脚碾。羊脚碾的碾压滚筒表面设有交错排列的羊脚形凸块。羊脚插入土中,不仅使羊脚底部的土体受到压实,而且使其侧向土体受到挤压,从而达到均匀压实的效果。碾筒滚动时,表层土体被翻松,有利于上、下层间接合。但对于非黏性土,由于插入土体中的羊脚使无黏性颗粒向上和向侧移动,会降低压实效果,所以羊脚碾不适用于非黏性土的压实。

(4) 气胎碾。气胎碾是一种拖式碾压机械,分单轴和双轴两种。气胎碾在压实土料时,充气轮胎随土体的变形而发生变形。开始时,土体很松,轮胎的变形小,土体的压缩变形大。随着土体压实密度的增大,气胎的变形相应增大,气胎与土体的接触面积也增大,始终能保持较均匀的压实效果。另外,还可通过调整气胎内压来控制作用于土体上的最大应力不超过土料的极限抗压强度。增加轮胎上的荷载后,由于轮胎的变形调节,压实面积相应增加,所以平均压实应力的变化并不大。因此,气胎的荷重可以增加到很大的数值。对于平碾和羊脚碾,由于碾滚是刚性的,不能适应土体的变形,当荷载过大会使碾滚的接触应力超过土料的极限抗压强度,使土体结构遭到破坏。而气胎碾既适用于压实黏性土,又适用于压实非黏性土,适用条件好,压实效率高,是一种十分有效的压实机械。

(5) 振动碾。振动碾是一种振动和碾压相结合的压实机械。它由柴油机带动与机身相连的轴旋转,使装在轴上的偏心块产生旋转,迫使碾滚产生高频振动。振动功能以压力波的形式传递到土体内。非黏性土在振动作用下,内摩擦力迅速降低,同时由于颗粒不均匀,振动过程中粗颗粒质量大、惯性力大,细颗粒质量小、惯性力小,粗细颗粒由于惯性力的差异而产生相对运动,细颗粒填入粗颗粒间的空隙,使土体密实。对于黏性土,由于土粒比较均匀,在振动作用下,不能取得像非黏性土那样的压实效果。

以上碾压机械压实土料的方法有进退错距法和圈转套压法两种,如图4.3所示。

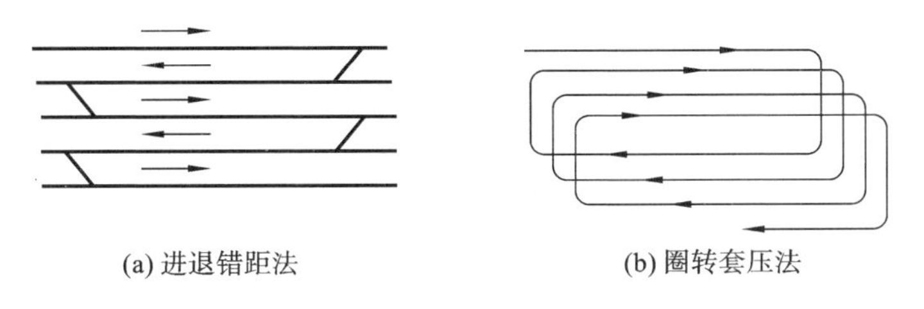

图4.3　碾压机械压实方法

进退错距法即碾压机械沿直线错距进行往复碾压。这种方法操作简便,碾压、铺土和质量检查等工序协调，便于分段流水作业，压实质量容易保证。此法适用于工作面狭窄的情况。

错距宽度 b(m)按式(4.5)计算。

$$b = B/n \tag{4.5}$$

式中：B 为碾滚净宽(m)；n 为设计碾压遍数(遍)。

圈转套压法即碾压机械从填方一侧开始，转弯后沿压实区域中心线另一侧返回，逐圈错距，以螺旋形线路移动进行压实。这种方法碾压工作面大，多台碾具可同时碾压，生产效率高。但转弯处重复碾压过多，容易引起超压剪切破坏，转角处易漏压，难以保证工程质量。

(6) 蛙夯。夯击机械是利用冲击作用来压实土方，具有单位压力大、作用时间短的特点，既可用来压实黏性土，也可用来压实非黏性土。蛙夯由电动机带动偏心块旋转，在离心力的作用下带动夯头上下跳动而夯击土层。夯击作业时各夯之间要套压。一般用于施工场地狭窄、碾压机械难以施工的部位。

4. 压实机械的选择

黏性土黏聚力是主要的，要求压实作用外力能克服黏聚力；非黏性土内摩擦力是主要的，要求压实作用外力能克服颗粒间的内摩擦力。选择压实机械主要考虑以下原则。

(1) 应与筑坝材料的特性相适应。黏性土应优先选用气胎碾、羊脚碾；砾质土宜用气胎碾、蛙夯；堆石与含有特大粒径(大于500 mm)的砂卵石宜用振动碾。

(2) 应与土料含水量、原状土的结构状态和设计压实标准相适应。对含水量高于最优含水量1%～2%的土料，宜用气胎碾压实；当重黏土的含水量低于最优含水量，原状土天然密度高并接近设计标准时，宜用重型羊脚碾、蛙夯；当含水量很高且要求的压实标准低时，黏性土也可选用轻型的肋碾、平碾。

(3) 应与施工强度大小、工作面宽窄和施工季节相适应。气胎碾、振动碾适用于生产强度要求高和时间紧张的雨季作业；夯击机械宜用于坝体与岸坡或刚性建筑物的接触带、边角和沟槽等狭窄地带。冬季作业选择大功率、高效能的机械。

(4) 应与施工队伍现有装备和施工经验等相适应。

5. 压实参数与压实试验

(1) 压实标准。

土料压实标准是根据水工设计要求和土料的物理力学特性提出来的，黏性

土由干密度 ρ_d 控制，非黏性土由相对密度 D_r 控制。控制标准随建筑物的等级不同而不同。在现场，通常将相对密度 D_r 转换成对应的干容重 γ_d 来控制施工质量。

（2）压实参数的确定。

初步选择了压实机械类型后，还应进一步确定机械所能达到的、具有最佳技术经济效果的各种压实参数。为了使土料达到设计要求的压实效果，且技术经济效果最佳，要求在施工现场进行压实试验，以确定碾重、铺土厚度、压实遍数以及土料的最优含水量等。对于振动碾，还应包括振动频率和行走速率。以单位压实遍数的压实厚度最大者为最经济、合理参数。

（3）碾压试验。

碾压试验方法步骤如下。

①选择一块 60 m×6 m 的条形试验区，如图 4.4 所示。将此条带分为 15 m 长的 4 等份，各段含水量依次为 ω_1、ω_2、ω_3、ω_4，控制其误差不超过 1%。对黏性土，试验含水量可定为：$\omega_1=\omega_p-4\%$、$\omega_2=\omega_p-2\%$、$\omega_3=\omega_p$、$\omega_4=\omega_p+2\%$（ω_p 为土料塑限，即土从塑性体状态向脆性固体状态过渡的界限含水量）。

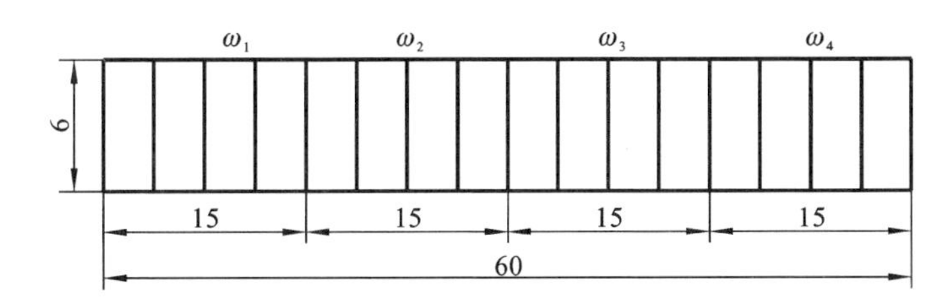

图 4.4　土料压实试验场地布置示意图（单位：m）

②每段沿长边等分为 4 块，每块规定其压实遍数分别为 n_1、n_2、n_3、n_4。

③试验时，每一小块内取 9 个试样为一组，分别测定其含水量和干密度，根据整个试验区一次试验的结果，作出同一铺土厚度情况下不同压实遍数的压实效果曲线，如图 4.5 所示。

④改变铺土厚度，重复上述步骤。

⑤根据铺土厚度的不同，分别作出不同铺土厚度情况下的最优含水量、最大干密度与压实遍数的关系曲线，如图 4.6 所示。

⑥根据设计干密度，从图 4.6 分别查出不同铺土厚度所对应的压实遍数 n_1、n_2、n_3，分别计算 h_1/n_1、h_2/n_2、h_3/n_3（即单位压实遍数的压实厚度），以单位压实遍数下压实厚度最大者所对应的压实参数作为最终施工参数。

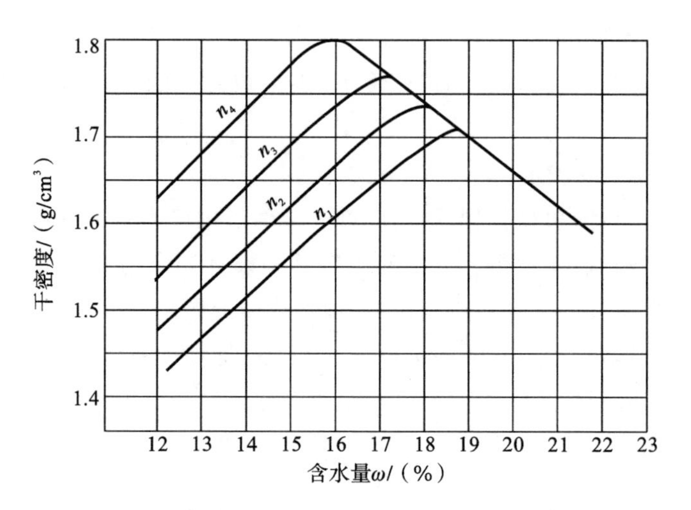

图 4.5　压实遍数、含水量、最大干密度的关系曲线

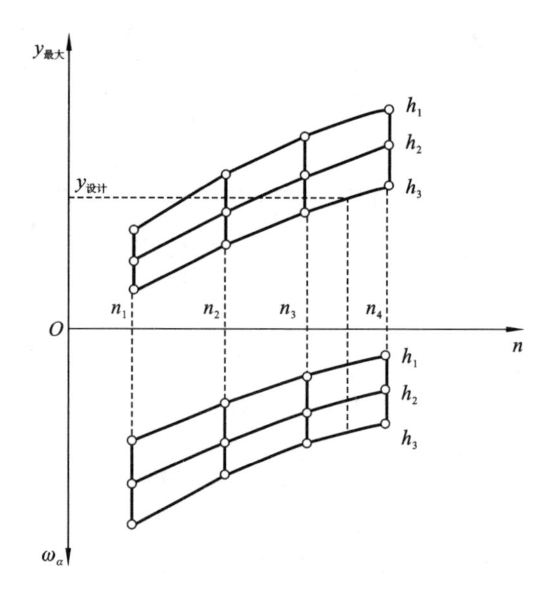

图 4.6　最优含水量与压实遍数及最大干密度与压实遍数关系曲线

$y_{最大}$—最大干密度；$y_{设计}$—设计干密度；n—压实遍数；h—压实厚度；ω_{α}—最优含水量

对于非黏性土，由于压实效果与含水量的关系不显著，所以只需作土料压实的铺土厚度、压实遍数和干密度的关系曲线即可，如图 4.7 所示。确定合理的铺土厚度和压实遍数时，用设计要求的压实干密度查图 4.7 便可得到与不同铺土厚度相对应的压实遍数，然后仍以单位压实遍数下铺土厚度最大者所对应的压实参数作为最终施工参数。

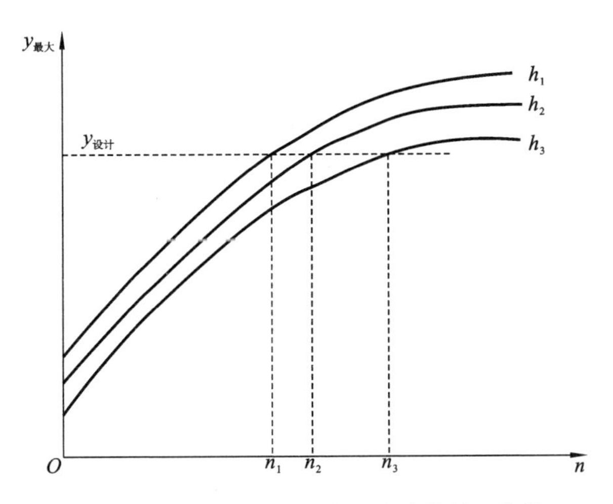

图 4.7　非黏性土干密度与压实遍数关系曲线

4.2.4　综合机械化方案选择

土石方施工工程量大，挖、运、填、压等多个工艺环节环环相扣。采用综合机械化施工，可以提高劳动生产率，改善工程质量，降低工程成本。选择机械化施工方案时，通常考虑如下原则。

(1) 适应当地条件，生产能力满足整个施工过程的要求。

(2) 机械设备性能机动、灵活、高效、低耗、运行安全、耐久可靠。

(3) 通用性强，设备利用率高。

(4) 机械设备配套，各类设备均能充分发挥效率。

(5) 设备购置及运行费用低，易于获得零、配件，便于维修、保养、管理和调度。

(6) 开挖和运输机械的选择应根据填料上坝强度，料场位置，填料特性、储量、分布，以及可供选择的机械型号、容量、能耗等多种因素确定。

4.3　碾压式土石坝施工

4.3.1　料场的规划

土石坝用料量很大，在坝型选择阶段，应全面调查土石料场。在施工前还应

结合施工组织设计对料场做进一步勘探、规划和选择。料场的规划包括空间、时间、质与量等方面的全面规划。

(1) 空间规划，是指恰当选择、合理布置料场的空间位置、高程。土石料场应尽可能靠近大坝，并有利于重车下坡。用料时，原则上低料低用、高料高用，以减少垂直运输。一般最近的料场应在坝体轮廓线以外 300 m 以上，以免影响主体工程的防渗和安全。坝的上下游、左右岸最好均有料场，以利于各个方向同时向大坝供料，保证坝体均衡上升。料场的位置还应利于排除地表水和地下水，也应考虑与重要建筑物和居民点保持足够的防爆、防震安全距离。

(2) 时间规划，是指料场的选择要考虑施工强度、季节和坝前水位的变化。在用料规划上力求做到：近料和上游易淹的料场先用，远料和下游不易淹的料场后用；含水量高的料场旱季用，含水量低的料场雨季用。上坝强度高时，充分利用运距近、开采条件好的料场；上坝强度低时，利用运距远的料场，以平衡运输任务。在料场使用计划中，还应保留一部分近料场，供合龙段填筑和拦洪度汛施工高峰时使用。

(3) 质与量的规划，是指合理规划料场的质量和储量。料场的质与量是决定料场取舍的前提。在选择和规划使用料场时，应对料场的地质成因、产状、埋深、储量及各种物理力学性能指标进行全面勘探和试验。选用料场应满足坝体设计和施工的质量要求。

进行料场规划时，还应考虑主要料场和备用料场。主要料场是指质量好、储量大、运距近的料场，且可常年开采；备用料场一般设在淹没区范围以外，以便当主要料场被淹没或因库水位抬高而导致土料过湿或其他原因不能使用时使用，保证坝体填筑正常进行。主要料场总储量应为设计总强度的 1.5～2.0 倍，备用料场的储量应为主要料场的 20%～30%。

此外，为了降低工程成本，提高经济效益，还应充分利用开挖料作为大坝填筑材料。当开挖时间与上坝填筑时间不吻合时，则考虑安排必要的堆料场加以储备。

4.3.2 土石料挖运组织

1. 挖运方案及其选择

(1) 人工开挖，马车、拖拉机、翻斗车运土上坝。采用人工挖土装车，马车运输时，距离宜不大于 1 km；采用拖拉机、翻斗车运土上坝时，适宜运距为 2～4

km，坡度宜不大于1.5%。

(2) 挖掘机挖土装车，自卸汽车运输上坝。采用正向铲开挖、装车，自卸汽车运输直接上坝时，通常运距小于10 km。自卸汽车可运各种坝料，运输能力高，设备通用性强，能直接铺料，转弯半径小，爬坡能力较强，机动灵活，使用管理方便，设备易于获得。目前，国内、外土石施工普遍采用自卸汽车。

(3) 在施工布置上，正向铲一般采用立面开挖，汽车运输道路可布置成循环路线，装料时采用侧向掌子面，即汽车鱼贯式装料与行驶。这种布置形式可节省汽车的倒车时间和挖掘机的回转时间，生产率高，能充分发挥正向铲与自卸汽车的效率。

(4) 挖掘机挖土装车，胶带机运输上坝。胶带机的爬坡能力强，架设简易，运输费用较低，运输能力也较大，适宜运距小于10 km。胶带机可直接从料场运输上坝；也可与自卸汽车配合做长距离运输，在坝前经漏斗卸入汽车转运上坝；或与有轨机车配合，用胶带机转运上坝做短距离运输。

(5) 斗轮式挖掘机挖土装车，胶带机运输上坝。该方案具有连续生产、挖运强度高、管理方便等优点。

(6) 采砂船挖土装车，机车运输，转胶带机上坝。在国内一些大中型水电工程施工中，广泛采用采砂船开采水下的砂砾土，配合有轨机车运输。当料场集中，运输量大，运距大于10 km时，可用有轨机车进行水平运输。有轨机车的临建工程量大，设备投资较高，对线路坡度和转弯半径要求也较高，不能直接上坝，在坝脚经卸料装置转胶带机运土上坝。

在选择开挖运输方案时，应根据工程量大小、土料上坝强度、料场位置与储量、土质分布、机械供应条件等综合因素，进行技术和经济上的分析，然后确定经济合理的挖运方案。

2. 挖运强度与设备

分期施工的土石坝，应根据坝体分期施工的填筑强度和开挖强度来确定相应的机械设备容量。

为了充分发挥自卸汽车的运输能效，应根据挖掘机械的斗容选择适宜的汽车型号。挖掘机装满一车斗数的合理范围应为3～5斗，通常要求装满一车的时间不超过4 min，卸车时间不超过2 min。

4.3.3 坝面作业与施工质量控制

1. 坝面作业施工组织

坝面作业包括铺土，平土，洒水或晾晒（控制含水量），压实，刨毛（平碾碾压），修整边坡，修筑反滤层、排水体及护坡，质量检查等工序。坝体土方填筑的特点是：作业面狭窄，工种多，工序多，机具多，施工干扰大。若施工组织不当，将产生干扰，造成窝工，影响工程进度和施工质量。为了避免施工干扰，充分发挥各不同工序施工机械的生产效率，一般采用流水作业法组织坝面施工。

采用流水作业法组织施工时，首先根据施工工序将坝面划分成几个施工段，然后组织各工种的专业队依次进入施工。对同一施工段，各专业队按工序连续进行施工；对各专业队，则轮流在各个施工段完成本专业的施工工作。施工队作业专业化，有利于提高工人的技术熟练度，同时在施工过程中保持了人、地、机具等施工资源的充分利用，避免了施工干扰和窝工。各施工段面积的大小取决于各施工期土料上坝的强度。

对坝面流水作业的实施有如下要求：如以 m' 表示流水工序数目，以 m 表示每层工段数，当 $m'=m$ 时，表明流水作业是在人、机、地等“三不闲”情况下正常施工；当 $m>m'$ 时，表明流水作业是在“地闲，机、人不闲”情况下进行施工；当 $m<m'$ 时，表明流水作业不能正常进行。出现第三种情况是坝体升高，工作面减小，所划分的流水工序过多所致。解决的方法是增大 m 值，可采用缩小流水单位时间的办法，或者合并一些工序，以减小 m' 值。

2. 坝面填筑施工要求

(1) 基本要求。

铺料宜沿坝轴线方向进行，铺料需及时，严格控制铺土厚度，不得超厚。防渗体土料应用进占法卸料，汽车不应在已压实土料面上行驶。视碎（砾）石土、风化料、掺和土的具体情况选择铺料方式。汽车穿越防渗体路口段时，应经常更换位置，宜每隔 40～60 m 设专用道口，不同填筑层路口段应交错布置，对路口段超压土体应予以处理。防渗体分段碾压时，相邻两段交接带碾迹应彼此搭接，垂直碾压方向搭接带宽度应为 0.3～0.5 m，顺碾压方向搭接带宽度应为 1～1.5 m。铺土要求厚度均匀，以保证压实质量。对于自卸汽车或皮带机上坝，由于卸料集中，多采用推土机或平土机平土。斜墙坝铺筑时，应向上游倾斜 1%～2% 的坡

度。对均质坝、心墙坝，应使坝面中部凸起，分别向上下游倾斜 1%～2%的坡度，以便排除雨水。铺填时，土料要平整，以免雨后积水，影响施工。

（2）心墙、斜墙、反滤料施工。

心墙施工中，应注意使心墙与砂壳平衡上升。心墙上升太快，易干裂，影响质量；砂壳上升太快，则会造成施工困难。因此，要求心墙同上下游反滤料及部分坝壳料平起填筑，骑缝碾压。为保证土料与反滤料层次分明，可采用土砂平起法施工。根据土料与反滤料填筑先后顺序的不同，又分为先砂后土法和先土后砂法。

先砂后土法即先铺反滤料，后铺土料。当反滤料宽度较小约 3 m 时，铺一层反滤料，填两层土料，碾压反滤料并骑缝压实与土料的接合带。先土后砂法即先铺土料，后铺反滤料，齐平碾压。

对于塑性斜墙坝施工，宜待坝壳修筑到一定高程甚至达到设计高程后，再行填筑斜墙土料，以使坝壳有较大的沉陷，避免因坝壳沉陷不均匀而造成斜墙裂缝现象。斜墙应留有余量，以便削坡，已筑好的斜墙应立即在其上游面铺好保护层，防止干裂。保护层随斜墙增高而增高，其相差高度不大于 2 m。

3. 接缝处理

土石坝的防渗体与地基、岸坡及周围其他建筑物的边界相接。由于施工导流、施工分期、分段分层填筑等要求，还必须设置纵向、横向的接坡和接缝。这些接合部位是施工中的薄弱环节，应采取如下质量控制措施。

（1）土料与坝基接合面处理。一般用薄层轻碾的方法施工，不允许用重碾或重型夯，以免破坏基础，造成渗漏。对于黏性土地基，将表层土含水量调至施工含水量范围上限，用与防渗体土料相同的碾压参数压实，然后刨毛，深度 3～5 cm，再铺土压实；对于非黏性土地基，先洒水压实地基，再铺第一层土料，含水量为施工含水量的上限，再把局部不平的岩石修理平整、清洗干净，封闭岩基表面节理，采用轻型机械压实岩石地基。若岩石面干燥，可适当洒水，边涂刷浓泥浆、边铺土、边夯实。填土含水率大于最优含水率 1%，用轻型碾压实，适当降低干密度。待厚度在 0.5 m 以上时，方可用选定的压实机具和碾压参数正常压实。

（2）土料与岸坡及混凝土建筑物接合面处理。填土前，将接合面的污物冲洗干净，清除松动岩石，在接合面上洒水湿润，涂刷一层浓黏土浆，厚约 5 mm，以提高固结强度，防止产生渗透，搭接处采用黏土，以小型机具压实。防渗体与岸坡接合带碾压，搭接宽度不小于 1 m，搭接范围内或边角处不得使用羊脚碾等重型机械。

(3) 坝身纵横接缝处理。土石坝施工中,坝体接坡具有高差较大、停歇时间长、要求坡身稳定的特点。一般情况下,土料填筑力争平起施工,斜墙、心墙不允许设纵向接缝。防渗体及均质坝的横向接坡应不陡于 1∶3,高差不超过 15 m。均质坝接坡宜采用斜坡和平台相间的形式,坡度和平台宽度满足稳定要求,平台高差不大于 15 m。接坡面可采用推土机自上而下削坡。接缝在不同的高程要错缝。防渗体的铺筑作业应连续进行。如因故停工,表面必须洒水湿润,控制含水量。

4. 施工质量控制

施工质量的检查与控制是土石坝安全的重要保证,它应贯穿于土石坝施工的各个环节和施工全过程。在施工中,除对地基进行专门检查外,还应对料场土料、坝身填筑料以及堆石体、反滤料等进行严格的检查和控制。在土石坝施工中,应实行全面质量管理,建立健全质量保证体系。

(1) 料场的质量检查和控制。

各种筑坝材料应以料场控制为主,必须是合格的坝料方能运输上坝,不合格坝料应在料场处理合格后方能上坝,否则应废弃。在料场建立专门的质量检查站,按设计要求及有关规范规定进行料场质量控制。主要控制内容包括:是否在规定的料区开采;是否将草皮、覆盖层等清除干净;坝料开采加工方法是否符合规定;排水系统、防雨措施、负温下施工措施是否完备;坝料性质、级配、含水率是否符合要求。

(2) 填筑质量检查和控制。

坝面填筑质量是保证土石坝施工质量的关键。在土料填筑过程中,应对铺土厚度、土块大小、含水量、压实后的干密度等进行检查,并提出质量控制措施。对黏性土,含水量可采用“手检”,即手握土料能成团,手搓可成碎块,则含水量合格。准确检测应用含水量测定仪测定。取样所测定的干密度试验结果合格率应不小于 90%,不合格干密度不得低于设计值的 98%,且不能集中出现。黏性土和砂土的密度可用环刀法测定,砾质土、砂砾料、反滤料可用灌水法或灌砂法测定。

对于反滤层、过渡层、坝壳等非黏性土的填筑,除按要求取样外,主要应控制压实参数,发现问题及时纠正。对铺筑厚度、混杂物、填筑质量等进行全面检查。对堆石体,主要检查上坝块石的质量、风化程度、尺寸、形状以及堆筑过程中有无

离析、架空现象发生。对于堆石的级配、空隙率大小，应分层分段取样，检查是否符合设计要求。根据地形、地质、坝料特性等因素，在施工特殊部位和防渗体中，选定若干个固定断面，每升高 5～10 m 取代表性试样，进行室内物理力学性质试验，作为复核设计及工程管理的依据。应随时整理所有质量检查的记录，分别编号和存档备查。

4.4　面板堆石坝施工

4.4.1　堆石坝材料、质量要求及坝体分区

1. 堆石坝材料、质量要求

根据施工组织设计方案查明各料场的储量和质量。如果利用施工中挖出的石料，要按料场要求增做试验。一、二级高坝坝料室内试验项目应包括坝料的颗粒级配、相对密度、抗剪强度和压缩模量，以及垫层料、砂砾土、软岩料的渗透和渗透变形试验。100 m 以上的坝，应测定坝料的应力应变参数。

高坝垫层料要求有良好的级配，最大粒径为 80～100 mm，粒径小于 5 mm 的颗粒含量为 30%～50%，粒径小于 0.075 mm 的颗粒含量宜不超过 8%，中低坝可适当降低要求。压实后应具有内部渗透稳定性、低压缩性、高抗剪强度，并具有良好的施工特性。用天然砂作垫层料时，要求级配连续、内部结构稳定，压实后渗透系数为 1/10000～1/1000 cm/s。寒冷地区，垫层的颗粒级配要满足排水性要求。垫层料可采用人工砂石料、砂砾石料或两者的掺料。

过渡料要求级配连续，最大粒径宜不超过 300 mm，可用人工细石料、经筛分加工的天然砂等。压实后的过渡料要求压缩性小、抗剪强度高、排水性好。

主堆石料可用坝基开采的硬岩堆石料，也可采用砂砾石料，但坝体分区应满足规范要求。硬岩堆石料要求压实后有良好的颗粒级配，最大粒径不超过压实层厚度，粒径小于的 5 mm 颗粒含量宜不超过 20%，粒径小于 0.075 mm 的颗粒含量宜不超过 5%。在开采之前，应进行专门的爆破试验。砂砾土中粒径小于 0.075 mm 的颗粒含量超过 5%时，宜用在坝内干燥区。

软岩堆石料压实后，应具有较低的压缩性和一定的抗剪强度，可用于下游堆石区、下游水位以上的干燥区。如用于主堆石区，需经专门论证和设计。

2. 坝体分区

堆石坝坝体应根据石料来源及对坝料的强度、渗透性、压缩性、施工便利性和经济合理性等要求进行分区。在岩基上用硬岩堆石料填筑的坝体分区如图4.8所示，从上游到下游分为垫层区、过渡区、主堆石区、下游堆石区，在周边缝下游设置特殊垫层区，设计中可结合枢纽建筑物开挖石料和近坝可用料源增加其他分区。我国天然砂砾石比较丰富，对碾压砂砾石坝体的材料分区如图4.9所示，并根据需要调整垫层区的水平宽度，由坝高、地形、施工工艺和经济性比较确定。当用汽车直接卸料，推土机推平方法施工时，垫层区宜不小于3 m。有专门的铺料设备时，可减小垫层区宽度，并相应增大过渡区的面积。主堆石区用硬岩时，到垫层区之间应设过渡区，为方便施工，其宽度应不小于3 m。

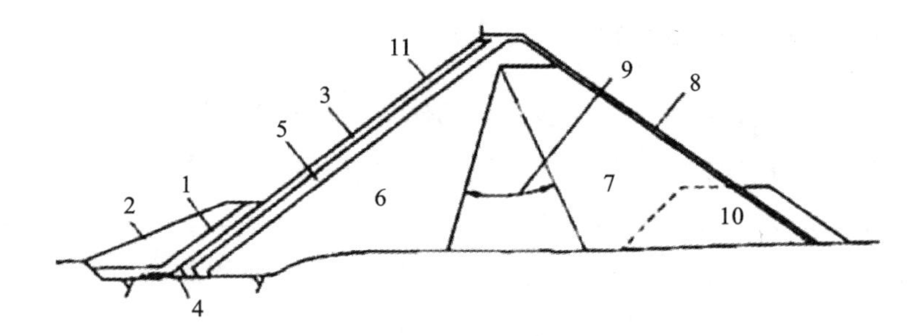

图4.8 硬岩堆石料填筑的坝体主要分区示意图

1—上游铺盖区；2—盖重区；3—垫层区；4—特殊垫层区；
5—过渡区；6—主堆石区；7—下游堆石区；8—下游护坡；
9—可变动的主堆石区与下游堆石区界面，角度依坝料特性及坝高而定；
10—抛石区(或滤水坝趾区)；11—混凝土面板

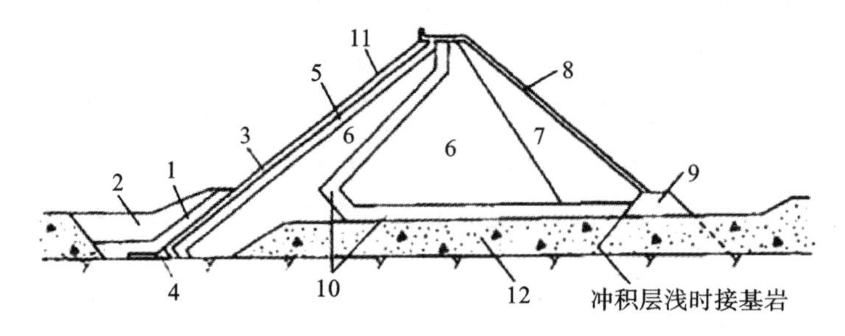

图4.9 碾压砂砾石坝体材料主要分区示意图

1—上游铺盖区；2—盖重区；3—垫层区；4—特殊垫层区；5—过渡区；6—主堆石(砂砾石)区；
7—下游堆石(砂砾石)区；8—下游护坡；9—滤水坝趾区；10—排水区；11—混凝土面板；12—坝基冲积层

4.4.2　坝体施工

1. 坝体填筑工艺

原则上，应在坝基、两岸岸坡处理验收以及相应部位的趾板混凝土浇筑完成后进行坝体填筑。由于施工工序、投入工程和机械设备较多，为提高工作效率，避免相互干扰，确保安全，应按流水作业法组织坝料填筑作业。坝体填筑的工艺流程为测量放样、卸料、摊铺、洒水、压实、质量检查。坝体填筑尽量做到平起、均衡上升。垫层料、过渡料区之间必须平起上升，垫层料、过渡料与主堆石料区之间的填筑面高差不得超过一层。各区填筑的层厚、碾压遍数及加水量等严格按碾压试验确定的施工参数执行。

堆石区的填筑料采用进占法填筑，卸料堆之间保留 60 cm 间隙，采用推土机平仓，超径石应尽量在料场解小。坝料填筑宜加水碾压。碾压时，采用错距法顺坝轴线方向进行，以 1.5～2 km/h 的速度低速行驶，按坝料的分区分段进行碾压，各碾压段之间的搭接不少于 1.0 m。在岸坡边缘靠山坡处，大块石易集中，故岸坡周边选用石料粒径较小且级配良好的过渡料填筑，同时周边部位先于同层堆石料铺筑。碾压时，滚筒尽量靠近岸坡，沿上下游方向行驶。仍碾压不到之处，用手扶式小型振动碾或液压振动夯加强碾压。

垫层料、过渡料卸料铺料时，避免分离，两者交界处避免大石集中，剔除超径石；填筑时，自卸汽车将料直接卸入工作面，后退法卸料；碾压时，顺坝轴线行驶，用推土机推平，人工辅助平整，铺层厚度等按规定的施工参数执行。垫层料的铺填顺序必须先填筑主堆石区，再填过渡层区，最后填筑垫层区。

下游护坡宜与坝体填筑平起施工，护坡石宜选取大块石，机械整坡、堆码，或人工干砌，块石间嵌合要牢固。

2. 垫层区上游坡面施工

垫层区上游坡面传统施工方法：在垫层料填筑时，超出上游侧设计边线 30～40 cm，先分层碾压。填筑一定高度后，由反铲挖掘机削坡，并预留高出设计线 5～8 cm 的高度。为了保证碾压质量和设计尺寸，需要反复进行斜坡碾压和修整，工作量很大。为保护新形成的坡面，常采用的形式有碾压水泥砂浆、喷乳化沥青、喷射混凝土等。这些传统施工工艺技术成熟，易于掌握，但工序多，费工费时，难以保证坡面垫层料的填筑密实度。

混凝土挤压墙技术是混凝土面板坝上游坡面施工的新方法。其是在每填筑一层垫层料前，用边墙挤压机制出一个半透水混凝土小墙，然后在其下游面按设计铺填坝料，用振动碾平面碾压，合格后再重复以上工序。

采用混凝土挤压墙技术时，坡面整修、斜坡碾压等工序施工简单易行，施工质量易于控制，降低劳动强度，避免垫层料的浪费，效率较高。

3. 质量控制

(1) 料场质量控制。在规定的料区范围内开采，料场的草皮、树根、覆盖层及风化层已清除干净；堆石料开采加工方法符合规定要求；堆石料级配、含泥量、物理力学性质符合设计要求，不合格料不允许上坝。

(2) 坝体填筑的质量控制。堆石材料、施工机械符合要求。负温下施工时，坝基已压实的砂砾石无冻结现象，填筑面上的冰雪已清除干净。坝面压实后，应对压实参数和孔隙率进行控制，以碾压参数为主。铺料厚度、压实遍数、加水量等符合要求，铺料误差宜不超过层厚的10%，坝面保持平整。堆石坝体压实参数需经压实试验确定。

垫层料、过渡料和堆石料压实干密度的检测方法，宜采用挖坑灌水法，或辅以表面波压实密度仪。施工中可用压实计控制，垫层料可用核子密度仪法。垫层料试坑直径应不小于最大粒径的 4 倍，过渡料试坑直径应不小于最大粒径的 3 倍，堆石料试坑直径为最大粒径的 2～3 倍，试坑直径最大不超过 2 m。以上三种料的试坑深度均为碾实层厚度。此外，填筑质量检测还可采用 K_{30} 法，即直接检测填筑土的地基系数 K_{30}。将 K_{30} 法用于坝体填筑质量检测，可以减少挖坑取样的数量，快捷、准确地检测坝体填筑质量。

4.4.3 钢筋混凝土面板分块和浇筑

(1) 钢筋混凝土面板的分块。混凝土防渗面板包括趾板（面板底座）和面板两部分。防渗面板应满足强度、抗渗、抗侵蚀、抗冻要求。趾板设伸缩缝，面板设垂直伸缩缝、周边伸缩缝等永久缝和临时水平施工缝。垂直伸缩缝从底到顶布置，中部受压区，一般分缝间距为 12～18 m，两侧受拉区按 6～9 m 布置。受拉区设两道止水，受压区在底侧设一道止水，水平施工缝不设止水，但竖向钢筋必须相连。

(2) 防渗面板混凝土浇筑。在趾板施工完毕后进行面板施工。一般面板采用滑模施工，由下而上连续浇筑。面板浇筑可以一期进行，也可以分期进行，根

据坝高、施工总计划而定。对于中低坝，面板宜一期浇筑；对于高坝，面板可一期或分期施工。为便于流水作业，提高施工强度，面板混凝土均采用跳仓施工。当坝高不大于 70 m 时，面板在堆石体填筑全部结束后施工，这主要是考虑到避免堆石体沉陷和位移对面板产生的不利影响；当坝高大于 70 m 时，应考虑拦洪度汛，提前蓄水，面板宜分二期或三期浇筑，分期接缝按施工缝处理。面板钢筋采用现场绑扎或焊接，也可用预制网片现场拼接。混凝土浇筑中，布料要均匀，止水片周围需人工布料，防止分离。振捣混凝土时，要垂直插入，至下层混凝土内 5 cm，止水片周围用小振捣器仔细振捣。振动过程中，防止振捣器触及滑模、钢筋、止水片。脱模后的混凝土要及时修整和压面。

4.4.4　沥青混凝土面板施工

由于沥青混凝土抗渗性好，适应变形能力强，工程量小，施工速度快，被广泛用于土石坝的防渗体中。

沥青混凝土面板所用沥青主要根据工程地点的气候条件选择，目前我国多采用道路沥青。粗骨料选用碱性碎石，一般最大粒径为 15～25 mm；细骨料可选碱性岩石加工的人工砂、天然砂或两者的混合。骨料要求坚硬、洁净、耐久，按满足 5 d 以上施工需要量储存。填料种类有石棉、消石灰、水泥、橡胶、塑料等，其掺量由试验确定。

一般沥青混凝土面板采用碾压法施工。施工中要严加控制温度，其标准根据材料性质、施工地区和施工季节，由试验确定。在日平均气温高于 5 ℃和日降雨量小于 5 mm 时方可施工。虽然日气温在 5～15 ℃，但风速大于 4 级也不能施工。

沥青混凝土面板施工在坡面上进行，施工难度较大，所以尽量采用机械化流水作业。首先进行修整和压实坡面，然后铺设垫层，应分层压实垫层料，并对坡面进行修整，使坡度、平整度和密实度等符合设计要求，在垫层面上喷涂一层乳化沥青或稀释沥青。沥青混凝土面板多采用一级铺筑，当坝坡较长或因拦洪度汛需要设置临时断面时，可采用二级或二级以上铺筑。一级斜坡长度铺筑通常为 120～150 m。当采用多级铺筑时，应根据牵引设计的布置及运输车辆交通的要求设置临时断面。沥青混合料的铺筑方向多采用沿最大坡度方向分成若干条幅，自下而上依次铺筑。防渗层采用多层铺筑，各区段、条幅间上下层接缝必须相互错开，水平接缝的错距应大于 1 m，顺坡纵缝的错距一般为条幅宽度的 1/3～2/3。先用小型振动碾进行初压，再用大型振动碾二次碾压，上行振压，下行静压。施工接缝及碾压带间重叠碾压 10～15 cm。压实温度应高于 110 ℃，二次碾压温度应高于 80 ℃。

防渗层的施工缝是面板的薄弱环节，尽量加大条幅摊铺宽度和长度，减少纵向和横向施工缝，以采用斜面平接为宜，斜面坡度为 45°。整平胶结层的施工缝可不做处理，但上下层的层面必须干燥，施工间隔时间不超过 48 h。防渗层层间应喷涂一薄层稀沥青或热沥青，用喷洒法施工或橡胶刮板涂刷。

4.5　砌石坝施工

4.5.1　石料开采与上坝

浆砌石坝所采用的石料有料石、块石和片石。一般料石用于拱结构和坝面栏杆的砌筑，块石用于砌筑重力坝内部，片石则用于填塞空隙。应根据搬运条件确定石料大小，大、中、小石应有一定比例。坝面石料多采用人工抬运，石块质量以 80～200 kg 为宜。

砌石坝坝面施工场地更狭窄，人工抬运与机械运输混合进行，运输安全问题大。布置料场时，应尽可能在坝址附近，最好在河谷两岸各布置所需石料的一半，以便能从两岸同时运输上坝。为了避免采料干扰，料场不应集中在一处，一般选择 4 个以上料场，且高出坝顶，使石料保持水平或下坡运输。为方便施工，应在坝址两岸 100 m 范围的不同高程处设置若干储料场，用以储存从料场采运来的石料。储存的石料应为经过石工筛选，可以直接用于砌筑的块石或加工好的条石。

石料上坝采用人工抬运，不安全且劳动强度大，应考虑用架子车、拖拉机等机具运输。可沿山体不同高程布置上坝路，也可先用机具将石料运至坝脚下，再用卷扬机提升至坝顶。石料上坝前，应用水冲洗干净，使其充分吸水，达到饱和。

4.5.2　坝体砌筑

坝基开挖与处理验收合格后，即可进行坝体砌筑。块石砌筑是砌石坝施工的关键工作，砌筑质量直接影响到坝体的整体强度和防渗效果。故应根据不同坝型，合理选择砌筑方法，严格控制施工工艺。

1. 浆砌石拱坝砌筑方法

(1) 全拱逐层全断面均匀上升砌筑。这种方法是沿坝体全长砌筑,每层面石、腹石同时砌筑,逐层上升。一般采用一顺一丁或二顺一丁砌筑法。

(2) 全拱逐层上升,面石、腹石分开砌筑。即沿拱圈全长先砌面石,再砌腹石。用于拱圈断面大,坝体较高的拱坝。

(3) 全拱逐层上升,面石内填混凝土。即沿拱圈全长先砌内外拱圈面石,形成厢槽,再在槽内浇筑混凝土。这种方法用于拱圈较薄,混凝土防渗体设在中间的拱坝。

(4) 分段砌筑,逐层上升。即将拱圈分成若干段,每段先砌四周面石,然后砌筑腹石,逐层上升。这种方法适用于跨度较大的拱坝,便于劳动组合,但增加了径向通缝。

2. 浆砌重力坝砌筑方法

重力坝体积比拱坝大,砌筑工作面开阔,一般采用沿坝体全长逐层砌筑,平行上升,砌筑不分段的施工方法。但当坝轴线较长、地基不均匀时,也可分段砌筑,每个施工段逐层均匀上升。若不能保证均匀上升,则要求相邻砌筑面高差不大于 1.5 m,并做成台阶形连接。重力坝砌筑多用上下层错缝、水平通缝法施工。为了减少水平渗漏,可在坝体中间砌筑一水平错缝段。

4.5.3　施工质量检查

1. 浆砌石体的质量检查

在砌石工程施工过程中,要对砌体进行抽样检查。常规的检查项目及检查方法有下列几种。

(1) 浆砌石体表观密度检查。浆砌石体的表观密度检查在质量检查中占有重要的地位。具体有试坑灌砂法与试坑灌水法两种。以灌砂、灌水的手段测定试坑的体积,并根据试坑挖出的浆砌石体的各种材料重量,计算出浆砌石体的单位重量。取样部位、试坑尺寸及采样方法应有足够的代表性。

(2) 胶结材料的检查。应检查砌石所用胶结材料的拌和均匀情况,并取样检查其强度。

(3) 砌体密实性检查。砌体的密实性是反映砌体砌缝与饱满的程度,衡量砌体砌筑质量的一个重要指标。砌体的密实性以其单位吸水量表示，其值越小，砌体密实性越好。单位吸水量用压水试验进行测定。

2. 砌筑质量的简易检查

(1) 在砌筑过程中翻撬检查。对已砌砌体抽样翻撬，检查砌体是否符合砌筑工艺要求。

(2) 钢钎插孔注水检查。竖向砌缝中的胶结材料初凝后至终凝前，以钢钎沿竖缝插孔，待孔眼成型稳定后，往孔中注入清水，观察 5～10 min，如水面无明显变化，说明砌缝饱满密实。若水迅速漏失，表明砌体不密实。此法可在砌筑过程中经常进行，须注意孔壁不应被钢钎插入、人为压实而影响检查的真实性。

(3) 外观检查。砌体应稳定，灰缝应饱满，无通缝；砌体表面平整，尺寸符合设计要求。

4.6 渠道施工

4.6.1 渠道开挖

渠道开挖的施工方法有人工开挖、机械开挖和爆破开挖等。选择开挖方法，取决于技术条件、土壤种类、渠道纵横断面尺寸、地下水位等因素。渠道开挖的土方多堆在渠道两侧用作渠堤，因此铲运机、推土机等机械得到广泛的利用。对于冻土及岩石渠道，以采用爆破开挖最有效。田间渠道断面尺寸很小，可采用开沟机开挖。在缺乏机械设备的情况下，则采用人工开挖。

1. 人工开挖渠道

渠道开挖关键是排水问题。排水应本着上游照顾下游、下游服从上游的原则，即向下游放水的时间和流量应照顾下游的排水条件，同时下游应服从上游的需要。一般下游先开工，且不得阻碍上游水量的排泄，以保证水流畅通。如需排除降水和地下水，还必须开挖排水沟。渠道开挖时，可根据土质、地下水位、地形条件、开挖深度等选择如下不同的开挖方法。

(1) 龙沟一次到底法。该方法适用于土质较好(如黏性土)、地下水来量小、总挖深 2～3 m 的渠道。一次将龙沟开挖到设计高程以下 0.3～0.5 m，然后由

龙沟向左右扩大。

(2) 分层开挖法。如开挖深度较大，土质较差，龙沟一次开挖到底有困难，可以根据地形和施工条件分层开挖龙沟，分层挖土。

(3) 边坡开挖与削坡。开挖渠道如一次开挖成坡，将影响开挖进度。因此，一般先按设计坡度要求挖成台阶状，其高宽比按设计坡度要求开挖，最后进行削坡。这样施工削坡方量小，但施工时必须严格掌握台阶平台应水平，高必须与平台垂直的标准，否则会产生较大误差，增加削坡方量。

2. 机械开挖渠道

(1) 推土机开挖渠道。采用推土机开挖渠道，一般其深度宜不超过 2.0 m，填筑渠堤高度宜不超过 3.0 m，其边坡宜不陡于 1∶2。在渠道施工中，推土机还可以平整渠底，清除植土层，修整边坡，压实渠堤等。

(2) 铲运机开挖渠道。半挖半填渠道或全挖方渠道就近弃土时，采用铲运机开挖最为有利。需要在纵向调配土方的渠道，如运距不远，也可用铲运机开挖。铲运机开挖渠道的开行方式有环形开行和“8”字形开行两种。

环形开行可分为横向环形开行和纵向环形开行。当渠道开挖宽度大于铲土长度，填土或弃土宽度又大于卸土长度时，可采用横向环形开行。反之，则采用纵向环形开行。铲土和填土位置可逐渐错动，以完成所需要的断面。

当工作前线较长，填挖高差较大时，则采用“8”字形开行方式。其进口坡道与挖方轴线间的夹角以 40°～60°为宜。夹角过大，转弯不便；夹角过小，加大运距。采用铲运机工作时，应本着挖近填远、挖远填近的原则施工。即铲土时，先从填土区最近的一端开始，先近后远，填土则从铲土区最远的一端开始，先远后近，依次进行。这样可以在填土区内保持一定长度的自然地面，以便铲运机能高速行驶。

(3) 反向铲挖掘机开挖渠道。当渠道开挖较深时，采用反向铲挖掘机开挖较为理想。该方案有方便快捷、生产率高的特点，在生产实践中应用相当广泛，其布置方式有沟端开挖和沟侧开挖两种。

3. 爆破开挖渠道

开挖岩基渠道和盘山渠道时，宜采用爆破开挖法。开挖程序是先挖平台再挖槽。开挖平台时，一般采用抛掷爆破，尽量将待开挖土体抛向预定地方，形成理想的平台。挖槽爆破时，先采用预裂爆破或预留保护层开挖，再采用浅孔小爆破或人工清边清底。

4.6.2 筑堤

筑堤用的土料以黏土略含砂质为宜。如果用几种透水性不同的土料，应将透水性小的填在迎水坡，透水性大的填在背水坡。土料中不得掺有杂质，并保持一定的含水量，以利于压实。填方渠道的取土坑与堤脚应保持一定距离，挖土深度宜不超过 2 m，且中间留有土埂。取土宜先远后近，并留有斜坡道，以便于运土。半填半挖渠道应尽量利用挖方筑堤，只有在土料不足或土质不适用时，才在取土坑取土。

铺土前，应清基，并将基面略加平整，然后进行刨毛。铺土厚度一般为 20～30 cm，并铺平铺匀。每层铺土宽度应略大于设计宽度，以免削坡后断面不足。堤顶做成坡度为 2%～5%的坡面，以利于排水。填筑高度应考虑沉陷，一般可预加 5%的沉陷量。对于机械不能填筑到的部位和小型渠道土堤填筑夯实，宜采用人力夯或蛙夯。对砂卵石填堤，在水源充沛时可用水力夯实，否则可选用气胎碾或振动碾。

4.6.3 渠道衬护

渠道衬护的类型有砌石、混凝土、沥青材料、钢丝网水泥及塑料薄膜等。在选择衬护类型时，应考虑以下原则：防渗效果好，因地制宜，就地取材，施工简易，能提高渠道输水能力和抗冲能力，减小渠道断面尺寸，造价低廉，有一定的耐久性，便于管理养护，维修费用低等。

(1) 砌石衬护。

在砂砾石地区，坡度大、渗漏性强的渠道，采用浆砌卵石衬护，有利于就地取材，是一种经济的抗冲防渗措施，还具有较高的抗磨能力和抗冻性，一般可减少渗漏量 80%～90%。施工时，应先按设计要求铺设垫层，再砌卵石。砌卵石的基本要求是使卵石的长边垂直于边坡，并砌紧、砌平、错缝，坐落在垫层上。为了防止砌面被冲毁，每隔 10～20 m 距离用较大的卵石砌一道隔墙。渠坡隔墙可砌成平直形，渠底隔墙可砌成拱形，其拱顶迎向水流方向，以加强抗冲能力。可根据渠道的可能冲刷深度确定隔墙深度。渠底卵石的砌缝最好垂直于水流方向，这样抗冲效果较好。不论是渠底还是渠坡，砌石缝面必须用水泥砂浆压缝，以保证施工质量。

(2) 混凝土衬护。

由于混凝土衬护防渗效果好，一般能减少 90% 以上渗漏量，耐久性强，糙率小，强度高，便于管理，适应性强，因而成为一种广泛采用的衬护方法。目前渠道混凝土衬护多采用板型结构，但小型渠道也采用槽型结构。素混凝土板常用于水文地质条件较好的渠段，钢筋混凝土和预应力钢筋混凝土板则用于地质条件较差和防渗要求较高的重要渠段。混凝土板按其截面形状的不同，又有矩形板、楔形板、肋梁板等不同形式。矩形板适用于无冻胀地区的各种渠道，楔形、肋梁板多用于冻胀地区的各种渠道。

大型渠道的混凝土衬护多为就地浇筑，渠道在开挖和压实处理后，先设置排水系统，铺设垫层，然后浇筑混凝土。渠底采用跳仓法浇筑，有时也可依次连续浇筑。渠坡分块浇筑时，先立两侧模板，然后随混凝土的升高，边浇筑边安设表面模板。如渠坡较缓，用表面振动器捣实混凝土，则不安设表面模板。在浇筑中间块时，应按伸缩缝宽度设立两边的提缝板。提缝板在混凝土凝固后拆除，以便灌浇沥青油膏等填缝材料。装配式混凝土衬护是在预制场制作混凝土板，运至现场安装和灌注填缝材料。预制板的尺寸应与起吊运输设备的能力相适应。装配式衬护预制板的施工受气候条件影响较小，在已运用的渠道上施工，可减少施工与放水间的矛盾，但装配式衬护的接缝较多，防渗、抗冻性能差，一般在中小型渠道中采用。

(3) 沥青材料衬护。

沥青材料具有良好的不透水性，一般可减少渗漏量 90% 以上，并具有抗碱类腐蚀能力，其抗冲能力随覆盖层材料而定。沥青材料渠道衬护有沥青薄膜与沥青混凝土两类。

沥青薄膜类防渗施工可分为现浇式和装配式两种，现场浇筑又可分为喷洒沥青和沥青砂浆两种。现场喷洒沥青薄膜施工，首先要将渠床整平、压实，并洒水少许，然后用喷洒机具，在 354 kPa 压力下将温度为 200 ℃的软化沥青均匀地喷洒在渠床上，形成厚 6～7 mm 的防渗薄膜，各层间需接合良好。喷洒沥青薄膜后，应及时进行质量检查和修补工作，最后在薄膜表面铺设保护层。对于素土保护层的厚度，一般小型渠道多用 10～30 cm，大型渠道多用 30～50 cm。渠道内坡以不陡于 1∶1.75 为宜，以免保护层产生滑动。沥青砂浆防渗多用于渠底。施工时，先将沥青和砂分别加热，然后进行拌和，拌好后保持在 160～180 ℃，即可进行现场摊铺，然后用大方铣反复烫压，直至出油，再做保护层。

沥青混凝土衬护分现场铺筑与预制安装两种施工方法。现场铺筑与沥青混凝土面板施工相似。预制安装多采用矩形预制板。施工时，为保证预制板在运用过程中不被折断，可设垫层，并将表面进行平整。安装时，应将接缝错开，顺水流方向，不应留有通缝，并将接缝处理好。

(4) 钢丝网水泥衬护。

该方法是一种无模化施工。衬护结构为柔性，适应变形能力强，在渠道衬护中有较好的应用前景。钢丝网水泥衬护的做法是在平整的基底(渠底或渠坡)上铺小间距的钢丝，再抹水泥砂浆或喷浆，其操作简单易行。

(5) 塑料薄膜衬护。

采用塑料薄膜进行渠道防渗，具有效果好、适应性强、质量轻、运输方便、施工速度快和造价较低等优点。用于渠道防渗的塑料薄膜厚度以 0.15～0.30 mm 为宜。塑料薄膜的铺设方式有表面式和埋藏式两种。表面式是将塑料薄膜铺在渠床表面，薄膜容易老化和遭受破坏。埋藏式是在铺好的塑料薄膜上铺筑土料或砌石作为保护层。由于塑料表面光滑，为保证渠道断面的稳定，避免发生渠坡保护层滑塌，渠床边坡宜采用锯齿形。保护层厚度一般不小于 30 cm。

塑料薄膜衬护渠道施工大致可分为渠床的开挖和修整、塑料薄膜的加工和铺设、保护层的填筑等三个施工过程。铺设薄膜前，应在渠床表面加水湿润，以保证薄膜能紧密地贴在基土上。铺设时，将成卷的薄膜横放在渠床内，一端与已铺好的薄膜进行焊接或搭接，并在接缝处填土压实，此后将薄膜展开铺设，再填筑保护层。铺填保护层时，渠底部分应从一端向另一端进行，渠坡部分应自下向上逐渐推进，以排除薄膜下的空气。保护层分段填筑完毕后，将塑料薄膜的边缘固定在顺渠顶开挖的堑壕里，并用土回填压紧。

塑料薄膜的接缝可采用焊接或搭接。搭接时，为减少接缝漏水，上游一块塑料薄膜应搭在下游一块之上，搭接长度为 50 cm，也可用连接槽搭接。

4.7 面板堆石坝施工实践——以青山冲水库工程为例

4.7.1 工程项目概况

青山冲水库位于贵州省铜仁市玉屏侗族自治县境内舞阳河左岸一级支流混寨河上，是玉屏县规划建设的一座以灌溉、供水为主的中型水利工程，工程任务

为向玉屏县城供水、农村人畜供水和农田灌溉，解决水库周边需水和供水问题。

本工程为Ⅲ等中型工程，主要由枢纽工程和供水工程组成。枢纽工程主要由大坝、溢洪道、引水放空系统组成。大坝为混凝土面板堆石坝，坝顶高程为446.4 m，最大坝高 83.9 m，坝顶宽度 6.5 m，坝顶全长 246.0 m，总库容12870000 m^3。

本工程大坝面板表面坡比 1∶1.406，其厚度为渐弯形，由底部 58.2 cm 至坝顶变为 30 cm，面板分块宽度 15 m、10 m、9 m，最大坝高处面板沿坡面斜长为139 m。其中 15 m 幅宽面板位于大坝中部，共 8 块；9 m 幅宽面板位于大坝两侧端，共 2 块；10 m 幅宽面板共 10 块。总面积为 25400 m^2，混凝土工程量 11578 m^3。板间缝 19 条，其中张性缝 12 条，压性缝 7 条。

4.7.2　施工前准备

1. 侧模制作

混凝土施工时，由于侧模不仅要承担混凝土的侧压力，而且要作为滑模的支承和滑移轨道，因此，侧模的设计、安装必须牢固、安全，且能保证所浇筑的混凝土外形几何尺寸符合设计要求。

侧模为型钢结构，每块模长 4 m，用型钢加工制作而成，每块侧模用扁钢及 M12 螺栓连接，侧模底面安装高度为 6 cm 的杉木方(6 cm×5 cm×4 m)，以便对铜止水进行保护，且保障铜止水安装位于板缝中线，型钢与木方用长 5 cm 埋头螺栓固定，每相邻模板端头用 2 组 M12 螺栓连接。

每块侧模用 3 组定位三角钢架固定支撑，内端与钢筋网片焊接，外端用双螺母将内外调整紧固，使模板位置及垂直度满足要求。每个三角钢架用 ϕ20 mm，长 400 mm 钢钎固定于砂浆坡面，或与坡面砂浆固坡的拉筋焊接固定。

2. 滑模制作

(1) 滑模制作尺寸。依据面板宽度要求，借鉴类似工程面板施工经验，无轨滑模设计尺寸为：长度分别为 17 m 和 12 m，滑动面宽度为 1.35 m。滑模由型钢焊接制作，整体结构形式为拱架式，前部设有振捣施工平台，尾部设有修整平台，滑模横断面具体见图 4.10。

(2) 滑模牵引设备。经计算，采用 2 台承重力 10 t 卷扬机牵引提升滑模，钢

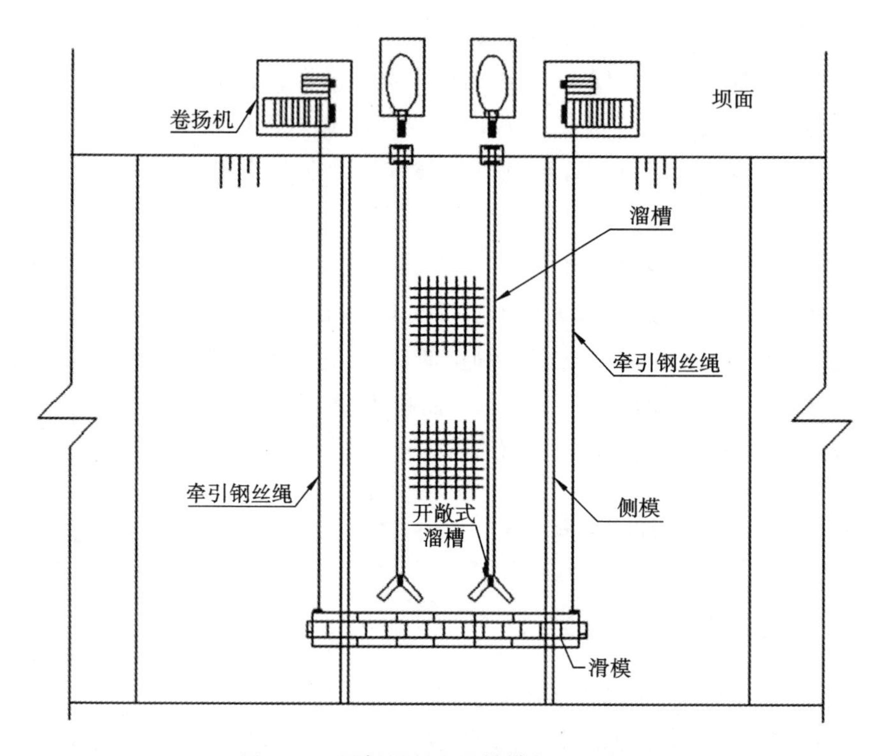

图 4.10　面板混凝土滑模横断面示意图

丝绳直径为 21.5 mm，滑模采用承重力 25 t 吊车吊装就位。卷扬机的锚固采用增设配重块的方法固定，卷扬机与混凝土基座配重块间采用承重力 3 t 导链紧固，并在卷扬机四个角安装地锚，地锚打入坝顶 80 cm。

(3) 卷扬机安装。卷扬机由电机、齿轮组、钢丝绳绞筒、刹车、横梁组成，横梁采用 18 槽钢现场焊接而成。卷扬机采用螺栓固定在横梁上，横梁前端放置卷扬机，后端放置混凝土压块，卷扬机安放于面板顶部坝面上。两个卷扬机之间的距离要与滑模两个吊钩间的距离大致相等。卷扬机放置应稍微高于混凝土压重位置或水平放置。卷扬机放置好后，吊装安放混凝土压块。

滑模还应设防滑及安全保护装置。为此，在滑模两端各增设 1 台手动葫芦，挂在面板钢筋网上，用钢丝绳拉紧，随模板滑升而收短，使其始终处于受力状态，以确保施工安全。

滑模制作好后，其两侧各焊接一根长 5 m 的扁铁，用作滑模的接地装置。在浇筑混凝土过程中，扁铁搭接在相连仓的钢筋网或本浇筑仓混凝土未覆盖部分钢筋网上。

3. 止水铜片制作

止水铜片采用铜片成型机现场压制。为减少止水铜片焊缝，每节长度控制在 30～50 m。太长，搬运时容易变形和弯折；太短，焊接接头增加。制作时，将铜片成型机放置于坝顶上，止水铜带成卷运至现场，在安装前根据设计长度压制。应将已压制好的止水铜片平行摆放于木枋上，重叠片数不超过 3 片，并由专人看护，精心保管，禁止在铜片上放置任何物品以及踩压。

橡胶垫片的安装采用热黏结方式。安装完成后，采用细钢筋作为托架，支撑、固定止水铜片。施工过程中必须严格保护止水铜片，避免损伤，造成绕渗。

4. 混凝土配合比

为提高面板混凝土的抗裂性能，根据设计技术要求，在混凝土中掺和聚丙烯纤维。纤维混凝土必须搅拌均匀才能卸料，搅拌时间不得少于 90 s。水泥采用 P·O 42.5 硅酸盐水泥，需要掺入的外加剂包括高效减水剂、引气剂。根据设计图纸所示及要求，面板混凝土标号为 C30 W10 F100（C30 指混凝土的强度等级，W10 指混凝土的抗渗等级，F100 指混凝土的抗冻等级），二级配。为满足面板混凝土的抗裂和耐久性，面板混凝土需掺用减水剂和等级不低于Ⅱ级的粉煤灰。

（1）水泥。采用 P·O 42.5 水泥，水泥各项试验性能检测结果满足《通用硅酸盐水泥》（GB 175—2007）的要求。

（2）粉煤灰。采用 F 类Ⅱ级粉煤灰，粉煤灰各项性能检测结果满足《用于水泥和混凝土中的粉煤灰》（GB/T 1596—2017）标准中对 F 类粉煤灰的要求。

（3）外加剂。采用 SY-PA 复合型减水剂，掺量为 1.2%。减水剂各项性能检测结果满足《混凝土外加剂》（GB 8076—2008）中对高效减水剂的要求。

（4）细骨料。采用人工砂，人工砂的石粉（粒径 $d \leqslant 0.16$ mm 的颗粒）含量宜控制在 6%～18%。细骨料应质地坚硬、清洁、级配良好；人工砂细度模数宜为 2.4～3.0，应严格控制超径颗粒含量，表面含水率宜不超过 6%，并保持稳定，必要时应采取加速脱水措施。砂的检测结果满足《水工混凝土施工规范》（SL 677—2014）标准中要求。

（5）粗骨料。采用人工碎石，粒径为 5～20 mm（小石）、20～40 mm（中石）。粗骨料应质地坚硬、清洁、级配良好。如有裹粉、裹泥或污染等，应清除。粗骨料最大粒径为 40 mm，分成 D20（粒径 5～20 mm）、D40（粒径 20～40 mm）两级，采用连续级配。粗骨料应控制各级骨料的超、逊径含量，用超、逊径筛检验。其含量控制标准为：超径为零，逊径小于2%。各级骨料应避免分离。D20、D40分别用中径10 mm、30 mm方孔筛检测，筛余量应为40%～70%。人工碎石检测结果满足《水工混凝土施工规范》(SL 677—2014)标准中要求。

(6) 拌和用水。施工拌和用水采用生活生产用水，满足施工拌和用水要求。拌和站用水采用生活用水，自来水管已接通蓄水池。

根据试验检测结果，推荐混凝土配合比见表4.1。

表4.1　推荐混凝土配合比表

混凝土强度	水胶比	砂率/(%)	材料用量/(kg/m³)								坍落度/mm
			水	水泥	粉煤灰	减水剂	砂	小石	中石	改性聚丙烯纤维	
C30 W10 F100	0.39	39	165	338	85	5.077	678	484	592	1	40～70

4.7.3 施工方案

1. 施工流程

根据类似工程施工经验，面板施工钢筋采用坡面台车运输，现场安装；混凝土用坡面溜槽入仓，无轨滑模浇筑，人工振捣的工艺施工。面板施工工艺流程见图4.11。

2. 模板工程

(1) 侧模安装。

侧模在加工厂制作，并做标记。检查验收合格后，运至坝面，人工配安全绳装配，并安装锚筋及插筋配合三角钢架固定。

①模板安装前，要检查是否变形。如变形必须先行调直处理。

②侧模从加工厂运抵坝顶后，用承重力5 t卷扬斜坡运料车下放到安装部位，人工搬运到工作面组立，用风钻钻孔，打入C22钢筋。钢筋长50 cm，打入翻

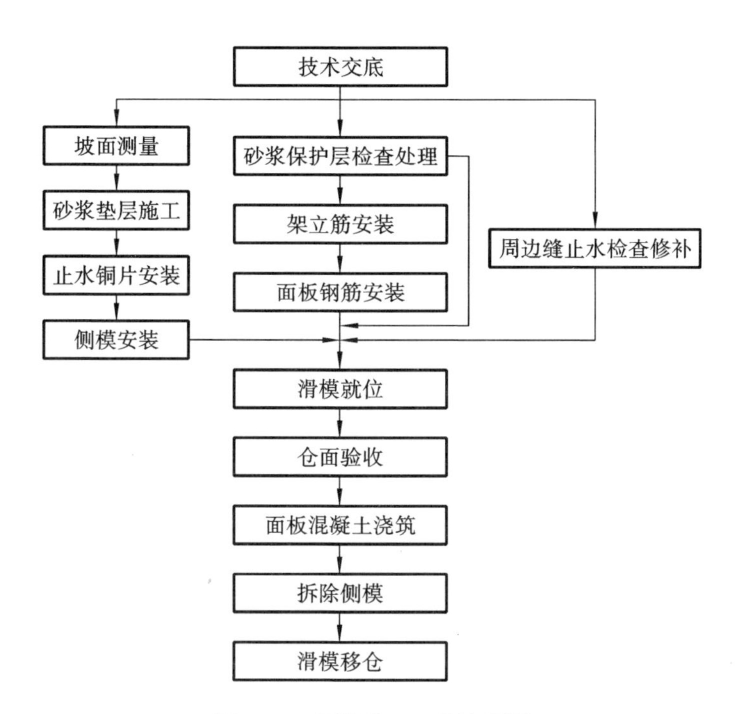

图 4.11　面板施工工艺流程图

模砂浆 30 cm，外露 20 cm。外侧架木方斜撑，将侧模调整到设计位置，侧模每块长 4.0 m，设两道斜撑，然后依次从底部安装到顶部。

③侧模全部安装完毕，校正无误后，再进行嵌缝、刷脱模剂，顶面角钢涂润滑油，以利滑模滑行，减小阻力。

侧面模板安装应坚固牢靠，并不得破坏止水设施。模板安装偏差为：偏离设计线小于 3 mm，不垂直度小于 3 mm，20 m 范围内起伏差小于 5 mm。在混凝土强度不低于 2.5 MPa 时才能拆除侧模，一般 2 d 后才能拆除侧面模板。侧模安装示意图见图 4.12。

(2) 无轨滑模安装。

滑模已制作运输至坝顶面，采用承重力 25 t 吊车吊装就位，滑模通过沿坡面用 2 台承重力 10 t 卷扬机徐徐放下落至侧模上，下滑至底部就位。滑模开始滑升约 2 m 后，再装上抹面平台。

滑模安装完成后，卷扬机进行滑模空载运行。当空载运行调试正常后，再装砂袋达到施工荷载进行试运行，保证运行正常后，方可投入使用。

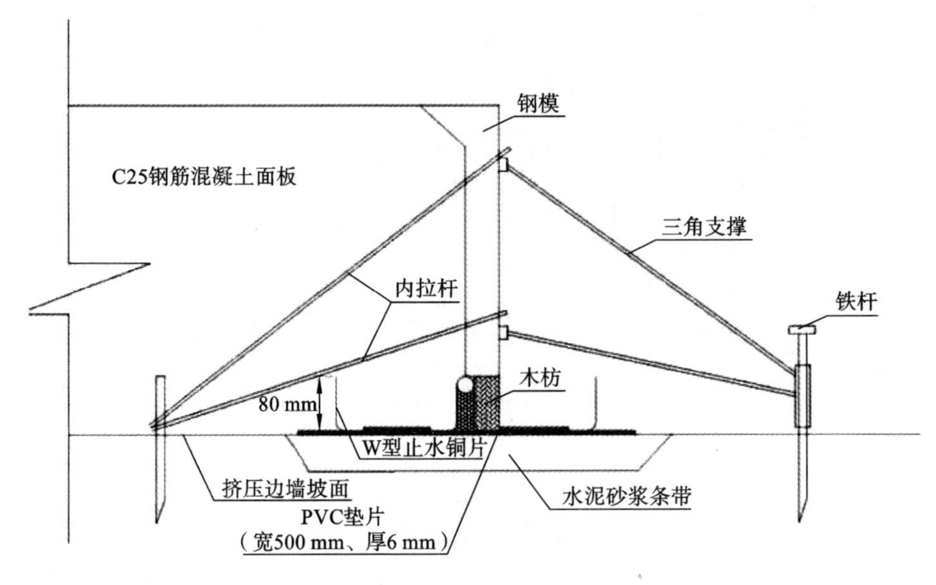

图 4.12　侧面模板安装示意图

3. 滑模转移吊装

滑模在坝顶水平转移采用 375 挖掘机吊运，挖掘机吊运到需要浇筑块面板顶部坝面下游侧，待卷扬机安装完成，经检查无误，再用承重力 25 t 吊车进行滑模吊装。首先将滑模吊运至浇筑块已安装好的侧模顶部位置，穿系好牵引钢丝绳，经检查无误，缓慢放松吊车吊钩，待牵引钢丝绳均匀受力后，取下吊车吊钩及起吊钢丝绳。滑模的转移及吊装全过程由专人统一指挥，吊装影响范围内不得有人员穿梭。

4. 滑模专项验收

滑模制作完成后，需申请专项验收，验收内容包括滑模结构及其牵引系统应牢固可靠，便于施工，并设有安全装置；模板表面处理干净，无任何附着物，表面光滑；外形尺寸允许偏差±10 mm；对角线长度允许偏差±6 mm；扭曲允许偏差 4 mm；表面局部不平度允许偏差 3 mm。滑模制作完成后，报请监理组织进行验收，验收合格后才准投入使用。

5. 铜止水安装

大坝接缝止水共有两种形式，大坝铜止水片 F、W 型，是生产厂家按设计尺

寸生产的整卷铜材。安装及注意事项如下。

(1) 采用滚动式成型机在施工作业面附近连续压制，整体成型；止水片成品表面平整光滑，无裂纹、孔洞等损伤。

(2) 施工前，进行不同类型止水的连接试验，并将试验结果和样品报送监理工程师审批，然后按监理工程师批准的连接方式制定止水连接施工作业指导书，操作人员严格按作业指导书执行。

(3) 铜止水片之间的连接按其厚度的规定，采用双面搭接焊。焊接后，采用煤油渗漏试验检查是否焊接严密，同时保证其焊接方式、搭接长度等满足设计规定。

(4) 橡胶棒和泡沫板采用人工填入铜止水片(F、W 型)鼻子中，挤压密实，底部和端部采用宽塑料粘胶带进行密封，保证在混凝土浇筑施工时，水泥浆或水泥砂浆不进入止水片鼻子内。

(5) 面板垂直缝为 A 型止水结构，设置两道止水，即底止水和面止水。面板混凝土浇筑时，需安设底铜止水片。面板垂直缝的安装应根据设计图纸放出其轴线和高程，沿面板分缝线人工挖槽后，铺砂浆垫层。人工填实抹平后，采用 2 m 直尺检查垫层坡面平整度，其偏差不超过 5 mm。然后采用热沥青将 PVC (polyvinyl chloride，聚氯乙烯)垫片平整地粘接在砂浆垫层上，其中心线与缝的中心线一致，偏差不得超过±10 mm。

6. 钢筋制安

钢筋依据设计图纸在营区加工场加工，分类挂牌标识堆放，采用 10 t 载重汽车运输至施工现场。

(1) 安装钢筋时，先以锚筋为依托，焊设架立钢筋，然后布样板筋，最后按施工图纸要求安装完所有钢筋。钢筋网节点采用梅花状点焊牢固，钢筋接头搭接长度及焊缝长度必须满足设计要求。

(2) 面板混凝土布置单层钢筋，钢筋布置在面板截面中部，在面板顶部和底部端面配置抗挤压钢筋。

(3) 面板钢筋超前绑扎，不占直线工期。钢筋绑扎前，在坡面上组立架立筋及钢筋网的托架。

(4) 在钢筋加工场按设计图纸加工制作钢筋，用承重力 10 t 平板汽车运输至现场。在现场，钢筋从相邻块由承重力 5 t 卷扬运料小车运至工作面，再由人工搬运绑扎。钢筋连接采用绑扎法和单面焊法，接头长度应满足规范要求，同一断面(横、竖双向)接头应错开50%。

(5) 绑扎完的钢筋应间距均匀,表面平整,保护层满足设计要求,接头方式符合规范要求。

7. 监测仪器埋设

面板混凝土中需要进行埋设的监测仪器主要包括:用于面板接缝监测的单向测缝计、双向测缝计、三向测缝计及其电缆、电缆保护管;用于面板应力应变及沉降监测的脱空计及其电缆及电缆保护管等。

根据设计蓝图,各监测仪器按设计桩号、位置进行测量放样。通知安全监测技术人员到场,交工验收后,由安全监测人员进行监测仪器的埋设。监测仪器安装后注意保护,仪器周围施工仔细、小心。电缆穿管后,进行加固处理,确保混凝土浇筑时不移动、不破损。

电缆保护管顶部至防浪墙,下部往下游穿出面板,需要掏槽,预留保护管接头,电缆必须露出一部分,以便于后续接入防浪墙及电缆沟,直至集线箱。做好电缆及保护管的保护工作,以免损坏。

8. 混凝土施工

(1) 混凝土拌和。

混凝土生产现场营区设有1套90 m^3/h拌和系统,面板混凝土在该拌和站拌制,拌和站生产前已对相关设备进行检修率定。现场配备2批200 t粉煤灰和2个水泥储存罐,最大储存量满足最大仓面浇筑需求。

(2) 混凝土运输。

混凝土搅拌后用承重力20 t自卸汽车从拌和站直接运至仓面顶部料斗车。运至施工现场后,采用溜槽直接入仓,溜槽为"U"形,采用厚2 mm、尺寸120 cm×200 cm的铁片制作,每节长2 m,端部设连接挂钩,每块面板浇筑时设2道溜槽。

溜槽在钢筋网上铺设并分段固定。溜槽出口与仓面距离不大于2 m。下料时,摆动末端溜槽下料,以使仓面内堆料均匀,便于平仓。

(3) 混凝土浇筑。

①布料。采用平铺法,出料口距滑模40~150 cm,人工摆动溜槽,沿滑模纵向均匀布料,混凝土浇筑时薄层均匀摊铺,每层布料厚度为30 cm。止水带周围混凝土采用人工入仓,以防止出现骨料分离。为了保证混凝土的浇筑质量和施

工速度，受料斗及溜槽在卸料前要用同标号的砂浆进行润滑，以保证混凝土输送的顺畅。

②振捣。仓面中部采用 70 型振捣棒，侧模止水片周围采用 50 型。在振捣时，振捣器沿滑模前铅锤方向向下，以防止模板上浮，并不得触及滑模、钢筋、止水片，振捣间距不大于 40 cm，深度达到新浇混凝土层底部以下 5 cm，并及时振捣。振捣时间掌握以混凝土不显著下沉，不出现气泡，并开始泛浆为准。振捣过程要确保止水周围的混凝土振捣密实。振捣时要仔细，定区域定人定责，以保证其可溯性，严禁漏振、欠振。

为使混凝土表面光滑，滑动前，在滑模前沿将振捣器插入混凝土 20～30 cm，振捣后滑动。每次滑动模板滑升高度控制在 30 cm 左右。滑模平均滑动速度控制在 1.5～2.5 m/h，每次滑升间隔时间宜不超过 30 min，具体参数可根据混凝土坍落度和气温条件现场试验确定，其速度以混凝土不空鼓、漏浆和保证后续能收浆抹面为准。模板滑升由坝面卷扬机牵引，滑升时，两端提升平衡、匀速、同步，每滑升 1～3 m，由测量人员对建筑物的轴线、尺寸、形状、位置及标高进行测量检查，发现偏移及时进行调整。

③收面。滑模滑升后，立即进行第一次人工木模收面，采用 2 m 靠尺刮平、检查，确保不平整度不大于 5 mm。2～3 h 后，采用人工二次压面抹光。二次收面时，拆除侧模板上的“V”形槽木模板，并对缝面进行修整，使缝面平整度同样达到不大于 5 mm 的要求。

（4）滑模的滑升。

滑模滑升要由专人统一指挥，指挥人员在滑模附近，根据仓面振捣情况，用对讲机与卷扬机平台的操作人员取得联系，指挥其滑升，每次的滑升距离不得超过 30 cm，每小时的滑升垂直高度不得超过 2 m。因混凝土供料或其他原因造成待料时，滑模应在 30 min 左右拉动一次，防止滑模的滑板与混凝土表面产生黏结，增大卷扬机的启动功率。为了滑模运行安全，还需在两侧加挂承重力 10 t 手动葫芦，以增加安全保障。在上部卷扬机出现意外，如停电时，葫芦可起到保护作用和将滑模滑升至与混凝土面脱离。

（5）面板三角部位的施工方法。

趾板与面板之间的三角异形块（面板起始块）混凝土浇筑尽量采用滑模施工。由于滑模是无定向装置，浇筑三角块时，可通过滑模的转动、平移（平行侧移）或先转动后平移等方式完成。对局部因滑模不能到位，难于施工的情况采用现场挂模施工，人工收面。

(6) 面板水平施工缝的处理。

原则上，面板不设水平施工缝。如混凝土浇筑过程中因故中止或延误、超过允许间隙时间而出现冷缝，在已浇筑的混凝土强度达到 2.5 MPa 再次开仓时，要对缝面进行清理。清理时，将缝面凿毛、修整，用高压水、风进行清理，同时对钢筋进行调直、除锈处理。在开仓前铺筑 2～3 cm 厚的水泥砂浆，砂浆标号比同部位混凝土标号高一级，保证新浇筑混凝土与旧混凝土接合良好。

(7) 方法步骤及质量控制。

①浇筑时，薄层均匀平整，每层厚度不大于 50 cm，每入仓一层混凝土后及时振捣。振捣间距小于 40 cm，深入下层不小于 5 cm。振捣器严禁紧靠模板振捣和插入顺坡面振捣。提升模板时，不得振捣混凝土。止水部位的混凝土采用小型振捣器(ZN30 振捣棒)振捣密实周到，严防损伤铜止水。滑模加配重，以消除混凝土浮托力。

②模板滑升时，必须及时清除滑模前沿的超填混凝土和钢筋网上的干结混凝土。

③新浇混凝土具有一定的初期强度，才可脱模。滑模平均滑升速度控制在 1～2 m/h，每次滑升的幅度控制在 30 cm 内。滑模提升后，及时收面、整修并覆盖化纤地毯(地毯底部铺设塑料薄膜)。

④在浇筑过程中，要有专人负责维护侧模、钢筋、溜槽、止水等，发现问题要及时处理。

(8) 面板混凝土拆模、养护。

在正常气温下，每块混凝土浇筑结束达到 2.5 MPa 后方可拆模。拆模时，防止损伤止水和混凝土，检查发现损伤时，及时进行处理，并详细记录处理过程及质量情况。防止损伤模板，以便重复使用。拆模后，对混凝土侧面进行表面修整，再涂刷乳化沥青隔离剂。

面板混凝土脱模后，立即覆盖塑料薄膜保湿养护。终凝后掀掉薄膜，覆盖地毯或土工布，表面连续洒水养护至水库蓄水。面板混凝土越冬时，停止洒水并进行保湿、保温覆盖。养护设专人负责并定期观测记录存档。

(9) 面板混凝土防裂控制措施。

①控制混凝土的拌和质量。坍落度是影响混凝土仓面施工的最直接因素。严格控制出机口处坍落度，从而保证仓面坍落度在 4～7 cm 范围内。骨料和砂的含水量的不均匀性会直接影响坍落度，要做好骨料和砂的脱水和防雨措施，同时加强含水量的测定，适时指导调整配合比。现场试验室人员及时与拌和站人

员联系，及时调整混凝土坍落度。

②控制仓面混凝土的施工质量。混凝土通过溜槽输送到仓面后，单块面板配置 2 道溜槽，溜槽下料口距离滑槽浇筑面的高度间距不超过 2 m，尽可能减少骨料离析分离。浇筑过程中及时进行平仓，及时振捣。同时掌握好滑模滑升的时机，既不能过早造成混凝土鼓包，也不能过晚造成混凝土表面拉裂。应根据混凝土的坍落度、初凝时间、气候条件等试验探索出一套滑模运行经验。此外，加强抹面工作，滑模滑升后应立即抹面，封闭表面的细微龟裂。

③面板养护。混凝土二次抹面后，及时铺盖一层塑料薄膜，初凝后揭掉塑料薄膜，铺盖养护毯，进行人工洒水养护。整块面板混凝土浇筑完成后，利用自动洒水养护系统洒水养护，保持混凝土表面随时处于湿润状态。在后浇块结束后，在全坝顶均用带孔的软管不停流水养护，派专人负责面板养护工作，并做好养护记录。对水流不到的位置及时补洒水，检查养护毯覆盖情况，发现有混凝土裸露面及时补充覆盖养护毯；当全部面板浇筑完后，在顶部铺设花眼管长流水不间断养护直至水库蓄水。

(10) 面板缺陷检查及处理。

面板浇筑完成后，覆盖及蓄水前，对其裂缝等缺陷情况进行全面检查，记录好裂缝分布、条数、长度、宽度、深度、产状及是否贯穿等资料。如果出现宽于0.2 mm 的裂缝，必须做专门报告，并编制裂缝处理施工方案，逐条进行处理(另行编制方案)。

9. 面板表止水施工

(1) 面板接缝柔性填料止水施工程序及主要施工方法。

表止水安装穿插于混凝土浇筑之中。为了保证周边缝和垂直缝嵌缝止水材料的施工，又不影响洒水养护效果，在混凝土浇筑过程中，沿周边缝和垂直缝用水泥砂浆做一道截水槽，以确保周边缝和垂直缝施工干燥和施工质量。周边缝和垂直缝嵌缝止水材料用后填法施工，在接缝顶部的预留“V”形槽内嵌入塑性嵌缝材料，并呈弧形向上隆起，在嵌缝材料表面采用保护盖片密封，角钢或扁钢用膨胀螺栓固定在混凝土面板上。固定用的螺栓在安装时钻孔埋设。

嵌缝止水材料的施工工艺如下。

①基础清理。用腻子刀或者钢丝刷将伸缩缝“V”形槽两侧各 25 cm 范围的混凝土表面的松动物清除，并用水冲洗干净，自然晾干或烘干，对局部不平整的表面(蜂窝抹面)进行找平，或采用磨光机打磨平整。

②PVC棒安装。在干净、平整的周边缝与垂直缝“V”形槽内放入相应尺寸的PVC棒，棒壁与接缝壁用木制锤子击实，使PVC棒嵌入“V”形槽下口，PVC棒接头采用热粘接方式连接。

③止水带安装。采用打孔器、冲击钻分别在波形止水带和混凝土上钻孔，按照设计要求确定打孔位置及间距，孔的大小以膨胀螺栓尺寸为准。成孔后，用棉纱将待粘贴波形止水带的混凝土表面擦拭一遍，除去表面的浮渣、浮水，并涂刷底胶，然后将止水带粘贴在混凝土上。将打孔的不锈钢扁钢安放在止水带上并定位，用膨胀螺栓固定扁钢。需先在孔内灌注水灰比W/C<0.35的水泥净浆(W指water，水；C指cement，水泥)，再放入膨胀螺栓，并在水泥净浆失去流动性前紧固膨胀螺栓。拧紧波形止水带的螺栓后，锯掉螺帽上露出的螺杆，以免后期戳穿表层橡胶盖板。安装完毕后的止水带与混凝土表面之间应紧密接合，不锈钢扁钢对止水带的锚压要牢固。在监理工程师验收合格后，方可在其上部进行柔性填料的嵌筑。

④柔性材料嵌缝。将预先准备好的柔性填料嵌入缝内，边缘部位锤压密实，接头部分作为坡形斜面过渡，以利于下段填料的粘贴，每层接头部分的位置均匀错开。粘贴过程中，注意排出柔性填料与混凝土粘接面之间的空气。如果现场温度较低，可用塑料焊枪烘热柔性填料，使柔性填料表面黏度提高，再进行嵌填。填料的嵌填断面尺寸满足设计要求。根据缝口的实际情况，将嵌缝止水材料分段分层压入槽内，并填到设计规定的形状，逐层用木制锤子压实。

⑤防渗盖片粘贴。在已处理的混凝土表面均匀涂刷底胶，然后一边撕防渗盖片上的防粘纸，一边将复合盖板粘贴在混凝土上。粘贴过程中，注意排除空气，防渗盖片必须铺盖平整，与混凝土面粘贴处用手按压密实。在防渗盖片上用冲击钻打膨胀螺栓孔。打孔位置及间距与扁钢上的预留孔一致，孔的大小以膨胀螺栓尺寸为准，打孔深度按照设计要求作业。成孔后，将混凝土粉末清除干净。将固定用的扁钢安装在防渗盖片上，扁钢紧贴防渗盖片下部的填料包边缘安装，保证防渗盖片与混凝土间的柔性填料接合紧密，防止产生空腔。将膨胀螺栓安装在扁钢预留孔中并紧固，使扁钢、防渗盖片与混凝土紧密接合，防止脱空现象。

⑥涂封边剂封边。防渗盖片两侧翼边上刮涂封边剂，封边密实、粘贴牢固。将两侧翼边黏结在混凝土基面上，包覆加强筋，控制封边宽度。涂刷时，倒角平滑，无棱角、无漏涂，封边密实均匀。常温时，封边剂的适用期为0.5～1 h，固化时间为3 h左右。材料拌均匀后，在适用期内涂刷完毕。涂刷完成后，不得踩

踏、触碰，让封边剂自然风干。

⑦复合胎基布施工。复合胎基布施工在盖片施工完成后实施。胎基布采用人工铺装，铺平后人工进行聚脲涂料施工。

(2) 质量检查。

①接缝的混凝土表面应平整密实，2 m 直尺检查其平整度偏差不大于 5 mm，且起伏均匀平顺。填塞柔性填料前，与填料接触的混凝土面应干燥、洁净，接触面应涂刷黏结剂。若接触面无法保持绝对干燥，应涂刷潮湿面黏结剂。黏结剂要求涂刷均匀、平整，不得漏涂。

②柔性填料施工应在混凝土浇筑后 7～10 d，混凝土达到一定的强度后进行。柔性填料应从下而上分段施工，填塞施工宜在日平均气温高于 5 ℃、无雨的白天进行。分期施工柔性填料时，应将缝的端部进行密封。

③柔性填料应充满预留槽并满足设计断面尺寸，边缘允许偏差为±10 mm，面膜要求按设计设置，与混凝土面锚压牢固，必须形成密封腔，不得漏水。

④柔性填料填塞完成后，以 50～100 m 为一段，用模具检查其几何尺寸是否符合设计要求，并抽样检查柔性填料与"V"形槽表面是否黏结牢固，填料是否密实，同时对面膜的密封程度及膨胀螺栓的紧固性进行检查，不符合要求的应返工处理。

⑤接缝止水施工结束后，应按有关规定进行分部工程验收，验收必须具备下列条件：表面填料施工完毕，各工序验收合格；工序或单元验收过程中发现的质量问题，均已按监理工程师要求进行了处理；有疑问的止水部位应进行现场压水试验，检查接缝的止水效果。

第5章　混凝土建筑物施工

5.1　砂石骨料生产

5.1.1　砂石骨料的基本类型

砂石骨料是混凝土的最基本组成成分。通常 1 m^3 的混凝土需要 1.5 m^3 的松散砂石骨料。所以，对于混凝土用量很大的工程，砂石骨料的需要量也相当大。骨料质量的好坏直接影响混凝土强度、水泥用量和温度控制要求，从而影响大坝的质量和造价。为此，在混凝土建筑物的设计和施工中，应统筹规划，认真研究砂石骨料的储量、物理力学指标、杂质含量，以及开采、运输、堆存和加工等各个环节。一般在施工现场制备水工混凝土砂石骨料。

根据砂石骨料来源的不同，可将大中型水利水电工程骨料生产分为以下三种基本类型。

(1) 天然骨料，即在河床中开挖天然砂(毛料)，经冲洗筛分而形成砾石和砂。

(2) 人工骨料，即用爆破开采块石，经破碎、冲洗、筛分、磨制而成碎石和人工砂。

(3) 组合骨料，即以天然骨料为主，人工骨料为辅配合使用。

砂石骨料生产过程包括开采、运输、加工和储存。

5.1.2　毛料开采

应根据施工组织设计安排的料场顺序开采毛料。开采方法有以下几种。

(1) 水下开采。在河床或河滩开采天然砂，一般使用链斗式采砂船开采，配套砂驳作水上运输至岸边，然后用皮带机上岸，最后组织陆路运输至骨料加工厂毛料堆场。

(2) 陆上开采。陆上一般采用正铲、反铲、索铲开采，用自卸汽车、火车、皮

带机等运至骨料加工厂毛料堆场。

(3) 山场开采。人工骨料的毛料，一般在山场进行爆破开采，也可利用岩基开挖的石渣，但要求原岩质地坚硬，符合规范要求。爆破方式可采用洞室爆破或深孔爆破，用正铲、反铲或装载机装渣，用上述设备运至骨料加工厂毛料堆场。

5.1.3　骨料加工

从料场开采的毛料不能直接用于拌制混凝土，需要通过破碎、筛分、冲洗等加工过程，制成符合级配要求、除去杂质的各级粗、细骨料。

1. 破碎

为了将开采的石料破碎到规定的粒径，往往需要经过几次破碎才能完成。因此，通常将骨料破碎过程分为粗碎(将原石料破碎到 70～300 mm 粒径)、中碎(破碎到 20～70 mm 粒径)和细碎(破碎到 1～20 mm 粒径)三种。

骨料用碎石机进行破碎。碎石机的类型有颚式碎石机、锥式碎石机、辊式碎石机和锤式碎石机等。

(1) 颚式碎石机。颚式碎石机又称为“夹板式碎石机”。它的破碎槽由两块颚板(一块固定，另一块可以摆动)构成，颚板上装有可以更换的齿状钢板。工作时，由传动装置带动偏心轮作用使活动颚板左右摆动，破碎槽即可一开一合，将进入的石料轧碎，从下端出料口漏出。按照活动颚板的摆动方式，颚式碎石机又分为简单摆动式和复杂摆动式两种。简单摆动式其活动颚带动偏心轴运动，偏心轴回转时带动连杆作上下运动，此时推动推力板，迫使活动颚板绕着悬挂轴作周期运动，当动颚接近固定颚板时，位于颚板之间的物料因挤压等作用而破碎。复杂摆动式的活动颚板上端直接挂在偏心轴上，其运动含左右和上下两个方向，故破碎效果较好，产品粒径较均匀，生产率较高，但颚板的磨损较快。颚式碎石机结构简单，工作可靠，维修方便，适用于对坚硬石料进行粗碎或中碎。但成品料中针片状含量较多，需经常更换活动颚板。

(2) 锥式碎石机。锥式碎石机的破碎室由内、外锥体之间的空隙构成。活动的内锥体装在偏心主轴上，外锥体固定在机架上。工作时，由传动装置带动主轴旋转，使内锥体做偏心转动，将石料碾压破碎并从破碎室下端出料槽滑出。锥式碎石机是一种大型碎石机械，碎石效果好，破碎的石料较方正，生产率高，单位产品能耗低，适用于对坚硬石料进行中碎或细碎。但其结构复杂，体形和质量较大，安装和维修不方便。

(3) 辊式碎石机和锤式碎石机。辊式碎石机是用两个相对转动的滚轴轧碎石块。锤式碎石机是用带锤子的圆盘在回转时击碎石块。辊式碎石机和锤式碎石机适用于破碎软和脆的岩石,常承担骨料细碎任务。

2. 筛分与冲洗

筛分是将天然或人工的混合砂石料,按粒径大小进行分级。冲洗是在筛分过程中清除骨料中夹杂的泥土。骨料筛分作业的方法有机械筛分和水力筛分两种。机械筛分利用机械力作用经不同孔眼尺寸的筛网对骨料进行分级,适用于粗骨料;水力筛分利用骨料颗粒大小不同、水力粗度各异的特点进行分级,适用于细骨料。大中型工程一般采用机械筛分。机械筛分的筛网多用高碳钢焊接成方筛孔,筛孔边长分别为 112 mm、75 mm、38 mm、19 mm、5 mm,可以筛分 120 mm、80 mm、40 mm、20 mm、5 mm 的各级粗骨料,当筛网倾斜安装时,为保证筛分粒径,需适当加大筛孔尺寸。

(1) 偏心轴振动筛,又称为“偏心筛”,它主要由固定机架、活动筛架、筛网、偏心轴及电动机等组成。筛网的振动是利用偏心轴旋转时的惯性作用:偏心轴安装在固定机架上的一对滚珠轴承中,由电动机通过皮带轮带动,可在轴承中旋转。活动筛架通过另一对滚珠轴承悬装在偏心轴上。筛架上装有两层不同筛孔的筛网,可筛分三级不同粒径的骨料。偏心筛适用于筛分粗、中颗粒,常承担第一道筛分任务。

(2) 惯性振动筛,又称为“惯性筛”,它的偏心轴(或带偏心块的旋转轴)安装在活动筛架上,筛架与固定机架之间用板簧相连。筛网振动靠的是筛架上偏心轴的惯性作用。惯性筛的特点是弹性振动,振幅小,随来料多少而变化,容易因来料过多而堵塞筛孔,故要求来料均匀。适用于中、细颗粒筛分。

(3) 自定中心筛,是惯性筛的一种改进形式,它在偏心轴上配偏心块,使之与轴偏心距方向相差 180°,还在筛架上另设皮带轮工作轴(中心线)。工作时向上和向下的离心力保持动力平衡,工作轴位置基本不变。皮带轮只做回转运动,传给固定机架的振动力较小,皮带轮也不容易打滑和损坏。这种筛因皮带轮中心基本不变,故称为“自定中心筛”。

在筛分的同时,一般通过筛网上安装的几排带喷水孔的压力水管不断对骨料进行冲洗,冲洗水压应大于 0.2 MPa。

在骨料筛分过程中,由于筛孔偏大,筛网磨损、破裂等因素,往往产生超径骨料,即下一级骨料中混入的上一级粒径的骨料。相反,由于筛孔偏小或堵塞、喂

料过多、筛网倾角过大等因素，往往产生逊径骨料，即上一级骨料中混入的下一级粒径的骨料。超径和逊径骨料的百分率(按重量计)是筛分作业的质量控制指标，要求超径石不大于 5%，逊径石不大于 10%。

3. 制砂

粗骨料筛洗后的砂水混合物进入沉砂池(箱)，泥浆和杂质通过沉砂池(箱)上的溢水口溢出，较重的砂颗粒沉入底部，通过洗砂设备即可制砂。常用的洗砂设备是螺旋洗砂机。它是一个倾斜安放的半圆柱形洗砂槽，槽内装有 1～2 根附有螺旋叶片的旋转主轴。斜槽以 18°～20°的倾斜角安放，低端进砂，高端进水。由于螺旋叶片的旋转，被洗的砂受到搅拌，并移向高端出料口，洗涤水则不断从高端通入，污水从低端的溢水口排出。

当天然砂数量不足时，可采用棒磨机制备人工砂。将小石投入装有钢棒的棒磨机滚筒内，靠滚筒旋转带动钢棒挤压小石而成砂。

5.1.4　骨料的堆存

骨料堆存分毛料堆存与成品堆存两种。毛料堆存的作用是调节毛料开采、运输与加工之间生产需求的不均衡性；成品堆存的作用是调节成品生产、运输和混凝土拌和之间的不均衡性，保证混凝土生产对骨料的需要。

骨料堆存方式主要有以下两种。

(1) 台阶式料仓。在料仓底部设有出料廊道，骨料通过卸料闸门卸在皮带机上运出。

(2) 堆料机料仓。采用双悬臂或动臂堆料机沿土堤上铺设的轨道行驶，沿程向两侧卸料。

在堆存骨料过程中，为了保证质量，料堆底部的排水设施应保持完好，在进入拌和站前，最好砂子表面含水率在 5%以下，但保持一定湿度。尽量减少骨料的转运次数和降低自由跌落高度(一般应控制在 3 m 以内)。跌差过大，应辅以梯式或螺旋式缓降器卸料，以防骨料分离和逊径含量过高。

5.1.5　选择骨料应注意的问题

(1) 砂石料以就地取材的原则，用人工骨料应进行技术经济比较后选定。

(2) 应充分利用坝区或地下开挖出的弃渣，进行加工作为混凝土骨料。天然石料中的超径部分也可以破碎后利用。

(3) 在施工条件许可的情况下，粗骨料的最大粒径应尽量采用最大值，以节省水泥用量。以粗骨料最大粒径为150 mm时的水泥用量为100%为基准，骨料最大粒径与水泥用量的关系见表5.1。

表5.1 骨料最大粒径与水泥用量的关系

骨料最大粒径/mm	水泥用量/(%)
40	132
80	110
120	104
150	100
225	96

(4) 在选择骨料级配时，应在可行的条件下，尽量使弃料最少。为满足级配要求，卵石亦可破碎后使用。

5.2 大体积混凝土温度控制

混凝土温度控制的基本目的是防止混凝土发生温度裂缝，以保证建筑物的整体性和耐久性。温控和防裂的主要措施有降低混凝土水化热温升，降低混凝土浇筑温度，混凝土人工冷却、散热和表面保护等。一般把结构最小尺度大于2 m的混凝土称为"大体积混凝土"。大体积混凝土要求控制水泥水化产生的热量及伴随发生的体积变化，尽量减少温度裂缝。

5.2.1 混凝土温度变化过程

水泥在凝结硬化过程中，会放出大量的水化热。水泥在开始凝结时放热较快，以后逐渐变慢，普通水泥最初3 d放出的总热量占总水化热的50%以上。水泥水化热与龄期的关系曲线如图5.1所示。图中Q_0为水泥的最终发热量(J/kg)，m为系数，它与水泥品种及混凝土入仓温度有关，e为常数。

混凝土的温度随水化热的逐渐释放而升高，当散热条件较好时，水化热造成的最大温度升高值并不大，也不致使混凝土产生较大裂缝。而当混凝土的浇筑块尺寸较大时，其散热条件较差，由于混凝土导热性能不良，水化热基本上积蓄

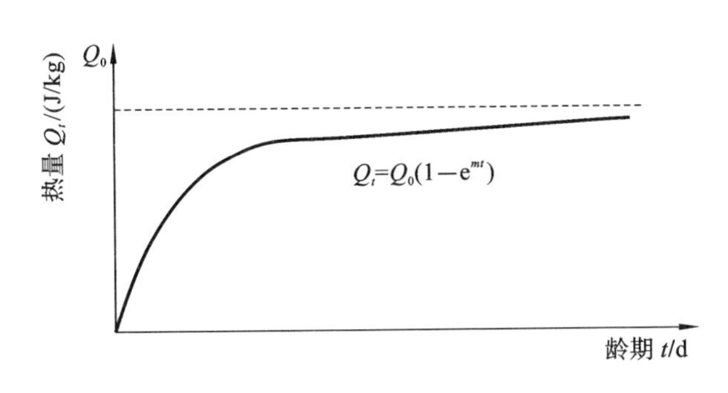

图 5.1　水泥水化热与龄期关系曲线

在浇筑块内，从而引起混凝土温度明显升高，有时混凝土块体中部温度可达 60～80 ℃。由于混凝土温度高于外界气温，随着时间的延续，热量慢慢向外界散发，块体内温度逐渐下降。这种自然散热过程甚为漫长，要经历几年至几十年的时间，水化热才能基本消失。此后，块体温度趋近于稳定状态。在稳定期内，坝体内部温度基本稳定，表层混凝土温度则随外界温度的变化呈周期性波动。由此可见，大体积混凝土温度变化一般经历升温期、冷却期和稳定期 3 个时期。

5.2.2　温度应力与温度裂缝

混凝土温度的变化会引起混凝土体积变化，即温度变形。温度变形一旦受到约束不能自由伸缩时，必然引起温度应力。若为压应力，通常无大的危害；若为拉应力，当超过混凝土抗拉强度极限时，就会产生温度裂缝，如图 5.2 所示。

1. 贯穿裂缝和深层裂缝

混凝土凝结硬化初期，水化热使混凝土温度升高，体积膨胀，基础部位混凝土由于受基岩的约束，不能自由变形而产生压应力，但此时混凝土塑性较大，所以压应力很低。随着混凝土温度的逐渐下降，体积随之收缩，这时混凝土已硬化，并与基础岩石黏结牢固，受基础岩石的约束不能自由收缩，使混凝土内部除抵消了原有的压应力外，还产生了拉应力，当拉应力超过混凝土的抗拉极限强度时，就产生裂缝。当平行坝轴线出现裂缝时，常常贯穿整个坝段，称为“贯穿裂缝”。裂缝方向大致垂直于岩面，自下而上开展，缝宽较大(可达 1～3 mm)，延伸长，切割深(缝深可达 3～5 m)，称之为“深层裂缝”。

基础贯穿裂缝对建筑物安全运行是很危险的，因为这种裂缝发生后，会把建

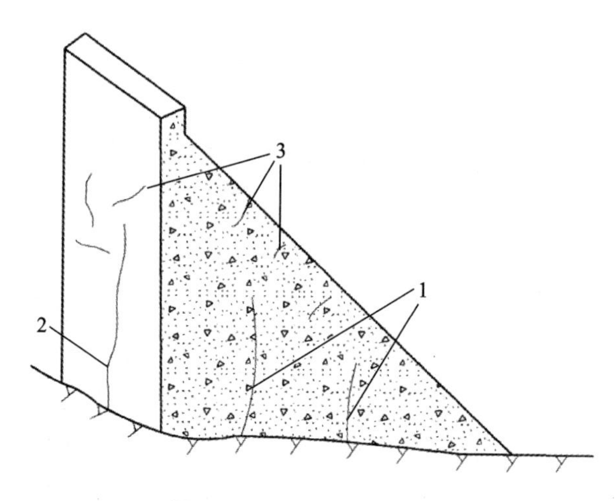

图 5.2 混凝土坝裂缝形式

1—贯穿裂缝；2—深层裂缝；3—表面裂缝

筑物分割成独立的块体，使建筑物的整体性遭到破坏，坝内应力发生不利变化，特别是大坝上游坝踵处将出现较大的拉应力，甚至危及大坝安全。防止产生基础贯穿裂缝，关键是控制混凝土的温差，通常基础容许温差的范围见表 5.2。

表 5.2 基础容许温差 ΔT （单位：℃）

浇筑块边长 L/m	离基础面高度 h/m	
	0～0.2L	0.2～0.4L
<16	26～25	28～27
17～20	24～22	26～25
21～30	22～19	25～22
31～40	19～16	22～19
通仓长块	16～14	19～17

混凝土浇筑块经过长期停歇后，在长龄期旧混凝土上浇筑新混凝土时，旧混凝土也会对新混凝土起约束作用，产生温度应力，可能导致新混凝土产生裂缝。所以新旧混凝土间的内部温差（即上下层温差）也必须进行控制，一般允许温差为 15～20 ℃。

2. 表面裂缝

大体积混凝土块体各部分由于散热条件不同，温度也不同。块体内部散热条件差，温度较高，持续时间也较长，而块体外表由于和大气接触，散热方便，冷

却迅速。当表面混凝土冷却收缩时，会受到内部尚未收缩的混凝土的约束，产生表面温度拉应力，当它超过混凝土的抗拉极限强度时，就会产生裂缝。一般表面裂缝方向不规则，数量较多，但短而浅，深度小于 1 m，缝宽小于 0.5 mm。有的后来会随着坝体内部温度降低而自行闭合，因而对一般结构威胁较小。但在混凝土坝体上游面或其他有防渗要求的部位，表面裂缝形成了渗透途径，在渗水压力作用下，裂缝易于发展。在基础部位，表面裂缝还可能与其他裂缝相连，发展成为贯穿裂缝。这些对建筑物的安全运行是不利的，因此必须采取一些措施，防止表面裂缝的产生和发展。

防止表面裂缝的产生，最根本的是把内外温差控制在一定范围内，还应注意防止混凝土表面温度骤降(冷击)。冷击主要是冷风寒潮袭击和低温下拆模引起的，这时会形成较大的内外温差，最容易发生表面裂缝。因此，在冬季不要急于拆模，当温度骤降前，应对新浇混凝土的表面进行保护。表面保护措施有采用保温模板、挂保温泡沫板、喷水泥珍珠岩、挂双层草垫等。

5.2.3　大体积混凝土温度控制的措施

(1) 减少混凝土发热量。

①采用低热水泥。采用水化热较低的普通大坝水泥、矿渣大坝水泥及低热膨胀水泥。

②降低水泥用量。主要包括以下措施：掺混合材料；调整骨料级配，增大骨料粒径；采用低流态混凝土或无坍落度干硬性、贫混凝土；掺外加剂(减水剂、加气剂)；如采用埋石混凝土，坝体分区使用不同强度等级的混凝土，利用混凝土的后期强度降低水泥用量。

(2) 降低混凝土的入仓温度。

①料场措施。具体措施有：加大骨料堆积高度；地垄取料；搭盖凉棚；喷水雾降温(石子)。

②冷水或加冰拌和。

③预冷骨料。包括水冷和气冷措施。前者可采取喷水冷却、浸水冷却；后者可在供料廊道中通冷气。

(3) 加速混凝土散热。

①表面自然散热。采用薄层浇筑，浇筑层厚度采用 3～5 cm，在基础地面或老混凝土面上可以浇厚 1～2 cm 的薄层，上、下层间歇时间宜为 5～10 d。浇筑块的浇筑顺序应间隔进行，尽量延长两相邻块的间隔时间，以利侧面散热。

②人工强迫散热——埋冷却水管。利用预埋的冷却水管通低温水以散热降温。冷却水管的作用有以下两点：第一，一期冷却。混凝土浇后立即通水，以降低混凝土的最高温升。第二，二期冷却。在接缝灌浆时将坝体温度降至灌浆温度，扩张缝隙，以利灌浆。

5.3 混凝土坝施工

5.3.1 混凝土坝的分缝与分块

1. 分缝分块原则

(1) 根据结构特点、形状及应力情况进行分层分块，避免在应力集中、结构薄弱部位分缝。

(2) 采用错缝分块时，必须采取措施防止竖直施工缝张开后向上、向下继续延伸。

(3) 应根据结构特点和温度控制要求确定分层厚度。一般基础约束区为1～2 m，约束区以上可适当加厚；墩墙侧面可散热，分层也可厚些。

(4) 应根据混凝土的浇筑能力和温度控制要求确定分块面积的大小。块体的长宽比不宜过大，一般以小于2.5∶1为宜。

(5) 分层分块均应考虑施工方便。

2. 混凝土坝的分缝分块方式

混凝土坝的浇筑块是用垂直于坝轴线的横缝和平行于坝轴线的纵缝以及水平缝划分而成的。分缝方式有垂直纵缝法、斜缝法、通缝法等。

(1) 垂直纵缝法。用垂直纵缝把坝段分成独立的柱状体，因此又叫“柱状分块”。它的优点是温度控制容易，混凝土浇筑工艺较简单，各柱状块可分别上升，彼此干扰小，施工安排灵活。但为保证坝体的整体性，必须进行接缝灌浆，模板工作量大，施工复杂。一般纵缝间距为20～40 m，以便降温后接缝有一定的张开度，便于接缝灌浆。为了传递剪应力，在纵缝面上设置键槽，并在坝体达到稳定温度后进行接缝灌浆，以增加其传递剪应力的能力，提高坝体的整体性和刚度。

(2) 斜缝法。一般只在中低坝采用。斜缝沿平行于坝体第二主应力方向设置,缝面剪应力很小,只要设置缝面键槽,不必进行接缝灌浆。在为了便于坝内埋管的安装或利用斜缝形成临时挡洪面时,可采用斜缝法。但斜缝法施工干扰大,斜缝顶并缝处容易产生应力集中,需严格控制斜缝前后浇筑块的高差和温差,否则会产生很大的温度应力。

(3) 通缝法。通缝法即“通仓浇筑法”,它不设纵缝,按整个坝段分层进行混凝土浇筑,一般不需埋设冷却水管。同时由于浇筑仓面大,便于大规模机械化施工,简化了施工程序,特别是大量减少了模板作业工作量,施工速度快。但因其浇筑块长度大,容易产生温度裂缝,所以温度控制要求比较严格。

5.3.2　混凝土的拌和

由于混凝土工程量较大,一般混凝土坝施工采用混凝土拌和站生产混凝土。混凝土拌和站集中布置进料、储料、配料、拌和、出料等工序的设备,按其布置形式有双阶式和单阶式两种,如图 5.3 所示。

5.3.3　混凝土的运输浇筑

由于混凝土运输方量和运输强度非常大,需采用大型运输设备。

1. 混凝土运输浇筑方案的选择

混凝土运输浇筑方案的选择通常应考虑如下原则。

(1) 运输效率高,成本低,转运次数少,不易分离,质量容易保证。

(2) 起重设备能够控制整个建筑物的浇筑部位。

(3) 主要设备型号单一,性能良好,配套设备能使主要设备的生产能力充分发挥。

(4) 在保证工程质量的前提下,能满足高峰浇筑强度的要求。

(5) 除满足混凝土浇筑要求外,还能最大限度地承担模板、钢筋、金属结构及仓面小型机具的吊运工作。

(6) 在工作范围内能连续工作,设备利用率高,不压浇筑块,或不因压块而延误浇筑工期。

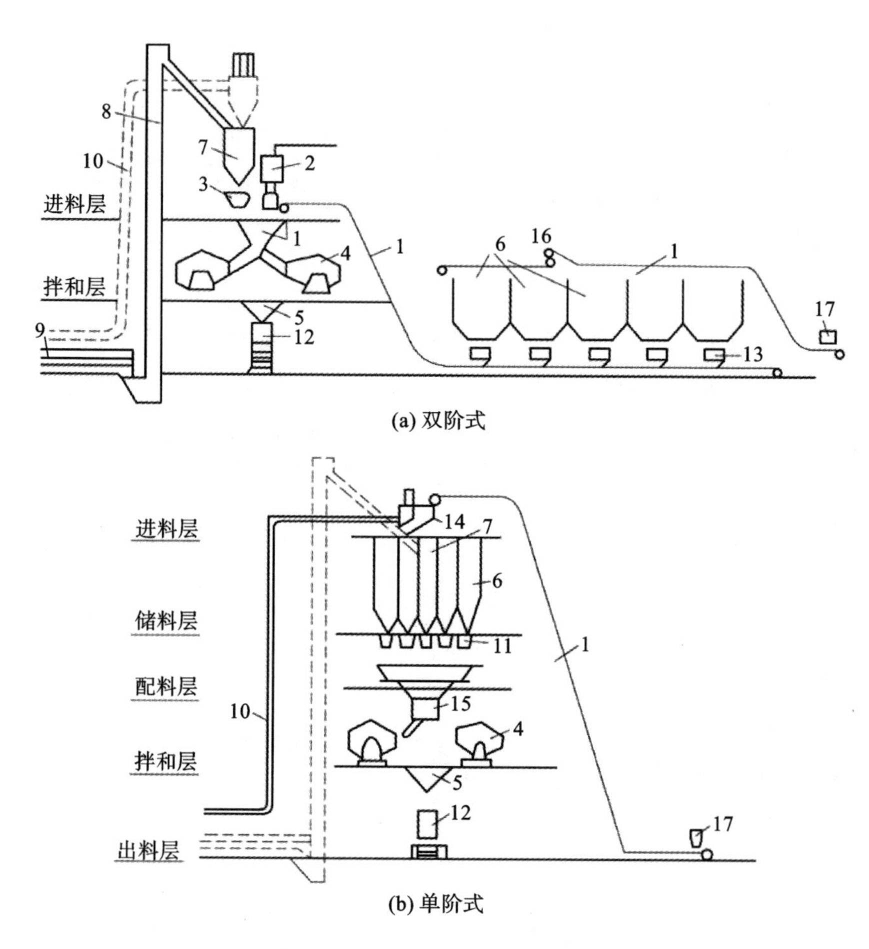

(a) 双阶式

(b) 单阶式

图 5.3　混凝土拌和站布置示意图

1—皮带机；2—水箱及量水器；3—水泥料斗及磅秤；4—拌和机；5—出料斗；
6—骨料仓；7—水泥仓；8—斗式提升机；9—螺旋机；
10—风送水泥管道；11—集料斗；12—混凝土吊罐；13—配料器；
14—回转漏斗；15—回转喂料器；16—卸料小车；17—进料斗

2. 水平运输

(1) 自卸汽车运输。

①自卸汽车—栈桥—溜筒。用组合钢筋柱或预制混凝土柱作立柱，用钢轨梁和面板作桥面构成栈桥，下挂溜筒，混凝土通过溜筒入仓。它要求坝体能比较均匀地上升，浇筑块之间高差不大。这种方式可从拌和站一直运至栈桥卸料，生产率较高。

②自卸汽车—履带式起重机。自卸汽车自拌和站受料后运至基坑，后转至混凝土卧罐，再用履带式起重机吊运入仓。

③自卸汽车—溜槽(溜筒)。自卸汽车转溜槽(溜筒)入仓适用于狭窄、深塘区混凝土回填。斜溜槽的坡度一般在 1∶1 左右，混凝土的坍落度为 6 cm 左右。每道溜槽控制浇筑宽度 5～6 m。

④自卸汽车直接入仓。分端进法和端退法。端进法是在刚捣实的混凝土面上铺厚 6～8 mm 的钢垫板，自卸汽车在其上驶入仓内卸料浇筑。浇筑层厚度不超过 1.5 m。端进法要求混凝土坍落度小于 4 cm，最好是干硬性混凝土。端退法是自卸汽车在仓内已有一定强度的老混凝土面上行驶。汽车铺料与平仓振捣互不干扰，且因汽车卸料定点准确，平仓工作量较小。旧混凝土的龄期应据施工条件通过试验确定。

用自卸汽车运输混凝土时，应遵守下列技术规定：装载混凝土的厚度应不小于 40 cm，车厢严密平滑，砂浆损失控制在 1%以内；每次卸料，应将所载混凝土卸净，并及时清洗车厢，以免混凝土黏附；以汽车运输混凝土直接入仓时，应有确保混凝土质量的措施。

(2) 铁路运输。

大型工程多采用铁路平台列车运输混凝土，以保证相当大的运输强度。铁路运输常用机车拖挂数节平台列车，上放 2～4 个混凝土立式吊罐，直接到拌和站装料。列车上预留 1 个罐的空位，以备转运时放置起重机吊回的空罐。这种运输方法，有利于提高机车和起重机的效率，缩短混凝土运输时间。

(3) 皮带机运输。

皮带机运送混凝土有固定式和移动式两种。

固定式皮带机是用钢筋柱(或预制混凝土排架)支撑皮带机通过仓面，每台皮带机控制浇筑宽度 5～6 m。这种布置方式每次浇筑高度约 10 m。为使混凝土比较均匀地分料入仓，每台皮带机上每间隔 6 m 装置一个固定式或移动式刮板，混凝土经溜槽或溜筒入仓。

移动式皮带机用布料机与仓面上的一条固定皮带机正交布置，混凝土通过布料机接溜筒入仓。此外，还有将皮带机和塔机结合的塔带机，它从拌和站受料用皮带送至仓面附近，再通过布料杆将混凝土直接送至浇筑仓面。

3. 垂直运输

(1) 履带式起重机。履带式起重机多由开挖石方的挖掘机改装而成，直接在地面上开行,无须轨道。它的提升高度不大,控制范围比门式起重机小。但起重量大、转移灵活,适应工地狭窄的地形,在开工初期能及早投入使用,生产率高。该机适用于浇筑高程较低的部位。

(2) 门式起重机。门式起重机(简称“门机”)是一种大型移动式起重设备。它的下部为一钢结构门架,门架底部装有车轮,可沿轨道移动。门架下有足够的净空,能并列通行 2 列运输混凝土的平台列车。门架上面的机身包括起重臂、回转工作台、滑轮组(或臂架连杆)、支架及平衡重等。整个机身可通过转盘的齿轮作用水平回转 360°。该机运行灵活、移动方便,起重臂能在负荷下水平转动,但不能在负荷下变幅。变幅是在非工作时,利用钢索滑轮组使起重臂改变倾角来完成。

(3) 塔式起重机。塔式起重机(简称“塔机”)是在门架上装置高达数十米的钢架塔身,用以增加起吊高度。其起重臂多是水平的,起重小车钩可沿起重臂水平移动,用以改变起重幅度。

为扩大门、塔机的控制范围和增加浇筑高度,为起重机运输提供开行线路,使之与浇筑工作面分开,常需布置栈桥。大坝施工栈桥的布置方式如图 5.4 所示。栈桥桥墩结构有混凝土墩、钢结构墩、预制混凝土墩块(用后拆除)等。为节约材料,常把起重机安放在已浇筑的坝身混凝土上,即墩块代替栈桥。随着坝体上升,分次倒换位置或预先浇好混凝土墩作为栈桥墩。

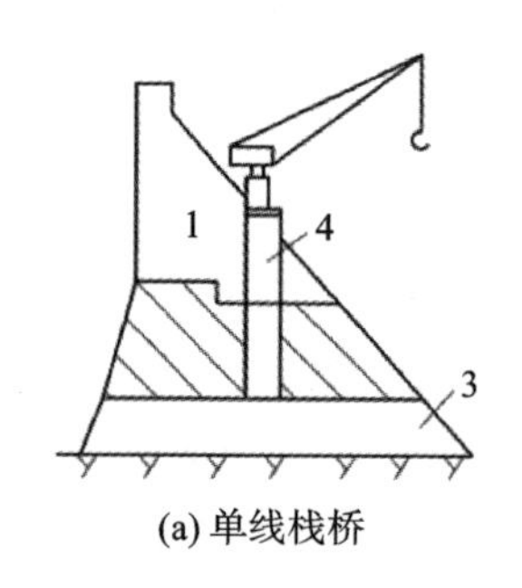

(a) 单线栈桥

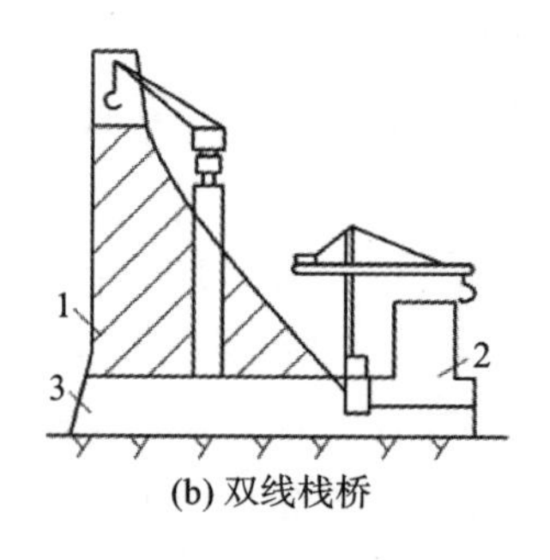

(b) 双线栈桥

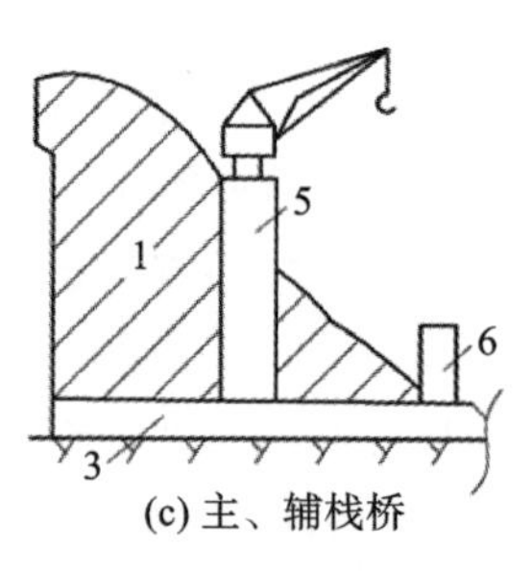

(c) 主、辅栈桥

图 5.4 栈桥布置方式

1—坝体;2—厂房;3—由辅助浇筑方案完成的部位;4—分两次升高的栈桥;5—主栈桥;6—辅助栈桥

(4) 缆式起重机。缆式起重机简称“缆机”,由一套凌空架设的缆索系统、起重小车、主塔架、副塔架等组成。主塔内设有机房和操纵室,并用对讲机和工业电视与现场联系,以保证缆机的运行。缆索系统为缆机的主要组成部分,它包括承重索、起重索、牵引索和各种辅助索。其中承重索两端系在主塔和副塔的顶部,承受很大的拉力,通常用高强钢丝束制成,是缆索系统中的主起重索。垂直

方向设置升降起重钩,牵引起重小车沿承重索移动。塔架为三角形空间结构,分别布置在两岸缆机平台上。

缆机的类型,一般按主、副塔的移动情况划分,有固定式、平移式和辐射式三种。缆机适用于狭窄河床的混凝土坝浇筑。它不仅具有控制范围大、起重量大、生产率高的特点,而且能提前安装和使用,使用期长,不受河流水文条件和坝体升高的影响,对加快主体工程施工具有明显的作用。

混凝土坝施工中混凝土的平仓振捣除采用常规的施工方法外,一些大型工程在无筋混凝土仓面常采用平仓振捣机作业,即通过类似于推土机的装置进行平仓,采用成组的硬轴振捣器进行振捣,用以提高作业效率。

5.4　水电站厂房施工

5.4.1　水电站厂房的类型及施工特点

水电站厂房主要包括主厂房和副厂房两部分。

主厂房通常以发电机层为界,分为下部结构和上部结构。下部结构一般为大体积混凝土,包括尾水管、锥管、蜗壳等大的孔洞结构;上部结构一般由钢筋混凝土柱、梁、板等结构组成。

副厂房房间按性质可分为五类:①直接与运行有关的房间,如中央控制室、充电机室、通风机室等。自动化程度高的大型水电站厂房还设有巡回检测装置室和电子计算机室。②辅助设备房间,如发电机电压配电装置室(低压开关室)、空气压缩机室、水泵室等。③生产车间,如机修间、电修间、工具室等。④办公室和技术室,如运行分场、检修分场、各维修班组的办公室和技术室。非直接生产用的办公室可设在另建的办公楼内。⑤卫生用房,如厕所、浴室等。副厂房设置房间数量、种类及各房间面积,可根据水电站规模、水电站在电力系统中的地位和作用以及水电站自动化程度等因素予以增、减或简化合并。

1. 水电站厂房类型

水电站厂房的基本类型有坝后式、河床式、坝内式、引水式等。

(1) 坝后式厂房。坝后式厂房位于挡水坝之后,厂、坝之间用永久缝分开,厂房可以与大坝分开施工,厂房施工对坝体工期不起控制作用。

(2) 河床式厂房。河床式厂房兼作挡水建筑物,因其流量较大,水头较低,常采用钢筋混凝土蜗壳。确定施工方案时,应与大坝统筹考虑。

(3) 坝内式厂房。坝内式厂房和坝体是一个整体,厂房施工与大坝施工之间干扰较大。由于机组安装在厂房封顶后进行,因此,二期混凝土施工较为困难。

(4) 引水式厂房。引水式厂房远离挡水建筑物,厂房、引水和挡水等建筑物可以分别确定施工方案和场地布置,各建筑物施工相互干扰小,但施工线路长。

2. 水电站厂房施工特点

根据机组类型,水电站厂房可分为立式机组厂房和卧式机组厂房。立式机组水轮机与发电机是竖向布置,在垂直方向分为水轮机层、发电机层。卧式机组水轮机与发电机是平行布置,上部结构即为主机房,下部结构为尾水室,厂房结构较为简单,比立式机组厂房施工简单。

以下内容主要介绍立式机组厂房的施工,其具有如下施工特点。

(1) 地基开挖较深,施工道路布置和基坑排水困难。

(2) 厂房下部结构的基础板、尾水管、蜗壳等结构位于水下,尾水管、蜗壳的结构形状复杂,孔洞和预埋件多,质量要求高。因此,厂房下部结构施工的关键是保证模板的形状及安装精度。

(3) 厂房上部结构为大跨度框架结构,模板支撑工作量大。

(4) 厂房施工与机电设备安装平行交叉进行,二期混凝土量大,精度要求高,施工干扰大。

(5) 大型厂房温度控制要求较严。

5.4.2 水电站厂房混凝土分期及分层分块

1. 水电站厂房混凝土分期

为了满足机组安装的要求,一般厂房混凝土分为两期浇筑。一期混凝土包括基础板、尾水管、厂房上下游墙、厂房排架、吊车梁及部分楼层的梁、板、柱等。当采用混凝土蜗壳时,除尾水管、锥管段及室外附近局部混凝土外,也为一期混凝土。二期混凝土是为了机组安装和埋设部件需要而预留的,待机组和有关设备到货安装后再浇灌,如尾水管、锥管段钢板里衬和金属蜗壳设备安装好后才分层浇筑。二期混凝土包括尾水管、锥管段、金属蜗壳外围混凝土、机墩、风道墙以

及与之相连接的部分楼板、梁等。厂房一、二期混凝土的划分主要取决于厂房类型、机组到货情况及施工进度要求等，同时要满足下列要求。

（1）为了满足预埋件和机组安装时操作方便的需要，二期混凝土应预留足够的空间。如锥管里衬、金属蜗壳周围二期混凝土最小厚度留 0.8 m。

（2）机组台数较多的厂房，往往分期投产。对于后期安装的机组段，其一期混凝土结构应能满足初期运行时的强度、稳定性和防渗要求。

（3）一、二期混凝土之间要可靠接合，以保证其整体性。

2. 水电站厂房混凝土分层分块

水电站厂房上部结构是由板、梁、柱或框架组成，其施工方法与一般的工业厂房基本相同。水电站厂房的下部结构是介于大体积混凝土和杆件系统之间的结构，其尺寸大、孔洞多、受力条件复杂，必须分层分块进行浇筑。合理地分层分块是减小混凝土温度应力、保证工程质量和结构整体性的重要措施。

（1）分层分块原则。

水电站厂房混凝土浇筑的分层分块原则包括以下几点。

①根据厂房下部结构的特点、形状及应力情况进行分层分块，避免在应力集中、结构薄弱部位分缝。

②应根据结构特点和温度控制要求确定分层厚度。一般基础约束区为 1～2 m，约束区以上可适当加厚。墩、墙侧面可以散热，分层可适当厚些。

③根据混凝土的浇筑能力和温度控制要求确定分块面积的大小。块体面积的长宽比不宜过大，一般以小于 5∶1 为宜。

④分层分块应考虑土建施工和设备安装的方便。例如，尾水管弯管底部应单独分层，以便于模板和钢筋绑扎；在钢蜗壳底部以下 1 m 左右要分层，以便于钢蜗壳的安装。

⑤对于可能产生裂缝的薄弱部位，应布置防裂钢筋。

（2）分层分块形式。

厂房下部结构分层分块可采用分层通仓、错缝分块、预留宽槽、设置封闭块等形式，其施工方法简述如下。

①分层通仓。分层通仓浇筑即整个厂房段不设纵缝，逐层浇筑。此法既可加快施工进度，又有利于结构的整体性。适用于尺寸不大、混凝土浇筑可安排在低温季节或具有一定的温度控制能力的厂房施工。

②错缝分块。错缝分块浇筑法又称“砌砖法”，即上、下层浇筑块相互搭接，

相邻浇筑块均匀上升的施工方法。一般错缝分块长度为8～30 m,分层厚度为2～4 m,下层浇筑块的搭接长度为浇筑块厚度的1/3～1/2。当采用台阶缝隙施工时,相邻块高差不得超过5 m。在结构较薄弱部位的垂直或水平施工缝内,必要时设置键槽,埋设止浆片及灌浆系统进行灌浆。适用于混凝土浇筑能力小的大型厂房。

③预留宽槽。建设大型水电站厂房,为加快施工进度,减少施工干扰,可在某些部位设置宽槽,一般宽槽宽度为1 m左右。

④设置封闭块。当厂房框架结构顶板的跨度大或者墩体刚度大时,施工期间会出现较大的温度应力。在采取一般温度控制措施仍不能解决时,应增设封闭块。待水化热散发和混凝土体积变形基本结束后,选择适当时间用微膨胀混凝土回填。

5.4.3 水电站厂房混凝土施工程序及施工方案

1. 水电站厂房混凝土施工程序

水电站主厂房总体施工程序如图5.5所示。主厂房一期混凝土的一般施工程序如图5.6所示。

待一期混凝土的主厂房蜗壳底板和侧(围)墙浇筑后,一方面,进行蜗壳、座环、机坑里衬等设备的安装,完成设备外围及相关部位的二期混凝土浇筑;另一方面,浇筑厂房上下游柱、承重墙、吊车梁、屋顶等结构的混凝土,完成厂房桥吊的安装。完成上述两方面工作后,可利用桥吊安装水轮机、发电机、调速器等设备。

2. 厂房混凝土施工布置

厂房混凝土施工布置主要是确定混凝土的水平运输与垂直运输方案。施工布置应根据厂房形式以及厂区地形、气象、水文、施工机械设备等条件,结合施工总体布置统筹安排,选择最优方案。

(1) 一期混凝土施工布置。

①机械化施工方案。

混凝土水平运输采用"机车立罐"或"汽车卧罐"。一般垂直运输采用门式、塔式或履带式起重机。施工初期,起重机械布置在厂房上、下游侧,沿厂房轴线方向移动,后期需要将门座式、塔式起重机迁至尾水平台或厂坝间等部位。该种

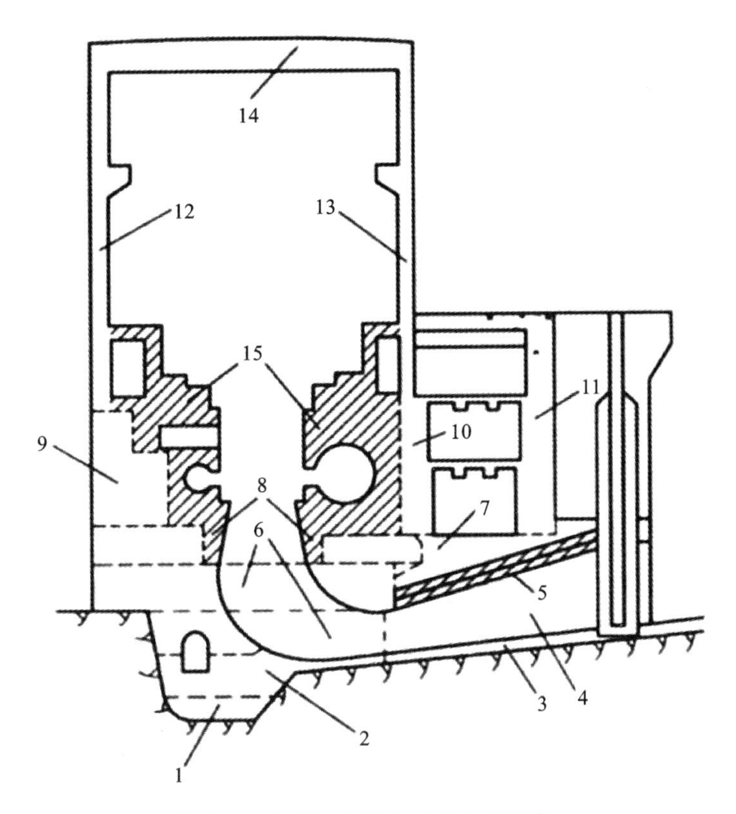

图5.5 主厂房混凝土总体施工程序

1—基础填筑；2—弯管段底板；3—扩散段底板；4—扩散段墩墙；5—倒"T"形梁；6—弯管段；7—扩散段顶板；8—锥管段；9—蜗壳上游侧墙；10—蜗壳下游侧墙；11—挡水墙墩；12—上游墙；13—下游墙；14—屋顶；15—二期混凝土

布置适用于河床式、坝内式或坝后式厂房。

对于引水式厂房，一般厂房靠山布置，厂房上游侧施工场地狭窄，常将起重机布置在厂房下游侧。

在设有缆索起重机的水利枢纽工程中，由于受缆索起重机机械特性和厂房结构特点所限制，缆索起重机可用于厂房下部结构混凝土施工，上部结构混凝土施工仍需采用门座式或塔式起重机。

在采用上述施工方案时，门式、塔式起重机的基础部分浇筑，或在起重机控制范围以外的部位浇筑，还需要布置辅助机械和设备，完成厂房混凝土的浇筑任务。如水平运输可采用"汽车卧罐"，垂直运输采用履带式起重机等方法。

②以机械为主、人工为辅的施工方案。

在起重设备数量不足的大中型工程中，混凝土工程量大的部位或施工困难

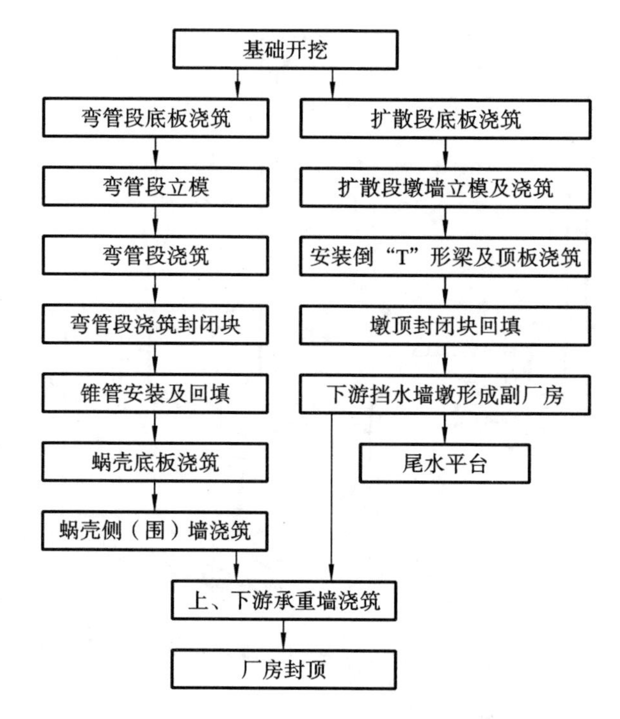

图 5.6　主厂房一期混凝土施工程序

部位可采用机械化施工，其他部位可采用修建活动栈桥等人工施工方案。

小型厂房工程的厂房下部结构混凝土施工常采用满堂脚手架，即在厂房基坑中布满脚手架，上面平铺马道板，用胶轮手推车运输混凝土，辅以溜筒入仓。但在施工过程中必须控制混凝土拌和物的离析现象。厂房上部结构的混凝土浇筑和屋顶结构的吊装，还需要配置履带式起重机或采用井架和龙门架等垂直运输设备。

(2) 二期混凝土施工布置。

各台机组的二期混凝土，如主机段蜗壳底板和侧墙等厂房下部结构的二期混凝土，应在厂房封顶前利用外部设备浇筑。厂房封顶后，可利用桥吊运输混凝土，也可采用混凝土泵、胶带输送机或胶轮手推车运输混凝土入仓。但这样既增加了设备，又影响了浇筑速度。因此，在考虑施工方案时，应尽量利用外部设备。

3. 厂房二期混凝土施工

水电站厂房施工的特点之一是土建施工与机电安装同时进行，而且土建必须满足机电安装的要求。因此，通常把机电设备埋件周围的混凝土划分为两期

施工。

厂房二期混凝土施工要求与机电设备埋件安装密切配合，其特点是施工面狭小、互相干扰大，尤其是一些特殊部位，如混凝土蜗壳内圈的导水叶、钢蜗壳与座环相连的阴角处和基础螺栓孔等部位回填的混凝土，承受荷载大，质量要求高，但仓面小，钢筋密，进料和振捣困难，施工复杂，技术要求高。下面介绍主要部位二期混凝土施工措施。

（1）圆锥面里衬二期混凝土施工。

一般尾水管圆锥段用钢板作里衬，该部位可利用锥管里衬作为模板。为了防止里衬变形，应根据混凝土侧压力的大小校核里衬钢板刚度是否满足要求。必要时，可在里衬内侧布置桁架，或在仓内增设拉杆，支撑加固。

（2）钢蜗壳下半部二期混凝土施工。

该部位施工难度最大的是钢蜗壳与座环相连的阴角处，该部位空间狭窄、进料困难、不易振捣。为保证质量，可向厂商提出要求，在座环上和钢蜗壳上预留若干进料孔。也可采取预填集料或砌筑混凝土预制块灌浆的施工措施。即在阴角部位预先用集料填塞或砌筑混凝土预制块，预填集料或预制块可用钢筋托位，并埋设灌浆管路。当蜗壳二期混凝土全部浇筑完 15 d 后，再灌注水泥砂浆，灌满为止。

（3）钢蜗壳上半部二期混凝土施工。

该部位是钢蜗壳上半部弹性垫层及水轮机井架钢衬与钢蜗壳之间的凹槽部位。为了保证钢蜗壳不承受上部混凝土结构传来的荷载，在蜗壳上半圆表面设置弹性垫层，使钢蜗壳与上部混凝土分开。在浇筑钢蜗壳前，必须做好弹性垫层，使其与蜗壳弧度吻合。在浇筑混凝土时，应防止水泥砂浆侵入垫层失去弹性。

水轮机井架钢衬与蜗壳之间的凹槽部位，由于钢筋较密，二期混凝土采用细石混凝土，施工时应注意捣实。

钢蜗壳外围二期混凝土浇筑前，应考虑钢蜗壳承受外压时的刚度和稳定性，一般在蜗壳内设置临时支撑。

（4）发电机机墩及风罩二期混凝土施工。

机墩是发电机的支承结构，一般采用圆筒式。机墩内外侧模板可采用一次或二次架立，需要考虑模板的整体稳定性。通风槽底面积较大，安装模板时应考虑混凝土浇筑时的上浮力。机墩混凝土浇筑时，常采用溜筒入仓，薄层振捣，均匀上升。

5.4.4 厂房上部结构的施工

1. 混凝土结构的浇筑

厂房混凝土结构施工有现场直接浇筑、预制装配及部分现浇、部分预制等形式。浇筑时，先浇筑竖向结构，后浇梁、板。

(1) 混凝土柱的浇筑。

①混凝土柱灌注前，应在柱底基面铺厚 5～10 cm 与混凝土内砂浆成分相同的水泥砂浆，后再分段分层灌注混凝土。

②凡截面在 40 cm×40 cm 以内或有交叉箍筋的混凝土柱，应在柱模侧面开口装上斜溜槽来灌注，每段高度不得大于 2 m。如箍筋妨碍溜槽安装时，可将箍筋一端解开提起，待混凝土浇至窗口的下口时，卸掉斜溜槽，将箍筋重新绑扎好，用模板封口，柱箍箍紧，继续浇上段混凝土。采用斜溜槽下料时，可将其轻轻晃动，加快下料速度。采用溜筒下料时，柱混凝土的灌注高度可不受限制。

③当柱高不超过 3.5 m、截面大于 40 cm×40 cm 且无交叉钢筋时，可由柱模顶直接倒入混凝土；当柱高超过 3.5 m 时，必须分段灌注混凝土，每段高度不得超过 3.5 m。

④混凝土的振捣一般需 3～4 人协同操作。其中，1～2 人负责下料，1 人负责振捣，另 1 人负责开关振捣器。

⑤尽量使用插入式振捣器振捣混凝土。当振捣器的软轴比柱长 0.5～1.0 m 时，待下料至分层厚度后，将振捣器从柱顶伸入混凝土内进行振捣；当用振捣器振捣比较高的柱子时，则从柱模侧预留的洞口插入，待振捣器找到振捣位置时，再合闸振捣。

⑥振捣时，以混凝土不再塌陷，混凝土表面泛浆，柱模外侧模板拼缝均匀微露砂浆为好。也可用木槌轻击柱侧模判定，如声音沉实，则表示混凝土已振实。

(2) 混凝土墙的浇筑。

①墙体混凝土浇筑前，应铺厚 5～10 cm 与混凝土内成分相同的水泥砂浆。浇筑顺序应先边角后中部，先外墙后隔墙，以保证外部墙体的垂直度。

②高度在 3 m 以内的外墙和隔墙，混凝土可以从墙顶向模板内卸料。卸料时，须在墙顶安装料斗缓冲，以防混凝土发生离析。高度大于 3 m 的任何截面墙体，应每隔 2 m 开洞口，装斜溜槽进料。

③当顶板与墙体整体现浇时，楼顶板端头部分的混凝土应单独浇筑，保证墙

体的整体性。

④对于截面尺寸较大的墙体，可用插入式振捣器振捣，其方法同混凝土柱的浇筑；对较窄或钢筋密集的混凝土墙，宜在模板外侧悬挂附着式振捣器振捣，其振捣深度约为 25 cm。

⑤遇有门窗洞口时，应在两边同时对称进料振捣，不得用振捣棒棒头敲击预留孔洞模板、预埋件等。

(3) 梁、板混凝土的浇筑。

①肋形楼板混凝土的浇筑应顺次梁方向，主、次梁同时浇筑。在保证主梁浇筑的前提下，将施工缝留在次梁跨中 1/3 的范围内。

②梁、板混凝土宜同时浇筑。当梁高大于 1 m 时，可先浇筑主、次梁，后浇筑板。其水平施工缝布置在板底以下 2～3 cm 处。凡截面高大于 0.4 m、小于 1 m 的梁，应先将梁的混凝土分层浇筑成阶梯形，并向前赶，当起始点的混凝土到达板底位置时，与板的混凝土一起浇筑。随着阶梯的不断延长，板的浇筑也不断向前推移。

③采用小车或料罐运料时，宜将混凝土料先卸在拌盘上，再用铁锹往梁里浇灌。在梁的同一位置上，模板两边下料应均衡。浇筑楼板时，可将混凝土料直接卸在楼板上，但注意不可集中卸在楼板边角或上层钢筋处。楼板混凝土的虚铺高度可高于楼板设计厚度 2～3 cm。

④混凝土梁应采用插入式振捣器振捣，从梁的一端开始，先在起头的一小段内浇一层与混凝土成分相同的水泥砂浆，再分层浇筑混凝土。浇筑时两人配合，一人在前面用插入式振捣器振捣混凝土，使砂浆先流到前面和底部，让砂浆包裹石子，另一人在后面用捣钎靠着侧板及底部往回钩石子，以免石子阻碍砂浆往前流。待浇筑至一定距离后，再回头浇第二层，直至浇捣至梁的另一端。

⑤浇筑梁柱或主、次梁接合部位时，由于梁上部的钢筋较密集，普通振捣器无法直接插入振捣，可用振捣棒从钢筋空当插入振捣，或将振捣棒从弯起钢筋斜段间隙中斜向插入振捣。

⑥楼板混凝土的捣固宜采用平板振捣器振捣。当混凝土虚铺有一定的工作面后，用平板振捣器来振捣。振捣方向与浇筑方向垂直。由于楼板的厚度一般在 10 cm 以下，振捣一遍即可密实。但为使混凝土板面更平整，通常将平板振捣器再快速拖拉一遍，拖拉方向与第一遍的振捣方向相垂直。

2. 厂房防水施工

屋面防水分为柔性防水(如卷材防水、涂膜防水)和刚性防水两类。

(1) 柔性防水施工。

①结构层施工。

屋面结构要求表面清理干净。平屋面的排水坡度:结构找坡宜为3%、材料找坡宜为2%;天沟、檐沟纵向坡度应不小于1%,天沟内排水口周围做成圆弧低洼坑,沟底水落差不得超过200 mm。

②找平层施工。

找平层为结构层(或保温层)与防水层的中间过渡层。找平层施工可用水泥砂浆、细石混凝土。找平层应留设分格缝,缝宽宜为20 mm,并嵌填密封材料。找平层表面应压实平整,排水坡度符合设计要求。

③隔汽层施工。

隔汽层铺设前,基层必须保持干燥、干净,隔汽层应整体连续施工。隔汽层材料可采用防水卷材或涂膜材料。需注意的是,倒置式屋面无隔汽层。

④保温层施工。

保温材料有松散保温材料和板状保温材料两类。

一般松散保温材料采用膨胀珍珠岩。施工应分层铺设,并适当压实,每层虚铺厚度宜大于150 mm,压实程度与铺料厚度经试验确定。压实后,不得直接在保温层上行车或堆放重物,施工人员应穿软底鞋。保温层施工完后,及时进行下道工序,尽快完成上部防水层的施工。在雨期施工,应采取防雨措施。此外,膨胀珍珠岩也可用水泥或沥青拌和现浇为整体。

板状保温材料有泡沫塑料板、微孔混凝土板、纤维板等,干铺的板状保温材料应紧靠在需保温的基层表面上,并铺平垫稳。分层铺设的板块上下层接缝应相互错开,用同类材料嵌填密实板间缝。泡沫塑料板可在基层上直接平铺。

⑤防水层施工。

防水层施工分防水卷材和涂膜防水层施工。

铺设屋面防水卷材前,基层必须干净、干燥。当屋面保温层和找平层干燥困难时,宜设置排气屋面。

卷材铺设方向如下:屋面坡度小于3%时,卷材应平行屋脊铺贴;屋面坡度为3%~15%时,卷材可平行或垂直屋脊铺贴;屋面坡度大于15%时,沥青防水卷材应平行屋脊铺贴,高聚物改性沥青防水卷材或合成高分子防水卷材可平行

或垂直屋脊铺贴。

沥青防水卷材施工工序为浇油(即在基层浇上或涂刷沥青玛蹄脂),粘贴卷材,收边滚压。高聚物改性沥青防水卷材可采用冷黏法、热熔法、自黏法等方法粘贴。

涂膜防水屋面是通过涂刷一定厚度无定形液态改性沥青或高分子合成材料,经过常温交联固化形成具有一定弹性的防水薄膜。

涂膜防水层施工应分层涂刷,待先涂刷的涂层干燥成膜后,方可涂刷上一层。需铺胎体增强材料(玻璃纤维布、合成纤维薄毡、玻璃丝布、聚酯纤维无纺布等),屋面坡度小于15%时,可平行屋脊铺贴;屋面坡度大于15%时,应垂直于屋脊铺贴,并由屋面最低处向上铺贴。涂膜材料为多组分时,配料应准确,并搅拌均匀。涂膜应由两层以上涂层组成,每遍涂刷的推进方向宜与前一遍垂直,其总厚度应满足设计要求。涂层应厚薄均匀,表面平整。涂层中间夹铺胎体增强材料时,宜边涂刷边铺胎体,胎体应刮平并排除气泡,胎体与涂料黏结良好。在胎体上涂刷时,使涂料浸透胎体,覆盖完全。

⑥保护层施工。

如防水材料直接外露极易老化,一般需设保护层。根据防水材料的不同,保护层有很多类型,如绿豆砂、水泥砂浆、细石混凝土或块料保护层等。应根据设计要求选择施工方法。

倒置式屋面防水保温结构比传统屋面结构省去了一道隔汽层和一道找平层。目前,一般采用挤塑泡沫板做保温层,其上采用活动式的块料保护层,检修维护非常方便。

(2) 刚性防水施工。

刚性防水屋面是指用细石混凝土、块体材料或补偿收缩混凝土等材料做防水层,主要依靠混凝土自身的密实性,并采取一定的构造措施以达到防水目的。刚性防水屋面的结构层宜为整体现浇的钢筋混凝土,屋面坡度宜为2%～3%,并应采用结构找坡。

在结构层与防水层之间设置隔离层。一般采用低强度水泥砂浆、纸筋灰、麻筋灰、干铺卷材、塑料薄膜等,其作用是使结构层与防水层的变形互不制约,以减少防水层产生拉应力而导致刚性防水层产生裂缝。

刚性防水层应设分隔缝,缝内嵌填密封材料。细石混凝土防水层中的钢筋网应设置在混凝土内的上部,混凝土材料中掺减水剂或防水剂,每个分格板块内混凝土必须一次浇筑完成。抹压时严禁表面洒水、加水泥浆或撒干水泥粉。混凝土收浆后进行二次压光。

块体刚性防水层施工时，应用1∶3水泥砂浆铺砌，块体之间的缝宽为12～15 mm，坐浆厚度应不小于25 mm；面层用1∶2的水泥砂浆，厚度不小于12 mm，水泥砂浆中应掺防水剂。面层施工时，用水泥砂浆灌实块料之间的缝隙，面层水泥砂浆应二次压光，做到抹平压实。

5.5 水闸施工

5.5.1 水闸的施工特点、内容及程序

1. 平原地区水闸施工特点

平原地区水闸一般有以下施工特点。

(1) 施工场地较开阔，便于施工场地布置。

(2) 地基多为软土地基，开挖时施工排水较困难，地基处理较复杂。

(3) 拦河闸施工导流较困难，常常需要一个枯水期完成主要工作量，施工强度高。

(4) 砂石料需要外运，运输费用高。

(5) 由于水闸多为薄而小的结构，施工工作面较小。

2. 水闸的施工内容

水闸由上游连接段、闸室段和下游段三部分组成。水闸施工一般包括以下内容。

(1) “四通一平”与临时设施的建设。

(2) 施工导流、基坑排水。

(3) 地基的开挖、处理及防渗排水设施的施工。

(4) 闸室工程的底板、闸墩、胸墙、工作桥、公路桥等的施工。

(5) 上、下游连接段工程的铺盖、护坦、海漫、防冲槽的施工。

(6) 两岸工程的上、下游翼墙和刺墙，上、下游护坡等的施工。

(7) 闸门及启闭设备的安装。

3. 水闸的施工程序

一般大、中型水闸的闸室多为混凝土及钢筋混凝土工程，其施工原则是：以闸室为主，岸翼墙为辅，穿插进行上、下游连接段的施工。水闸施工中，混凝土浇筑是施工的主要环节，各部分应遵循以下施工程序。

(1) 先深后浅，即先浇深基础，后浇浅基础，以避免深基础的施工扰动破坏浅基础土体，并可降低排水工作的困难。

(2) 先高后低，即先浇影响上部施工或高度较大的工程部位，如尽量安排闸底板与闸墩先施工，以便上部工作桥、公路桥、检修桥和启闭机房施工，翼墙、消力池的护坦等可安排稍后施工。

(3) 先重后轻，即先浇自重荷载较大的部分，待其完成部分沉陷后，再浇筑与其相邻的荷重较小的部分，减小两者间的沉陷差。

(4) 相邻间隔，跳仓浇筑。为了给混凝土的硬化、拆模、搭脚手架、立模、扎筋和施工缝及结构缝的处理等工作留有必要的时间，左、右或上、下相邻筑块浇筑必须间隔一定时间。

5.5.2　水闸混凝土分缝分块

水闸混凝土通常被结构缝(包括沉陷缝与温度缝)分为许多结构块。为了施工方便，确保混凝土的浇筑质量，当结构块较大时，须用施工缝将大的结构块分为若干小的浇筑块，称为“筑块”。必须根据混凝土的生产能力、运输浇筑能力等，对筑块的体积、面积和高度等进行控制。

划分水闸混凝土筑块时，还应考虑如下原则。

(1) 筑块的数量不宜过多，尽可能少一些，以利于确保混凝土的质量和加快施工速度。

(2) 在划分筑块时，要考虑施工缝的位置。施工缝的位置和形式应在无害于结构的强度及外观的原则下设置。

(3) 施工缝的设置还要有利于组织施工。如闸墩与底板在结构上是一个整体，但在底板施工之前，难以进行闸墩的扎筋、立模等工作。因此，闸墩与底板的接合处往往要留设施工缝。

(4) 施工缝的处理按混凝土的硬化程度，采用凿毛、冲毛或刷毛等方法清除旧混凝土表层的水泥浆薄膜和松软层，并冲洗干净，排除积水后，方可进行上层混凝土浇筑的准备工作。临浇筑前，水平缝应铺一层厚1～2 cm的水泥砂浆，垂直缝应刷一层净水泥浆，其水灰比较混凝土减少 3%～5%。新旧混凝土接合面的混凝土应细致捣实。

5.5.3 底板施工

1. 底板模板与脚手架安装

在基坑内距模板 1.5～2 m 处埋设地龙木，在外侧用木桩固定，作为模板斜撑。沿底板样桩拉出的铅丝线位置立上模板，随即安放底脚围檩，并用搭头板将每块模板临时固定。

经检查校正模板位置水平、垂直无误后，用平撑固定底脚围檩，再立第二层模板。在两层模板的接缝处，外侧安设横围檩，再沿横围檩撑上斜撑，一端与地龙木固定，斜撑与地面夹角要小于 45°。经仔细校正，底部模板的平面位置和高程无误后，最后固定斜撑，对横围檩与模板接合不紧密处，可用木楔塞紧，防止模板走动。

若采用满堂脚手架，在搭设前，应根据需要预制混凝土柱（断面约为 15 cm×15 cm 的方形），表面凿毛。搭设脚手架时，先在浇筑块的模板范围内竖立混凝土柱，然后在柱顶上安设立柱、斜撑、横梁等。混凝土柱间距视脚手架横梁的跨度而定，一般可为 2～3 m，柱顶高程应低于闸底板表面。当底板浇筑接近完成时，可拆除脚手架，并立即把混凝土表面抹平，混凝土柱则埋入浇筑块内。

2. 底板混凝土浇筑

对于平原地基上的水闸，在基坑开挖后，一般进行垫层铺筑，以方便在其上浇筑混凝土。浇筑底板时，运送混凝土入仓的方法较多，可以用吊罐入仓，此法无须在仓面搭设脚手架。采用满堂脚手架，可以通过架子车或翻斗车等运输工具运送混凝土入仓。

当底板厚度不大，由于拌和站生产能力限制，混凝土浇筑可采用斜层浇筑法，一般均先浇上、下游齿墙，再从一端向另一端浇筑。当底板顺水流长度在 12 m 以内时，通常采用连坯滚法浇筑，安排两个作业组分层浇筑。两个作业组同时浇筑下游齿墙，待浇平后，将第二组调至上游浇筑上游齿墙，第一组从下游向上游浇筑第一坯混凝土，当浇到底板中间时，第二组将上游齿墙基本浇平，并立即自下游向上游浇筑第二坯混凝土，当第一组浇到上游底板边缘时，第二组将第二坯浇到底板中间，此时第一组再转入第三坯。如此连续进行，可缩短每坯时间间

隔，从而避免冷缝的产生，提高混凝土质量，加快施工进度。

为了节约水泥，可在底板混凝土中适当埋入一些块石，受拉区混凝土中不宜埋块石。块石要新鲜坚硬，尺寸以 30～40 cm 为宜，最大尺寸不得大于浇筑块最小尺寸的 1/4，长条或片状块石宜不采用。块石在入仓前要冲洗干净，均匀地安放在新浇的混凝土上，不得抛扔，也不得在已初凝的混凝土层上安放。块石要避免触及钢筋，与模板的距离不小于 30 cm。块石间距最好不小于混凝土集料最大粒径的 2.5 倍，以不影响混凝土振捣为宜。埋石方法是在已振捣过的混凝土层上安放一层块石，然后在块石间的空隙中灌入混凝土并振捣，最后浇筑上层混凝土把块石盖住，并做第二次振捣。分层铺筑和两次振捣能保证埋石混凝土的质量。混凝土集料最大粒径为 8 cm 时，埋石率可达 8%～15%。为改善埋石混凝土的和易性，可适当提高坍落度或掺加适量的塑化剂。

5.5.4　闸墩、胸墙及闸门槽施工

1. 闸墩施工

(1) 闸墩模板安装。

①"对销螺栓、铁板螺栓、对拉撑木"支模法。闸墩高度大、厚度薄、钢筋稠密、预埋件多、工作面狭窄，因而闸墩施工具有施工不便、模板易变形等特点。可以先绑扎钢筋，也可以先立模板。闸墩立模，一要保证闸墩的厚度；二要保证闸墩的垂直度。应先立墩侧的平面模板，然后架立墩头曲面模板。单墩浇筑，多采用对销螺栓固定模板，斜撑固定整个闸墩模板；多墩同时浇筑，则采用对销螺栓、铁板螺栓、对拉撑木固定。对销螺栓为直径 12～19 mm 的圆钢，长度略大于闸墩厚度，两端套丝。铁板螺栓为一端套丝，另一端焊接钻有两个孔眼的扁铁。为了立模时穿入螺栓方便，模板外的横向和纵向围檩均可采用双夹围檩。对销螺栓与铁板螺栓应相间放置，对销螺栓与毛竹管或混凝土空心管的作用主要是保证闸墩的厚度，铁板螺栓和对拉撑木的作用主要是保证闸墩的垂直度。调整对拉撑木与纵向围檩间的木楔块，可以使闸墩模板左右移动。当模板位置调整好后，即可在铁板螺栓的两个孔中钉入马钉。

另外，再绑扎纵、横撑杆和剪刀撑，模板的位置即可全部固定。但脚手架与模板支撑系统不能相连，以免脚手架变位影响模板位置的准确性。最后安装墩头模板。

②钢组合模板翻模法。钢组合模板在闸墩施工中应用广泛，常采用翻模法

施工。立模时，一次至少立 3 层，当第二层模板内混凝土浇至腰箍下缘时，第一层模板内腰箍以下部分的混凝土须达到脱模强度(以 98 kPa 为宜)，这样可拆掉第一层模板，用于第四层支模，并绑扎钢筋。依次类推，以避免产生冷缝，保持混凝土浇筑的连续性。

(2) 闸墩混凝土浇筑。

闸墩模板立好后，进行清仓工作。用压力水冲洗模板内侧和闸墩底面，污水由底层模板上的预留孔排出。清仓完毕后，进行混凝土浇筑。一般闸墩混凝土采用溜管进料，溜管间距为 2～4 m，溜管底距混凝土面的高度应不大于 2 m。施工中注意控制混凝土面上升速度，以免产生模板变形现象。由于仓内工作面窄，浇捣人员走动困难，可把仓内浇筑面划分成几个区段，每区段内固定浇捣工人，这样可提高工效。每坯混凝土厚度控制在 30 cm 左右。

2. 胸墙施工

胸墙施工在闸墩浇筑后、工作桥浇筑前进行，全部重量由底梁及下面的顶撑承受。下梁下面立两排排架式立柱，以顶托底板。立好下梁底板并固定后，立圆角板，再立下游面板，然后吊线控制垂直度。接着安放围檩及撑木，使之临时固定在下游立柱上。待下梁及墙身扎铁后，再由下而上地立上游面模板，然后立下游面模板及顶梁。模板用围檩和对销螺栓与支撑脚手架相连接。胸墙多属板梁式简支薄壁构件，故在闸墩立胸墙槽模板时，首先，要做好接缝的沥青填料，使胸墙与闸墩分开，保持简支；其次，在立模时先立外侧模板，等钢筋安装后，再立内侧模板，梁的面层模板应留有浇筑混凝土的洞口，当梁浇好后再封闭；最后，胸墙底与闸门顶止水联系，止水设备安装要特别注意。

3. 闸门槽施工

采用平面闸门的中小型水闸，在闸墩部位设有门槽。为了减小启、闭门力及闸门封水压力，门槽部分的混凝土中需埋设导轨等铁件，如滑动导轨，主轮、侧轮及反轮导轨，止水座等。

这些铁件的埋设可采取预埋和留槽后浇两种办法。小型水闸的导轨铁件较小，可在闸墩立模时将其预先固定在模板的内侧，闸墩混凝土浇筑时，导轨等铁件即浇入混凝土中。由于大、中型水闸导轨较大、较重，在模板上固定较为困难，宜采用预留槽浇二期混凝土的施工方法：在浇筑第一期混凝土时，在门槽位置留出一个较门槽宽的槽位，并在槽内预埋一些开脚螺栓或插筋，作为安装导轨的固

定埋件。

一期混凝土达到一定强度后，需用凿毛的方法对施工缝认真处理，以确保二期混凝土与一期混凝土的接合。安装直升闸门的导轨之前，对基础螺栓进行校正，再将导轨初步固定在预埋螺栓或钢筋上，然后利用垂球逐点校正，使其铅直无误，最终固定并安装模板。

模板安装应随混凝土浇筑逐步进行。安装弧形闸门的导轨时，需在预留槽两侧，先设立能控制导轨安装垂直度的若干对称控制点，再将校正好的导轨分段与预埋的钢筋临时点焊接数点，待按设计坐标位置逐一校正无误，并根据垂直平面控制点用样尺检验调整导轨垂直度后，再电焊牢固。

导轨就位后，即可立模浇筑二期混凝土。浇筑二期混凝土时，应采用较细集料混凝土，并细心捣固，不要振动已装好的金属构件。门槽较高时，不要直接从高处下料，可以分段安装和浇筑。二期混凝土拆模后，对埋件进行复测，并做好记录，同时检查混凝土表面尺寸，清除遗留的杂物、钢筋头，以免影响闸门启闭。

5.5.5　接缝及止水施工

为了适应地基的不均匀沉降和伸缩变形，水闸均设置温度缝与沉陷缝，并常将沉陷缝兼作温度缝使用，有铅直和水平两种，一般缝宽为 2～3 cm，缝内应填充材料并设置止水设备。

1. 填料施工

常用的填充材料有沥青油毛毡、沥青杉木板及柏油芦席等，其安装方法有以下两种。

(1) 将填充材料用铁钉固定在模板内侧，铁钉不能完全钉入，至少要留有1/3在外，然后浇混凝土，拆模后填充材料即可贴在混凝土上。

(2) 先在缝的一侧立模浇混凝土，并在模板内侧预先钉好安装填充材料的铁钉数排，并使铁钉的 1/3 留在混凝土外面，然后安装填料、敲弯钉尖，使填料固定在混凝土面上。缝墩处的填缝材料，可借固定模板用的预制混凝土块和对销螺栓夹紧，使填充材料竖立平直。

2. 止水施工

凡是位于防渗范围内的缝都有止水设施。止水设施分水平止水和垂直止水两种。

水闸的水平止水大都采用塑料止水带或橡胶止水带。浇筑混凝土时，水平止水片的下部往往是薄弱环节，注意铺料并加强振捣，以防形成空洞。

垂直止水可以用闭孔泡沫板、止水带或金属止水片，常用沥青井加止水片的形式。

5.5.6 铺盖与反滤层施工

1. 铺盖施工

钢筋混凝土铺盖应分块间隔浇筑。在荷载相差过大的邻近部位，应待沉降基本稳定后，再浇筑交接处的分块或预留的二次浇筑带。在混凝土铺盖上行驶重型机械或堆放重物必须经过验算。

黏土铺盖填筑时，应尽量减少施工接缝。如分段填筑，其接缝的坡度应不陡于1∶3；填筑达到高程后，立即保护，防止晒裂或受冻；填筑到止水设施时，认真做好止水，防止其遭受破坏。用高分子材料组合层或橡胶布做防渗铺盖施工时，应防止沾染油污；铺设要平整，及时覆盖，避免长时间日晒；接缝黏结应紧密牢固，并应有一定的叠合段和搭接长度。

2. 反滤层施工

应在地基检验合格后进行填筑砂石反滤层施工，反滤层厚度及滤料的粒径、级配、含泥量等均应符合要求。反滤层与护坦混凝土或浆砌石的交界面应加以隔离，可用闭孔泡沫板，防止砂浆流入。铺筑砂石反滤层时，应使滤料处于湿润状态，以免颗粒分离，并防止杂物或不同规格的料物混入；相邻层面必须拍打平整，保证层次清楚，互不混杂；每层厚度不得小于设计厚度的85%；分段铺筑时，应将接头处各层铺成阶梯状，防止层间错位、间断、混杂。铺筑土工织物反滤层应平整、松紧度均匀，端部应锚固牢固。连接可用搭接、缝接，搭接长度根据受力和地基土的条件而定。

5.5.7 施工质量控制措施

1. 模板质量控制

(1) 采用优质钢板材，严格按模板设计图加工。钢模板及骨架等构件采用

Q235 钢和 E43 号焊条制作。

(2) 板面接缝要尽量设置在横肋骨架上,要严密平整,不得有错槎。

(3) 两块模板的拼缝平整牢固,补缝件尽量标准化,模板缝夹 3 mm 泡沫橡胶带。

(4) 模板架设要标准、牢固、可靠,支撑系统与操作脚手架要相互独立。

(5) 拆模时,禁止用混凝土面作为支点撬模。拆除的模板禁止从高处坠落,要轻放。对拆下的模板认真清理表面杂物,并均匀地涂刷隔离剂。

2. 钢筋质量控制

(1) 钢筋应符合热轧钢筋主要性能要求。每批钢筋应附合格证。按规范对进场钢筋取样试验,不合格品严禁进场。

(2) 钢筋的表面应洁净无损伤,在使用前清除干净油污染和铁锈等,带有颗粒状或片状老锈的钢筋不得使用。钢筋应平直,无局部弯折。

(3) 钢筋加工的尺寸、允许偏差严格遵守规范和图纸要求。

(4) 钢筋焊接要做力学性能试验,焊接材料要符合钢材型号要求。

(5) 钢筋结构尺寸严格按施工图要求,施工前,在基面上放好标准样,其绑扎和焊接长度以及施工方法均严格遵守规范要求。

3. 现浇混凝土质量控制

(1) 原材料的质量控制。包括水泥检验、外加剂检验、水质检查、集料检验和混凝土拌和物各种原料配合量的检查试验,计量器随时校正。

(2) 混凝土配合比。混凝土未施工前,根据设计要求,在施工现场试验室认真做好混凝土配料单的试配工作,选出最佳的混凝土配合比,报监理部批准后,才可用于生产。

(3) 混凝土质量的检测。包括混凝土拌和均匀性检测、坍落度检测、强度检测和机口混凝土温度以及仓面混凝土温度测试。

(4) 混凝土工程建筑物的质量检查。混凝土浇筑前,检查验收基面凿毛情况,检查钢筋、模板质量,对建筑物测量放样成果和各种埋件检查验收,合格后方可进行准备工作;混凝土浇筑过程中,检查混凝土浇筑过程的操作和原料、拌和物、成品质量;混凝土浇筑后,对混凝土工程建筑物成形后的位置和尺寸进行复测,且对永久结构面外观质量进行检查。

4. 混凝土、钢筋混凝土外观质量及裂缝控制措施

建筑物尺寸较大,保证混凝土外观质量以及在施工过程中混凝土不产生裂缝是工程的关键技术。影响混凝土外观质量的主要因素有混凝土的干缩和徐变、施工缝等。在施工过程中,必须使混凝土表面达到密实、无麻面孔隙、表面光洁、色泽均匀的清水混凝土标准,混凝土外形尺寸、位置符合设计图和规范要求。为了提高混凝土外观质量,可采取如下措施。

(1) 尽量扩大单块模板幅面,以减少拼缝,并采取有效的模板系统与浇筑操作系统分离措施,使模板的受荷变位影响降到最小。

(2) 通过试验采用最佳科学配方,在满足混凝土拌和物可泵性要求的前提下,努力提高混凝土的强度和耐磨性能,减少干缩和徐变量,从而增强混凝土的整体性和耐久性。

(3) 严格按规范进行混凝土的拌制、运输、浇筑和养护,确保混凝土成品的内在质量和外观质量。

(4) 为保证模板的稳定,既采用对销螺栓固定模板,又采用支撑固定模板,能可靠地承担模板传来的全部混凝土侧压力。

(5) 浇筑混凝土过程中,对于卸料入仓时自由落距超过 2 m 的浇筑层混凝土,经漏斗和溜管卸料入仓,确保混凝土落距小于 2 m,并使混凝土布料均匀。

(6) 混凝土采用水泥养护剂养护和喷淋法养护。在混凝土初凝前,外露面抹平、压实,然后喷洒养护剂,使混凝土表面形成一层不透水薄膜。模板拆除后,在混凝土表面再喷洒养护剂,或者铺设 PVC 喷淋管,用喷淋法进行养护。模板拆除时间控制在混凝土强度达到 10 MPa 以上之后。

(7) 拆模时,禁止撬棍直接挤压和撞击混凝土表面,也不得损伤混凝土棱角。

5.6 渠系建筑物施工

5.6.1 吊装技术

1. 吊装机具

(1) 绳索。

常用绳索有白棕绳、钢丝绳等。前者适用于起重量不大的吊装工程或作辅

助性绳索，后者强度高、韧性好、耐磨，广泛应用于吊装工程中。

①白棕绳。白棕绳是用麻纤维经机械加工制成的。白棕绳的强度只有钢丝绳的 10%左右，由于强度低，耐久性差，且易磨损，特别是在受潮后其强度会降低 50%，因此仅用于手动提升的小型构件（1000 kg 以下）或作吊装临时牵引控制定位绳。捆绑构件时，应用柔软垫片包角保护，以防被构件边角磨损。

②钢丝绳。吊装用钢丝绳多用六股钢丝束和一根浸油麻绳芯组成，其中绳芯用以增加钢丝绳的挠性和弹性，绳芯中的油脂能润滑钢丝绳和防止钢丝生锈。一般分为 6×19、6×37、6×61 等几种规格，6×37 表示钢丝绳由 6 股钢丝束组成，每股含 37 根钢丝，其余类推。每股钢丝束所含的钢丝数越多，其直径越小，则越柔软，但不耐磨损。6×19 的钢丝绳较硬，宜用于不受弯曲或可能遭到磨损的地方，如作风缆绳和拉索；6×37 和 6×61 的钢丝绳较柔软，可用作穿滑轮组的起重绳和捆扎物体用的千斤绳。

当钢丝绳磨损起刺，在任一截面中检查断丝数达到总丝数的 1/6 时，则该钢丝绳应作报废处理。经燃烧、通电等而发生过高温的钢丝绳，强度削减很大，不宜再用于起重吊装。

使用钢丝绳时，应注意以下事项：捆绑有棱角的构件，应用木板或草袋等衬垫，避免钢丝绳磨损；起吊前，应检查绳扣是否牢固，起吊时如发现打结，要随时拨顺，以免钢丝产生永久性扭弯变形；定期对钢丝绳加润滑油，以减少磨损；存放在仓库里的钢丝绳应成圈排列，避免重叠堆放，库中应保持干燥，防止受潮锈蚀。

（2）滑车及滑车组。

滑车又名“滑轮”或“葫芦”，分定滑车和动滑车。定滑车安装在固定位置，只起改变绳索方向的作用；动滑车安装在运动的轴上，其吊钩与重物同时变位，起省力作用。

定滑车和动滑车联合工作则称为滑车组，普遍用于起重机构中。

（3）链条滑车。

链条滑车又称“神仙葫芦”“倒链”“手动葫芦”或“差动葫芦”，由钢链、蜗杆或齿轮传动装置组成。装有自锁装置，能保持所吊物体不会自动下落，工作安全。适用于吊装构件，起重量有 1 t、2 t、3 t、5 t、7 t 及 10 t 等。

（4）吊具。

在吊装工程中，最常用的吊具有吊钩、卸甲、绳卡、绳圈（鸭舌、马眼）等。为便于吊装各种构件，尽量使各种构件受力均匀和保持完好，可自制一些特制吊具，如吊梁（钢扁担）、蝴蝶铰、钢桁架、钢拉杆、钢吊轴等，注意这些吊具都要进行力学验算和试吊。

(5) 牵引设备。

吊装的牵引设备,有绞盘和卷扬机等。绞盘又称"绞磨",由一个直立卷筒转盘和推杆、机架等组成,卷筒底座设置棘齿锁定装置。起重时,先将绞盘固定在地面上,由四人或多人推动卷筒的推杆使绳索绕在筒上而牵引重物。绞盘制作简单、搬运方便,但速度慢、牵引力小,仅适用于小型构件起重或收紧桅索、拖拉构件等。

卷扬机有手摇式和电动式两种。手摇式卷扬机又称"手摇绞车",是由一对机架支承横卧的卷筒,利用轮轴的机械原理,通过带摇柄的转轴上的齿轮,采用二级或多级转动推动卷筒上的齿轮,牵引钢丝绳拉动重物。电动式卷扬机是电动机通过齿轮的传动变速机构来驱动卷筒,并设有磁吸式或手动的制动装置。

(6) 锚碇。

锚碇又称"地锚"或"地龙",用来固定卷扬机、绞盘、缆风等,为起重机构稳定系统中的重要组成部分。常用的锚碇有桩锚及地锚形式。

2. 自制简易起重机构

混凝土预制构件吊装可采用履带式、汽车式或轮胎式吊车,也可因地制宜,根据施工现场地形、地质、构件形式和重量等条件自制简易的起重机构。

(1) 独脚扒杆。

独脚扒杆是由一根圆杉木、钢管或角钢焊成的桁柱(桅杆或扒杆)组成。其顶部用 4 根以上的桅索拉紧而竖立于地面,杆顶挂定滑车,与钢丝绳和动滑车组成滑车组,牵引绳通过杆底的导向滑轮接入卷扬机卷筒;底部用硬木或钢板做成底座。为移杆方便,底座下面还可设置跑轨的定轮或滑行的钢板,起重时,底座应固定在地面上,以防止滑动,如图 5.7 所示。

(2) 人字扒杆。

人字扒杆是两根圆木或钢管、桁柱组合而成的人字形扒杆。两根圆木顶部的交叉处呈 25°～35°的夹角,用钢丝绳绑扎牢固,然后系挂起重滑车组。在人字扒杆根部前方置一横木,并与扒杆绑牢固,横木中部系导向滑轮,与扒杆另一侧的锚碇相连,如图 5.8 所示。

(3) 摇臂扒杆。

摇臂扒杆又称"桅杆起重机"。摇臂扒杆有轻型和重型两种形式。轻型摇臂扒杆是由一个人字扒杆和一根吊臂组成,通常以圆木或钢管制作。吊装构件时,

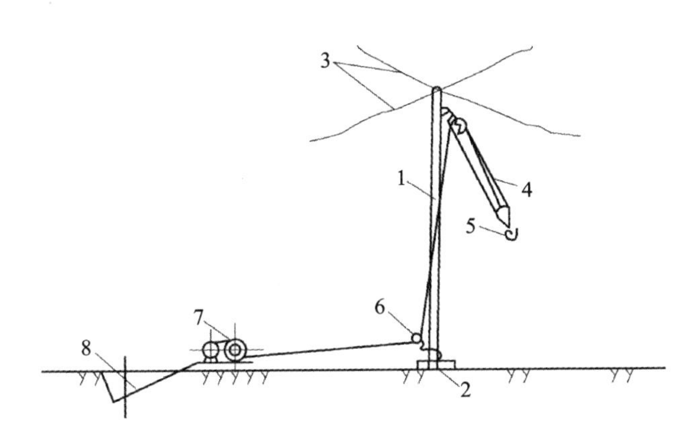

图 5.7　独脚扒杆构造示意图

1—扒杆;2—底座;3—桅索;4—滑车组;5—吊钩;6—导向滑轮;7—卷扬机;8—锚碇

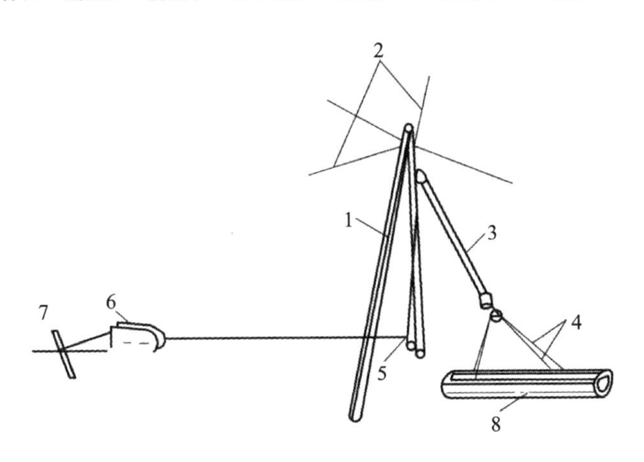

图 5.8　人字扒杆构造示意图

1—人字扒杆;2—桅索;3—滑车组;4—吊索;5—导向滑轮;6—卷扬机;7—锚碇;8—横木

人字架固定不动,吊臂底端通过可上下左右旋转的钢板能左右摇摆,旋转范围水平角在 120°以内。这种扒杆可吊 10 t 以内的构件,如图 5.9(a)所示。重型摇臂扒杆,多采用角钢与缀条(板)焊制,主桅与吊臂均为钢桁架方柱。吊臂以钢铰与直立的主桅相接,通过主桅顶部的滑车组可使之仰俯。主桅顶部为一直立钢轴,套有轴承,顶盘则用 6 根以上的钢丝绳桅索拉紧,通过地锚使主桅竖立。主桅底部设转盘,以球铰滚动轴承支承于底座上。控制吊臂仰俯和重物升降的两根牵引钢丝绳,经导向滑轮通过主桅中央引出接至卷扬机。吊装时,以绞车和钢丝绳牵引转盘或吊臂,整个扒杆可就地旋转 360°。重型摇臂扒杆起吊重量 10～50 t,主桅高度一般为 10～40 m,摇臂长 8～35 m,如图 5.9(b)所示。

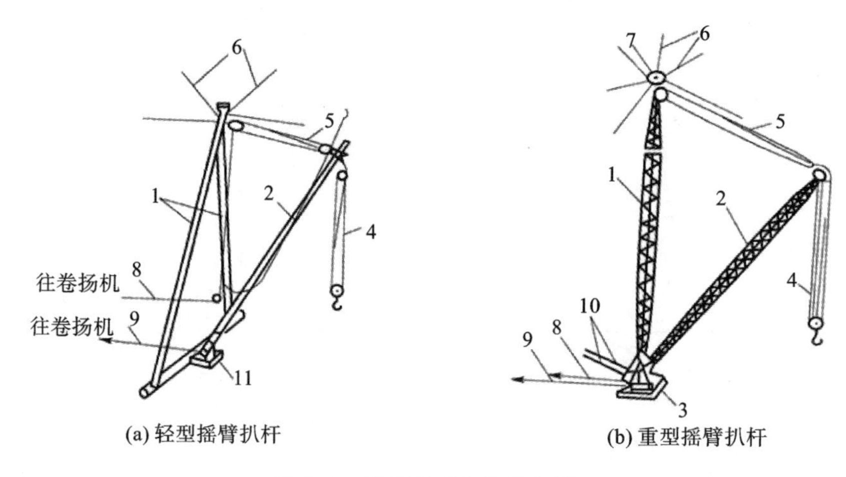

图 5.9 摇臂扒杆构造示意图

1—主桅;2—吊臂;3—可转底盘;4—吊升滑车组;5—仰俯滑车组;6—桅索;
7—顶盘;8—仰俯牵引组;9—升降牵引绳;10—转盘操纵绳;11—转动铰

3. 吊装安全技术

(1) 要妥善处理吊装场地的电线电缆,防止起吊机具触及。

(2) 起吊构件前,应由专人检查构件的绑扎牢固程度、吊点位置等,检查合格后,先进行试吊。试吊即将构件吊离地面 10～20 cm,检查起重机具的稳定性、制动可靠性及绑扎牢固程度。检查正常后,方可继续提升。

(3) 起吊构件应均匀平稳起落,严禁骤然刹车,严禁构件在空中停留或整修,不允许出现碰撞、震击、滑脱等现象造成构件破损、断裂和超出设计限度的变形。构件就位并校正后,应立即采取有效的固定措施,以防变位。

(4) 吊装作业区域,禁止非工作人员入内。起吊构件下面不得站人或通行。

(5) 遇 6 级以上大风、暴雨、打雷天气,应停止吊装作业。

(6) 每天上班前及起吊过程中,必须有专人检查吊装设备、缆索、锚碇、吊钩、滑车、卡环是否有损坏和松动现象。

(7) 定期对起重钢丝绳进行检查。

5.6.2 装配式渡槽吊装

1. 吊装前的准备工作

(1) 制订吊装方案,编排吊装工作计划,明确吊装顺序、劳力组织、吊装方法

和进度。

(2) 制定安全技术操作规程。对吊装方法步骤和技术要求要向施工人员详细交底。

(3) 检查吊装机具、器材和人员分工情况。

(4) 对待吊的预制构件和安装构件的墩台、支座按有关规范标准组织质量验收。不合格的应及时处理。

(5) 组织起重机具的试吊和地锚的试拉,并检验设备稳定性和制动灵敏可靠性。

(6) 做好吊装观测和通信联络。

2. 排架吊装

(1) 垂直吊插法。

垂直吊插法是用吊装机具将整个排架垂直吊离地面后,再对准并插入基础预留的杯口中校正固定的吊装方法。其吊装步骤如下。

①事先测量构件的实际长度与杯口高程,削平补齐后,将排架底部打毛,清洗干净,并对其中轴线用墨线弹出。

②将吊装机具架立固定于基础附近,如使用设有旋转吊臂的扒杆,则吊钩应尽量对准基础的中心。

③用吊索绑扎排架顶部并挂上吊钩,将控制拉索捆好,驱动吊车(卷扬机、绞车),排架随即上升,架脚拖地缓缓滑行。当构件将要离地悬空直立时,以人力控制拉索,防止构件旋摆。当构件全部离地后,将其架脚对准基础杯口,同时刹住绞车。

④倒车使排架徐徐下降,排架脚垂直插入杯口。

⑤当排架降落刚接触杯口底部时,即刹住绞车,以钢杆撬正架脚,先使底部对位,然后以预制的混凝土楔子校正架脚位置,同时用经纬仪检测排架是否垂直,并以拉索和楔子校正。

⑥当排架全部校正就位后,将杯口用楔子楔紧,即可松脱吊钩,同时用高一级强度等级的小石混凝土填充,填满捣固后再用经纬仪复测一次。如有变位,随即以拉索矫正,安装即告完毕。

(2) 就地旋转立装法。

就地旋转立装法是把支架当作一旋转杠杆,其旋转轴心设于架脚,并与基础

铰接好，吊装时用起重机吊钩拉吊排架顶部，排架就地旋转立正于基础上，如图5.10所示。

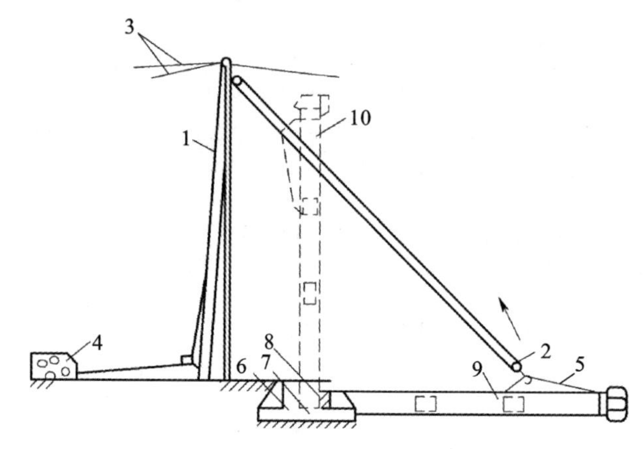

图5.10　就地旋转立装法吊装排架

1—人字扒杆；2—滑车组；3—桅索；4—卷扬机；5—吊索；6—带缺口的基础；7—预埋在基础的铰；8—预埋在排架的铰；9—排架起吊前位置；10—排架起吊后位置

3. 槽身吊装

(1) 起重设备架立在地面上的吊装方法。

简支梁、双悬臂梁结构的槽身可采用普通的起重扒杆或吊车升至高于排架，之后采用水平移动或旋转对正支座，降落就位即可。适用于槽身重量和起吊高度均不大的场合，如图5.11所示。

图5.11(a)是采用独脚扒杆抬吊的示意图。这种方法扒杆移动费时，吊装速度较慢。图5.11(b)是龙门架抬吊槽身的示意图。在浇好的排架顶端固定好龙门架，通过4台卷扬机将槽身抬吊上升至设计高程以上，装上钢制横梁，倒车下放即可使槽身就位。

(2) 双人字悬臂扒杆的槽身构件吊装方法。

双人字悬臂扒杆槽上吊装法适用于槽身断面较大(宽2 m以上)，渡槽排架较高，一般起重扒杆吊装时高度不足或槽下难以架立吊装机械的场合。

吊装时，先将双人字悬臂扒杆架立在边墩或已安装好的槽身上，主桅用钢拉杆或钢丝绳锚定，卷扬机紧接于扒杆后面固定在槽身上，以钢梁做撑杆，吊臂斜伸至欲吊槽身的中心。驱动卷扬机起吊槽身，同时通过拉索控制槽身在两排架之间垂直上升。当槽身升高至支座以上时刹车停升，以拉索控制槽身水平旋转使两端正对支座，倒车使槽身降落就位，并同时进行测量、校正、固定，如图5.12所示。

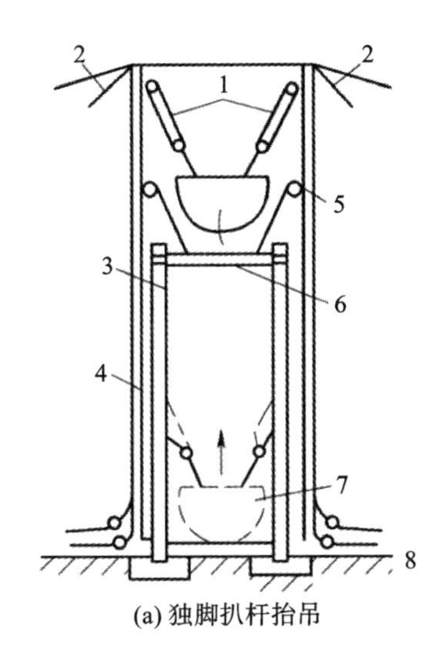

(a) 独脚扒杆抬吊

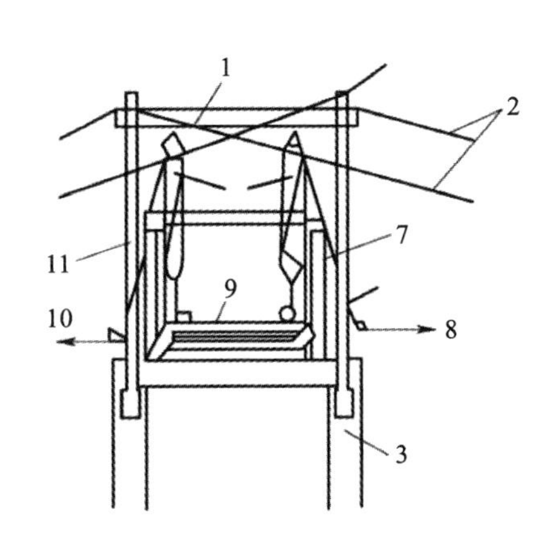

(b) 龙门架抬吊槽身

图 5.11　地面吊装槽身示意图

1—主滑车组；2—缆风绳；3—排架；4—独脚扒杆；5—副滑车组；6—横梁；7—预制槽身位置；8—至绞车；9—平衡索；10—钢梁；11—龙门架

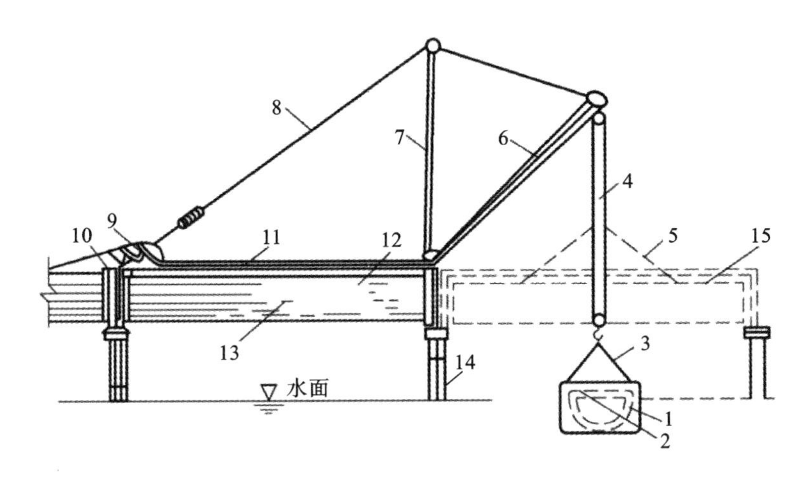

图 5.12　双人字悬臂扒杆吊装槽身

1—浮运待吊槽身；2—槽端封闭板；3—吊索；4—起重索；5—拉杆；6—吊臂；7—人字架；8—钢拉杆；9—卷扬机；10—预埋锚环；11—撑架；12—穿索孔；13—已固定槽身；14—排架；15—即将就位槽身

5.6.3 混凝土管涵施工

混凝土管涵有三种形式：①大断面的刚节点箱涵，一般在现场浇灌；②预制管涵；③盖板涵，即用浆砌石或混凝土做好底板及边墙，最后盖上预制的钢筋混凝土盖板即成。

混凝土箱涵和盖板涵的施工方法和一般混凝土工程或砌筑工程相同，这里主要介绍预制管涵的安装方法。

1. 管涵的预制和验收

管涵直径一般在 2 m 以下，采用预应力结构，多用卧式离心机成型。管涵养护后，进行水压试验，以检验其质量。一般工程量小时，直接从预制厂购买合格的管涵进行安装；工程量大时，可购买全套设备自行加工。

2. 安装前的准备工作

安装管涵前，应按施工图纸对已开挖的沟槽进行检验，确定沟槽的平面位置及高程是否符合设计要求，对松软土质进行处理，换上砂石材料作垫层。沟槽底部高程应较管涵外皮高程约低 2 cm，安装前，用水泥砂浆衬平。沟槽边的堆土应离沟边 1 m，以防雨水将散土冲入槽内或因槽壁荷载增加而引起坍塌。

施工前，应确定下管方案，拟定安全措施，合理组织劳力，选择运输道路，准备施工机具。

一般将管涵运至沟边，对管壁有缺口、裂缝及管端不平整的不予验收。管涵的搬运采取滚管法，滚管时避免振动，以防管涵破裂。管涵转弯时，在其中间部分加垫石块或木块，以使管涵支承在一个点上，这样管涵可按需要的角度转动。管涵要沿沟分散排放，便于下管。

3. 安装方法

因预制管涵质量不大，多用手动葫芦、手摇绞车、卷扬机、平板车或人工方法安装。

(1) 斜坡上管涵安装。

在坡度较大的坡面安装管涵时，将预制管节运至最高点，然后用卷扬机牵引平板车，逐节下放就位，承口向上，插口向下，然后从斜坡段的最下端向上逐节套接，如图 5.13 所示。

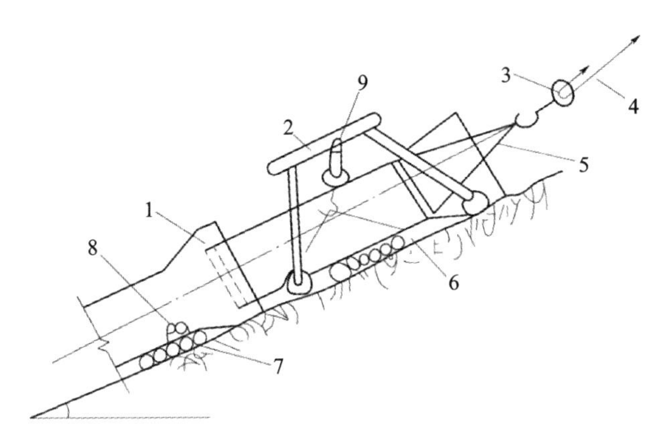

图 5.13　斜坡上预制管涵安装示意图

1—预应力管；2—龙门架；3—滑车；4—接卷扬机；5—钢丝绳；
6—斜坡道；7—滚动用圆木；8—管座；9—手动葫芦

(2) 水平管涵安装。

水平管涵最好用汽车吊装，管节可依吊臂自沟沿直接安放到槽底，吊车的每一个着地点可安装 2 m 长的管节 3～4 节。条件不具备时，也可采用以下人工方法安装。

①贯绳下管法。用带铁钩的粗白棕绳，由管内穿出钩住管头，然后一边用人工控制白棕绳，一边滚管，将管涵缓慢送入沟槽内，如图 5.14 所示。

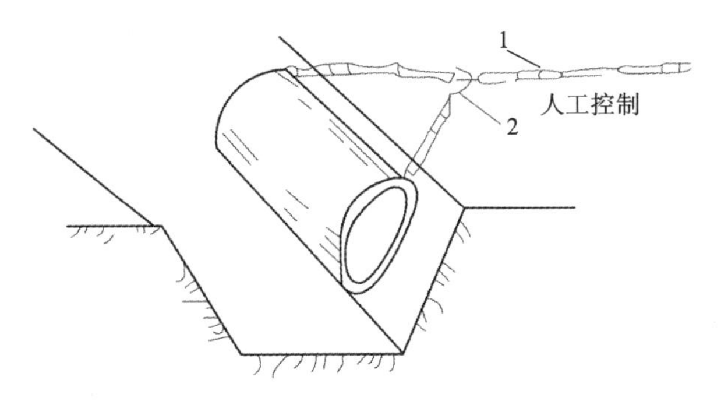

图 5.14　贯绳下管法

1—白棕绳；2—铁钩

②人工压绳下管法。用两根插入土层中的撬杠控制下管速度，撬杠同时承担一部分荷载。拉绳的人用脚踩住绳的一端，利用绳与地面的摩擦力将绳子固定，另一端用手拉紧，逐步放松手中的绳子，使管节平稳落入沟槽中，如图 5.15 所示。

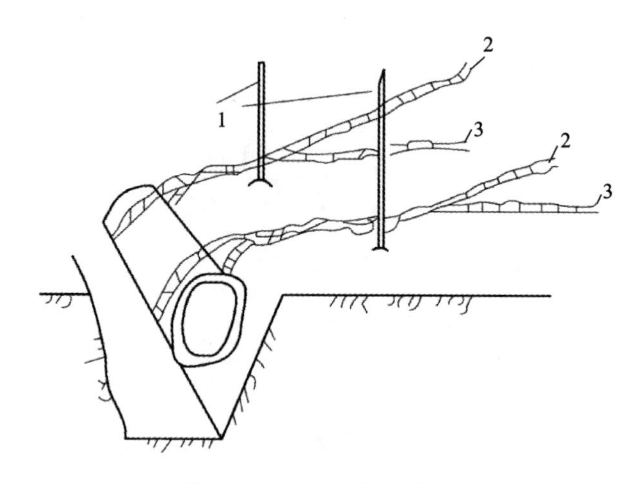

图 5.15　人工压绳下管法

1—撬杠;2—手拉端;3—脚踏端

③三脚架下管法。在下管处临时铺上支撑和垫板,将管节滚至垫板上,然后支上三脚架,用手动葫芦起吊,抽去支撑和垫板,将管节缓慢下入槽内,如图5.16所示。

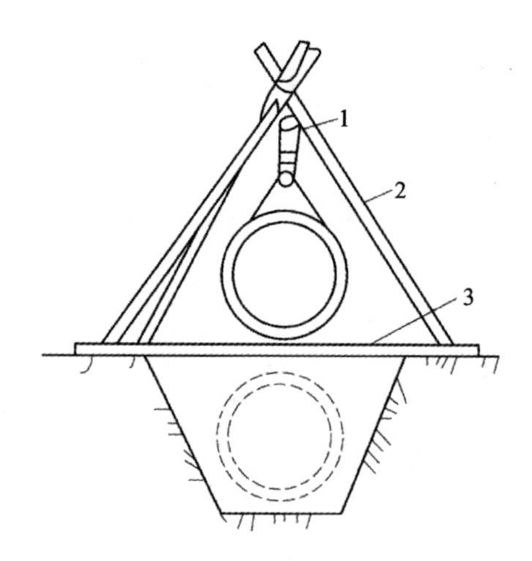

图 5.16　三脚架下管法

1—手动葫芦;2—三脚架;3—临时支护垫板

④缓坡滚管法。如管涵埋深较大而又较重时,可采用缓坡滚管法安装。先将一岸削坡成坡度 1∶5～1∶4 的缓坡,然后用三角木支垫管节,人站在下侧缓慢将管涵送入槽底,如图 5.17 所示。管涵安装校正后,在承插口处抹上水泥砂浆进行封闭,在回填之前还要进行通水试验。

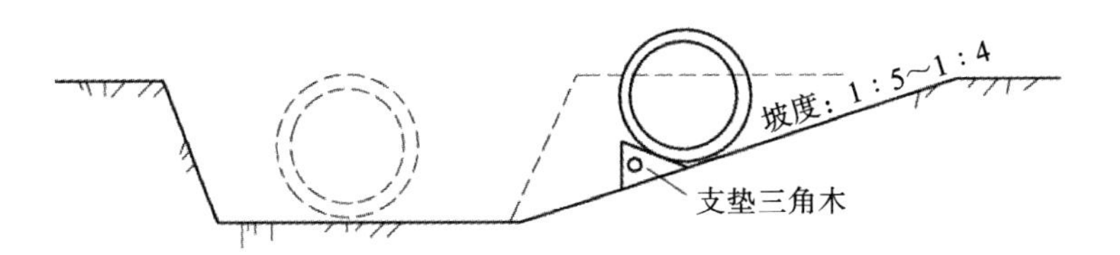

图 5.17　缓坡滚管法

第6章 隧洞施工

6.1 隧洞的施工程序

6.1.1 平洞的开挖程序

平洞开挖有全断面开挖、台阶开挖和导洞掘进等方法。

1. 全断面开挖法

全断面开挖是将平洞整个断面一次开挖成洞，在一个开挖循环内完成。每完成一个作业循环，则隧洞全断面推进了一段距离。待全洞贯通后或者掘进相当距离后进行衬砌或支护作业，并视围岩容许暴露时间和总的施工安排而定。

一般全断面开挖适用于围岩坚固稳定，对应岩石的坚固性系数为 $f \geqslant 8 \sim 10$ 的岩石，断面较小的情况下使用，或大断面有大型开挖衬砌设备的情况。目前，国内外的全断面开挖高度一般为 8～10 m，主要由多臂钻机或全断面掘进机的工作高度(直径)控制。采用全断面开挖方法，洞内工作场面比较大，因工作面宽，比较容易安排施工组织，也较易解决施工干扰，有利于提高平洞施工速度。

全断面开挖法的优点是：工作面大、工序集中、便于管理；能充分发挥机械效能，开挖进度快。缺点是：只有一个爆破临空面，单位耗药量较大；对于大断面隧道，全断面掘进时需要机械化施工，并要求机械生产率配套，否则影响掘进效率；在松软岩层中开挖大断面隧道时，全断面掘进不安全；此外，如隧洞测量的贯通误差过大，采用全断面掘进时不易修正。

2. 台阶掘进法

全断面开挖法会受到开挖设备、技术安全等方面的限制。当隧道断面面积大于 135 m^2，高度大于 12 m 时，所用钻车高达 4 层以上，由于钻车质量增加，移动不便，从而会影响工效。因此，当隧道断面特别大时，从技术、安全、经济合理

的角度，全断面掘进不是最优方案，而应采用台阶掘进法。

台阶掘进法可分为水平台阶和垂直台阶的形式。其中，水平台阶又分为下台阶掘进法和上台阶掘进法两种。

(1) 下台阶掘进法是先开挖上部断面，再开挖下部台阶。对于断面高度较大的隧道，上部断面采用钻车掘进，下部台阶采用轻型风钻钻眼。为防止顶部塌方，在上部断面挖成后，可及时施工拱部衬砌，在衬砌保护下开挖下部岩层。

(2) 上台阶掘进法与下台阶掘进法相反，即先掘进下部断面，后开挖上部台阶。上部台阶爆落的石渣可利用自重下落通过漏斗棚架装车，因此，仅需在隧道底部布置出渣线。上部台阶钻眼时，可以采用蹬渣作业方式或在工作平台上操作。但用该法开挖不良地质段时，易造成塌方，支撑较复杂，并需进行两次拱顶排险工作。

(3) 垂直台阶掘进法适用于跨度较大的隧洞。先用钻车掘进中部，然后两侧台阶使用轻型风钻开挖。该法的主要优点是一次开挖断面的跨度较小，顶部不易坍塌。

3. 导洞掘进法

导洞掘进法是比较古老的方法，只需使用简单的机具设备，因此，该法得到了广泛应用。目前，对于大断面隧道，地质条件又较差的情况，为了防止塌方，导洞掘进法仍被广泛采用。

导洞掘进法是在隧道断面上选择某一部位，首先开挖一个导洞。根据出渣线的布置，装渣、运输设备的工作条件确定导洞断面。对于双车道，导洞断面一般为 3 m×4 m。

在导洞超前开挖相当长的距离之后，再向导洞四周扩大开挖到全断面。有时为了创造良好的自然通风条件，便于精确掌握隧道轴线和了解隧道沿线的地质情况，也可将隧道全线打通，然后进行扩大开挖。

按导洞的布置不同，可分为下导洞掘进、上导洞掘进、上下导洞掘进、中央导洞掘进、“品”字形导洞掘进等类型，如图 6.1 所示。

(1) 下导洞掘进。在隧道底部中央先挖导洞，然后向上扩大到拱顶后，再由两侧向底部扩挖完成全断面，最后按先墙后拱顺序施工衬砌。下导洞掘进的主要优点是扩大部分的石渣利用自重下落在漏斗棚架上进行装车，这样大大减轻了装渣作业，提高了出渣工效。同时漏斗棚架起支护作用，扩大开挖崩落的石渣不会打坏轨道。

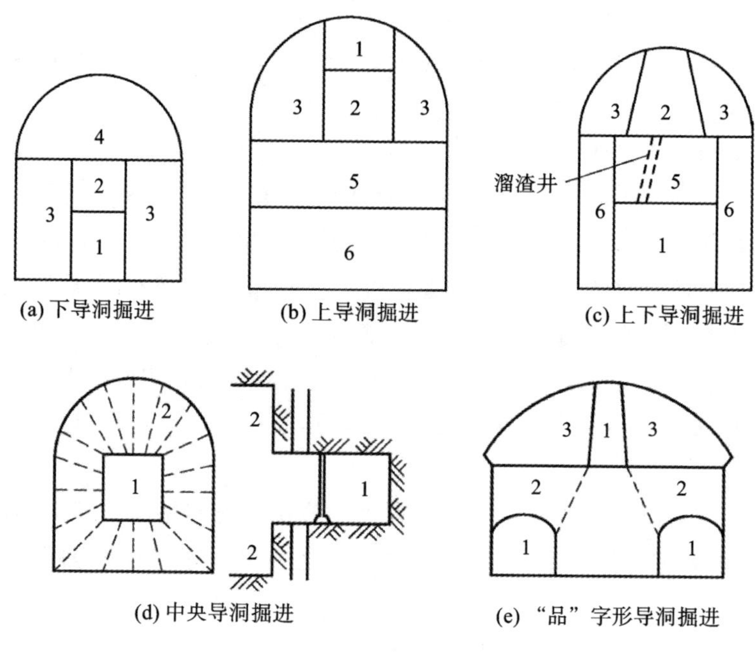

图 6.1　导洞掘进法

1～6—开挖顺序

(2) 上导洞掘进。在拱部中央先开挖上导洞,再扩大开挖拱部,并及时施工拱部衬砌,在拱部衬砌的保护下进行挖底工作。为了保证拱部衬砌的安全,侧墙开挖顺序必须错开布置(马口开挖布置),并及时施工衬砌。该法适用于松软岩层中的隧道开挖。由于上导洞和下部扩大需分别敷设出渣线,拱部开挖和衬砌工作相互干扰,往往影响施工进度。

(3) 上下导洞掘进。上下导洞掘进是先开挖上导洞和下导洞,再扩大拱部进行拱部衬砌施工,然后开挖中层、边墙和进行边墙衬砌施工。上下导洞掘进综合了下导洞掘进和上导洞掘进的优点,像下导洞掘进一样,利用岩石自重下落通过漏渣孔装车;像上导洞那样,在拱部衬砌的保护下开挖下部,达到安全施工。为避免出渣和运输混凝土的干扰,可以在上、下导洞内分别敷设轨槽,上导洞运输混凝土,下导洞出渣。

(4) 中央导洞掘进。中央导洞掘进是在导洞中部先开挖中央导洞,待中央导洞全线打通后,再进行扩大开挖。扩大开挖时,采用辐射式钻眼,爆破后,即可达到全断面。该法的优点是钻眼、出渣互不干扰,扩大开挖一次完成,施工进度快。缺点是辐射式钻眼需用螺旋式支架,不易精确控制钻眼深度,易造成超挖或欠挖。

(5)“品”字形导洞掘进。“品”字形导洞掘进是沿隧道拱部先开挖 3 个导洞,构成一个“品”字形。当隧道跨度很大时,可沿拱部开挖 5 个或 7 个导洞,然后分段间隔开挖拱部,并及时施工衬砌。

扩挖时一段 6 m,左右各一段,将纵向导洞挖通,并保留核心岩层,以便于支撑和防止坍塌。然后在拱部衬砌的保护下进行侧墙开挖、核心岩体开挖和侧墙衬砌施工。为了保证拱部施工质量,一般在结构上采用拱墙分离的形式。

“品”字形导洞掘进用于大跨度隧道的施工,其优点是施工安全,不致坍塌。利用核心岩体可节省支撑材料。各导洞由横向扩挖沟通,通风、排烟条件好。缺点是开挖和衬砌施工交叉作业,相互干扰。故一般由顶部导洞运输混凝土,下部导洞出渣。

选择隧洞掘进方案时,除应考虑断面尺寸、工程地质条件、施工条件等因素外,还必须考虑所用方法的生产效率和施工进度。

近年来,随着大型钻车的发展,导洞掘进法的使用范围不断缩小。在必须详细了解隧道地质资料或缺乏机械设备的情况下,方可采用导洞掘进法。因此,全断面开挖法和用钻车先钻爆上层,由轻型风钻扩大下层的分层开挖方法得到推广。

根据国外一些经验统计资料,当隧道断面小于 85 m^2、高度小于 10 m 者,最好采用全断面开挖;隧道断面大于 85 m^2、高度大于 10 m 者,最好采用上层先挖的分层开挖法。

6.1.2　斜洞、竖井和斜井的开挖程序

1. 斜洞、竖井和斜井的定义

以水平夹角区分,洞线与水平的夹角大于 75°为竖井,48°~75°为斜井,6°~48°为斜洞。

2. 斜洞的开挖程序

对于斜洞,一般采用自上而下的全断面开挖法,用卷扬机提升出渣,开挖完成后施工衬砌。

3. 竖井和斜井的开挖程序

水利水电工程中的竖井和斜井包括调压井、闸门井、出线井、通风井、压力管

道和运输井等。竖井的高度较大，断面相对较小。竖井、斜井在施工程序上有各自的特点。

(1) 竖井。

竖井施工的主要特点是竖向作业，进行竖向开挖、出渣和衬砌施工。

一般水工建筑物的竖井均有水平通道相连，先挖通这些水平通道，可以为竖井施工的出渣和衬砌材料运输等创造有利条件。竖井施工有全断面法和导井法。

①全断面法。一般竖井的全断面施工方法按照自上而下的程序进行，该法施工程序简单，但施工时要注意以下方面：a. 做好竖井锁口，确保井口稳定；b. 应专门设计起重提升设备，确保人员、设备和石渣等的安全提升；c. 涌水和淋水地段要做好井内、外排水；d. 在围岩稳定性较差或在不良地层中修筑竖井，宜开挖一段衬砌施工一段，或采用预灌浆方法加固后，再进行开挖、衬砌施工；e. 井壁有不利的节理组合时，要及时进行锚固。

②导井法。导井法施工是在竖井的中部先开挖导井，其断面一般为 4～5 m^2，然后扩大开挖。扩大开挖时的石渣经导井落入井底，由井底水平通道运出洞外，以减轻出渣运输的工作量。

导井开挖也可采用自上而下或自下而上作业。其中，采用自上而下作业方法时，常采用普通钻爆法、一次钻爆分段爆破法或大钻机钻进法。大钻机钻进法常需要用钻机钻出一个贯通的小口径导孔，再用爬罐法、反井钻机法或吊罐法开挖出断面面积满足溜渣需要的导井。

由于钻爆法、大钻机钻进法和吊罐法工作条件较差、钻孔偏差大，一般只适用于深度不大的井。爬罐法所需劳动力少，开挖进度快，是目前开挖导井的主要方法。反井钻机法具有精度高、施工质量高等优点，较适合于中等硬度岩石。扩大开挖可以自上而下逐层下挖，也可以自下而上采用溜渣作业，逐层上挖。前者竖井周边至导井口，应留有适当的坡度，以便出渣，但要控制渣面高于导井井口，保证井内人员的安全；后者多用于围岩稳定性较好的小断面竖井。

(2) 斜井。

其施工条件与竖井相近，可按竖井的方法施工。

6.2 隧洞的开挖方法

6.2.1 钻孔爆破法

钻孔爆破法一直是地下建筑物岩石开挖的主要施工方法。这种方法对岩层地质条件适应性强、开挖成本低，尤其适合岩石坚硬的洞室施工。采用钻孔爆破法开挖地下建筑物时，应根据设计要求、地质情况、爆破材料及钻孔设备等条件做好爆破设计。

爆破设计的主要任务是：首先，确定开挖断面的炮孔布置，包括各类炮孔的位置、深度及方向；其次，确定各类炮孔的装药量、装药结构及堵孔方式；最后，确定各类炮孔的起爆方法和起爆顺序。

与露天开挖爆破比较，地下洞室岩石开挖爆破施工有如下主要特点。

(1) 因照明、通风、噪声及渗水等影响，钻爆作业条件差，加上钻爆工作与支护、出渣运输等工序交叉进行，施工场面受到限制，增加了施工难度。

(2) 爆破自由面少，岩石的夹制作用大，增大了破碎岩石的难度，提高了岩石爆破的单位耗药量。

(3) 爆破质量要求高。对洞室断面的轮廓形成有着严格的标准，控制超挖，不允许欠挖；必须防止飞石、空气冲击波对洞室内有关设施及结构的损坏；应尽量控制爆破对围岩及附近支护结构的扰动与质量影响，确保洞室的安全稳定。

1. 炮孔类型及作用

为了克服围岩的夹制作用，改善岩石破碎条件，控制隧洞开挖轮廓以及提高掘进效率，在进行地下洞室的爆破开挖时，按作用原理、布置方式及有关参数的不同，开挖断面上布置的炮孔往往分成掏槽孔、周边孔、崩落孔。

(1) 掏槽孔，通常布置在开挖断面的中下部。掏槽孔是整个断面炮孔中必须首先起爆的炮孔，由于其密集布孔和装药，先在开挖面(只有一个自由面)上炸出一个槽腔，为后续炮孔的爆破创造新的自由面。

(2) 周边孔，是沿断面设计边线布置的炮孔，一般在断面炮孔中最后起爆。其作用是爆出较为平整的洞室开挖轮廓。

(3) 崩落孔，布置在掏槽孔与周边孔之间。在掏槽孔起爆后，崩落孔由中心往周边逐层顺序起爆。其作用是扩大掏槽孔炸出的槽腔，崩落开挖面上的大部分岩石，同时为周边孔创造自由面。

这三类炮孔可以通过微差网络技术实现毫秒延迟间隔的顺序起爆，先起爆的炮孔为后起爆的炮孔减小岩石的夹制作用，并增大自由面。

2. 掏槽形式

掏槽孔的爆破效果是影响隧洞开挖循环进尺的关键。按布孔形式，一般可分为楔形掏槽、锥形掏槽和直孔掏槽三类。楔形掏槽与锥形掏槽的钻孔方向与开挖断面是斜交的，故又称为“斜孔掏槽”；直孔掏槽的钻孔方向则与开挖断面正交。

（1）楔形掏槽。

由 2～4 对对称的相向倾斜的掏槽炮孔组成，爆破后能形成楔形槽。一般楔形掏槽孔的孔底夹角在 60°左右。对于层理大致垂直或倾斜的岩层，往往采用垂直楔形掏槽。水平楔形掏槽比较适用于岩层层理接近于水平的围岩或整体均匀的围岩，但因向上倾斜钻孔作业较困难，运用较少。

（2）锥形掏槽。

由数个掏槽炮孔呈角锥形布置，各孔以大体相同角度向中心轴线倾斜，孔底趋于集中，但不贯通，爆破后形成锥形槽。炮孔倾斜角度（与开挖断面的最小夹角）一般为 60°～70°，岩质越硬，倾角越小。按炮孔数目的不同，分三角锥、四角锥、五角锥等。

楔形掏槽与锥形掏槽均具有所需掏槽炮孔较少、掏槽体积大、容易将爆渣抛出、炸药耗量低等优点。但由于掏槽有效深度受到开挖断面尺寸大小和岩层硬度的限制，难以提高每一循环的实际进尺，同时钻孔倾斜角度的精度对掏槽效果有较大的影响。

（3）直孔掏槽。

由若干个垂直于开挖面的彼此距离很近的炮孔组成，有时其中有一个或几个不装药的空孔。由于直孔掏槽的深度不受开挖断面尺寸的限制，较之斜孔掏槽可以获得更深的槽腔，可提高单循环的开挖进尺。同时，在钻直孔时，多台凿岩机可同时作业而相互干扰小，有利于提高钻机效率。因此，当前直孔掏槽爆破已成为广泛采用的掏槽方式。自 20 世纪 60 年代以来，许多国家发展了形式多样的直孔掏槽技术，并形成了一套较成熟的直孔掏槽爆破设计理论与技术。

直孔掏槽的形式较多，常用的有桶形掏槽和螺旋掏槽等。桶形掏槽是充分

利用大直径(75～100 mm)空孔或数个与装药孔直径相同的空孔作为岩石爆破后的膨胀空间,爆破后形成桶状槽腔。由桶形掏槽发展而来的螺旋掏槽,其特点是各装药孔至中心空孔的距离依次递增,其装药孔连线呈螺旋状,并按螺旋线顺序微差起爆,这种方法能够充分利用临空面,提高掏槽效果。后来,又发展了按螺旋装药孔成对布置,至空孔距离逐渐加大的双螺旋掏槽法。采用双螺旋掏槽法掏槽效果好,对于提高炮孔利用率及洞室循环掘进的有效进尺具有明显效果。

直孔掏槽适用于各种岩层的隧洞爆破开挖。一般来说,直孔掏槽法所需的炮孔数量及装药消耗量更多,而且对钻孔的位置与方向要求更精确。

3. 周边光面爆破

采用钻孔爆破法开挖,洞室的轮廓控制主要取决于周边孔的布置及其爆破参数的选择。当周边轮廓控制质量差时,出现严重的超、欠挖量,洞壁起伏差也大。其后果是:对有衬砌的地下洞室增加了混凝土的回填量和修整时的二次爆破量;对无衬砌过流隧洞,因糙率增高,将大大降低泄流能力;对围岩的稳定也极为不利。因此,对于开挖断面上的周边孔,要加强运用轮廓控制爆破技术,即光面爆破或预裂爆破。以下主要对光面爆破技术进行介绍。

(1) 光面爆破的原理与特点。

光面爆破是一种能够有效控制洞室开挖轮廓的爆破技术。其基本原理是:在断面设计开挖线上布置间距较小的周边孔,采用特定的减弱装药结构(不耦合装药与间隔装药)等一系列施工工艺,在崩落孔爆破后起爆周边孔,炸除沿洞周留下的厚度为周边孔爆破最小抵抗线的岩体(光爆层),从而获得较为平整的开挖轮廓。

光面爆破的运用,不仅可以实现洞室断面轮廓成型规整、减少围岩应力集中和局部落石现象、减少超挖和回填混凝土量,而且能够最大限度地减轻爆破对围岩的扰动和破坏,尽可能保存围岩自身原有的承载能力,改善支护结构的受力状况。光面爆破与锚喷支护作业相结合,能节省大量混凝土,降低工程造价,加快施工进度。光面爆破已成为“新奥法”施工的三大支柱之一。

评价光面爆破效果的主要标准为:开挖轮廓成型规则,岩面平整;围岩壁上的半孔壁保存率不低于50%,且孔壁上无明显的爆破裂隙;超、欠挖符合规定要求,围岩上无危石等。

(2) 光面爆破的主要参数。

光面爆破的主要参数包括周边炮孔的间距 a、光爆层厚度(或最小抵抗线)

W、周边孔密集系数 m、炮孔线装药密度 Q_x、炮孔装药不耦合系数 k 等。

影响光面爆破参数选择的因素很多，主要包括地质条件、岩石特性、炸药品种、一次爆破的断面大小、断面形状、凿岩钻孔机具配置等。通常采取简单的计算并结合工程类比初步确定光面爆破设计参数后，再通过施工生产性试验加以调整和完善。表 6.1 为国内部分水工隧洞开挖的光面爆破参数。表 6.2 给出了隧洞光面爆破参数的设计参考值。

表 6.1　国内部分水工隧洞开挖的光面爆破参数

工程名称	岩性	不耦合系数 k	线装药密度 $Q_x/(g \cdot m^{-1})$	炮孔间距 a/cm	最小抵抗线 W/cm	密集系数 m
隔河岩水电站引水隧洞	石灰岩、页岩	2.25	150～200 50～100	40～50	60～70	0.65～0.75
天生桥一级水电站引水隧洞	泥岩、砂岩	1.56	250～300	40～50	50～60	0.67～0.83
广东抽水蓄能电站引水隧洞	花岗岩、片麻岩	1.92	289	60	70	0.86
鲁布革水电站引水洞	石灰岩、白云岩	2	425	60	100	0.6
东江水电站导流洞	花岗岩	2	485	56	70	0.8
太平驿水电站引水洞	中硬岩		360	50～60	50～60	1
察尔森水库输水洞	软岩		300	40～50	50～60	0.8～1.0

表 6.2　隧洞光面爆破参数的设计参考值

围岩条件	钻爆参数			
	炮孔间距 a/cm	最小抵抗线 W/cm	线装药密度 $Q_x/(g \cdot m^{-1})$	适用条件
坚硬岩	55～70	60～80	300～350	炮孔直径 D 为 40～50 mm，药卷直径为 20～25 mm，炮孔深为 1.0～3.5 m
中硬岩	45～65	60～80	200～300	
软岩	35～50	40～60	80～120	

光面爆破装药量以炮孔线装药密度 Q_x(g/m)表示。恰当的装药量应是既具有破岩所需的能量，又不造成对围岩的过度破坏。施工中，应根据孔距、光爆层厚度、岩质及炸药种类等综合考虑确定装药量。光爆层厚度是由断面最外圈

的崩落孔(通常称“二圈孔”)决定的。因为二圈孔邻近光爆炮孔,所受夹制作用较大,如果在爆破中装药量过大,这些孔爆破所产生的裂缝可能会扩展到最终形成的断面以外。因此,需要进行减弱装药,一般实际施工中装药量控制在其他崩落孔的1/3～1/2。

(3) 光面爆破的技术措施。

①钻孔精度对获得良好的光面爆破效果具有关键作用。在施工中,要采取适当措施确保周边孔达到准、正、直、齐的设计要求。

②采用不耦合装药结构。光面爆破的不耦合系数k一般为1.25～2.50。水工隧洞光面爆破的不耦合系数在2.0左右比较合适。

③严格控制装药集中度。装药过于集中或炮孔全长均匀装药都将影响光爆质量。在有条件时,应优先考虑选用光爆专用炸药卷进行连续装药,并在孔底部位适当加强装药结构,或者选用导爆索加自制小药卷,用竹片加工成串状装药结构。

④在不耦合系数较大并用光爆专用炸药连续装药情况下,应在炮孔内装入一根导爆索,以免由于管道效应而引起熄爆现象。同时,周边孔应尽量同时起爆,若同时起爆引起的爆破地震效应过大,可适当分段起爆。

4. 隧洞的钻爆参数设计

隧洞开挖中的爆破参数设计与多种因素有关,如围岩条件、断面尺寸大小、爆破器材质量、凿岩爆破的技术水平等。要根据客观要求,选取适宜的爆破参数,取得最佳爆破效果。

(1) 炮孔直径。

炮孔直径对凿岩生产率、炮孔数目、单位体积耗药量和洞壁的平整程度均有影响。必须根据岩性、凿岩设备和工具、炸药性能等综合分析,合理选用孔径。一般隧洞掘进开挖爆破的炮孔直径为32～50 mm。

(2) 炮孔深度。

炮孔深度是指炮孔底至开挖面的垂直距离。合适的炮孔深度有助于提高掘进速度和炮孔利用率。随着凿岩、装渣运输设备的改进,目前有加长炮孔深度以减少循环次数的趋势。根据下列因素确定炮孔深度:①围岩的岩性;②凿岩机的容许钻孔长度、操作技术条件和钻孔技术水平;③掘进循环的作业安排。

一般可根据经验和工程类比确定钻孔深度。对于大、中断面水工隧洞的开挖,Ⅰ～Ⅱ类围岩的钻孔深度为3～4.5 m,Ⅲ～Ⅳ类围岩的钻孔深度为2～3 m;

对于小断面隧洞，钻孔深度一般为1.2～2.0 m。

炮孔深度的确定主要与开挖断面的尺寸、掏槽形式、岩层性质、钻机型式、自由面数目和循环作业时间的分配等因素有关。合理的炮孔深度能提高爆破效果，降低开挖费用和加快掘进速度。

实践证明，加大炮孔深度可以提高掘进速度。因为深度增加后，装药、放炮出渣、通风等工序所占的时间将相对减少，可加快进尺。同时，由于炮孔的加深，一次爆落的岩石数量增加，可以提高装岩机械的使用效率，但是钻孔速度与炮孔利用率将有所降低，炸药耗量也随之增加。因此，应经综合分析合理确定炮孔深度。

设计压力隧洞下平段的炮孔深度除上述提到的因素外，还应考虑厂房后边坡的安全，严格控制单次起爆药量，使保护对象的爆破震动速度在可控范围内。

(3) 单位体积耗药量。

单位体积耗药量 K 取决于岩性、断面大小、炮孔直径和炮孔深度等多种因素。一般根据工程类比进行初步估算。表6.3给出了隧洞开挖爆破单位耗药量一般参考值。压力隧洞下平段的单耗经试验后取值为2.37 kg/m³。

表6.3　隧洞开挖爆破所需的单位耗药量 K 参考值　(单位:kg/m³)

开挖断面面积/m²	围岩类别			
	Ⅰ	Ⅱ～Ⅲ	Ⅲ～Ⅳ	Ⅳ～Ⅴ
4～6	2.9	2.3	1.7	1.6
7～9	2.5	2	1.6	1.3
10～12	2.25	1.8	1.5	1.2
13～15	2.1	1.7	1.4	1.2
16～20	2	1.6	1.3	1.1
40～43	1.4	1.1		

(4) 每一循环总装药量的计算。

目前，多采用体积公式算出一个循环的总装药量。具体见式(6.1)。

$$Q = qLS \tag{6.1}$$

式中：Q 为一个循环的总装药量(kg)；q 为爆破每立方米岩石所需的炸药量(kg/m³)；L 为炮孔深度或设计循环进尺(m)；S 为开挖断面面积(m²)。

(5) 炮孔数目。

炮孔数目与岩层性质、炸药性能、爆破时自由面的数目、炮孔大小、装药方

式、开挖断面形状和大小等因素有关。精确的理论计算比较困难。在实际工作中往往采用类比的方法，参考以往工程经验进行初步计算，然后在爆破开挖过程中加以检验和修正。

初步计算时，可以按照装药平衡原理进行计算，即一次爆破的炸药用量刚好能合理地装入该次爆破的全部炮孔中。常用的公式见式(6.2)和式(6.3)。

$$N=\frac{Q}{\gamma\alpha W}=\frac{KSW}{\gamma\alpha W}=\frac{KS}{\gamma\alpha} \tag{6.2}$$

$$\gamma=100\ \frac{\pi}{4}d^2\rho k \tag{6.3}$$

式中：N 为一次掘进循环中开挖面上的炮孔总数（个）；Q 为一次爆破的炸药用量（kg）；γ 为单个炮孔每米装药量（kg/m）；α 为炮孔装药系数，见表6.4；W 为炮孔深度（m）；K 为单位耗药量（kg/m^3），见表6.3；d 为药卷直径（cm）；ρ 为炸药密度（kg/m^3）；k 为装药压紧系数，通常对硝铵炸药 $k=1.0$，对硝化甘油炸药 $k=1.2$；其他符号意义同上。

表6.4　炮孔装药系数 α 值

炮孔名称	围岩类别			
	Ⅰ	Ⅱ	Ⅲ	Ⅳ～Ⅴ
掏槽孔	0.65～0.8	0.6	0.55	0.5
崩落孔	0.55～0.7	0.5	0.45	0.4
周边孔	0.60～0.75	0.55	0.45	0.4

(6) 总装药量的分配。

根据类比法或工程经验及各类炮孔的不同要求，初步确定各类炮孔数目，然后根据用药平衡的原则，将上述每一循环总的装药量 Q 分配到各个炮孔中，并在爆破开挖过程中加以检验和修正。由于各类型炮孔的作用、目的及受到岩石的夹制情况不同，单孔的装药量会有较大的不同。各类炮孔的装药量可根据表6.4炮孔装药系数 α（装药长度与炮孔全长的比值）进行分配。当采用直孔掏槽时，掏槽孔可适当增加10%～20%，以保证掏槽效果。

5. 隧洞的开挖爆破施工

采用钻孔爆破法进行地下洞室的开挖，其施工工序包括钻孔、装药、堵塞、起爆、通风散烟、安全检查与处理、初期支护、出渣运输等。这通常称为地下洞室掘进的“一次循环作业”。按此工序，洞室施工一个循环接一个循环，周而复始，直

至开挖完成。

(1) 钻孔。钻孔是隧洞爆破开挖中的主要工序，工作强度较大，所花时间占循环时间的 1/4～1/2。目前，广泛采用的钻孔设备为凿岩机和钻孔台车。为保证达到良好的爆破效果，施钻前，应由专门人员标出掏槽孔、崩落孔和周边孔的设计位置，最好采用激光系统定位，严格按照标定的炮孔位置及设计钻孔深度、角度和孔径进行钻孔。国外在钻凿掏槽孔时，通常使用带轻便金属模板的掏槽钻孔夹具来保证掏槽孔钻孔的准确性。

(2) 装药。装药前，应对炮孔参数进行检查验收，测量炮孔位置、炮孔深度是否符合设计要求。然后对钻好的炮孔进行清孔，可用风管通入孔底，利用风压将孔内的岩渣和水分吹出。确认炮孔合格后，即可进行装药及起爆网络连线工作。应严格按照预先计算好的每孔装药量和装药结构进行装药，如炮孔潮湿时，应采取防水措施或改用防水炸药。

(3) 堵塞。炮孔装药后，必须用堵塞物堵塞孔口未装药部分。良好的堵塞能阻止爆轰气体产物过早地从孔口冲出，提高爆炸能量的利用率。常用堵塞材料有砂子、黏土、岩粉等。小直径炮孔则常用炮泥，它是用砂和黏土混合配制而成的，其质量比是 3∶1，再加上 20％的水，混合均匀后，再揉成直径稍小于炮孔直径的炮泥段。堵塞时，将炮泥段送入炮孔，用炮棍适当挤压捣实。堵塞长度与抵抗线有关，一般堵塞长度不能小于最小抵抗线。

(4) 起爆。爆破指挥人员要确认周围安全警戒工作完成，并发布放炮信号后，方可发出起爆命令；警戒人员应在规定警戒点进行警戒，在未确认撤除警戒前，不得擅离职守。要有专人核对装药、起爆炮孔数，并检查起爆网络、起爆电源开关及起爆主线。起爆后，确认炮孔全部起爆，经检查后，方可发出解除警戒信号，撤除警戒人员。如发现盲炮，要采取安全防范措施后，才能解除警戒。

(5) 通风散烟。通风散烟的目的：一是在较短的时间内(15～20 min)把爆破后产生的有毒气体排出工作面；二是经常供给作业面新鲜空气，排除掘进时产生的粉尘，降低工作面温度，使作业人员有良好的工作条件。为此，在隧道工程各个施工阶段都必须进行通风散烟。通风散烟效果应保证空气成分和温度符合国家规定的标准。

(6) 安全检查与处理。在通风散烟后，应检查隧洞周围特别是拱顶是否有粘连在围岩母体上的危石。对这些危石常采用长撬棍处理，但不安全，条件许可时，可以采用轻型的长臂挖掘机进行危石的安全处理。

(7) 初期支护。当围岩质量或自稳性较差时，为预防塌方或松动掉块，产生

安全事故，必须对暴露围岩进行临时支撑或支护。临时支撑的形式很多，有木支撑、钢支撑、预制混凝土或钢筋混凝土支撑、喷混凝土和锚杆支撑等，可根据地质条件、材料来源及安全经济等要求来选择。喷混凝土和锚杆是一种临时性和永久性结合起来的支护形式，有条件时应优先采用。这对于有效控制围岩的松弛变形，发挥围岩的自承能力，具有很好的效果。

(8) 出渣运输。出渣运输是隧洞开挖中费时、费力的工作，所花时间占循环时间的 1/3～1/2。它是控制掘进速度的关键工序，在大断面洞室中尤其突出。因此，必须制订切实可行的施工组织措施，规划好洞内外运输线路和弃渣场地，通过计算选择配套的运输设备，拟定装渣运输设备的调度运行方式和安全运行措施。

6.2.2 掘进机开挖法

全断面隧道掘进机(tunnel boring machine，TBM)是一种专用的开挖设备。它利用机械破碎岩石的原理，完成开挖、出渣及混凝土(钢)管片安装的联合作业，连续不断地进行掘进。从 20 世纪 50 年代开始，掘进机在世界范围内得到应用，我国从 20 世纪 60 年代开始，曾先后在西洱河一级电站、引滦工程新王庄隧洞、天生桥二级水电站引水隧洞、甘肃引大入秦 30A 隧洞、山西引黄入晋隧洞、万家寨引黄工程和秦岭隧道Ⅱ线等工程中应用，为我国 TBM 施工积累了宝贵的经验。

根据破碎岩石的方法，掘进机大致可分为挤压式和切削式两种类型。挤压式主要是通过水平推进油缸，刀盘上的滚刀强行压入岩体，并在刀盘旋转推进过程中，用挤压和剪切的联合作用破碎岩体。切削式利用岩石抗弯、抗剪强度低的特点(仅为抗压强度的 10%～40%)，靠铣削(即剪切)与弯断破碎岩体。

根据掘进机的作业面封闭情况，可分为开敞式、单护盾和双护盾掘进机。开敞式掘进机适用于围岩稳定性好的场合。护盾式掘进机适合于围岩较软弱、需进行混凝土(钢)管片安装的场合。

掘进机一般由刀盘、机架、推进缸、套架、支撑缸、皮带机及动力间等部分组成。掘进时，通过推进缸给刀盘施加压力，滚刀旋转切碎岩体，由装在刀盘上的集料斗转至顶部通过皮带机将石渣运至机尾，卸入其他运输设备运走。为了避免粉尘危害，掘进机头部装有喷水及吸尘设备，在掘进过程中连续喷水、吸尘。图 6.2 为掘进机的工作循环图。其中，(a)为机器用支撑板撑住，前后下支架回缩，推进缸推压刀盘钻掘开始；(b)为掘进一个行程，钻掘终止；(c)为前后下支撑伸出到洞底部，支撑板回缩；(d)为外机体前移，用后下支撑调整机器方位；(e)为支撑板撑住洞壁，前后下支撑回缩，为下一个循环做好准备。

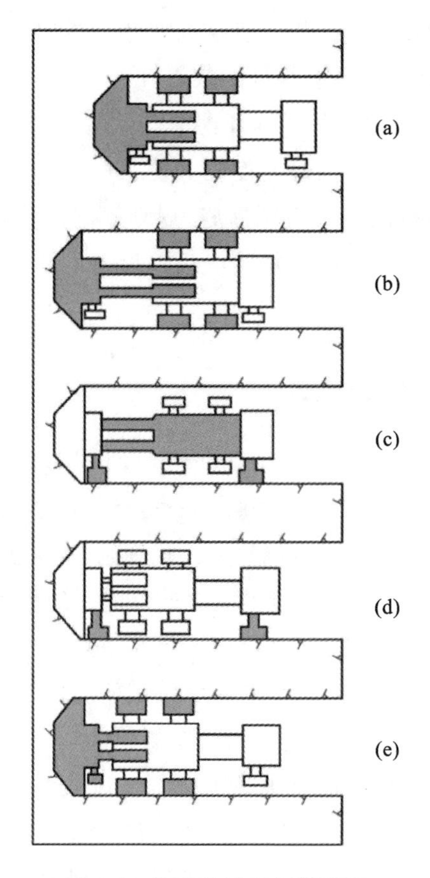

图 6.2 掘进机的工作循环图

掘进机开挖方向的控制，多采用激光导向。

6.3 隧洞的锚喷支护

锚喷支护是喷混凝土支护、锚杆支护、喷混凝土锚杆支护、喷混凝土锚杆钢筋网支护和喷混凝土锚杆钢拱架支护等不同支护形式的统称。锚喷支护是地下工程施工中对围岩进行保护与加固的主要新型技术措施，也是新奥法的主要支护措施。

新奥法施工中，锚喷支护一般分两期进行：①初期支护，在洞室开挖后，适时采用薄层的喷混凝土支护，建立起一个柔性的“外层支护”。必要时，可加锚杆或钢筋网、钢拱架等措施，同时通过量测手段，随时掌握围岩的变形与应力情况。初期支护是保证施工早期洞室安全稳定的关键。②二期支护，待初期支护后且围岩变形达到基本稳定时，进行二期支护，如复喷混凝土、锚杆加密，也可采用模注混凝土，进一步提高其耐久性、防水性、安全系数及表面平整度等。

6.3.1 围岩破坏形式与锚喷类型选择

由于围岩条件复杂多变，其变形、破坏的形式与过程多有不同，各类支护措施及其作用特点也就不相同。在实际工程中，尽管围岩的破坏形态很多，但总体上，围岩破坏表现为局部性破坏和整体性破坏两大类。

(1) 局部性破坏。局部性破坏的表现形式包括开裂、错动、崩塌等，多发生在受到地质结构面切割的坚硬岩体中。对于局部性破坏，喷锚类型通常采用锚杆支护，有时根据需要加喷混凝土支护。利用锚杆的抗剪与抗拉能力，可以提高岩体的黏聚力 c、内摩擦角 ϕ 值及对不稳定岩体进行悬吊。喷混凝土支护作用表现在：①填平凹凸不平的壁面，以避免过大的局部应力集中；②封闭岩面，以防止岩体的风化；③堵塞岩体结构面的渗水通道，胶结已松动的岩块，以提高岩层的整体性；④提供一定的抗剪力。

(2) 整体性破坏。整体性破坏也称“强度破坏”，是大范围内岩体应力超限所引起的一种破坏现象，表现为大范围塌落、边墙挤出、底鼓、断面大幅度缩小等破坏形式。对于整体性破坏，常采用复式喷混凝土与系统锚杆支护相结合的方法，即喷混凝土锚杆钢筋网支护和喷混凝土锚杆钢拱架支护等不同支护形式联合使用，这样不仅能够加固围岩，而且可以调整围岩的受力分布。

6.3.2 锚杆支护

锚杆是用金属(主要是钢材)或其他高抗拉性能材料制作的杆状构件，配合使用某些机械装置、胶凝介质，按一定施工工艺，将其锚固于地下洞室围岩的钻孔中，起到加固围岩、承受荷载、阻止围岩变形的作用。

在工程中，按锚杆与围岩的锚固方式，基本上可分为集中锚固和全长锚固两类。楔缝式锚杆和胀壳式锚杆属于集中锚固，如图 6.3(a)、(b)所示，它们是由锚杆端部的楔瓣或胀圈扩开后所提供的嵌固力而起到锚固作用。全长锚固的锚杆有砂浆锚杆和树脂锚杆等，如图 6.3(c)～(g)所示，它们是由水泥砂浆或树脂在杆体和锚孔间提供的摩擦力和黏结力作用实现锚固的。由于全长锚固的锚杆锚固可靠、耐久(这在松软岩体中效果尤为显著)，工程建设中使用较多，其中由水泥砂浆胶结的螺纹钢筋锚杆因施工简便、经济可靠，使用更为普遍。

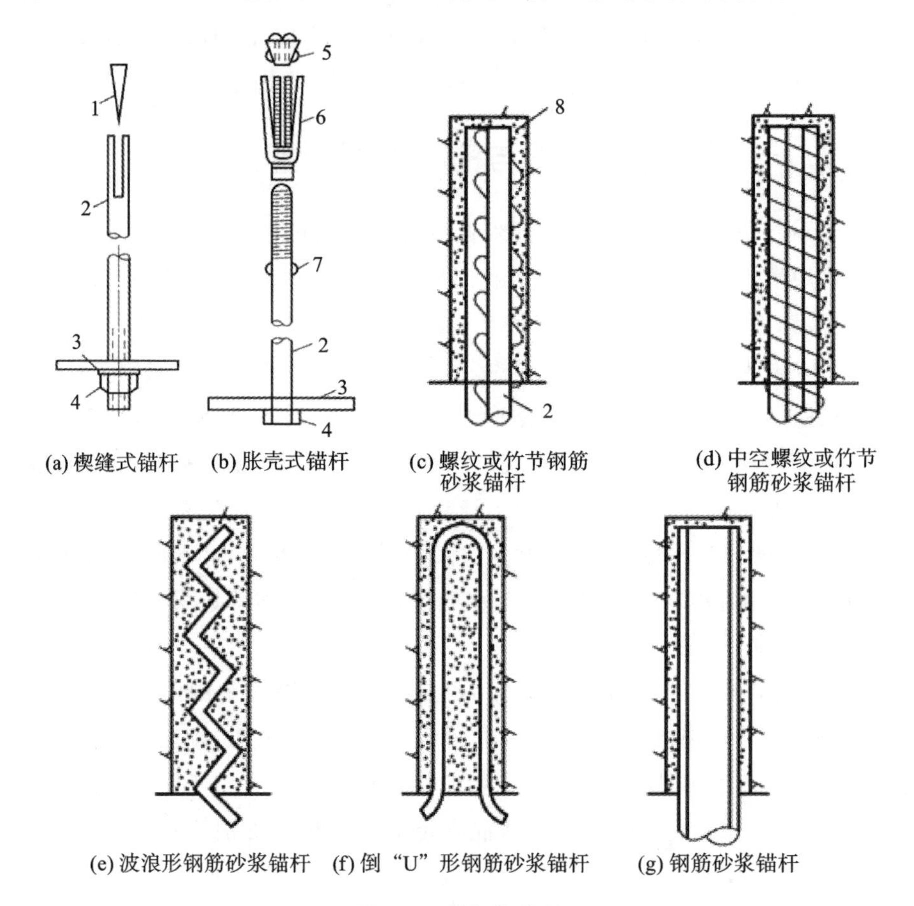

图 6.3 锚杆的类型

1—楔块；2—锚杆；3—垫板；4—螺帽；5—锥形螺帽；6—胀圈；7—凸头；8—水泥砂浆或树脂

根据围岩变形与破坏的特性，从发挥锚杆不同作用考虑，锚杆在洞室的布置有局部(随机)锚杆和系统锚杆。

(1) 局部(随机)锚杆。

主要用来加固危岩，防止掉块。锚杆参数按悬吊理论计算。悬吊理论认为不稳定岩体的重量(或滑动力)应全部由锚杆承担，见式(6.4)。

$$n\frac{\pi d^2}{4}R_g \geqslant \gamma V g \tag{6.4}$$

式中：n 为锚杆根数(根)；d 为锚杆的计算直径(cm)；R_g 为锚杆的设计抗拉强度(N/cm^2)；γ 为危岩密度(kg/m^3)；V 为危岩的体积(m^3)；g 为重力加速度(m/s^2)。

对于洞室侧壁有滑动倾向的危岩，式(6.4)右边项应为危岩的滑动力和抗滑力的代数和。

为了保证危岩的有效锚固，锚杆应锚入稳定岩体，锚入深度应满足式(6.5)的要求。

$$L_1 \geqslant \frac{dR_g}{4t} \tag{6.5}$$

式中：L_1 为锚杆锚入稳定岩体的深度(cm)；t 为砂浆与锚杆的黏结强度(N/cm^2)；其他符号意义同前。

因此，加固危岩的锚杆总长度计算见式(6.6)。

$$L = L_1 + L_2 + L_3 \tag{6.6}$$

式中：L 为锚杆的总长度(cm)；L_2 为锚杆穿过危岩的长度(cm)；L_3 为锚杆外露的长度(cm)，一般取 5～15 cm；其他符号意义同前。

(2) 系统锚杆。

一般按梅花形排列系统锚杆，连续锚固在洞壁内。它们将被结构面切割的岩块串联起来，保持与加强岩块的连锁、咬合和嵌固效应，使分割的围岩组成一体，形成一连续加固拱，提高围岩的承载能力。

系统锚杆不一定要锚入稳定岩层。当围岩破碎时，用短而密的系统锚杆，同样可取得较好的锚固效果。

锚杆施工应按施工工艺严格控制各工序的施工质量。水泥砂浆锚杆的施工，可以先压注砂浆后安设锚杆，也可以先安设锚杆后压浆。其施工程序主要包括钻孔、钻孔清洗、压注砂浆和安设锚杆等。

6.3.3　喷混凝土施工

喷混凝土是将水泥、砂、石和外加剂(速凝剂)等材料，按一定配合比拌和后装入喷射机中，用压缩空气将拌和料压送到喷头处，与水混合后高速喷到作业面上，快速凝固在被支护的洞室壁面，形成一种薄层支护结构。

1. 喷混凝土材料

喷混凝土的原材料与普通混凝土基本相同，但在技术要求上有一些差别。

(1) 水泥。喷混凝土的水泥以选用普通硅酸盐水泥为好，强度等级应不低于 42.5 MPa，以使喷射混凝土在速凝剂的作用下早期强度增长快，干硬收缩小，保水性能好。

(2) 砂。一般采用坚硬洁净的中、粗砂，砂的细度模数宜为 2.5～3.0，含水率宜为 5%～7%。砂过粗，容易产生回弹；过细，不仅会增加水泥用量，而且会增加混凝土的收缩，降低混凝土的强度。砂的含水率对喷射效果有很大影响。含水率过低，拌和料容易在管中分离，造成堵管，喷射时粉尘较大；含水率过高，集料有可能发生胶结。工程实践证明，中砂或中粗砂的含水率以 4%～6%为宜。

(3) 石料。碎石、卵石均可以用作喷混凝土的粗骨料。石料粒径为 5～20 mm，其中，大于 15 mm 的颗粒宜控制在 20%以下，以减少回弹，保证输料管路的畅通。使用石料前应经过筛洗。

(4) 水。喷混凝土用水与一般混凝土对水的要求相同。禁止使用地下洞室中的混浊水和一切含酸、碱的侵蚀水。

(5) 速凝剂。为加快喷混凝土凝结硬化过程，提高早期强度，增加一次喷射的厚度，提高喷混凝土在潮湿含水地段的适应能力，需在喷混凝土中掺和速凝剂。速凝剂应符合国家标准，其初凝时间不大于 5 min，终凝时间不大于 10 min。

2. 主要施工工艺

喷混凝土主要有干喷、湿喷及裹砂法 3 种工艺。

(1) 干喷法。将水泥、砂、石和速凝剂加微量水干拌后，用压缩空气输送到喷嘴处，再与适量水混合，喷射到岩石表面，也可以将干混合料压送到喷嘴处，再加液体速凝剂和水进行喷射。这种施工方法便于调节加水量，控制水灰比，但喷射时粉尘较大。

(2) 湿喷法。将集料和水拌匀后送到喷嘴处，再添加液体速凝剂，并用压缩空气补给能量进行喷射。湿喷法主要改善了干喷法喷射时粉尘较大的缺点。

(3) 裹砂法。为了进一步改善喷混凝土的施工工艺，控制喷射粉尘，在工程实践中还研究出如水泥裹砂法(method of sand enveloped with cement，SEC 法)、双裹并列法和潮料掺浆法等喷混凝土新工艺。

图 6.4 分别介绍了干喷法、湿喷法及水泥裹砂法的喷射工艺流程。

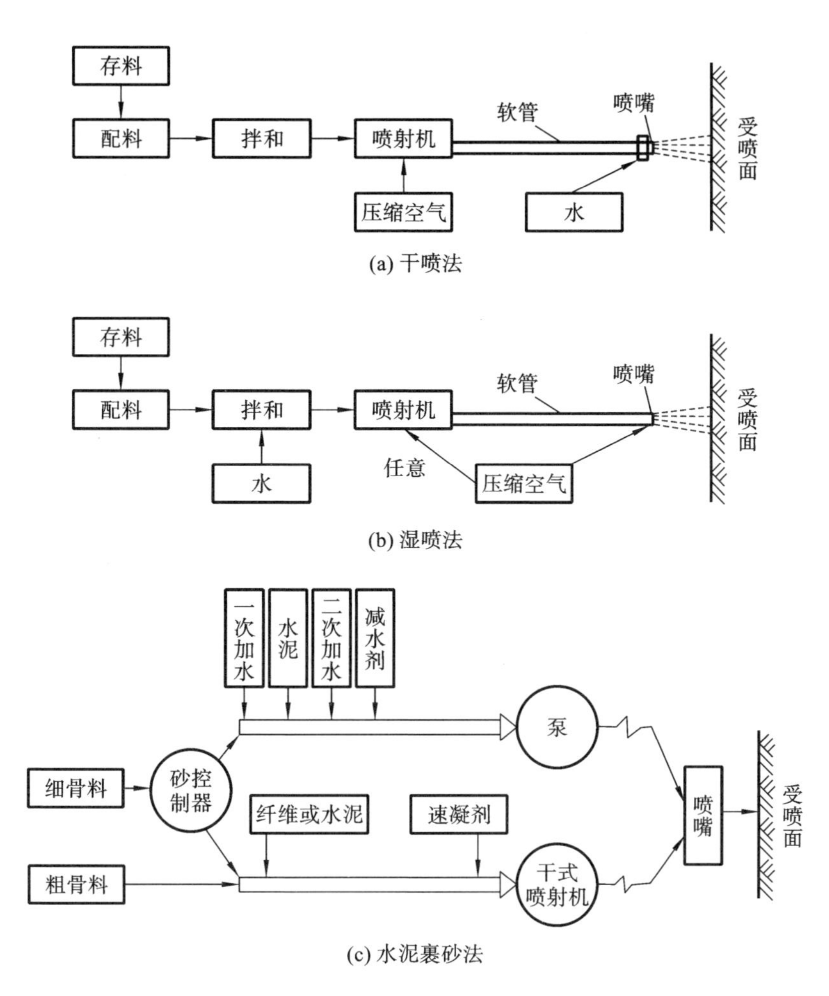

图6.4 不同喷射方式的工艺流程图

3. 施工技术要求

为了保证喷混凝土的质量,必须严格控制有关的施工参数,注意以下施工技术要求。

(1) 风压。正常作业时,一般喷射机工作室内的风压为0.2 MPa。风压过大,喷射速度高,混凝土回弹量大,粉尘多,水泥耗量大;风压过小,则混凝土不密实。

(2) 水压。喷头处的水压必须大于该处风压,并要求水压稳定,保证喷射水具有较强的穿透集料的能力。水压不足时,可设专用水箱,用压缩空气加压,以保证集料能充分湿润。

(3) 喷射方向和喷射距离。喷头与受喷面应尽量垂直,偏角宜控制在20°以内,利用喷射料束抑阻集料的回弹,以减少回弹量。喷头与受喷面的距离与风压和喷射速度有关。当喷射距离为1.0 m左右时,在提高喷射质量、减少集料回弹等方面效果比较理想。

(4) 喷射区段和喷射顺序。应分区段进行喷射作业,一般区段长度为4～6 m。喷射时,通常先墙后拱,自下而上,先凹后凸,按顺序进行,以防溅落的灰浆黏附于未喷岩面,影响喷混凝土的黏结强度。

(5) 喷射分层和间歇时间。当喷混凝土设计厚度大于10 cm时,一般应分层喷射。一次喷射的厚度,边墙控制在6～10 cm,顶拱3～6 cm,局部超挖处可稍厚2～3 cm,掺速凝剂时可厚些,不掺时应薄些。一次喷射太厚,容易因自重而引起分层脱落或与岩面脱开;一次喷射太薄,若喷射厚度小于最大骨料粒径,则回弹率会迅速提高。分层喷射时,后一层喷射应在前一层混凝土终凝后进行,但不宜间隔过久,若终凝1～2 h后再进行喷射,应用风水清洗混凝土表面,以利层间接合。当喷混凝土紧跟开挖面进行时,从混凝土喷完到下一次循环放炮的时间间隔不小于4 h,以保证喷混凝土强度有一定增长,避免引起爆破震动裂缝。

(6) 喷混凝土的养护。喷混凝土单位体积的水泥用量比较大,凝结硬化快。为使混凝土强度均匀增长,减少或防止不正常的收缩,必须加强养护。一般喷完后2～4 h开始洒水养护,并保持混凝土的湿润状态,养护时间不少于14 d。

6.4 隧洞的衬砌与灌浆施工

隧洞混凝土、钢筋混凝土衬砌的施工,有现浇、预填骨料压浆和预制安装等方法。

现浇衬砌施工与一般混凝土及钢筋混凝土施工基本相同,但由于地下洞室空间狭窄,工作面小,作业方式和组织形式有其自身特点。

6.4.1 隧洞的衬砌

1. 平洞衬砌的分缝分块及浇筑顺序

平洞的衬砌,在纵向通常要分段进行浇筑,当结构上设有永久伸缩缝时,可

以利用永久缝分段；当永久缝间距过大或无永久缝时，应设施工缝分段。分段长度为 4～18 m，视平洞断面大小、围岩约束特性以及施工浇筑能力等因素而定。

分段浇筑的方式有：跳仓浇筑（先浇①、③、⑤……段，后浇②、④、⑥……段）、分段流水浇筑（在大段Ⅰ、Ⅱ、Ⅲ……之间进行流水作业）、分段预留空当浇筑（空当约宽 1 m，最后浇筑）等，如图 6.5 所示。当地质条件较差时，采用肋拱肋墙法施工，这是一种开挖与衬砌施工交替进行的跳仓浇筑法。对于无压平洞，结构上按允许开裂设计，也可采用滑动模板连续施工方法进行浇筑，以加快衬砌施工，但必须严格控制施工工艺。

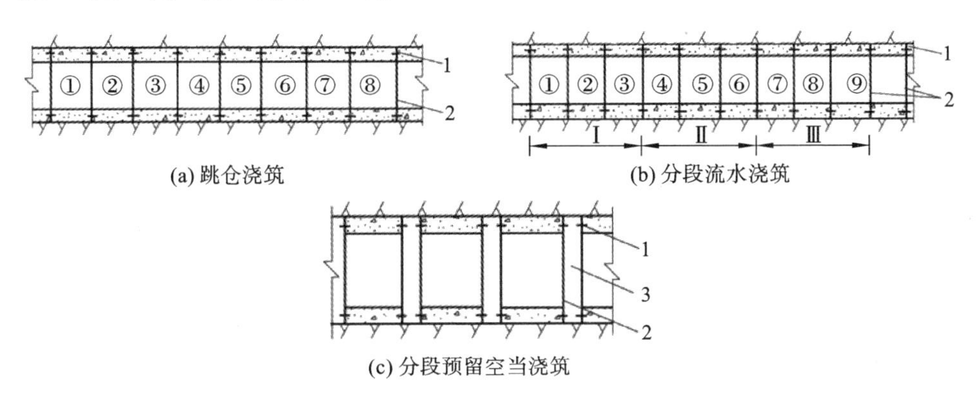

(a) 跳仓浇筑

(b) 分段流水浇筑

(c) 分段预留空当浇筑

图 6.5 平洞衬砌分缝分块及浇筑顺序

1—止水；2—分缝；3—空当；①～⑨—分段序号；Ⅰ～Ⅲ—流水段号

在横断面上，衬砌施工也常分块进行。一般分成底拱（底板）、边拱（边墙）和顶拱 3 块。横断面上浇筑的顺序，正常情况是先底拱（底板）、后边拱（边墙）和顶拱，其中边拱（边墙）和顶拱可以连续浇筑，也可以分块浇筑，视模板形式和浇筑能力而定。在地质条件较差时，可以先浇筑顶拱，再浇筑边拱（边墙）和底拱（底板）。有时为了满足开挖与衬砌施工平行作业的要求，隧洞底板清理成形以前，先浇好边拱（边墙）和顶拱，最后浇筑底拱（底板）。后两种浇筑顺序，由于在浇筑顶拱、边拱（边墙）时，混凝土体下方无支托，应注意防止衬砌的下移和变形，并做好分块接头处反缝的处理，必要时反缝要进行灌浆。

2. 平洞衬砌模板

平洞衬砌模板的型式依隧洞洞型、断面尺寸、施工方法和浇筑部位等因素而定。

对于底拱而言，当中心角较小时，可以像底板浇筑那样，不用表面模板，只立

端部挡板，混凝土浇筑后，用型板将混凝土表面刮成弧形即可；当中心角较大时，一般采用悬挂式弧形模板，如图 6.6 所示。目前，使用牵引式拖模连续浇筑或底拱模板台车分段浇筑底拱也获得了广泛应用。

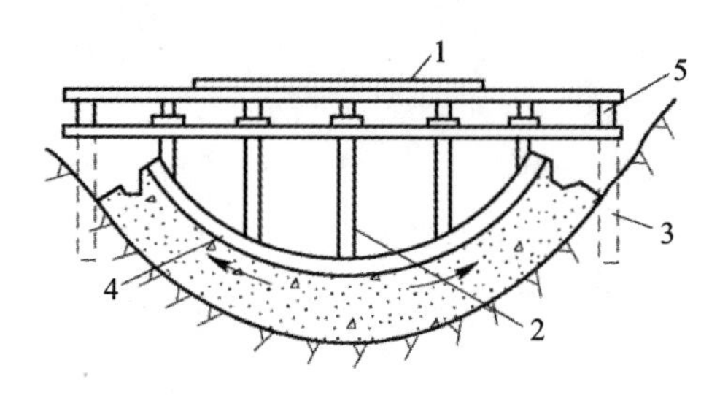

图 6.6　底拱模板

1—仓面板；2—模板桁架；3—桁架支柱；

4—拱形模板；5—纵梁(架在仓面板支撑上)

浇筑边拱(边墙)、顶拱时，常用桁架式模板或钢模台车。桁架式模板由桁架和面板组成，如图 6.7 所示。在洞外先拼装好桁架，运入洞内就位后，再随着混凝土浇筑面的上升逐次安设模板。钢模台车是一种可移动的多功能隧洞衬砌模板车。根据需要，它可作顶拱钢模、边拱(边墙)钢模以及全断面模板使用，如图 6.8 所示。

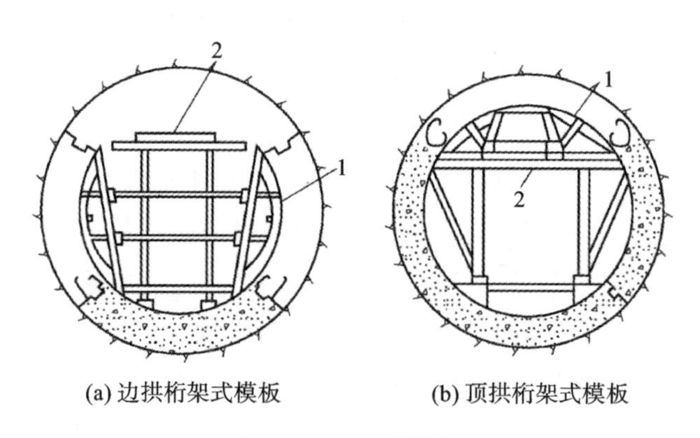

(a) 边拱桁架式模板　　(b) 顶拱桁架式模板

图 6.7　桁架式模板

1—桁架式模板；2—工作平台或脚手架

圆形隧洞衬砌的全断面一次浇筑可用针梁式钢模台车。其施工特点是无须铺设轨道，模板的支撑、收缩和移动都依靠一个伸出的针梁，如图 6.9 所示。

模板台车使用灵活，周转快，重复使用次数多。用台车进行钢模的安装、运输和拆卸，一部台车可配几套钢模板进行流水作业，施工效率高。

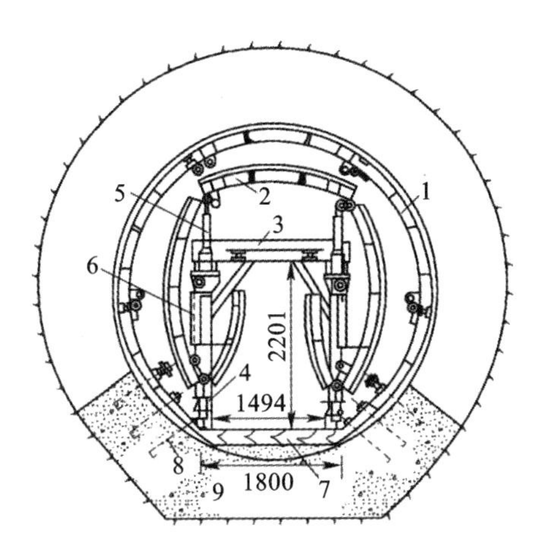

图 6.8 钢模台车简图(单位:mm)

1—架好的钢模;2—移动时的钢模;3—工作平台;4—台车底梁;
5—垂直千斤顶;6—台车车架;7—枕木;8—拉筋;9—已浇底拱

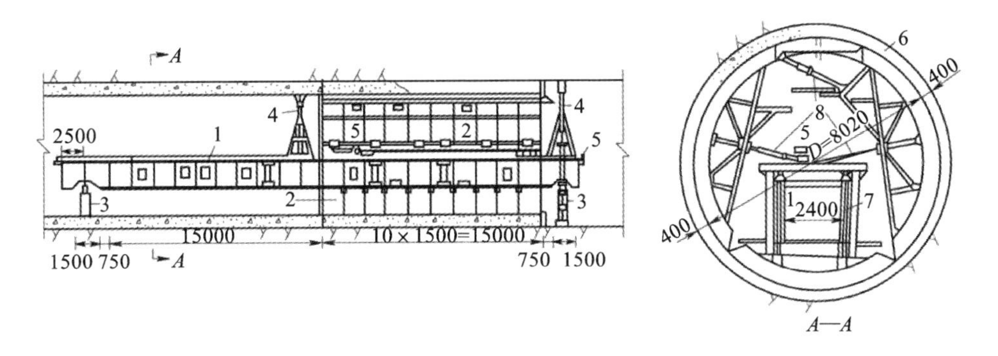

图 6.9 针梁式钢模台车简图(单位:mm)

1—针梁;2—钢模;3—支座液压千斤顶;4—抗浮液压千斤顶;
5—行走系统;6—混凝土衬砌;7—行走梁框;8—手动螺旋千斤顶

3. 衬砌的浇筑

隧洞衬砌多采用二级配混凝土浇筑。对中小型隧洞,一般混凝土采用斗车或轨式混凝土搅拌运输车,由电瓶车牵引运至浇筑部位;对大中型隧洞,则多采用 3～6 m^3 的轮式混凝土搅拌运输车运输。在浇筑部位,通常用混凝土泵将混凝土压送并浇入仓内。常用的混凝土泵有柱塞式、风动式和挤压式等工作方式。它们均能适应洞内狭窄的施工条件,完成混凝土的运输和浇筑,能够保证混凝土的质量。

泵送混凝土的配合比，应保证有良好的和易性和流动性，一般其坍落度为8～16 cm。

混凝土浇捣因衬砌洞壁厚度与采用的模板形式不同而不同。当洞壁厚度较大时，作业人员可以进入仓内用振捣棒进行浇捣；当洞壁较薄，人不能进入仓内时，可在模板不同位置留进料窗口，并由此窗口插入振捣器进行振捣。如果是台车，也可以在台车上安装附着式振捣器进行振捣。由窗口振捣时，随着浇筑混凝土面的抬升可封堵窗口，再由上层窗口进料和振捣。

4. 衬砌的封拱

平洞的衬砌封拱是指顶拱混凝土浇筑完毕前，将拱顶范围内未充满混凝土的空隙和预留的进出口窗口进行浇筑、封堵填实的过程。封拱工作对于保证衬砌体与围岩紧密接触，形成完整的拱圈是非常重要的。

封拱方法多采用封拱盒法和混凝土泵封拱。

封拱盒封拱即在封拱前，在拱顶预留一小窗口，尽量把能浇筑的四周部分浇好，然后从窗口退出人和机具，并在窗口四周立侧模，待混凝土达到规定强度后，将侧模拆除，凿毛之后安装封拱盒。封堵时，先将混凝土料从盒侧活门送入，再用千斤顶顶起活动封门板，将盒内混凝土压入待封部位即告完成。

混凝土泵封拱通常在导管的末端接上冲天尾管，垂直穿过模板伸入仓内。应根据浇筑段长度和混凝土扩散半径来确定冲天尾管的位置，其间距一般为4～6 m，离浇筑段端部约1.5 m。原则上尾管出口与岩面的距离越贴近越好，但应保证压出的混凝土能自由扩散，一般为20 cm左右。封拱时应在仓内岩面最高的地方设置排气管，在仓的中央部位设置进人孔，以便进入仓内进行必要的辅助工作。

混凝土泵封拱的施工程序：首先，当混凝土浇至顶拱仓面时，撤出仓内各种器材，尽量筑高两端混凝土；当混凝土达到与进人孔齐平时，仓内人员全部撤离，封闭进人孔，同时增大混凝土的坍落度(达14～16 cm)，加快混凝土泵的压送速度，连续压送混凝土；当排气管开始漏浆或压入的混凝土量已超过预计方量时，停止压送混凝土；其次，去掉尾管上包住预留孔眼的铁箍，从孔眼中插入防止混凝土塌落的钢筋；接着，拆除导管；最后，待顶拱混凝土凝固后，将外伸的尾管割除，并用灰浆抹平。

5. 压浆混凝土施工

压浆混凝土又称“预填骨料压浆混凝土”。它是将组成混凝土的粗骨料预先填入立好的板中，振捣密实后，再利用灌浆泵把水泥砂浆压入，凝固而成结石。这种施工方法适用钢筋密布、预埋件复杂、不容易浇筑和捣固的部位。洞室衬砌封拱或钢板衬砌回填混凝土时，用这种方法施工可以明显减轻仓内作业的工作强度和干扰。

6.4.2　隧洞灌浆

隧洞灌浆有回填灌浆和固结灌浆两种。前者是填塞岩石与衬砌之间的空隙，以弥补混凝土浇筑质量的不足，所以只限于顶拱范围内；后者是为了加固围岩，以提高围岩的整体性和强度，所以范围包括断面四周的围岩。为了减少钻孔工作量，两种灌浆都需要在衬砌时预留直径为 38～50 mm 的灌浆钢管并固定在模板上。

必须在衬砌混凝土达到一定强度后才能进行灌浆，并先进行回填灌浆，隔一个星期后再进行固结灌浆。灌浆时，应先用压缩空气清孔，然后用压力水冲洗。灌浆在断面上自下而上进行，并利用上部管孔排气，在洞轴线方向采用隔排灌注、逐步加密的方法。

为了保证灌浆质量和防止衬砌结构的破坏，必须严格控制灌浆压力。回填灌浆压力为：无压隧洞第一序孔用 100～304 kPa，有压隧洞第一序孔用 200～405 kPa；第二序孔可增大 1.5～2 倍。固结灌浆的压力应比回填灌浆的压力高一些，以使岩石裂缝灌注密实。

6.5　隧洞施工安全管理

隧洞工程是水利水电工程中常见的一种工程，广泛存在于枢纽、水电站及大中型引调水工程中。由于地下工程的地质条件有很多不可预见因素，特别是特长隧洞工程，线路长且大多跨越崇山峻岭。受诸多条件的限制，隧洞工程施工过程中极易发生群死群伤的安全生产事故。

为有效降低隧洞工程施工过程中的安全生产风险，做好事故预防工作，在隧洞工程施工安全管理过程中，应注意以下工作要点。

6.5.1 详细、准确的地质勘查和预报

受施工条件所限，前期地质勘查工作开展非常艰难，也为隧洞工程的施工隐藏了地质风险。在初步设计阶段和工程建设期间，建议采用地面勘探、高密度电法、孔内电视、跨孔波速测试、洞内超前钻孔及 TSP（tunnel seismic prediction，隧道地震预报）超前地质预报等一切可行的手段，查明工程地质和水文地质条件，为设计和施工提供可靠的依据。对大型的断层、浅埋破碎带、高应力岩、软岩（硬岩掘进机施工）等不良地质区域做出准确的预判。重点做好超前地质预报工作，以查明不良洞段的地质条件，做好隧洞工程建设的动态管理、动态设计、动态施工，保证施工安全。

6.5.2 切实可行、科学合理的施工技术措施

工程施工过程中的安全管理，除了必要的日常安全管理之外，最基本也是最关键的为施工技术措施。所确定的施工技术措施科学、合理、可行，是工程施工过程中安全生产的前提和保障。因此，在施工过程中，应重点加强对施工技术措施的管理工作。

1. 选择适合的开挖方式

在设计施工初期，应结合隧洞规模（长度、断面形式、断面尺寸等）、地质情况选择适合的开挖方式。如选择钻爆法施工，应在施工前进行爆破设计和爆破试验，确定准确的爆破参数，并在施工过程中根据实际情况进行必要的修正。充分考虑实际情况，根据围岩类别、断面尺寸等因素选择全断面开挖、台阶法开挖、导洞开挖等不同形式。Ⅲ级以上围岩采用全断面开挖；Ⅳ、Ⅴ级围岩采用正台阶开挖法，台阶长度必须小于洞跨，严禁半断面超前施工而不及时落底封闭。

2. 根据隧洞不同地质条件选择有效的支护方式

(1) 进洞前。应尽早安排洞口圬工工程施工。施工完毕后，及时对排水系统和仰坡防护进行再处理；Ⅲ、Ⅳ类以上围岩开挖除对洞口进行加固外，应在洞口设置防护棚；及时处理洞口边坡和洞室的浮石、危石，并按设计要求及时支护；当发现洞口处有坍方、泥石流、落石、偏压等危险情况及边坡、仰坡过高时，可提出变更设计，采取“早进晚出”延长洞口防护；交叉洞室在贯通前，优先安排锁口

锚杆的施工。

(2) 掘进过程中。开挖后进行的初期支护对工程施工安全防护起着决定性的作用。除了正常地质洞段根据不同的围岩类别采取不同形式的锚喷支护外，应重点选择好不良地质洞段的支护方式。例如：某工程一施工段，集富水向斜构造核部、地下水与地表水连通、三条断层交叉切割及原位溶蚀大理岩风化砂等各种灾害地质条件为一体，存在高压涌水的威胁和突泥、突沙的灾害，成为隧洞工程施工的瓶颈洞段。为此，在施工过程中，采用超前预注浆技术，将地下压力水屏蔽到洞周 10 m 之外，同时采用超前管棚支护方式，将溶蚀大理岩砂棚护在洞周管棚之外，最终采用两种组合的支护方式(见图 6.10、图 6.11)，有效规避了单向施工可能造成的纵向突水、突沙的风险。

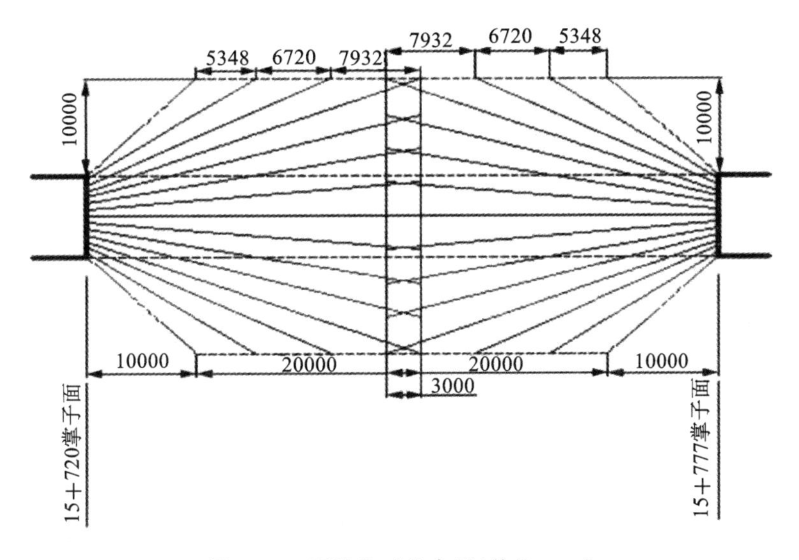

图 6.10 预注浆对接布置(单位:mm)

(3) 及时封闭仰拱。高或极高应力区软岩塑性变形严重，在此高应力区的软弱岩体内开挖隧洞，打破了原来的平衡状态。在围岩压力作用下，四周洞壁均产生向洞内的变形，以调整应力重分布，初期支护防止围岩松动变形向深处发展，同时它与围岩共同承受围岩压力。在仰拱未封闭的情况下，该部位的岩体既承受固有的围岩压力，又额外承受来自边顶拱初期支护传递的集中荷载，由于仰拱部位同属软弱岩体，拱脚部位在集中荷载作用下产生下沉，从而带动整个边顶拱下沉。仰拱拱脚以外的自由面，在围岩压力和边顶拱集中荷载挤压作用下，必然向自由面方向产生起鼓或隆起；原本已成环的钢拱架，没有纵向连接和混凝土固定、支撑，在极大围岩压力作用下，像柔性杆件一样产生"N"字形的变形，最终

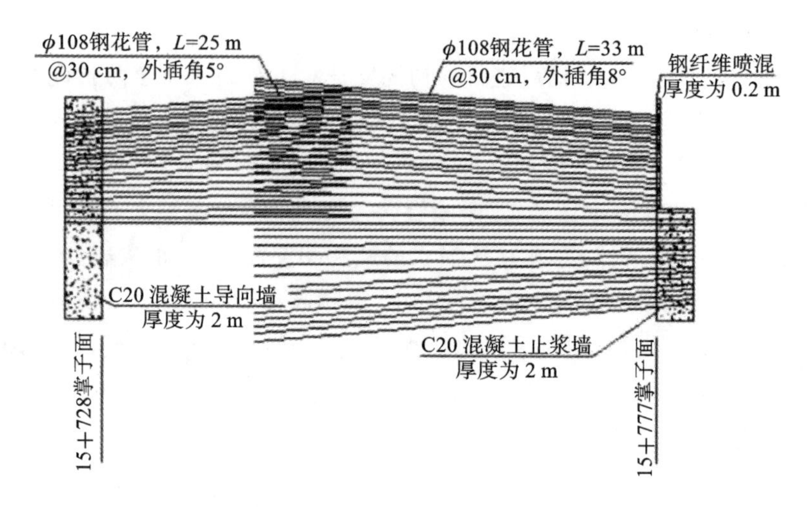

图 6.11　超前管棚对接

L—钢花管长度

导致失稳，发生坍塌事故。

在施工过程中，仰拱封闭的时机应以设计预留的允许变形量为控制标准，现场监控量测为手段，以现场监控量测资料的统计分析结果和趋势为依据，将统计分析结果和变形发展趋势与允许的收敛变形量进行比较，做出判断。在当前的变形量已接近允许变形量或变形的发展趋势将超过允许变形量时，果断做出决策，停止掘进，封闭仰拱，防止围岩变形侵占设计断面，确保施工安全顺利进行。

6.5.3　及时、规范的监控量测

隧洞工程施工期的监控量测是采用新奥法施工的关键要素之一。通过监控量测实时监测支护结构和围岩变形特征，为实现隧洞工程施工的动态管理提供信息，以保证施工安全。应根据施工规范及设计要求，开展施工期的监控量测工作。一般监控量测的内容包括：观察洞内围岩地质、支护状况、洞外地表、边坡稳定、地表水渗透等；水平收敛位移量测；拱顶下沉位移量测；仰拱抬起量测；对洞口浅埋洞段和土洞段进行地表下沉量测等。

将观测数据与设计指标进行对比、分析，及时报告、反馈相关方。验证支护结构设计合理性和有效性，并据此修正设计指标，总结地下工程的规律和特点。通过监控量测数据判断实测位移是否控制在允许范围内，判定实测水平收敛位移、拱顶下沉位移、回归分析推算的最终位移是否均小于设计规定的允许位移值；根据位移时态曲线形态判别围岩稳定和支护结构安全状态。当判别围岩处

于不稳定状态时，应视情况采取停止掘进立即加强支护的措施。

6.5.4 有效的施工期安全管理

除做好上述技术措施之外，还应加强现场的作业安全管理工作，有效消除施工过程中的不安全因素。

(1) 做好现场人员管理。建立进、出洞管理制度，对进、出隧洞人员实行严格的登记制度。及时了解、掌握洞内作业实况，保证通信畅通。要求施工人员做好个人防护工作，配备必要的劳动防护用具。

(2) 钻孔爆破法施工时，在装药、堵塞、网路连接以及起爆等环节，由爆破负责人统一指挥，严格审核爆破作业单位资质，操作人员应经过专业培训且持有爆破相关上岗资格证书，按爆破设计和爆破安全规程作业。爆破影响区采取相应安全警戒和防护措施，并有专人现场监控。

(3) 遇不良地质构造、易塌方地段及有害气体逸出和地下涌水等突发事件，立即停工，并撤至安全地点。

(4) 洞内照明、通风、除尘满足规范要求。制订职业危害场所检测计划，定期对职业危害场所进行检测，并将检测结果存档。采取有效措施，保证隧洞内粉尘、噪声、毒物指标符合有关标准的规定。

(5) 做好预防，编制应急预案体系。通过危险源辨识、风险分析工作，识别隧洞施工过程中可能发生的各类事故，尤其是可能导致人员伤亡、处置过程比较复杂的事故，分门别类制订应急预案。对危险性较大的重点作业岗位，制订岗位应急处置方案，例如坍塌、地质灾害等应急预案和现场处置方案，做好相关教育培训、日常演练等工作。

综上，在隧洞工程施工过程中应综合采取技术、管理等手段，多管齐下、多措并举、多方参与，切实保证施工作业人员的健康与安全，保证工程的顺利进行。

第 7 章　水利水电工程项目监理概述

7.1　监理的概念、任务、工作方法及制度

7.1.1　水利水电工程建设监理概念

水利水电工程建设监理是根据国家有关法规，由政府主管部门授权、认可机构认定的水利水电工程建设监理单位接受建设单位（项目法人）的委托和授权，依据国家法律法规、技术标准以及水利水电工程建设合同，综合运用法律、经济、行政和技术手段，对水利水电工程建设参与者的行为和责、权、利，进行监督、约束和协调，使水利水电工程建设能按计划有序、顺畅地进行，达到水利水电工程建设合同所规定的投资、质量和进度控制目标。

目前，我国大中型水利水电工程均实行了建设监理制，对保证工程质量，加快工程进度，提高工程项目的经济效益起到了重大作用。建设监理制已成为我国工程建设的一项重要制度，且已纳入法律规范的范畴。

7.1.2　水利水电工程建设监理任务

实行水利水电工程建设监理制度，是发展生产力的需要，也是发展市场经济的必然结果。承担起投资控制、质量控制和工期控制的责任，是监理机构的分内之事，也是它们的专业特长。实践证明，实行监理的水利水电工程建设项目，在质量控制、进度控制和投资控制方面都能起到良好的效果，以达到提高投资效益的目的。

在水利水电工程建设施工中，在建设项目的质量、进度、投资等目标明确的前提下，利用合同管理、信息管理、组织协调等有效手段进行动态控制，以达到监理的目的。

（1）质量控制。质量控制主要是审查工程项目的设计是否符合标准与规范，是否满足使用功能，计算依据及结果是否正确；结构是否先进合理；零部件的

尺寸及材料是否符合要求;加工工艺是否合理;零部件制造是否达到设计图纸的技术要求;工程项目及其设备安装、调试与运行是否达到设计要求等。

(2) 进度控制。进度控制是通过运用网络技术等手段审查、修改施工组织设计与进度计划,随时掌握项目进展情况,督促施工单位按合同的要求如期实现项目总工期目标,保证工程建设按时投产。

(3) 投资控制。投资控制也称“费用目标控制”,主要是指在建设前期进行可行性研究及投资估算,在设计阶段对设计准备、总概算及概预算进行审查,在施工准备阶段协助确定招标控制价(标底)和工程总造价,在施工阶段进行工程进度款签证,控制设计变更和索赔,审核工程结算等。

(4) 合同管理。合同管理是进行质量控制、进度控制及投资控制的有效工具。监理单位可通过有效的合同管理,站在公正的立场上,尽可能调解建设单位与承包单位双方在履行合同中出现的纠纷,维护当事人的合法权益,确保建设项目三个目标的最好实现。

(5) 信息管理。控制是监理工程师在监理过程中使用的主要方法,控制的基础是信息。因此,要及时掌握准确、完整的信息,并迅速地进行处理,使监理工程师对工程项目的实施情况有清楚的了解,以便及时采取措施,有效地完成监理任务。信息管理要有完善的建设监理信息系统,最好的方法是利用计算机进行辅助管理。

(6) 组织协调。在工程项目实施过程中,由于业主和承包人各自的经济利益和对问题的不同理解,会产生各种矛盾和争议。因此,监理工程师要及时、公正地进行协调和决定,维护双方的合法权益。

7.1.3　水利水电工程建设监理工作方法及制度

1. 建设监理工作方法

由于建设监理工作具有技术管理、经济管理、合同管理、组织管理和工作协调等多项业务职能,因此,对其工作内容、方式、方法、范围和深度均有特殊要求。

水利水电工程建设监理的主要工作方法有以下几种。

(1) 现场记录。监理机构应完整记录每日各施工项目和部位的人员、设备和材料,以及天气、施工环境及施工中出现的各种情况。

(2) 发布文件。监理机构采用通知单、指令、签证单、认可书、指示、证书等文件形式进行施工全过程的控制和管理。

（3）旁站监理。监理机构按照监理合同约定，在施工现场对工程项目的重要隐蔽部位和关键部位的工序施工实施连续性的全过程检查与监督。

（4）巡视检查。监理机构对所监理的工程项目进行定期或不定期的检查、监督和管理。

（5）跟踪检测。在承包人进行试样检测前，监理机构应对其试验人员、仪器设备、程序、方法进行审核；在承包人检测时，进行全过程的监督，确认其程序、方法的有效性，检验结果的可信性，并对该结果签认。

（6）平行检测。监理机构在承包人自行检测的同时独立进行抽样检测，以核验承包人的检测结果。

（7）协调。监理机构对参加工程建设各方的关系以及工程施工过程中出现的问题和争议进行调解解决。

2. 建设监理工作制度

建设监理工作制度的主要内容包括协助建设单位进行工程项目可行性研究，优选设计方案，审查设计文件，控制工程质量、造价和工期，监督、管理建设工程合同的履行，以及协调建设单位与工程建设有关各方的工作关系等。

水利水电工程建设监理的主要工作制度如下。

（1）技术文件审核、审批制度。根据施工合同约定，由双方提交的施工图纸、施工组织设计、施工措施计划、施工进度计划、开工申请等文件，均应在通过监理机构核查、审核或审批后，方可实施。

（2）原材料、构配件、工程设备检验制度。进场的原材料、构配件和工程设备应有出厂合格证明和技术说明书，经承包人自检合格后，方可报监理机构检验。不合格的材料、构配件和工程设备，应按监理指令在规定时限内运离工地或进行相应处理。

（3）工程质量检验制度。承包人每完成一道工序及一个单元工程，必须经过自检合格后，报监理机构进行复核检验。上道工序及上一单元工程未经复核检验或复核检验不合格，禁止进行下道工序及下一单元工程施工。

（4）工程计量付款签证制度。所有申请付款的工程量均应进行计量并经监理机构确认。未经监理机构签证的付款申请，发包人不应支付。

（5）会议制度。监理机构应建立会议制度，包括第一次工地会议、监理例会和监理专题会议。会议由总监理工程师或由其授权的监理工程师主持。

（6）施工现场紧急情况报告制度。监理机构应针对施工现场可能出现的紧

急情况编制处理程序、处理措施等文件。当发生紧急情况时，应立即向发包人报告，并指示承包人采取有效的措施进行处理。

(7) 工作报告制度。监理机构应及时向发包人提交监理月报或监理专题报告；在工程验收时，提交监理工作报告；在监理工作结束后，提交监理工作总结报告。

(8) 工程验收制度。在承包人提交验收申请后，监理机构应对其是否具备验收条件进行审核，并根据有关水利工程验收规程或合同约定，参与、组织或协助发包人组织工程验收。

7.2　监理工作准备

7.2.1　监理机构建立

(1) 监理机构建立与人员配备。主要包括以下方面的内容。

①监理单位应按工程监理合同约定，在工程项目开工前或监理合同约定的时间内，向工地派驻监理机构，代表监理单位承担项目工程监理业务。

②监理单位应将业主通过工程承建合同、工程监理合同授予的现场管理职责与监理权力授予监理机构，督促监理机构切实履行其职责，公正行使其权力，确保监理工作有序进行。

③监理单位应在监理机构进场前完成监理机构分年度的监理人员配置计划编制，按工程监理合同约定派出满足工作要求的监理人员进驻工地开展工作，并随工程施工进展逐步调整充实。

④监理机构的分级组织与监理人员进场计划应事先征得业主的同意。总监理工程师(含副职)的聘任、调整与撤换应事先征得业主的同意。

⑤总监理工程师应根据工程项目规模、阶段、专业、项目进展等情况，将委派的监理工程师姓名及授予的职责和授权范围及时通知承建单位并抄送业主。

⑥监理机构应在工程项目开工前或监理合同约定的时间内，建立监理工作体系，与其他工程建设方建立起正常的工作和联系渠道。

(2) 监理机构应按监理合同约定配备满足监理工作要求的办公、通信和交通设备。

(3) 监理机构应具备符合监理合同约定，能进行施工质量检查和施工测量检查的手段与技能。如果监理单位自身不具备必需的检测资质，监理机构的平行检测应委托具备独立法人资格及相应检测资质的单位进行。接受委托的检测单位须对检测结果承担责任。

(4) 监理机构的工作、生活等用房，以及工作、生活设备设施等应满足监理工作与生活条件的要求。

7.2.2 监理工作体系文件编制

监理机构进场后，应依据工程监理合同、工程承建合同规定，针对监理项目特点、工程监理任务与工作范围，完成工程项目监理规划的编制，并报业主批准。

监理机构应按报经业主批准的项目监理规划编制监理工作体系文件。监理工作体系文件应满足工程及监理工作需要，并随工程施工和监理工作进展不断予以补充、调整与完善。监理工作体系文件应包括监理机构内部管理制度、监理工作实施细则、监理工作计划文件、工程监理工作用表。对于按监理合同约定必须实行旁站监督的施工项目或部位，监理机构宜依据旁站监督项目的施工工序、作业程序和控制目标，编制监理人员现场施工监督作业指导书。

(1) 监理机构内部管理制度，应依据国家法律法规、监理合同，工程所在地地方政府、业主和监理单位相关规定，并结合工程监理项目实际情况编制。

(2) 监理工作实施细则。监理机构应依据国家法律法规、工程承建合同、技术规程规范、业主对工程项目管理的要求等，在工程项目开工前或者工程监理合同约定的时间内，完成必需的监理工作实施细则文件编制。

监理工作实施细则文件的编写应满足以下要求：①促使承建单位按工程承建合同约定履行目标保证的义务；②依据工程承建合同规定，对监理职责和权力的运用作出解释和细化，以规范监理机构行为，促使监理机构和监理人员正确、充分运用业主通过合同文件授予监理机构的职责和权力；③明确监理机构依据工程承建合同规定对合同目标控制提出的要求。

(3) 监理机构应按合同目标控制要求，随监理项目进展、监理工作开展做好年、季度监理工作计划文件编制，并促使监理工作按预定计划、目标有序推进。

(4) 工程监理工作用表，应符合以下几点要求。

①监理机构应依据工程承建合同和工程监理合同，完成工程监理工作用表的编制。必须报请业主批准的，应报业主批准后下达执行。

②工程监理工作用表的范围、内容应涵盖监理项目和监理工作内容。工程监理工作用表必须符合工程承建合同、工程监理合同和国家、部门颁发的工程建

设管理法规的规定，并不得与业主或其管理部门发布的文件相冲突。

③工程监理工作用表应满足下列要求：对承建单位合同义务的履行与施工进展进行评价；体现监理机构职责履行与授权的运用；作为施工质量检查与工程验收基础资料。

④监理机构可根据工程承建合同及工程监理合同中对监理单位及其监理机构授权与权力范围的规定，对工程监理工作用表实行分级管理。

7.2.3　合同工程开工准备及开工条件检查

(1) 工程项目划分。

水利水电工程施工项目管理宜按单位工程、分部工程、分项工程、单元工程四级划分和进行。

工程项目划分应满足以下工作要求：①工程项目的开工申报和对前阶段工程项目施工履约情况进行评价；②工程项目施工过程质量检查和工程项目验收；③以单元工程为基础，对经施工质量检查合格的已完工程项目进行中间计量支付；④随施工进展，以分项工程为基础对已按设计文件和合同规定全部施工完成的工程项目及时进行计量支付结算；⑤工程项目合同支付、施工进展、施工质量、施工安全的分类管理、统计分析和工程文件归档。

监理机构应在合同工程开工前，完成工程分级项目划分与编码制定。对应作为合同目标控制重点的分部工程、分项工程，以及作为工程质量检查重点的分项工程、单元工程和关键施工工序作出明确的指定。

(2) 业主的开工准备和提供条件检查。

监理机构应检查业主是否按工程施工总进度计划做好工程用地、采购招标、工程预付款支付、施工图纸供应等计划，以及其他应由业主提供的条件的落实。

监理机构应协助业主按工程承建合同约定，组织首批开工项目施工图纸的提供，对工程项目开工前应由业主提供的工程用地、施工营地、施工准备(包括进场交通、通信、供电、供水、渣场等)和技术供应条件进行检查，对可能阻碍工程按期开工的影响因素提出评价意见和处理措施，报业主决策。

(3) 承建单位履约体系检查。

①合同工程开工前，监理机构应督促承建单位按工程承建合同约定，建立工地项目管理机构、履约体系，并随施工进展逐步健全和完善。承建单位应设立质量检查机构及满足施工质量检测要求的工地试验室、施工测量队。承建单位的履约体系应包括施工技术、施工组织等现场管理，以保证施工质量、施工安全、施

工环境保护、合同工期等合同目标的实现。承建单位的项目管理、质量检查、安全监督、测量与检测试验人员，以及主要技术工种人员均应具备符合合同约定和要求的资格。

②工程项目开工前，监理机构应督促承建单位按工程承建合同约定，完成必需的施工生产性试验，并结合施工生产性试验进行施工作业队伍的组建、岗前培训和考核。

③监理机构应按承建合同规定，对承建单位工地项目管理机构的组织，以及质量检查机构、工地试验室、施工测量队、作业队伍的资质进行检查。

④监理机构可按承建合同规定，要求承建单位撤换不能胜任本职工作或玩忽职守的人员。

(4) 施工控制测量成果验收。

监理机构应督促承建单位按合同约定，对业主提供的施工图纸、基准数据进行检查与现场复核，在业主提供的测量基准点、基准线和水准点及其书面资料的基础上，完成施工测量控制网布设与为合同工程支付计量所需的开工前原状地形图测绘。

施工测量控制网、加密控制网布设与地形图测绘的施测方案，应事先报经监理机构批准。监理机构应派出测量工程师对施测过程进行监督，或通过监理检测完成对控制测量成果的审查和验收。

(5) 合同工程项目施工组织设计批准与首批开工项目施工措施计划申报。

监理机构应督促承建单位按工程承建合同约定，在合同工程开工前或合同约定期限内，结合实际施工条件对合同工程项目施工组织设计进行调整、补充、优化与完善，并报监理机构批准。

监理机构应督促承建单位做好首批开工分部(分项)工程项目施工措施计划编制，并报监理机构批准。

(6) 进场施工资源检查。

①监理机构应督促承建单位按合同约定申报进场资源，并组织定期查验。

②监理机构应督促承建单位按合同约定组织首批人员、施工设备和材料进场，及时开展合同工程开工准备。

③进场材料应满足工程开工及施工所必需的储存量，并符合规定的规格、材质和质量标准。

④进场施工设备应满足工程施工所必需的数量、规格、生产能力、完好率、适应性及设备配套要求。经检查不合格的施工设备，监理机构应督促承建单位检

修或撤离工地更换。经检查合格的施工设备,应为工程施工所专用。未征得监理机构或业主同意,这些设备不得中途撤离工地。

(7) 及时发布合同工程开工通知。

监理机构应按合同规定或业主指示及时发布合同工程开工通知,并在合同工程开工通知发布后,督促承建单位进行各项施工准备、首批工程项目开工申报。

第8章 水利水电工程监理目标控制

8.1 施工质量控制

8.1.1 施工准备阶段质量控制

(1) 施工单位质量保证体系的审查及监督实施。

监理单位应督促施工单位建立和健全质量保证体系,组建专职的质量管理机构,配备专职的质量管理人员。承包人现场应设置专门的质量检查机构和必要的试验条件,配备专职的质量检查、试验人员,建立完善的质量检查制度。工程开工前,项目监理机构应检查承包人质量保证体系。检查内容主要包括质检机构的组织和岗位职责、质检人员的组成、质量检验制度和质量检测手段等。

根据《建设工程质量管理条例》第二十六条:"施工单位对建设工程的施工质量负责。施工单位应当建立质量责任制,确定工程项目的项目经理、技术负责人和施工管理负责人"。工程开工前,项目监理机构应检查承包人派驻现场的主要管理人员、技术人员、特种作业人员是否与施工合同文件一致。如有变化,应重新审查并报发包人认可。主要管理人员、技术人员指项目经理、技术负责人、施工现场负责人及造价、地质测量、检测、安全、金结、机电设备、电气等负责人员。特种作业人员主要包括电工、电焊工、架子工、塔吊司机、塔吊司索工、塔吊信号工、爆破工等。

(2) 施工方案的审查。

承包人要及时完成技术方案的编制及自审工作,并填写技术方案申报表,报送监理机构。总监理工程师应在约定时间内,组织专业监理工程师审查,提出审查意见后,由总监理工程师审定批准。需要承包人修改时,由总监理工程师签发书面意见,退回承包人修改后再报审,总监理工程师要组织重新审定,审批意见由总监理工程师(施工措施计划可授权副总监理工程师或监理工程师)签发。必要时,与发包人协商,组织有关专家会审。承包人按批准的技术方案组织施工,

实施期间如需变更，需重新报批。

(3) 审查施工单位报送的新材料、新工艺、新技术、新设备的质量认证材料和相关验收标准的适用性。

专业监理工程师应审查施工单位报送的新材料、新工艺、新技术、新设备的质量认证材料和相关验收标准的适用性。必要时，应要求施工单位组织专题论证，审查合格后，报总监理工程师签认。

新材料、新工艺、新技术、新设备的应用应符合国家相关规定。专业监理工程师审查时，可根据具体情况要求施工单位提供相应的检验、检测、试验、鉴定或评估报告及相应的验收标准。项目监理机构认为有必要进行专题论证时，施工单位应组织专题论证会。

(4) 施工测量的控制。

①监理机构应主持测量基准点、基准线和水准点及其相关资料的移交，并督促承包人对其进行复核和照管。

②监理机构应审批承包人编制的施工控制网施测方案，并对承包人施测过程进行监督，批复承包人的施工控制网资料。

③监理机构应审批承包人编制的原始地形施测方案，可通过监督、复测、抽样复测或与承包人联合测量等方法，复核承包人的原始地形测量成果。

④监理机构可通过现场监督、抽样复测等方法，复核承包人的施工放样成果。

(5) 承包人检测条件的检查。

专业监理工程师应检查承包人的检测条件或委托的检测机构是否符合施工合同的约定及有关规定。

主要检查内容包括：①检测机构的资质等级和试验范围的证明文件；②法定计量部门对试验设备出具的检测仪器、仪表计量检定证书以及设备率定证明文件；③检测人员的资格证书；④检测仪器的数量及种类。

专业监理工程师应对以上制度逐一进行检查，符合要求后予以签认。

(6) 对原材料和中间产品的检验。

①原材料和中间产品的检验工作程序、检验工作内容应符合规定。

②监理机构发现承包人未按施工合同约定和有关规定对原材料、中间产品进行检测，应及时指示承包人补做检测；若承包人未按监理机构的指示补做检测，监理机构可委托其他有资质的检测机构进行检测，承包人应为此提供一切方便并承担相应费用。

③监理机构发现承包人在工程中使用不合格的原材料、中间产品时，应及时发出指示禁止承包人继续使用，监督承包人标识、处置并登记不合格原材料、中间产品。对已经使用了不合格原材料、中间产品的工程实体，监理机构应提请发包人组织相关参建单位及有关专家进行论证，提出处理意见。

④监理机构应按施工合同约定的时间和地点参加工程设备的交货验收，组织工程设备的到场交货检查和验收。

(7) 设计交底。

监理机构应参加、主持或与发包人联合主持召开设计交底会议，由设计单位进行设计文件的技术交底。设计交底应在工程施工前，设计交底的程序是：首先由设计单位介绍设计意图、结构特点、施工及工艺要求、技术措施和有关注意事项及关键问题；然后由施工单位提出图纸中存在的问题和疑点，以及需要解决的技术难题；最后通过三方研究和商讨，拟定出解决的方法，并写出会议纪要，以作为对设计图纸的补充、修改以及施工的依据。

(8) 施工图纸的核查与签发。

监理机构应检查由承包人负责提供的施工图纸和技术文件是否满足开工要求。若承包人负责提供的设计文件和施工图纸涉及主体工程的，监理机构报发包人批准。施工图纸必须由总监理工程师签发，签发方式采用“施工图纸签发表”的格式。根据施工图纸所涉及的专业不同，总监理工程师可安排副总监理工程师或相应专业的监理工程师进行施工图纸核查，专业监理工程师在施工图纸核查的基础上，按照“施工图纸核查意见单”格式填写核查意见。

核查施工图纸应包含以下内容：①施工图纸与招标图纸是否一致；②各类图纸之间、各专业图纸之间、平面图与剖面图之间、各剖面图之间有无矛盾，标注是否清楚、齐全，是否有误；③总平面图与施工图纸的位置、几何尺寸、标高等是否一致；④施工图纸与设计说明、技术要求是否一致；⑤其他设计文件及施工图纸的问题。

(9) 检查施工设备。

监理机构应监督承包人按照施工合同约定安排施工设备及时进场，并对进场的施工设备及其合格性证明材料进行核查。在施工过程中，监理机构应监督承包人对施工设备及时进行补充、维修和维护，以满足施工需要。

旧施工设备(包括租赁的旧设备)应进行试运行，监理机构确认其符合使用要求和有关规定后方可投入使用。

监理机构发现承包人使用的施工设备影响施工质量、进度和安全时，应及时

要求承包人增加、撤换。

(10) 现场工艺试验的审批及监督实施。

监理机构应审批承包人提交的现场工艺试验方案,并监督其实施。现场工艺试验完成后,监理机构应确认承包人提交的现场工艺试验成果,并审查承包人提交的施工措施计划中的施工工艺。对承包人提出的新工艺,监理机构应提请发包人组织设计单位及有关专家对工艺试验成果进行评审认定。

8.1.2　施工过程质量控制

1. 施工过程质量控制方法

(1) 旁站监理。

旁站监理是指监理机构按照监理合同约定和监理工作需要,在施工现场对工程重要部位和关键工序的施工作业实行连续性的全过程监督、检查和记录。

旁站监理是驻地监理人员的一种主要现场检查形式。监理机构应依据监理合同和监理工作需要,结合批准的施工措施计划,在监理实施细则中明确旁站监理的范围、内容和旁站监理人员职责,并通知承包人。除监理合同约定外,发包人要求或监理机构认为有必要并得到发包人同意增加的旁站监理工作,其费用应由发包人承担。施工单位根据监理规划和监理细则中的要求,在需要实施旁站监理的关键部位、关键工序进行施工前 24 h,以书面的形式通知驻工地的项目监理机构(驻地监理),项目监理机构及时安排监理人员实施旁站监理。监理机构应严格实施旁站监理,旁站监理人员应及时填写旁站监理值班记录。

旁站监理人员的主要职责如下:①检查施工企业现场质检人员到岗,特殊工种人员持证上岗及施工机械、建筑材料准备情况;②在现场跟班监督关键部位、关键工序的施工方案以及工程建设强制性标准施工执行的情况;③检查现场建筑材料、建筑构配件、设备和商品混凝土的质量检验报告等,并可在现场监督施工单位进行检验或者委托具有资格的第三方进行复验;④做好旁站监理值班记录和监理日记,保存旁站监理原始材料。

旁站监理人员对需要实施旁站监理的关键部位、关键工序在施工现场跟班监督,及时发现和处理旁站监理过程中出现的质量问题,如实、准确地做好旁站监理记录。凡施工单位现场质检人员和旁站监理人员未在旁站监理记录上签字的,不得进行下一道工序施工。旁站监理人员发现施工单位有违反工程建设强制性标准行为的,有权责令施工单位立即整改;发现其施工活动已经或者可能危及工程质量的，应当及时向监理工程师或者总监理工程师报告，由总监理工程师下达局部暂停施工指令或者采取其他应急措施。旁站监理记录是专业监理工程师或者总监理工程师依法行使有关签字权的重要依据，对于需要旁站监理的关键部位、关键工序施工，凡没有实施旁站监理或者没有旁站监理记录的，监理工程师或者总监理工程师不得在相应文件上签字。工程竣工验收后，监理单位应当将旁站监理记录存档备查。

需要旁站监理的工程重要部位和关键工序一般包括下列内容，监理机构可视工程具体情况从中选择或增加。

①土石方填筑工程的土料、砂砾料、堆石料、反滤料和垫层料压实工序。

②普通混凝土工程、碾压混凝土工程、混凝土面板工程、防渗墙工程、钻孔灌注桩工程等的混凝土浇筑工序。

③沥青混凝土心墙工程的沥青混凝土铺筑工序。

④预应力混凝土工程的混凝土浇筑工序、预应力筋张拉工序。

⑤混凝土预制构件安装工程的吊装工序。

⑥混凝土坝坝体接缝灌浆工程的灌浆工序。

⑦工程监测仪器安装埋设工序，观测孔(井)工程的率定工序。

⑧地基处理、地下工程和孔道灌浆工程的灌浆工序。

⑨锚喷支护和预应力锚索加固工程的锚杆工序、锚索张拉锁定工序。

⑩堤防工程中堤基清理工程的基面平整压实工序，填筑施工的所有碾压工序，防冲体护脚工程的防冲体抛投工序，沉排护脚工程的沉排铺设工序。

⑪金属结构安装工程的压力钢管安装、闸门门体安装等工程的焊接检验工序。

⑫启闭机安装工程试运行调试工序。

⑬水轮机和水泵安装工程的导水机构、轴承、传动部件安装工序。

监理机构在监理工作过程中可结合批准的施工措施计划和质量控制要求，依据监理合同和监理规划通过编制或修订监理实施细则，具体明确或调整需要旁站监理的工程部位和工序。

(2) 巡视检查。

巡视检查是指监理机构对所监理工程的施工进行的定期或不定期的监督与检查，一般由项目监理部决策层或职能部门人员填写。

监理机构应定期或不定期对承包人的人员、原材料、中间产品、工程设备、施工设备、工艺方法、施工环境和工程质量等进行巡视、检查。

监理机构应检查承包人的现场组织机构、主要管理人员、技术人员及特种作业人员是否符合要求，对无证上岗、不称职，或违章、违规人员，可要求承包人暂停或禁止其在本工程中工作。

监理机构发现由于承包人使用的原材料、中间产品、工程设备以及施工设备质量不合格或其他原因可能导致工程质量问题时，应及时发出指示，要求承包人立即采取措施纠正，必要时责令其停工整改。监理机构应对处理结果进行复查，并形成复查记录，确认问题已经解决。

监理机构发现施工环境可能影响工程质量时，应指示承包人采取消除影响的有效措施。必要时，按规定要求其暂停施工。

监理机构应对施工过程中出现的质量问题及其处理措施或遗留问题进行详细记录，保存好相关资料。在执行巡视检查后，应按要求填好监理巡视记录。必要时可由监理工程师或总监理工程师签发巡视监理备忘录。

(3) 平行检测。

平行检测是由监理机构组织实施的与承包人测量、试验等质量检测结果的对比性检测，是监理机构在承包人对原材料、中间产品和工程质量自检的同时，按照监理合同约定独立进行抽样检测，以核验承包人的检测结果。抽样检验是工程质量的保证。

监理机构可采用现场测量手段进行平行检测。需要通过试验室进行检测的项目，监理机构应按照监理合同约定通知发包人委托或认可的具有相应资质的工程质量检测机构进行检测试验。平行检测费用由发包人承担。监理机构应按要求填写“工程质量平行检测记录”。

平行检测实施要点如下。

①监理机构复核施工控制网、地形、施工放样，以及工序和工程实体的位置、高程和几何尺寸时，可以独立进行抽样测量，也可以与承包人进行联合测量，核验承包人的测量成果。

②需要通过试验室试验检测的项目，如水泥物理力学性能检验、砂石骨料常规检验、混凝土强度检验、砂浆强度检验、混凝土掺加剂检验、土工常规检验、砂石反滤料(垫层)常规检验、钢筋(含焊接与机械连接)力学性能检验、预应力钢绞线和锚夹具检验、沥青及混合料检验等，由发包人委托或认可的具有相应资质的工程质量检测机构进行检测，但试样的选取由监理机构确定。现场取样一般由工程质量检测机构实施，也可以由监理机构实施。

③工程需要进行的专项检测试验项目，监理机构不进行平行检测。

④单元工程(工序)施工质量检测可能对工程实体造成结构性破坏的,监理机构不做平行检测,但对承包人的工艺试验进行平行检测。施工过程中监理机构要监督承包人严格按照工艺试验确定的参数实施。

平行检测的项目和数量(比例)应在监理合同中约定。其中,混凝土试样应不少于承包人检测数量的3%,重要部位每种标号的混凝土至少取样1组;土方试样应不少于承包人检测数量的5%,重要部位至少取样3组。施工过程中,监理机构可根据工程质量控制工作需要和工程质量状况等确定平行检测的频次分布。根据施工质量情况要增加平行检测项目、数量时,监理机构可向发包人提出建议,经发包人同意增加的平行检测费用由发包人承担。

现场测量检测的数量应满足单元工程质量评定要求和合同约定要求,施工控制网、施工放样等复核要求。

根据工程的重要性和其他具体要求,应平行检测试验的其他项目和检测数量可在监理合同中约定。

受随机因素的影响,平行检测结果与承包人的自检结果存在偏差是必然的。平行检测试验结果与承包人的自检试验结果不一致时要区分正常误差和系统偏差。发现系统偏差时,监理机构应组织承包人及有关各方进行原因分析,提出处理意见。

若原材料平行检测试验结果不合格,承包人要双倍取样,如仍不合格,则该批次原材料定为不合格,不得使用;若不合格原材料已用于实体工程,监理机构需要求承包人进行工程实体检测,必要时可提请发包人组织设代机构等有关单位和人员对工程实体质量进行鉴定。

对依法必须进行监理的小型水利水电工程,平行检测要求可由发包人根据实际需要自行确定,在监理合同中明确。

(4) 跟踪检测。

监理机构对承包人在质量检测中的取样和送样进行监督。跟踪检测费用由承包人承担。

为了保证承包人送检试样的代表性和真实性,在承包人进行自检的同时,监理机构按照一定比例对试样的取样、标记、包装等实施监督并记录,并与承包人送样人员共同在送样记录上签字。发现承包人在取样方法、取样代表性、试样包装或送样过程中存在错误时,应及时要求予以改正。见证取样应填写"见证取样跟踪记录"。

跟踪检测的项目和数量(比例)应在监理合同中约定。其中,混凝土试样应

不少于承包人检测数量的7%，土方试样应不少于承包人检测数量的10%。施工过程中，监理机构可根据工程质量控制工作需要和工程质量状况等确定跟踪检测的频次分布，但应对所有见证取样进行跟踪。根据工程的重要性和其他具体要求，需跟踪检测的其他项目和检测数量可在监理合同中约定。

根据《水利水电工程施工质量检验与评定规程》(SL 176—2007)，对涉及工程结构安全的试块、试件及有关材料，应实行见证取样。见证取样资料由施工单位制备，记录应真实齐全，参与见证取样人员应在相关文件上签字。见证取样的试样由项目法人确定有相应资质的质量检测单位进行检验。质量跟踪检测应填写“工程质量跟踪检测试样记录”。

(5) 发布指令文件。

发布指令文件也是监理的一种手段。所谓指令文件，如质量问题通知单、备忘录、情况纪要等，是用以指出施工中的各种问题，提请承包人注意。在监理过程中，双方来往都以文字为准。监理机构通过书面指令和文件对承包人进行质量控制，对施工中已发现或有苗头发生质量问题的情况及时以口头或工程现场书面通知的形式通知承包人加以注意或修整。监理人员要做好监理日志和必要的记录。所有这些指令和记录，要作为主要的技术资料存档备查，作为今后解决纠纷的重要依据。

一般规定，专业监理工程师要在每月25日前向驻地总监理工程师提交工程质量月报表。

(6) 有关技术文件、报告、报表的审核。

对质量文件、报告、报表的审核是监理机构进行全面控制的重要手段。监理机构应按施工顺序、施工进度和监理计划及时审核和签署有关质量文件、报表，以最快速度判明质量状况、发现质量问题，并将质量信息反馈给施工承包人。

(7) 支付控制手段。

支付控制手段是监理合同赋予监理机构的一种支付控制权。所谓支付控制权，是指对施工单位支付各项工程款时，必须有监理机构签署的支付证明书，发包人才向承包人支付工程款，否则发包人不得支付。工程款支付的条件之一是工程质量要达到规定的要求和标准。如果承包人的工程质量达不到要求的标准，又不能按监理机构的指示承担处理质量缺陷的责任，使之达到要求的标准，监理机构有权采取拒绝开具支付证书的手段，停止对承包人支付部分或全部工程款，由此造成的损失由施工单位负责。

2. 施工过程质量管理

（1）对承包人施工质量管理的监控。

对承包人的质量控制自检系统进行监督，使其能在质量管理中始终发挥良好作用。如在施工中发现不能胜任的质量控制人员，可要求承包人予以撤换。当其组织不完善时，应促使其改进、完善。

监督与协助承包人完善工序质量控制，使其能将影响工序质量的因素自始至终纳入质量管理范围；督促承包人对重要的和复杂的施工项目或工序作为重点设立质量控制点，加强控制；及时检查与审核承包人提交的质量统计分析资料和质量控制图表；对于重要的工程部位或专业工程，监理机构还要再进行试验和复核。

（2）下达停工指令控制施工质量。

在出现下列情况时，监理机构有权行使质量控制权，下达停工令，及时进行质量控制。

①施工中出现质量异常情况，经提出后，承包人未采取有效措施，或措施不力未能扭转这种情况。

②隐蔽作业未经查验确认合格，而擅自封闭。

③已发生质量事故，迟迟未按监理机构要求进行处理，或者是不停工则质量缺陷或事故将继续发展的情况。

④未经监理机构审查同意，而擅自变更设计进行施工。

⑤未经技术资格审查的人员或不合格人员进入现场施工。

⑥使用的原材料、构配件不合格或未经检查确认，或擅自采用未经审查认可的代用材料。

⑦擅自使用未经监理机构审查认可的分包人进场施工。

（3）严格控制设计变更。

在工程施工过程中，无论是发包人、承包人还是设计单位提出的工程变更或图纸修改，都应通过监理机构审查并组织有关方面研究，确认其必要性后，由监理机构发布变更指令方能生效予以实施。

应当指出的是，监理机构对于无论哪一方提出的现场设计变更要求，都应持十分谨慎的态度。除原设计不能保证质量要求或确有错误，以及无法施工非改不可之外，一般情况下，即使变更要求可能在技术经济上是合理的，也应全面考虑，将变更以后所产生的效益（质量、工期、造价）与现场变更往往会引起的施工

单位的索赔等所产生的损失加以比较，权衡轻重后再做出决定。因为往往这种变更并不一定能达到预期的愿望和效果。

8.1.3　施工工序的质量控制

工程质量是在施工过程中形成的，不是检验出来的。工程项目的施工过程由一系列相互关联、相互制约的工序所构成。工序质量是基础，直接影响工程项目的整体质量。

要控制工程项目施工过程的质量，必须加强工序质量控制。

1. 工序质量控制的内容

进行工序质量控制时，应着重于以下四个方面的工作。

(1) 严格遵守工艺规程。施工工艺和操作规程是进行施工操作的依据和法规，是确保工序质量的前提，任何人都必须遵守，不得违反。

(2) 主动控制工序活动条件。工序活动条件包括的内容很多，主要指影响质量的五大因素，即施工操作者、材料、施工机械设备、施工方法和施工环境。只有切实有效地控制这些因素，使其处于被控状态，确保工序投入品的质量，才能保证每道工序的正常和稳定。

(3) 及时检验工序活动效果。工序活动效果是评价工序质量是否符合标准的尺度。为此，必须加强质量检验工作，对质量状况进行综合统计与分析，及时掌握质量动态，发现质量问题，应及时处理。

(4) 科学设置质量控制点。质量控制点是指为了保证作业过程质量而预先确定的重点控制对象、关键部位或薄弱环节。设置控制点以便在一定时期内、一定条件下进行强化管理，使工序处于良好的控制状态。

2. 质量控制点的设置

质量控制点是施工质量控制的重点，设置质量控制点要根据工程项目的特点，抓住影响工序施工质量的主要因素。重要结构部位、影响质量的关键工序、操作、施工顺序、技术参数、材料、机械、施工环境等均可作为质量控制点来控制。

监理机构应督促承包人在施工前全面、合理地选择质量控制点，并对承包人设置质量控制点的情况及拟采取的控制措施进行审核。必要时，应对承包人的质量控制实施过程进行跟踪检查或旁站监督，以确保质量控制点的实施质量。

承包人在工程施工前，应根据施工过程质量控制的要求、工程性质和特点以及自身的特点，列出质量控制点明细表，表中应详细地列出各质量控制点的名称或控制内容、检验标准及方法等，提交监理机构审查批准后，在此基础上实施质量预控。

质量控制点的设置，主要考虑以下几个方面。

(1) 人的行为。某些工序或操作重点应控制人的行为，避免人的失误造成质量问题。如对高空作业、水下作业、爆破作业等危险作业。

(2) 材料的质量和性能。材料的质量和性能是直接影响工程质量的主要因素，尤其是某些工序，更应将材料的质量和性能作为控制的重点。如预应力锚筋的加工对锚筋的弹性模量、含硫量等有较严要求。

(3) 施工顺序。有些工序或操作，必须严格遵守相互之间的先后顺序。

(4) 技术参数的遵循。有些技术参数与质量密切相关，必须严格控制。如外加剂的掺量、混凝土的水胶比等。

(5) 常见的质量通病。常见的质量通病如混凝土的起砂、蜂窝、麻面、裂缝等都与工序中质量控制不严格有关，应事先制定好对策，提出预防措施。

(6) 新工艺、新技术、新材料的应用。虽然新工艺、新技术、新材料已通过鉴定、试验，但是施工操作人员缺乏经验，又是初次施工时，也必须对其工序进行严格控制。

(7) 质量不稳定和质量问题较多的工序。通过质量数据统计，表明质量波动、不合格率较高的工序，也应作为质量控制点设置。

(8) 特殊的地基和特种结构。对于湿陷性黄土、膨胀土、红黏土等特殊地基的处理，以及大跨度结构、高耸结构等技术难度大的施工环节和重要部位施工，更应特别控制。

(9) 关键的工序。如钢筋混凝土工程的混凝土振捣，灌注桩的钻孔、灌注，隧洞开挖的钻孔布置、方向、深度、用药量和填塞等。

控制点的设置要准确有效，因此究竟选择哪些对象作为控制点，这需要由有经验的质量控制人员通过对工程性质和特点、自身特点以及施工过程的要求充分分析后进行选择。

3. 质量控制中的见证点和待检点

从理论上讲，要求监理机构对施工全过程的所有施工工序和环节实施监督检查，以保证施工的质量。然而，在实际中难以做到这一点，为此，监理机构应督促承包人在施工前全面、合理设置质量控制点。根据质量控制点的重要程度及

监督控制要求不同，将质量控制点分为质量检验见证点和质量检验待检点。

（1）见证点。

所谓“见证点”，是指承包人在施工过程中达到这一类质量检验点时，应事先书面通知监理机构到现场见证，观察和检查承包人的实施过程。

质量检验见证点的实施程序如下：施工或安装承包人在到达这一类质量检验点（见证点）之前 24 h，书面通知监理机构，说明何日何时到达该见证点，要求监理机构届时到场见证。监理机构应注明收到见证通知的日期并签字。如果在约定的见证时间监理机构未能到场见证，承包人有权进行该项施工或安装工作。如果在此之前，监理机构根据对现场的检查写明意见，则承包人在监理机构意见的旁边，应写明根据监理机构意见已经采取的改正行动，或者可能有的某些具体意见。

监理机构到场见证时，应仔细观察、检查该质量检验点的实施过程，并在见证表上详细记录，说明见证的建筑物名称、部位、工作内容、工时、质量等情况，并签字。该见证表还可用作承包人进度款支付申请的凭证之一。

（2）待检点。

对于某些更为重要的质量检验点，必须在监理机构到场监督、检查的情况下承包人才能进行下一步施工，这种质量检验点称为“待检点”。

例如在混凝土工程中，由基础面或混凝土施工缝处理，模板、钢筋、止水、伸缩缝和坝体排水管安装及混凝土浇筑等工序构成混凝土单元工程，其中每一道工序应由监理机构进行检查认证，检验合格才能进入下一道工序。根据承包人以往的施工情况，有的可能在模板架立上容易发生漏浆或模板走样事故，有的可能在混凝土浇筑方面经常出现问题。此时，可以选择模板架立或混凝土浇筑作为待检点，承包人必须事先书面通知监理机构，并在监理机构到场进行检查监督的情况下，才能进行施工。

从广义上讲，隐蔽工程覆盖前的验收和混凝土工程开仓前的检验，也可以认为是待检点。

见证点和待检点的设置，是监理机构对工程质量进行检验的一种有效方法。这些检验点应根据承包人的施工技术力量、工程经验，具体的施工条件、环境、材料、机械等各种因素的情况来选定。各承包人的这些因素不同，见证点或待检点也就不同。有些检验点在施工初期当承包人对施工还不太熟悉、质量还不稳定时可以定为待检点；当施工承包人已熟练掌握施工过程的内在规律、工程质量较稳定时，又可以改为见证点。某些质量控制点，对于这个承包人可能是待检点，对于另一个承包人可能是见证点。

8.1.4 工程质量的检验

质量检验是根据一定的质量标准,借助一定的检测手段来评估工程产品、材料或设备等性能特征或质量状况的工作。

1. 质量检验的方法

现场所用原材料、半成品、工序过程或工程产品质量进行检验的方法一般可分为三类,即目测法、量测法以及试验法。

(1) 目测法。目测法即凭借感官进行检查。这类方法主要是根据质量要求,采用看、摸、敲、照等手法对检查对象进行检查。

(2) 量测法。量测法就是利用量测工具或计量仪表,通过实际量测结果与规定的质量标准或规范的要求相对照,从而判断质量是否符合要求。量测的手法可归纳为靠、吊、量、套。

(3) 试验法。试验法是指通过进行现场试验或试验室试验等理化试验手段,取得数据,分析判断质量情况。包括理化试验和无损测试或检验。

①理化试验。工程中常用的理化试验包括各种物理力学性能方面的检验和化学成分及含量的测定等两个方面。力学性能的检验包括各种力学指标的测定,如抗拉强度、抗压强度、抗弯强度、抗折强度、冲击韧性、硬度、承载力等。物理性能方面的测定如密度、含水量、凝结时间、安定性、抗渗、耐磨、耐热等。化学方面的试验包括化学成分及其含量的测定,例如钢筋中的磷、硫含量,混凝土粗骨料中的活性氧化硅成分测定,以及耐酸、耐碱、抗腐蚀等性能测定。必要时,还可通过诸如对桩或地基的现场静载试验或打试桩,确定其承载力;对混凝土现场取样,通过试验室的抗压强度试验,确定混凝土达到的强度等级;通过管道压水试验,判断其耐压及渗漏情况等。

②无损测试或检验。借助专门的仪器、仪表等手段探测结构物或材料、设备内部组织结构或损伤状态。它们一般可以在不损伤被探测物的情况下了解被探测物的质量情况。

2. 质量检验的分类

质量检验按检验的程度,即检验对象被检验的数量划分,可有以下几类。

(1) 全数检验。全数检验也叫“普遍检验”。它主要是用于关键工序部位或

隐蔽工程，以及在技术规程、质量检验标准或设计文件中有明确规定应进行全数检验的对象。

(2) 抽样检验。对于主要的建筑材料、半成品或工程产品等，由于数量大，通常采取抽样检验。

(3) 免检。就是在某种情况下，可以免去质量检验过程。

8.1.5　质量评定与验收

质量评定是指将质量检验结果与国家和行业技术标准以及合同约定的质量标准所进行的比较活动。

1. 水利工程质量评定

(1) 工程质量评定的一般规定。

①单元(工序)工程质量，在承包人自评合格后，应报监理机构核定质量等级并签证认可。

②重要隐蔽单元工程及关键部位单元工程质量，经承包人自评合格、监理机构复核后，由发包人(或委托监理单位)、监理单位、设计单位、施工单位、工程运行管理(施工阶段已经有时)单位等单位组成联合小组，共同检查核定其质量等级并填写签证表，报工程质量监督机构核备。

③分部工程质量，在承包人自评合格后，由监理机构复核，发包人认定。分部工程验收的质量结论由发包人报工程质量监督机构核备。大型枢纽工程主要建筑物的分部工程验收的质量结论由发包人报工程质量监督机构核定。

④单位工程质量，在施工单位自评合格后，由监理机构复核，发包人认定。单位工程验收的质量结论由发包人报工程质量监督机构核定。工程项目质量，在单位工程质量评定合格后，由监理机构进行统计并评定工程项目质量等级，经项目法人认定后，报工程质量监督机构核定。

⑤阶段验收前，工程质量监督机构应提交工程质量评价意见。

⑥工程质量监督机构应按有关规定在工程竣工验收前提交工程质量监督报告，工程质量监督报告应有工程质量是否合格的明确结论。

质量评定监理工作程序图如图 8.1 所示。

(2) 监理机构在工程质量评定中的职责。

在工程质量评定工作中，监理机构的主要职责如下。

①审查承包人填报的单元工程(工序)质量评定表的规范性、真实性和完整

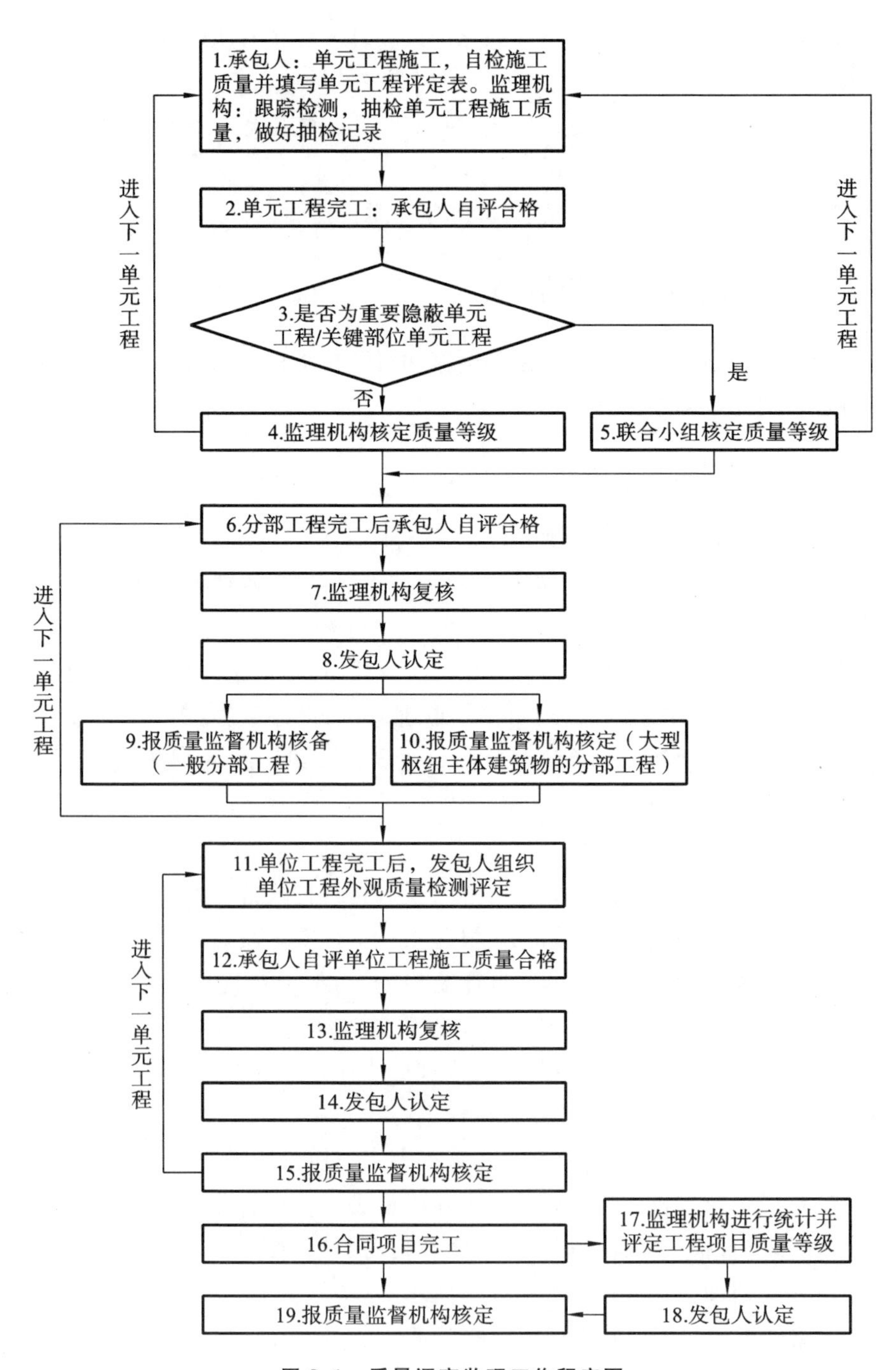

图 8.1　质量评定监理工作程序图

性,复核单元工程(工序)施工质量等级,核定质量等级并签证认可。

②按有关规定组成联合小组,共同检查核定重要隐蔽单元工程及关键部位单元工程的质量等级并填写签证表。

③复核分部工程的施工质量等级,报发包人认定。

④参加发包人组织的单位工程外观质量评定组的检验评定工作;复核单位工程施工质量等级,报发包人认定。

⑤单位工程质量评定合格后,统计并评定工程项目质量等级,报发包人认定。

2. 水利工程质量验收

水利工程建设项目具备验收条件时,应当及时组织验收。未经验收或者验收不合格的,不得交付使用或者进行后续工程施工。

(1) 验收分类。

水利工程建设项目验收,按验收主持单位性质不同分为法人验收和政府验收两类。

法人验收是指在项目建设过程中由项目法人组织进行的验收。法人验收是政府验收的基础。

政府验收是指由有关人民政府、水行政主管部门或者其他有关部门组织进行的验收,包括专项验收、阶段验收和竣工验收。

①专项验收。工程竣工验收前,应当按照国家有关规定,进行环境保护、水土保持、移民安置以及工程档案等专项验收。经有关部门同意,专项验收可以与竣工验收一并进行。枢纽工程导(截)流、水库下闸蓄水等阶段验收前,涉及移民安置的,应当完成相应的移民安置专项验收。

②阶段验收。竣工验收主持单位根据工程建设的实际需要,可以增设阶段验收的环节。工程建设进入枢纽工程导(截)流、水库下闸蓄水、引(调)排水工程通水、首(末)台机组启动等关键阶段,应当组织进行阶段验收。

③竣工验收。竣工验收应当在工程建设项目全部完成并满足一定运行条件后 1 年内进行。不能按期进行竣工验收的,经竣工验收主持单位同意,可以适当延长期限,但最长不得超过 6 个月。逾期仍不能进行竣工验收的,项目法人应当向竣工验收主持单位作出专题报告。竣工财务决算应当由竣工验收主持单位组织审查和审计。竣工财务决算审计通过 15 日后,方可进行竣工验收。

(2) 监理机构在工程验收中的职责及工作内容。

①监理机构工程验收职责。

监理机构应按照有关规定组织或参加工程验收,其主要职责如下。

a. 参加或受发包人委托主持分部工程验收;参加发包人主持的单位工程验收、水电站(泵站)中间机组启动验收和合同工程完工验收。

b. 参加阶段验收、竣工验收,解答验收委员会提出的问题,并作为被验收单位在验收鉴定书上签字。

c. 按照工程验收有关规定提交工程建设监理工作报告,并准备相应的监理备查资料。

d. 监督承包人按照分部工程验收、单位工程验收、合同工程完工验收、阶段验收等验收鉴定书中提出的遗留问题处理意见完成处理工作。

②分部工程验收中的主要监理工作。

a. 组织检查分部工程的完成情况、施工质量评定情况和施工质量缺陷处理情况,并审核承包人提交的分部工程验收资料。指示承包人对申请被验分部工程存在的问题进行处理,对资料中存在的问题进行补充、完善。

b. 经检查分部工程符合有关验收规程规定的验收条件后,提请发包人或受发包人委托及时组织分部工程验收。

c. 在验收前应准备相应的监理备查资料。

d. 监督承包人按照分部工程验收鉴定书中提出的遗留问题处理意见完成处理工作。

③单位工程验收中的主要监理工作。

a. 在承包人提出单位工程验收申请后,监理机构应组织检查单位工程的完成情况和施工质量评定情况、分部工程验收遗留问题处理情况及相关记录,并审核承包人提交的单位工程验收资料。监理机构应指示承包人对申请被验单位工程存在的问题进行处理,对资料中存在的问题进行补充、完善。

b. 经检查单位工程符合有关验收规程规定的验收条件后,提请发包人及时组织单位工程验收。

c. 参加发包人主持的单位工程验收,并在验收前提交工程建设监理工作报告,准备相应的监理备查资料。

d. 监督承包人按照单位工程验收鉴定书中提出的遗留问题处理意见完成处理工作。

e. 单位工程投入使用验收后工程若由承包人代管,协调合同双方按有关规定和合同约定办理相关手续。

④合同工程完工验收中的主要监理工作。

a. 承包人提出合同工程完工验收申请后，监理机构应组织检查合同范围内的工程项目和工作的完成情况、合同范围内包含的分部工程和单位工程的验收情况、观测仪器和设备已测得初始值和施工期观测资料分析评价情况、施工质量缺陷处理情况、合同工程完工结算情况、场地清理情况、档案资料整理情况等。监理机构应指示承包人对申请被验合同工程存在的问题进行处理，对资料中存在的问题进行补充、完善。

b. 经检查已完合同工程符合施工合同约定和有关验收规程规定的验收条件后，提请发包人及时组织合同工程完工验收。

c. 参加发包人主持的合同工程完工验收，并在验收前提交工程建设监理工作报告，准备相应的监理备查资料。

d. 合同工程完工验收通过后，参加承包人与发包人的工程交接和档案资料移交工作。

e. 监督承包人按照合同工程完工验收鉴定书中提出的遗留问题处理意见完成处理工作。

f. 审核承包人提交的合同工程完工申请，满足合同约定条件的，提请发包人签发合同工程完工证书。

⑤阶段验收中的主要监理工作。

a. 工程建设进展到枢纽工程导（截）流、水库下闸蓄水、引（调）排水工程通水、水电站（泵站）首（末）台机组启动或部分工程投入使用之前，核查承包人的阶段验收准备工作，具备验收条件的，提请发包人安排阶段验收工作。

b. 各项阶段验收之前，协助发包人检查阶段验收具备的条件，并提交阶段验收工程建设监理工作报告，准备相应的监理备查资料。

c. 参加阶段验收，解答验收委员会提出的问题，并作为被验单位在阶段验收鉴定书上签字。

d. 监督承包人按照阶段验收鉴定书中提出的遗留问题处理意见完成处理工作。

⑥竣工验收中的主要监理工作。

监理机构应协助发包人组织竣工验收自查，核查历次验收遗留问题的处理情况。竣工验收中监理机构的主要工作内容如下。

a. 在竣工技术预验收和竣工验收之前，提交竣工验收工程建设监理工作报告，并准备相应的监理备查资料。

b. 派代表参加竣工技术预验收,向验收专家组报告工程建设监理情况,回答验收专家组提出的问题。

c. 总监理工程师应参加工程竣工验收,代表监理单位解答验收委员会提出的问题,并在竣工验收鉴定书上签字。

8.2 施工进度控制

8.2.1 施工进度的表示方法及对比

监理机构在施工阶段进度控制的依据,是合同文件规定的进度控制时间和在满足合同文件规定的条件下,由承包人编制并经监理工程师批准的施工进度计划。在施工过程中,按照监理工程师的要求,承包人应对施工进度计划进行修订,承包人还应按时间规定报送年、季、月施工进度计划,经监理工程师批准后实施。

施工进度计划一般以横道图或网络计划图的形式编制,同时应说明施工方法、施工场地、道路利用的时间和范围、业主所提供的临时工程和辅助设施的利用计划,并附机械设备需要计划、主要材料需求计划、劳动力计划、财务资金计划及附属设施计划等。

1. 横道图

横道图是一种较简单、直观的施工进度控制图,如图 8.2 所示。表中粗线表示计划进度,细线表示实际进度。施工进度表编制完成后,可进而编制适应此进度要求的劳务、材料、设备等各种资源计划。图 8.2 所示工程施工进度表中,在第 7 周末检查时,土方工程已全部完成,基础工程拖后半周开工、拖后半周完工,而钢结构工程按计划进行,但拖后 1 周完工,应找出实际进度落后的原因,并及时采取必要的补救措施或修改调整原计划。

(1) 横道图的特点。

横道图虽有简单、形象直观、易于掌握、使用方便等优点,但由于其以横道图计划为基础,因而带有不可克服的局限性。在横道图计划中,各项工作之间的逻辑关系表达不明确,关键工作和关键线路无法确定。一旦某些工作实际进度出

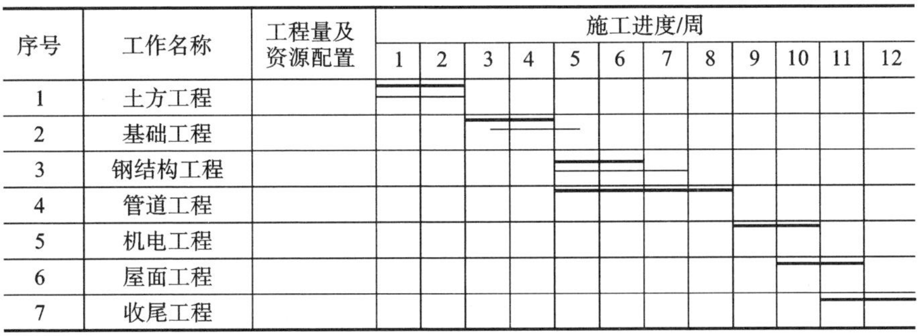

序号	工作名称	工程量及资源配置	施工进度/周											
			1	2	3	4	5	6	7	8	9	10	11	12
1	土方工程													
2	基础工程													
3	钢结构工程													
4	管道工程													
5	机电工程													
6	屋面工程													
7	收尾工程													

图 8.2　横道图示意图

现偏差时，难以预测其对后续工作和工程总工期的影响，也就难以确定相应的进度计划调整方法。因此，横道图法主要用于工程项目中某些工作实际进度与计划进度的局部比较。

(2) 匀速进展横道图。

匀速进展是指在工程项目中，每项工作在单位时间内完成的任务量都是相等的，即工作的进展速度是均匀的。此时，每项工作累计完成的任务量与时间成线性关系。

采用匀速进展横道图比较法时，其步骤如下：

①编制横道图进度计划；

②在进度计划上标出检查日期；

③将检查收集到的实际进度数据经加工整理后按比例用涂黑的粗线标于计划进度的下方，如图 8.3 所示。

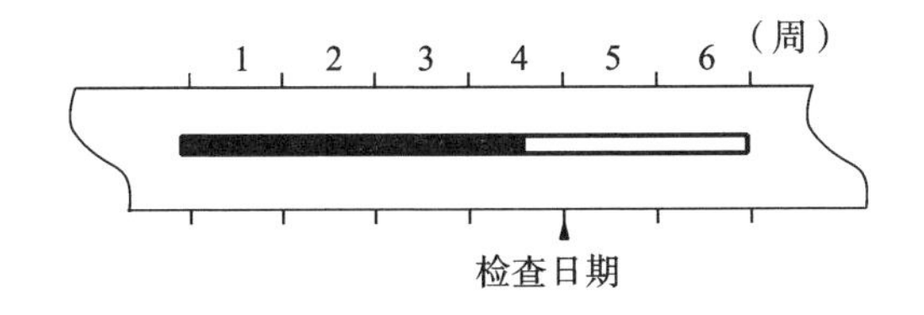

图 8.3　匀速进展横道图比较图

如果涂黑的粗线右端落在检查日期左侧(右侧)，表明实际进度拖后(超前)；如果涂黑的粗线右端与检查日期重合，表明实际进度与计划进度一致。

必须指出，该方法仅适用于工作从开始到结束的整个过程中，其进展速度均为固定不变的情况。

采用横道图法，不仅可以进行某一时刻(如检查日期)实际进度与计划进度

的比较，而且能进行某一时间段实际进度与计划进度的比较。当然，这需要实施部门按规定的时间记录当时的任务完成情况。

2. 网络计划图

网络计划图技术的基本原理是应用网络图形来表示一项计划中各项工作的开展顺序及其相互之间的关系。通过网络图进行时间参数的计算，找出计划中的关键工作和关键线路。关键线路是项目工程网络图中，工作时间最长的线路。关键工作是在关键线路上工作时间最长的工作。再通过不断改进网络计划，寻求最优方案，以最小的消耗取得最大的经济效果。在工程领域，网络计划图技术的应用尤为广泛，被称为“工程网络计划技术”。

网络计划图有以下优点。

（1）便于项目实施的总体工作协调，能够使用电子计算机进行计划的自动化管理。

（2）使用网络计划图，能预先明确哪些是控制工程工期的关键工作，哪些工作的机动时间大，便于施工进度管理和资源调配。

（3）在实施计划过程中，若一项工作提前或拖后完成，网络计划能准确地给出这一结果对后续工作的影响。

（4）使用网络计划图，能准确计算工期索赔中的工期延长费用和处理其他工期调整问题。

网络计划图能够准确表示工作之间的逻辑关系，明确给出控制工期的关键工作并确定非关键工作机动时间的大小。在实施计划中，可以准确判断出工作进度提前或拖延对工程总工期及后续工作的影响。

网络计划图的形式很多，例如双代号网络图、单代号网络图、搭接网络图等，研究领域也很宽，例如关键路线法、随机网络计划法等。图 8.4 为双代号网络计划，从图中可看出，定线、开挖、铺垫层，钢筋、模板制作和混凝土浇筑、混凝土养护、拆模等为关键线路，关键线路可表示为①→②→④→⑥→⑦→⑧→⑨→⑩；关键线路上的关键工作是混凝土养护，可表示为⑧→⑨，对工期起到控制作用，如果拖延将影响工期。模板制作工作有 3 d 总时差，也就是有 2 d 的机动时间。

3. 施工进度的检查对比

（1）进度检查的方式。

通常，监理人员可采取如下措施了解现场施工进度情况。

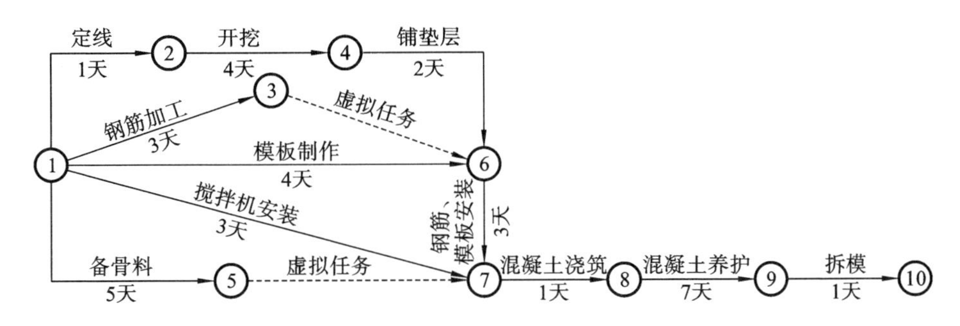

图 8.4　双代号网络计划图

①监督、检查和分析承包人的日进度报表和作业状况表。在实施合同过程中，监理人员应随时监督、检查和分析承包人的施工日志，其中包括日进度报表和作业状况表。报表的形式可由监理工程师提供或由承包人提供，经监理工程师同意后实施。为了了解工程进度的实际进展，避免承包人超报完工数量，监理人员有必要进行现场实地检查和监督。在施工现场，监理人员除了检查具体的施工活动外，还要注意工程变更对进度计划实施的影响。

监理人员监督现场施工进度，是一项经常性的工作。在施工进度检查、监督中，监理人员如果发现实际进度较计划进度拖延，一方面应分析这种偏差对工期的影响，另一方面分析造成进度拖延的原因。如果工程拖延属业主责任，则在保留承包人工期索赔权利的情况下，经业主同意，理应做出正确的处理，批准工程延期或发出加速施工指令，同时商定由此给予承包人的费用补偿；若属承包人责任造成的进度拖延，则监理人员可视拖延程度及其影响，发出相应级别的赶工指令，要求承包人加快施工进度，必要时应调整其施工进度计划。

②检查材料供应情况。现场监理人员必须随时了解材料物资的供应情况，了解现场是否出现由于材料供应不上而造成施工进度拖延的现象。

③定期召开生产会议。监理人员组织现场施工负责人召开现场生产会议，是获得现场施工信息的另一种重要途径。同时，通过这种面对面的交谈，监理人员还可以从中了解到施工活动潜在的问题，以便及时采取相应的措施。

（2）监理人员在审批进度计划时应注意的事项。

根据合同规定，承包人应根据监理工程师规定的格式、详细程度、方式、时间，向监理工程师递交施工进度计划，以得到监理工程师的同意。如果承包人计划完成的工程量或工程面貌满足不了合同工期和总进度计划的要求（包括防洪度汛、河床截流、下闸蓄水、工程完工、机组试运行等），则应要求承包人采取措施。例如，增加计划完成工程量，加大施工强度，加强管理，改变施工工艺、增加

设备等。同时，监理工程师还应审批施工进度计划对施工质量和施工安全的保证程度。

一般来说，监理人员在审批进度计划时应注意以下几点。

①首先应了解承包人上个计划期完成的工程量和形象面貌情况。

②分析承包人所提供的施工进度计划是否能满足合同工期和施工总进度计划的要求。

③为完成计划所采取的措施是否得当，施工设备、人力能否满足要求，施工管理上有无问题。

④核实承包人的材料供应计划与库存材料数量，分析是否满足施工进度计划的要求。

⑤工程设备供应计划是否与进度计划协调。

⑥为完成施工进度计划所采取的方案对施工质量、安全和环保有无影响。

⑦计划内容、计划中采用的数据有无错漏之处等。

(3) 实际进度与计划进度的对比与分析。

事实上，监理人员所获得的现场施工进度信息的具体表现形式是大量的未经整理的数据(无论是从报表还是从现场调查中获得)。因此，要想从中发现问题，还必须对这些数据进行必要的处理和汇总，并利用这些经整理和处理的数据与原计划的数据进行比较，从而对施工现状及未来进度动向加以分析和预测。

①施工进度检查方法。

施工进度检查方法主要有标图检查法、前锋线检查法以及割切检查法。

标图检查法是将所查时段内所完成的工作项目用图或文字及时地标注到网络图上，并随时加以分析，采取措施，从而将施工活动向前推进。

前锋线检查法是指绘制在网络计划执行中的某一时刻正进行的各工作的实际进度前锋的连线，在时标网络图上标画前锋线的关键是标定工作的实际进度前锋位置。

割切检查法是一种将网络计划中已完成部分割切去，然后对剩余网络部分进行分析的一种方法。

②进度分析。

依据进度检查得到的施工进度、设计进度、设备采购进度、材料供应进度等资料，根据合同或计划中规定的目标，进行动向预测，估计各工作按阶段目标、里程碑节点控制时间以及按工期要求完成的可能性。

进度检查的结果不管是超前还是落后，都应该根据工作的进展速度、图纸、

材料、设备等的供应进度，对下阶段的目标按期完成的可能性作出判断，若不能完成，应采取措施。

4. 施工进度控制方法

经过施工实际进度与计划进度的对比和分析，当进度的拖延对后续工作或工程工期影响较大时，监理机构不容忽视，应及时采取相应措施。如果进度拖延不是承包人的原因造成的，应着手研究相应的措施（例如，发布加速施工指令、批准工程工期延期或加速施工与部分工程工期延期的组合方案等），并征得业主同意后实施。同时主动与业主、承包人协调，决定由此应给予承包人的相应费用补偿，随着月支付一并办理；如果工程施工进度拖延是承包人的原因或风险造成的，监理机构可发出赶工指令，要求承包人采取措施，修正进度计划，以使监理人员满意。

（1）在原计划范围内采取赶工措施。当月计划未完成，一般要求在下个月的施工计划中补上。如果由于某种原因（例如，发生大的自然灾害，或材料、设备、资金未能按计划要求供应等）计划拖欠较多时，则要求在季度或年度的其他月份内调整。

（2）工期提前的调整。当控制投产日期的项目完成计划较好，且根据施工总进度安排，其后续施工项目和施工进度有可能缩短时，应考虑工程提前投产的可能性。一般情况下，只要能达到预期目标，调整应越少越好。

（3）提前完工奖励及工程延期赔偿。合同文件一般规定：该项工程必须在合同规定的期限内全部竣工，工程控制进度的实施应满足合同规定的要求。由于非承包人的过失，造成合同规定的工程控制性进度的延误，承包人有权提出书面申请，经监理工程师核实，业主认可，该控制性进度应予延长，并赔偿承包人由此而引起的额外费用。由于承包人的过失造成合同规定的工程控制性进度延迟，经监理工程师核实，承包人应按合同规定向业主缴纳逾期违约赔偿金。若在合同规定的期限内，业主根据需要要求承包人提前竣工时，其所增加费用及奖励由业主支付。

一般来说，在进度拖延责任是承包人原因的情况下，如果承包人在以后一段时间内，施工进度仍未有明显改观，则可以认为承包人违约，由此引起的经济后果由承包人承担。需要强调的是，当进度拖延时，监理工程师切记不能不区分责任，一味指责承包人施工进度太慢，要求加快进度。这样处理问题极易中伤承包人的积极性和合作精神，对工程进展是无益处的。事实上，若进度拖延是属于业主责任或业主风险造成的，即使监理工程师没有主动明确这一点，事后承包人一般也会通过索赔得到利益补偿。

8.2.2 进度控制措施

1. 各参建方的工程进度控制任务

建设工程项目管理有多种类型，代表不同方（业主方和项目参与各方）利益的项目管理都有进度控制的任务，但是，其控制的目标和时间范畴不相同。

（1）甲方进度控制的任务是控制整个项目实施阶段的进度，包括控制设计工作进度、施工进度、物资采购工作进度以及工程投产前准备阶段的工作进度。

（2）设计方进度控制的任务是依据设计任务委托合同对设计工作进度的要求控制设计工作进度，这是设计方履行合同的义务。另外，设计方应尽可能使设计工作的进度和施工、物资采购等工作进度相协调。实际上，设计进度计划主要是确定各设计阶段的设计图纸（包括有关的说明）的出图计划，在出图计划中标明每张图纸的出图日期。

（3）施工单位进度控制的任务是依据施工合同对施工进度的要求控制施工工作进度，这是施工方履行合同的义务。在进度计划编制方面，施工方应视项目的特点和施工进度控制的需要，编制深度不同的控制性和直接指导项目施工的进度计划，以及按不同计划周期的计划，例如，年度、季度、月度和旬计划等。

（4）供货方进度控制的任务是依据供货合同对供货的要求控制供货工作进度，这是供货方履行合同的义务。供货进度计划应包括供货的所有环节，例如，采购、加工制造、运输等。

2. 监理单位的工程进度控制措施

在建设项目施工承包合同中，监理单位既不是承包合同签约的一方，也不是业主的雇员，而是合同签约双方以外的独立的第三方，根据合同规定的权限，以自身的专业技能和特定的地位，进行合同管理。在业主与监理单位签订的监理委托合同中，明确规定了监理单位受业主委托进行施工承包合同管理的权限，并按监理委托合同的有关规定，要求将这一权限明确规定到业主与施工承包人签订的施工承包合同中，作为监理机构进行施工合同管理的依据。监理机构施工进度控制的措施和主要任务如下。

（1）发布开工令。

开工令是具有法律效力的文件。监理工程师发出开工通知，对业主和承包

人的工作都是有重要影响的。由于业主的原因不能按合同规定时限下达开工令或者下达开工令后，不能按合同规定给出相应等级数量的交通道路、营地、施工场地以及供水、供电、通信、通风等条件，合同中一般规定了承包人工期索赔的权利。同样，如果下达开工令后，承包人由于组织、资金、设备等种种原因不能尽快开工，业主可以认为承包人违约。

（2）审批承包人的施工进度计划。

承包人编报的施工进度计划经监理机构正式批准后，作为合同性施工进度计划，成为合同的补充性文件，具有合同效力，对业主和承包人都具有约束作用，它也是以后处理可能出现的工程延期和索赔的依据之一。假如监理工程师未按进度计划的要求及时提供图纸，影响了承包人的施工进度时，承包人有权利要求延长工期和增加费用。如果承包人延误工程进度，应自费加速施工，以挽回延误了的工期，否则，应承担拖延工期责任。

这一进度计划不同于承包人在投标书中所附的进度计划。投标书中的进度计划一般只作为业主评标、决标的根据之一；中标后报送的进度计划，从编制时间、资料细度、施工方法及符合业主意图等方面都优于前者。这一施工进度计划在取得监理机构审批后，成为施工过程中合同双方共同遵守的合同性文件，将作为进度控制和处理工期索赔的重要依据。

一般施工进度计划的审核内容包括以下几个方面。

①进度安排是否满足合同规定的开工和竣工日期。

②施工顺序的安排是否符合逻辑，是否符合施工程序的要求。

③施工单位的劳动力、材料、机具设备供应计划能否保证进度计划的实现。

④进度安排的合理性，以防止承包人利用进度计划的安排造成业主违约，并以此向业主提出索赔。

⑤该进度计划是否与承包人其他工作计划协调。

⑥承包人的进度计划是否与业主的工作计划协调。

（3）对施工进度进行监督、检查和控制。

监理人员应随时跟踪检查承包人的现场施工进度，监督承包人按合同进度计划施工，并做好监理日志。对实际进度与计划进度之间的差别应作出具体的分析，从而根据当前施工进度的动态预测后续施工进度的态势，必要时采取相应的控制措施。

（4）落实按合同规定应由业主提供的施工条件。

施工承包合同中除了规定承包人应为业主完成的工程建设任务外，业主也应为承包人提供必需的施工条件。包括支付工程款，提供施工场地与交通道路，提供水、电、风和通信，提供某些特定的工程设备、施工图纸与技术资料等。监理工程师除了监督承包人的施工进度外，也应及时落实按合同规定应由业主提供的施工条件。

(5) 主持生产协调会议并做好进度协调工作。

生产协调会议是施工阶段组织协调工作的一种重要形式。监理工程师通过生产协调会议进一步了解现场施工情况，协调生产。生产协调会议应由总监理工程师主持，会后整理成会议纪要或备忘录，即对双方产生约束力。生产协调会议包括第一次工地会议、常规生产会议（又称“监理例会”）及现场协调会议。

常规工地会议对进度、质量、投资的执行情况进行全面总结，并提出对有关问题的处理意见以及今后工作中对进度、质量、投资的控制措施。此外，还要讨论延期、索赔及其他事项。

监理人员主要做好如下方面的生产协调工作。

①各承包人之间的进度协调。大多数水利水电工程的施工发包分成若干个分标。就项目发包来说，若一个标很大，整个授予一个承包人，本身充满了风险。应按照专业特点、场地、交通、工程量等多种因素，将整个工程项目分成若干个分标，各分标更易选到在工种、专业、设备、人员、技术、管理、资金等方面合适的承包人，且投标报价可能会降低，工程建设的进度、质量等较有保证，从而可以使工程建设达到较好的经济效果。另外，将工程项目分成几个分标后，承包人的风险减小，为了增强竞争力，在投标报价中，承包人可能少摊入不可预备费，从而降低报价。但是，一个工程分成几个分标后，几个承包人在一个工程上协作施工，经常会在施工场地、交通道路、作业交接等方面相互影响，不可避免会出现分歧和矛盾，需要从中进行协调。生产协调是监理工程师的一项经常性的复杂工作，因此，合同中专门规定了监理工程师进行协调的权力：承包人应根据监理工程师的批示为业主雇佣的其他承包人、业主工作人员从事其工作提供一切合理的机会；承包人应根据监理工程师的指示为上述人员从事工作提供道路、场地、设备、临时设施和其他服务。

承包人与其分包人之间和联营体承包人之间的关系协调，一般应由承包人自己解决，不在监理工程师协调范围之内。

②承包人与业主之间的协调。当由业主负责提供的材料、场地、通道、设施、

资金等与承包人的施工进度计划不协调或者承包人与业主之间在执行合同中因某种原因发生冲突，甚至形成僵持局面时，监理工程师作为承包合同之外独立的第三方，应公正合理地做好协调工作。

③图纸供应的协调。大多数情况下，合同规定，工程的施工图纸由业主提供（业主通过设计承包合同委托设计单位提供），由监理工程师签发提交承包人实施。为了避免施工进度与图纸供应的不协调，合同一般规定在承包人提交施工进度计划的同时，提交图纸供应计划，以得到监理工程师的同意。在施工计划实施过程中，监理工程师应协调好施工进度和设计单位的设计进度。当实际供图时间与承包人的施工进度计划发生矛盾时，原则上应尽量满足施工进度计划的要求；当设计工作确有困难时，应对施工进度计划作适当调整。

(6) 工程设备和材料供应的进度控制。

审查设备加工订货单位的资质能力和社会信誉，落实主要设备的订货情况，核查交货日期与安装时间的衔接，以提高设备按期供货的可靠度。同时，应控制好其他材料物资按计划供应，以保证工程施工按计划实施。

(7) 处理好工期索赔问题。

尽可能减少发布对工期有重大影响的工程变更指令，公正合理地处理好工期索赔问题。在监理工程师发布协调指令时，也往往涉及费用与工期的调整问题。由于承包人执行监理工程师发布的协调指令造成承包人的损失，监理工程师在与业主、承包人协商后，应给予承包人相应的补偿。否则，由此可能引起施工索赔问题。

(8) 监理进度控制的其他任务。

包括向业主编报进度报告、协助业主向贷款银行编写进度报告、工程施工停工与复工管理、工期延误及调整等。

8.3　施工投资控制

监理工程师在施工阶段进行投资控制的基本原理是把计划投资额作为投资控制的目标值，在工程施工过程中定期地进行投资实际值与目标值的比较，通过比较发现找出实际支出额与投资控制目标值之间的偏差，分析产生偏差的原因，并采取有效措施加以控制，以保证投资控制目标的实现。

8.3.1 投资构成及计价方式

1. 水利水电工程建设项目投资构成

水利水电工程建设项目投资构成见图8.5。

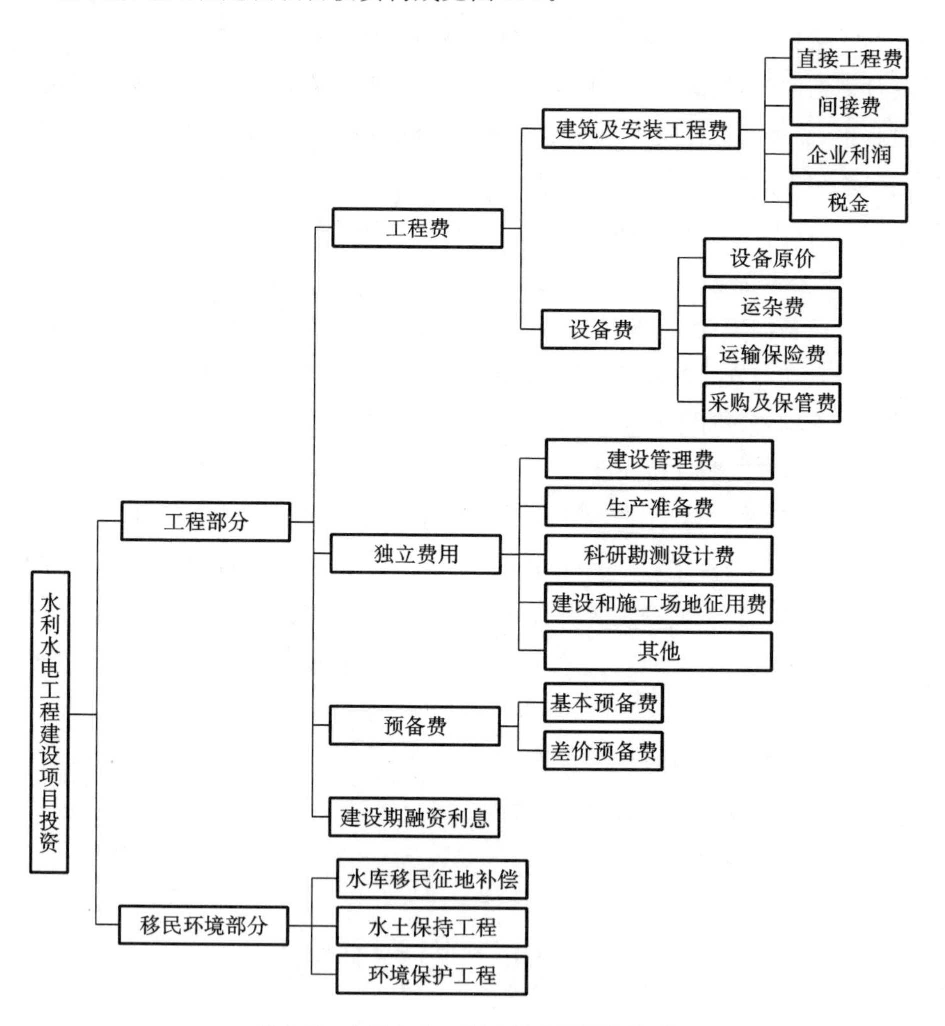

图8.5 水利水电工程建设项目投资构成

2. 计价方式

水利水电工程施工中，大多数项目采用单价计价方式进行工程价款的支付。

在固定单价合同中，项目的计价一般采用单价计价、包干计价、计日工费用的计价三种计价支付方式，简要介绍如下。

（1）单价计价。

对于水利水电工程，单价计价方式是按工程量清单中的单价和实际完成的可准确计量的工程量来计价。在计价支付中，监理工程师应注意以下问题。

①工程价值的确定。对于承包人已完项目的价值，应根据工程量清单中的单价与监理工程师计量的工程数量来确定。按照 FIDIC（Fédération Internationale Des Ingénieurs Conseils，法文缩写 FIDIC，国际咨询工程师联合会）合同条件的规定，除监理工程师根据合同条件发出的工程变更外，工程量清单中的单价是不能改变的。因此，工程款项的支付，不允许采用清单中单价以外的任何价格。

②没有标价的项目不予支付任何款项。根据合同文件的规定，承包人在投标时，对工程量清单中的每项都应提出报价。因此对于工程量清单中没有单价或款额的项目，将认为该项的费用已包括在其他单价或款额中。因此，对工程量清单中没有标价的项目一律不予支付任何款项。

（2）包干计价。

在水利水电工程施工固定单价合同中，有一些项目由于种种原因，不易计算工程量，不宜采用单价计价，而采用包干计价，如临建工程、房建工程、观测仪器埋设、机电安装工程等，采用按项包干的方式计算费用。对于采用包干计价的项目，一般在合同中规定，在开工后规定的时间内，由承包人向监理工程师递交一份包干项目分析表，在分析表中将包干项目分解为若干子项，列出每个子项的合理价格。该分析表经监理工程师批准后，即可作为包干项目实施时支付的依据。

（3）计日工费用的计价。

①计日工费用的计价方法。计日工费用的计价，一般采用下述方法：工程量清单中，对采用计日工形式可能涉及不同工种的劳力、材料、设备的价格进行了规定，因此在进行计日工工作时，一些劳力、材料及设备可根据工程量清单中相同项目的单价计取有关费用。尽管工程量清单中对一些劳力、材料及设备进行了定价，但进行计日工工作时，往往还有一些劳力、材料及设备在清单中没有定价。对于清单中没有定价的项目，应按实际发生的费用加上合同中规定的费用率支付有关的费用。

②计日工费用的支付。计日工费用实质上也属于备用金（暂定金额）的性质，它是用于完成在招标、投标时不能预料的一些工作。对于计日工费用的支

付，应符合以下规定：以计日工的形式进行的任何工作，必须有监理工程师的指令，没有监理工程师的批准，承包人不能以计日工的形式进行任何工作，当然也不能支付任何款项。经监理工程师批准，承包人在施工过程中，每天应向监理工程师提交参加该项计日工工作的人员姓名、职业、级别、工作时间和有关的材料、设备清单，同时每月向监理工程师提交一份关于记载计日工工作所用的劳力、材料、设备价格的报表，否则承包人无权要求计日工的付款。

8.3.2 施工实施阶段投资控制的主要监理工作

施工实施阶段工程投资控制的主要监理工作包括以下各项。

(1) 审批承包人提交的资金流计划。

(2) 协助项目法人编制合同项目的付款计划。

(3) 根据工程实际进展情况分析合同付款情况，提出资金流调整意见。

(4) 审核工程付款申请，签发付款证书。

(5) 根据施工合同约定进行价格调整。

(6) 根据授权处理工程变更所引起的工程费用变化事宜。

(7) 根据授权处理合同索赔中的费用问题。

(8) 审核完工付款申请，签发完工付款证书。

(9) 审核最终付款申请，签发最终付款证书。

8.3.3 资金投入计划和投资控制规划的编制

在施工阶段，监理工程师担负着繁重的投资控制任务。为了做好投资控制工作，做到在施工过程的各时段，在资金投入需求量、资金筹措、资金分配等方面有计划、有措施地协调运作，以达到合理、稳妥地控制投资的目的，监理工程师应于施工前做好资金投入计划和投资控制规划工作。根据承包人的投标报价、承包人提交的现金流量计划，综合考虑由承包人提供或者物资采购合同中有关物资供应、材料供应、场地使用、图纸供应等方面的费用，考虑一定的可变因素影响，在项目分解的基础上做出资金使用计划。

监理工程师在审批承包人呈报的现金流量估算计划的基础上，要编制工程项目建设资金的投入计划，为进行有效的投资(费用)控制奠定基础。资金投入计划的编制过程为：首先，在工程施工招标文件的工程量清单项目划分基础上，根据承包人的投标报价和物资采购合同的报价，综合考虑承包人的其他支出，进

行资金分配；然后，按照施工进度计划的安排(如网络进度计划、横道计划等)，统计各时段需要投入的资金，得到资金投入现金流过程；最后，在资金投入现金流过程的基础上，按时间对资金进行累积计算，即可得到资金投入计划。

8.3.4　工程计量

在施工过程中，对承包人已完成的工程量的测量和计算，称为“工程计量”，简称“计量”。为进行这项工作，国外有工程量测算师，在我国目前实行的监理工程师制度中，监理机构应配备测量工程师和工程测量员，协助监理工程师进行工程量测量和计算。

在水利水电工程施工中，对承包人的工程价款支付，大多数是按照实际完成的工程数量来进行计算的。工程量清单中开列的工程量是合同的估算工程量，不是承包人为履行合同应当完成的和用于结算的工程量。结算的工程量应是承包人实际完成的并按合同有关计量规定计量的工程量。因此，项目的计量支付，必须以监理工程师确认的中间计量作为支付的凭证，未经监理工程师计量确认的任何项目，一律不予支付。

工程计量控制是监理工程师投资控制的基础之一。在施工过程中，由于地质、地形条件变化，设计变更等多方面的影响，招标中的名义工程量和施工中的实际工程量很难一致，再加上工期长，影响因素多，因此，在计量工作中，监理工程师既要做到公正、诚信、科学，又必须使计量审核统计工作在工程一开始就达到系统化、程序化、标准化和制度化。

1. 计量的方式

(1) 由承包人在监理人的监督下进行计量。

承包人应按合同规定的计量办法，按月对已完成的质量合格的工程进行准确计量，并在每月末随同月付款申请单，按工程量清单的项目分项向监理人提交完成工程量月报表和有关计量资料。

然后，监理人对承包人提交的工程量月报表进行复核，以确定当月完成的工程量。有疑问时，可以要求承包人派员与监理人共同复核，并可要求承包人按规定进行抽样复测。此时，承包人应指派代表协助监理人进行复核并按监理人的要求提供补充的计量资料。若承包人未按监理人的要求派代表参加复核，则监理人复核修正的工程量应被视为承包人实际完成的准确工程量。

（2）监理人与承包人联合计量。

在监理人认为有必要时，可要求与承包人联合进行测量计量，即在承包人完成了工程量清单中每个项目的全部工程量后，监理人要求承包人派员共同对每个项目的历次计量报表进行汇总和通过测量核实该项目的最终结算工程量，并可要求承包人提供补充计量资料，以确定该项目最后一次进度付款的准确工程量。如承包人未按监理人的要求派员参加，则监理人最终核实的工程量应被视为该项目完成的准确工程量。

有些特殊项目诸如建筑物的原始地形、水下地形、疏浚工程量的计算等，在合同中也可以约定由发包人代表、设计代表、监理人、承包人联合进行测量和计算，以确保工程量的计算计量准确。

采用这种计量方式，由于双方在现场共同确认计量结果，减少了计量与计量结果确认的时间，同时也保证了计量的质量，是目前提倡的计量方式。

2. 合同计量的范围

所谓合同计量的范围，是指承包人完成的、按照合同约定应予以计量并据此作为计算合同支付价款的项目及其计量部分，合同中未予规定的部分不予计量。例如：合同规定按设计开挖线支付，对因承包人造成的不合理超挖部分不予计量；对合同工程量清单中未单列但又属于合同约定承包人应完成的项目（如承包人自己规划设计的施工便道、临时栈桥、脚手架，以及为施工需要而修建的施工排水泵、河岸护堤、隧洞内避车洞、临时支护等），不予计量，这些项目的费用被认为在承包人报价中已经考虑，分摊到合同工程量清单的相应项目中。

一般来说，应予以计量的合同项目范围为：①合同工程量清单中的全部项目；②经监理人发出变更指令的变更项目；③经监理人同意并由承包人完成的计日工项目。

8.3.5 工程款的支付

监理工程师在项目法人明确授权的合同价格范围内以及可以直接援引合同规定通过计量和支付手段进行的费用控制活动，称为“合同内支付”。合同价格内的支付控制是项目法人聘请监理工程师的基本目的，而涉及合同价格变动的工程变更和一般索赔，只要是可以直接援引合同有关规定做出决定的，项目法人也会给监理工程师一定范围的授权，所以合同内支付一般可由监理工程师自行处理。遇到超越项目法人授权范围的问题时，有的需要把处理结果报送项目法

人,有的需要与项目法人协商处理,有的则需经项目法人批准处理。

一般来说,合同内支付内容包括预付款的支付与扣还、阶段付款(临时付款)、保留金的扣留与退还、完工支付(竣工支付)与最终支付、工程变更支付、暂定金额支付、合同内支付的价格调整及索赔款支付等。

1. 项目法人对监理工程师合同内支付的授权及其限制

(1) 全面授权。

通常情况下,项目法人聘请监理工程师在合同价格内的阶段付款是全面授权的。因为这种支付以监理工程师对承包人完成的实物量的测量和计算为依据,以合同规定的单价计算,发生争议的可能性不大,同时监理工程师用阶段付款作为其约束承包人全面履行合同的主要手段。

监理工程师在合同通用条件和专用条件的有关规定下进行监督、审查,按程序支付和扣还,项目法人是全面授权的。竣工支付尽管内容多、工作量大,涉及各种费用的全面计算,但只要合同正常履行,项目法人基本上是全面授权的。项目法人往往也全面授权监理工程师对保留金的退还进行把关。

监理工程师应熟悉各种支付的性质、依据、作用、程序以及为熟练操作而需要进行的例行工作内容。

(2) 有限授权。

我国现行管理体制下的工程施工合同条件以及FIDIC合同条件中均指明,由项目法人主办该工程,对永久工程的成败、投资活动的成败负有全部责任。因此,项目法人不能不是施工阶段全部活动的施控主体,除了程序性控制工作之外,项目法人对涉及费用变动的问题必然对监理工程师的权力赋予有限授权的性质。即使在程序性控制的全面授权中,项目法人对监理工程师的支付基础——质量和计量工作,仍然要进行经常性的检查和监督。

在涉及费用变动的支付中,项目法人往往采取有限授权的办法来限制监理工程师的权力,以使实际实现的工程费用不致超出其可接受的一定范围。FIDIC合同条件的一个基本原则是,监理工程师有权决定额外付款,同时也指出,如果项目法人希望限制监理工程师的权力,则应在合同第Ⅱ部分明确规定。在合同第Ⅱ部分中,项目法人往往把监理工程师的支付权力限制在一定范围内。

项目法人对监理工程师在费用变动方面的有限授权具有普遍性,然而授权范围的大小,对不同的合同可以有很大差别。

项目法人限制监理工程师支付权力的主要办法是:①在合同第Ⅱ部分写明

授权支付的金额限制，超过此限额的额外支付(变更、索赔等)，则规定要报项目法人批准；②在项目法人与监理工程师签订的委托服务合同中规定程序限制，当发生超过一定金额的费用变动支付时，项目法人规定监理工程师必须与之协商确定等。

在监理实践中，项目法人授权的限制程度没有统一规定。不同的具体合同，其授权的限制程度也不同，这与项目法人的资金状况、项目法人对监理工程师能力的信任以及承包人的素质等多种因素有关。

2. 支付的条件

(1) 质量合格的工程项目。工程质量达到合同规定的标准，工程项目才予以计量，这也是工程支付的必备条件。监理工程师只对质量合格的工程项目予以支付，对于不合格的项目，要求承包人修复、返工，直到达到合同规定标准后，才予以计量支付。

(2) 有监理工程师变更通知的变更项目。合同条件规定，承包人没有得到监理工程师的变更指示，不得对工程进行任何变更。未经监理工程师批准的任何工程变更，不管其必要性和合理性如何，一律不予支付。

(3) 符合合同文件的规定。工程的任何一项支付都必须符合合同文件的规定，这既是为了维护项目法人的利益，又是监理工程师投资控制的权限所在。例如，监理工程师只在暂定金额范围内支付计日工和意外事件费用，超出合同规定的暂定金额数目时，应重新得到批准。又如，动员预付的款额应符合投标书附件中规定的数量，支付的条件应满足合同的有关规定，即承包人只有在签订了合同协议书、提供了履约担保、提供了动员预付款的担保(如果合同要求)且其月支付款大于合同规定的最低限额时，才予以支付动员预付款。

(4) 月支付款应大于合同规定的最低限额。FIDIC 合同条件规定，承包人每月应得到的支付款额(已扣除了保留金及其他应扣款后的款额)等于或大于合同规定的阶段证书的最低限额时才予以支付。不予支付的金额将按月结转，直到批准的付款金额达到或超过最低限额时，才予以支付。

(5) 承包人的工程活动使监理工程师满意。为了确保监理工程师在合同管理中的核心地位，并通过经济手段约束承包人全面履行合同中规定的各项责任和义务，FIDIC 合同条件赋予了监理工程师在支付方面的充分权力，规定：监理工程师可通过任何临时证书对他所签发过的任何原有的证书进行任何修正或更改，如果他对任何工作执行情况不满，他有权在任何临时证书中删去或减少该工

作的价值。

3. 工程价款的结算

按现行规定，工程价款结算可以根据不同情况采取多种方式。

(1) 按月结算。即先预付工程备料款，在施工过程中按月结算工程进度款，竣工后进行竣工结算。我国现行工程价款结算中，相当一部分实行按月结算方式。

(2) 竣工后一次结算。建设项目或单项工程全部建筑安装工程建设期在12个月以内，或者工程承包合同价在100万元以下的，可以实行工程价款每月月中预支，竣工后一次结算。

(3) 分段结算。即当年开工，当年不能竣工的单项工程或单位工程按照工程形象进度，划分不同阶段进行结算。分段结算可以按月预支工程款。

实行竣工后一次结算和分段结算的工程，当年结算的工程款应与分年度的工作量一致，年终不另行清算。

(4) 结算双方约定的其他结算方式。由承包人自行采购建筑材料的，发包单位可在双方签订合同后，按年度工作量的一定比例向承包人预付备料款，并在一个月内付清；由项目法人供应材料，其材料可按合同约定价格转给承包人，材料价款在结算工程款时陆续扣回。这部分材料承包人不收取备料款。

上述结算款在施工期间一般不应超过承包价的95%，另5%的尾款在工程竣工验收后按规定清算。

4. 预付款

工程预付款是建设工程施工合同订立后由项目法人按照合同约定，在正式开工前预支付给承包人的工程款，是施工准备和所需材料、结构件等流动资金的主要来源。预付工程款的具体事宜由发承包双方根据建设行政主管部门的规定，结合工程款、建设工期和包工包料情况在合同中约定。

预付款一般可划分为工程预付款和工程材料预付款两部分。

(1) 工程预付款。

工程预付款是项目法人为了帮助承包人解决工程施工前期资金周转困难而提前给付的一笔款项，仅仅是相当于建设单位给承包人的无息贷款，主要用于承包人添置本合同工程施工设备以及需要预先垫支的部分费用。按合同规定，工程预付款需在以后的进度付款中扣还。工程是否实行预付款，取决于工程性质、工程规模以及发包人在招标文件中的规定。

①工程预付款的支付条件。

a. 发包人与承包人之间的协议书已签订并生效。

b. 承包人根据合同条款，在收到中标通知书后 28 d 内已向业主提供了履约担保。

c. 承包人根据合同的格式与要求已提交了预付款保函（数额等同于工程预付款）。

②工程预付款的支付。

在合同签订后，承包人必须按合同规定办理预付款保函。该保函应在承包人收回全部预付款之前一直有效。监理工程师在审查了承包人的预付款保函后，应按合同规定开具向承包人支付预付款的证明。工程预付款的总金额为合同价格的 10%～20%，分两次支付给承包人。第一次预付款的金额应不低于工程预付款的 40%。工程预付款总金额的额度和分次付款比例，应根据工程的具体情况由项目法人通过编制合同资金流计划予以测定，并在专用条款中规定。第一次预付款应在协议书签署 21 d 内，并在承包人向项目法人提交了经项目法人认可的预付款保函后支付。第二次支付需待承包人主要设备进入工地后，其完成的工作和进场的设备的估算价值已达到预付款金额时，由承包人提出书面申请，经监理单位核实后出具付款证书提交给项目法人，项目法人收到监理单位出具的付款证书后的 14 d 内支付给承包人。

工程预付款分两次支付，是考虑了当前承包人提交预付款保函的困难。只要求承包人提交第一次工程预付款保函，第二次工程预付款不需要保函，而用进入工地的承包人设备作为抵押，代替保函。

③工程预付款的扣回。

工程预付款由项目法人从月进度付款中扣回。在合同累计完成金额达到专用合同条款规定的数额时开始扣款，直至合同累计完成金额达到专用合同条款规定的数额时全部扣清。在每次进度付款时，累计扣回的金额按式(8.1)计算。

$$R = \frac{A}{(F_2 - F_1)S}(C - F_1 S) \tag{8.1}$$

式中：R 为每次进度付款中累计扣回的金额；A 为工程预付款总金额；F_2 为按专用合同条款规定全部扣清时合同累计完成金额达到合同价格的比例；F_1 为按专用合同条款规定开始扣款时合同累计完成金额达到合同价格的比例；S 为合同价格；C 为合同累计完成金额。

开始扣款的时间通常为合同累计完成金额达到合同价格的 20%时，全部扣清的时间通常为合同累计完成金额达到合同价格的 90%时，可视工程的具体情况酌定。

应在合同中明确地规定预付款的支付与扣还方式。如果在合同实施中发生了整个工程移交证书颁发时，工程预付款仍未扣清或合同中止等情况，未偿清的工程预付款余额应全部、一次退还给发包人。

（2）工程材料预付款。

一般水利工程规模较大，所需材料的种类和数量较多，提前备料所需资金较大，因此考虑向承包人支付一定数量的材料预付款。材料预付款是用于帮助承包人在施工初期购进成为永久工程组成部分的主要材料或设施的款项。用于具体工程时，工程的主要材料应在专用合同条款中指明，如水泥、钢筋、钢板和其他钢材等。《水利水电工程施工合同和招标文件示范文本》规定，专用合同条款中规定的工程主要材料到达工地并满足以下条件后，承包人可向监理工程师提交材料预付款支付申请单，要求给予材料预付款：①材料的质量和储存条件符合技术条款的要求；②材料已到达工地，并经承包人和监理工程师共同验点入库；③承包人应按监理工程师的要求提交材料的订货单、收据或价格证明文件。

材料预付款金额为经监理工程师审核后的实际材料价的 90%，在月进度付款中支付。预付款从付款月后的 6 个月内在月进度付款中每月按该预付款金额的 1/6 平均扣还。上述材料不宜大宗采购后在工地仓库存放过久，应尽快用于工程，以免材料变质和锈蚀。由于形成工程后，承包人即可从项目法人处得到工程付款，故按材料使用的大致周期规定该预付款从付款月后 6 个月内扣清。

5. 工程进度款的支付

工程进度款的支付常采用阶段付款的方式。阶段付款是按照工程施工进度分阶段对承包人支付的一种付款方式。在水利水电工程施工承包合同中，工程进度款的支付，一般按当月实际完成工程量进行结算，工程竣工后办理竣工结算。在工程竣工前，一般承包人收取的工程预付款和进度款的总额不超过建筑安装工程造价的 95%，预留 5%作为尾款，在工程竣工结算时除保留金外一并清算。

（1）月支付的程序。

①承包人每月月初应向监理工程师递交上月所完成的工程量分项清单及其相应附件、合同工程量清单中其他表列项目（如计日工）的支付申请、进场永久工

程设备清单、进场材料清单及其证明文件以及按合同规定有权得到的其他金额清单。

②监理工程师对承包人递交的支付申请材料进行审核,并将审核后的材料返回承包人。监理工程师有权对历次已签证的月进度付款证书的汇总和复核中发现的错、漏或重复进行修正或更改;承包人亦有权提出此类修正或更改。经双方复核同意的此类修正或更改,应列入月进度付款证书中予以支付或扣除。

③承包人根据监理工程师审核后的工程量和其他项目,计算应支付的费用,并向监理工程师正式递交进度支付申请。承包人应在每月末按监理工程师规定的格式提交月进度付款申请单(一式 4 份),工程价款月支付申请一般包括以下内容:a. 本月已完成的并经监理机构签认的工程量清单中的工程项目的应付金额;b. 经监理机构签认的当月计日工的应付金额;c. 工程材料预付款金额;d. 价格调整金额;e. 承包人有权得到的其他金额;f. 工程预付款和工程材料预付款扣回金额;g. 保留金扣留金额;h. 合同双方争议解决后的相关支付金额。

④监理工程师在收到月进度付款申请单后的 14 d 内完成核查,并向项目法人出具月进度付款证书,提出他认为应当到期支付给承包人的金额。

⑤支付凭证报送项目法人。项目法人收到监理工程师签证的月进度付款证书并审批后支付给承包人,支付时间不应超过监理工程师收到月进度付款申请单后 28 d。若不按期支付,则应从逾期第一天起按专用合同条款中规定的逾期付款违约金加付给承包人。

(2) 月支付的控制。

在月支付费用控制中,监理工程师应认真审查、核定、分析,严格把关,尤其应加强下列环节的工作,并有权开具或不开具支付证书。

①月报表中所开列的永久工程的价值,必须以质量检验的结果和计量结果为依据,签认的合格工程及其计量数量应经监理工程师认可。

②必须以预定的进度要求为依据,一般以扣除保留金额及其他本期应扣款额后的总额大于投标书中规定的最小金额为支付依据;小于这个金额,监理工程师不开具本期支付证书。

③承包人运进现场的用于永久工程的材料必须是合格的,有材料出厂(场)证明,有工地抽检试验证明,有经监理工程师检验认可的证明,不合格材料不但得不到材料预付款支付,不准使用,而且必须尽快运出现场,如果到时不能运出,监理工程师将雇人将其运出,一切费用由该承包人承担。

④未经监理工程师事先批准的计日工,不给承包人支付。

⑤把好价格调整和索赔关。

工程价款月支付属工程施工合同的中间支付，监理机构可按照施工合同的约定，对中间支付的金额进行修正和调整，并签发付款证书。

6. 完工支付(完工结算)

在永久工程竣工、验收、移交后，监理工程师应开具完工支付证书，在项目法人与承包人之间进行完工结算。完工支付证书是对项目法人以前支付过的所有款额以及项目法人有权得到的款额的确认，指出项目法人还应支付给承包人或承包人还应支付给项目法人的余额，具有结算的性质。因此，完工支付也称为完工结算。

完工支付证书与阶段付款证书不同。阶段付款证书是以监理工程师审核结果为准的，可以将承包人申请的不合理款项删掉，可以对前一个阶段付款进行修正，也可以将认为满意的项目加在下一个阶段付款证书中。而完工支付证书的结算性质决定了监理工程师已无后续证书可以修正，因此他必须与承包人在其提出的竣工报告草稿的基础上协商并达成一致的意见。

完工支付证书必须以所有阶段付款证书为基础，但又必须处理好各种有争议的款项，在支付证书中不再出现未经解决的有争议的款项。例如，最常见的关于索赔费用的争议，虽然 FIDIC 合同条件允许索赔费用在完工支付证书中支付，但对事件本身，应在此之前解决完毕。

完工支付证书是对监理工程师费用控制工作的全面总结，要全面清理和准确审核工程全过程发生的实际费用，工作量是较大的。

完工支付的内容：确认按照合同规定竣工应支付给承包人的款额；确认项目法人以前支付的所有款额以及项目法人有权得到的款额；确认项目法人还应支付给承包人或者承包人还应支付给项目法人的余额，双方以此余额相互找清。

完工支付的程序如下。

(1) 承包人提出完工验收申请报告。当工程具备以下条件时，承包人即可向项目法人和监理工程师提交完工验收申请报告(附完工资料)。

①已完成了合同范围内的全部单位工程以及有关的工作项目，但经监理工程师同意列入保修期内完成的尾工项目除外。

②已按规定备齐了符合合同要求的完工资料。完工资料(一式 6 份)应包括：工程实施概况和大事记；已完工程移交清单(包括工程设备)；永久工程竣工图；列入保修期继续施工的尾工工程项目清单；未完成的缺陷修复清单；施工期

的观测资料；监理工程师指示应列入完工报告的各类施工文件、施工原始记录（含图片和录像资料）以及其他应补充的完工资料。

③已按监理工程师的要求编制了在保修期内实施的尾工工程项目清单和未修补的缺陷项目清单以及相应的施工措施计划。

(2) 完工验收，监理工程师颁发移交证书。监理工程师收到承包人按合同条款规定提交的完工验收申请报告后，应审核其报告的各项内容，并按以下不同情况进行处理。

①监理工程师审核后发现工程尚有重大缺陷时，可拒绝或推迟进行完工验收，但监理工程师应在收到完工验收申请报告后的 28 d 内通知承包人，指出完工验收前应完成的工程缺陷修复和其他的工作内容和要求，并将完工验收申请报告同时退还给承包人。承包人应在具备完工验收条件后重新申报。

②监理工程师审核后对上述报告及报告中所列的工作项目和工作内容持有异议时，应在收到报告后的 28 d 内将意见通知承包人，承包人应在收到上述通知后的 28 d 内重新提交修改后的完工验收申请报告，直至监理工程师同意为止。

③监理工程师审核后认为工程已具备完工验收条件，应在收到完工验收申请报告后的 28 d 内提请项目法人进行工程验收。项目法人在收到完工验收申请报告后的 56 d 内签署工程移交证书，颁发给承包人。

④在签署移交证书前，应由监理工程师与项目法人和承包人协商核定工程的实际完工日期，并在移交证书中写明。

(3) 承包人提交完工付款申请。在本合同工程移交证书颁发后的 28 d 内，承包人应按监理工程师批准的格式提交一份完工付款申请单（一式 4 份），并附有下述内容的详细证明文件。

①至移交证书注明的完工日期，根据合同所累计完成的全部工程价款金额。

②承包人认为根据合同应支付给他的追加金额和其他金额。

(4) 监理工程师开具付款证明。监理工程师应在收到承包人提交的完工付款申请单后的 28 d 内完成复核，并与承包人协商修改后，在完工付款申请单上签字和出具完工付款证书报送项目法人审批。项目法人应在收到上述完工付款证书后的 42 d 内审批后支付给承包人。若项目法人不按期支付，则应按合同规定的办法将逾期付款违约金加付给承包人。

7. 保留金的扣留与退还

保留金也称为“滞留金”或“滞付金”，是发包人从承包人完成的合同工程款额中扣留的用于承包人完成工程缺陷修复和尾工义务的担保。

合同一般规定，监理工程师应从第一个月开始，在给承包人的月进度付款中扣留按专用合同条款规定百分比（一般为应支付价款的5%～10%）的金额作为保留金（其计算额度不包括预付款和价格调整金额），直至扣留的保留金总额达到专用合同条款规定的数额。

随着工程项目的完工和保修期满，发包人应依据合同规定向承包人退还扣留的保留金，一般分两次退还，具体方式如下。

（1）当整个工程通过完工验收并颁发移交证书后14 d内，监理工程师应开具支付证书将所扣保留金的一半支付给承包人。如果是颁发部分工程的移交证书，监理工程师则应开具证书并将与该部分永久工程价值相应的保留金的一半付给承包人。

（2）剩余的保留金在全部工程保修期满后退还给承包人。需要注意的是监理工程师在颁发了缺陷责任证书后，若仍发现有工程缺陷应由承包人维修，剩余的保留金仍可暂不退还。

8. 最终结算

在缺陷责任期终止，并且监理工程师颁发了缺陷责任证书后，可进行工程的最终结算，程序如下。

（1）保修责任终止证书。

在整个工程保修期满后的28 d内，由项目法人或授权监理工程师签署和颁发保修责任终止证书给承包人。若保修期满后还有缺陷未修补，则需待承包人按监理工程师的要求完成缺陷修复工作后，再发保修责任终止证书。尽管颁发了保修责任终止证书，项目法人和承包人均仍应对保修责任终止证书颁发前尚未履行的义务和责任负责。

（2）承包人向项目法人提交书面清单。

承包人在收到保修责任终止证书后的28 d内，按监理工程师批准的格式向监理工程师提交一份最终付款申请单（一式4份），该申请单应包括以下内容，并附有关的证明文件：①按合同规定已经完成的全部工程价款金额；②按合同规定应付给承包人的追加金额；③承包人认为应付给他的其他金额。

若监理工程师对最终付款申请单中的某些内容有异议时，有权要求承包人进行修改和提供补充资料，直至监理工程师同意后，由承包人再次提交经修改后的最终付款申请单。

承包人向监理工程师提交最终付款申请单的同时，应向项目法人提交一份结清单，并将结清单的副本提交监理工程师。该结清单应证实最终付款申请单的总金额是根据合同规定应付给承包人的全部款项的最终结算金额。但结清单只在承包人收到退还履约担保证件和项目法人已向承包人付清监理工程师出具的最终付款证书中应付的金额后才生效。

(3) 监理工程师签发最终支付证书。

监理工程师在收到经其同意的最终付款申请单和结清单副本后的 14 d 内，出具一份最终付款证书提交项目法人审批。最终付款证书应说明：①按合同规定和其他情况应最终支付给承包人的合同总金额；②项目法人已支付的所有金额以及项目法人有权得到的全部金额。

(4) 最终支付。

项目法人审查监理工程师提交的最终付款证书后，若确认还应向承包人付款，则应在收到该证书后的 42 d 内支付给承包人。若确认承包人应向项目法人付款，则项目法人应通知承包人，承包人应在收到通知后的 42 d 内付还给项目法人。不论是项目法人或承包人，若不按期支付，均应按专用合同条款规定的办法将逾期付款违约金加付给对方。

9. 备用金(暂定金额)

(1) 备用金的使用。

在工程招投标期间，对于没有足够资料可以准确估价的项目和意外事件，可以采取备用金的形式在招标文件的工程量清单中列出。备用金又称“暂定金额”，指由项目法人在工程量清单中专项列出的用于签订协议书时尚未确定或不可预见项目的备用金额。该项金额应按监理工程师的指示，并经项目法人批准后才能动用。承包人仅有权得到由监理工程师决定列入备用金有关工作所需的费用和利润。监理工程师应与项目法人协商后，将决定通知承包人。除了按合同文件中规定的单价或合价计算的项目外，承包人应提交监理工程师要求的属于备用金专项内开支的有关凭证。监理工程师可以指示承包人进行上述备用金项下的工作，并根据合同关于变更的规定办理。

(2) 计日工支付。

计日工亦称“点工”或“散工”，是指在合同实施的过程中，某些零星的工作在工程量清单中没有包括，监理工程师认为这些工作有必要进行并认为按计日工更适宜，从而以数量或时间的消耗为基础进行计量与支付的工作。例如，施工中发现了具有考古价值的文物、化石等需要开挖，发现了难以预见的地下障碍等。

在招标文件中，包含有一套零星的计日工表，表中标明了工程设备类型、材料、人工、施工机械设备等预估项目；有的招标文件还给出了这些设备、材料、人工和机械设备的名义工程量。投标人对这个表的单价进行填报，有名义工程量的还要计算合价和总价。计日工实质上也属于备用金，作为一笔预备费，其价款支付也包含在备用金之内。

对于计日工的支付，一般应符合以下规定。

①以计日工的形式进行的任何工作，必须有监理工程师的指示。

②经监理工程师批准以计日工的形式进行的工作，承包人在施工过程中，每天应向监理工程师提交参加该项计日工工作的人员姓名、职业、级别、工作时间以及有关的材料、设备清单和消耗量、耗时，同时每月向监理工程师提交一份关于记录计日工工作所用的劳力、材料、设备价格和数量以及时间消耗的报表。

计日工随工程进度款一并支付。

10. 合同解除后的结算

解除合同是指在履行合同过程中，由于某些原因而使继续履行合同不合适或不可能，从而终止合同的履行。对施工承包合同，有 3 种情况解除合同：承包人违约、业主违约和不可抗力引起的解除合同。

(1) 承包人违约引起解除合同后的结算。

因承包人违约造成施工合同解除的，监理工程师应就合同解除前承包人应得到但未支付的下列工程价款和费用签发付款证书，但应扣除根据施工合同约定应由承包人承担的违约费用。

①已实施的永久工程合同金额。

②工程量清单中列有的、已实施的临时工程合同金额和计日工金额。

③为合同项目施工合理采购、制备的材料、构配件、工程设备的费用。

④承包人依据有关规定、约定应得到的其他费用与违约费用之差。

(2) 业主违约引起解除合同后的结算。

因发包人违约造成施工合同解除的，监理工程师应就合同解除前承包人所应得到但未支付的下列工程价款和费用签发付款证书。

①已实施的永久工程合同金额。

②工程量清单中列有的、已实施的临时工程合同金额和计日工金额。

③为合同项目施工合理采购、制备的材料、构配件、工程设备的费用。

④承包人的退场费用。

⑤由于解除施工合同给承包人造成的直接损失。

⑥承包人依据有关规定、约定应得到的其他费用。

(3) 不可抗力引起解除合同后的结算。

在履行合同过程中,发生不可抗力事件使一方或双方无法继续履行合同时,可解除合同。因不可抗力致使施工合同解除的,监理工程师应根据施工合同约定,就承包人应得到但未支付的下列工程价款和费用签发付款证书。

①已实施的永久工程合同金额。

②工程量清单中列有的、已实施的临时工程合同金额和计日工金额。

③为合同项目施工合理采购、制备的材料、构配件、工程设备的费用。

④承包人依据有关规定、约定应得到的其他费用。

8.3.6 投资偏差分析

在确定了投资控制目标后,为了有效进行投资控制,监理工程师必须定期进行投资计划值与实际值的比较,当实际值偏离计划值时,分析产生偏差的原因,采取适当的纠偏措施,以使投资超支尽可能小。

1. 投资偏差的概念

投资偏差是指投资的实际值与计划值的差异,见式(8.2)。

$$\text{投资偏差}=\text{已完工程实际投资}-\text{已完工程计划投资} \tag{8.2}$$

结果为正,表示投资超支;结果为负,表示投资节约。但是,进度偏差对投资偏差分析的结果有重要影响,如果不考虑就不能正确反映投资偏差的实际情况。如,某一阶段的投资超支,可能是进度超前导致的,也可能是物价上涨导致的。所以,必须引入进度偏差的概念。以时间表示的进度偏差见式(8.3)。

$$\text{进度偏差}=\text{已完工程实际时间}-\text{已完工程计划时间} \tag{8.3}$$

为了与投资偏差联系起来,进度偏差也可用投资表示为式(8.4)。

$$\text{进度偏差}=\text{拟完工程计划投资}-\text{已完工程计划投资} \tag{8.4}$$

拟完工程计划投资是指根据进度安排在某一确定时间内所应完成的工程内

容的计划投资，见式(8.5)。

$$拟完工程计划投资=拟完工程量(计划工程量)\times计划单价 \tag{8.5}$$

进度偏差为正，表示工期拖延；结果为负，表示工期提前。以投资表示的进度偏差，其思路是可以接受的，但表达不严格。在实际应用时，为了便于工期调整，还需要将用投资差额表示的进度偏差转换为所需要的时间。

另外，在进行投资偏差分析时，还要考虑以下几组投资偏差参数。

(1) 局部偏差与累计偏差。

局部偏差有两层含义：一是对于整个项目而言，指各单项工程、单位工程及分部分项工程的投资偏差；二是对于整个项目已经实施的时间而言，是指每一控制周期所发生的投资偏差。累计偏差是一个动态的概念，其数值总是与具体的时间联系在一起，第一个累计偏差在数值上等于局部偏差，最终的累计偏差就是整个项目的投资偏差。

局部偏差的引入，可使项目投资管理人员清楚了解偏差发生的时间、所在的单项工程，这有利于分析其发生的原因。而累计偏差所涉及的工程内容较多、范围较大，且原因也较复杂，因而累计偏差分析必须以局部偏差分析为基础。从另一方面来看，因为累计偏差分析是建立在对局部偏差进行综合分析的基础上，所以其结果更能显示出代表性和规律性，对投资控制工作在较大范围内具有指导作用。

(2) 绝对偏差和相对偏差。

绝对偏差是指投资实际值与计划值比较所得到的差额，绝对偏差的结果很直观，有助于投资管理人员了解项目投资出现偏差的绝对数额，并依此采取一定的措施，制订或调整投资支付计划和资金筹措计划。但是，绝对偏差有其不容忽视的局限性。如同样是 1 万元的投资偏差，对于总投资 1000 万元的项目和总投资 10 万元的项目而言，其严重性显然是不同的。因此需要引入相对偏差的概念。

相对偏差计算见式(8.6)。

$$相对偏差=\frac{绝对偏差}{投资计划值}=\frac{投资实际值-投资计划值}{投资计划值} \tag{8.6}$$

与绝对偏差一样，相对偏差可正可负，且二者同号。正值表示投资超支，反之表示投资节约。二者都只涉及投资的计划值和实际值，既不受项目层次的限制，也不受项目实施时间的限制，因而在各种投资比较中均可采用。

(3) 偏差程度。

偏差程度是指投资实际值对计划值的偏离程度,其表达式为式(8.7)。

$$投资偏差程度=\frac{投资实际值}{投资计划值} \tag{8.7}$$

偏差程度可参照局部偏差和累计偏差分为局部偏差程度和累计偏差程度。需要注意的是,累计偏差程度并不等于局部偏差程度的简单相加。以月为控制周期,则二者公式为式(8.8)和式(8.9)。

$$投资局部偏差程度=\frac{当月投资实际值}{当月投资计划值} \tag{8.8}$$

$$投资累计偏差程度=\frac{累计投资实际值}{累计投资计划值} \tag{8.9}$$

将偏差程度与进度结合起来,引入进度偏差程度的概念,则可得到式(8.10)和式(8.11)。

$$进度偏差程度=\frac{已完工程实际时间}{已完工程计划时间} \tag{8.10}$$

或

$$进度偏差程度=\frac{拟完工程计划投资}{已完工程计划投资} \tag{8.11}$$

上述各组偏差和偏差程度变量都是投资比较的基本内容和主要参数。投资比较的程度越深,为下一步的偏差分析提供的支持就越有力。

2. 偏差分析方法

常用的偏差分析方法有横道图法、表格法和曲线法。

(1) 横道图法。

用横道图法进行投资偏差分析,是用不同的横道标识已完工程计划投资、拟完工程计划投资和已完工程实际投资,横道的长度与其金额成正比,如图 8.6 所示。

横道图法具有形象、直观、一目了然等优点,能够准确表达出投资的绝对偏差,而且能够一眼感受到偏差的严重性。但是,这种方法反映的信息少,一般在项目的较高管理层应用。

(2) 表格法。

表格法是将项目的编号、名称、各投资参数以及投资偏差综合归纳入一张表格中,并且直接在表格中进行比较。由于各参数都在表中列出,投资管理者能够

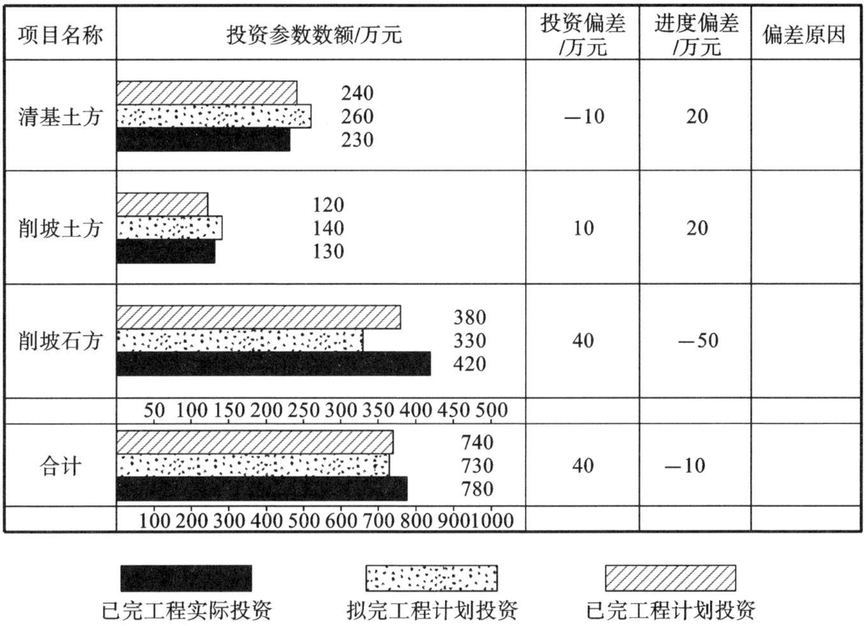

项目名称	投资参数数额/万元	投资偏差/万元	进度偏差/万元	偏差原因
清基土方	240 260 230	−10	20	
削坡土方	120 140 130	10	20	
削坡石方	380 330 420	40	−50	
	50 100 150 200 250 300 350 400 450 500			
合计	740 730 780	40	−10	
	100 200 300 400 500 600 700 800 9001000			

已完工程实际投资　　拟完工程计划投资　　已完工程计划投资

图 8.6　横道图法的投资偏差分析

综合了解并处理这些数据。

表格法具有灵活、实用性强、信息量大、可借助于计算机等优点，是进行偏差分析最常用的一种方法。表 8.1 为用表格法进行投资偏差分析的例子。

表 8.1　表格法的投资偏差分析

名称	单位	计算方法	清基土方	削坡土方	削坡石方
计划单价	万元/m^3	(1)			
拟完工程量	m^3	(2)			
拟完工程计划投资	万元	(3)=(1)×(2)	256.50	137.57	331.34
已完工程量	m^3	(4)			
已完工程计划投资	万元	(5)=(1)×(4)	240.07	120.01	351.91
实际单价	万元/m^3	(6)			
其他款项	万元	(7)			
已完工程实际投资	万元	(8)=(4)×(6)+(7)	229.95	129.99	388.91
投资局部偏差	万元	(9)=(8)−(5)	−10.12	9.98	37.00
投资局部偏差程度		(10)=(8)÷(5)	0.96	1.08	1.11

续表

名称	单位	计算方法	清基土方	削坡土方	削坡石方
投资累计偏差	万元	(11)=∑(9)			
投资累计偏差程度		(12)=∑(8)÷∑(5)			
进度局部偏差	万元	(13)=(3)−(5)	16.43	17.56	−20.57
进度局部偏差程度		(14)=(3)÷(5)	1.07	1.15	0.94
进度累计偏差	万元	(15)=∑(13)			
进度累计偏差程度		(16)=∑(3)÷∑(5)			

(3) 曲线法(赢值法)。

曲线法是用投资累计曲线(S形曲线)来进行投资偏差分析的一种方法,见图8.7。其中 a 表示投资实际值曲线,p 表示投资计划值曲线,两条曲线之间的竖向距离表示投资偏差。

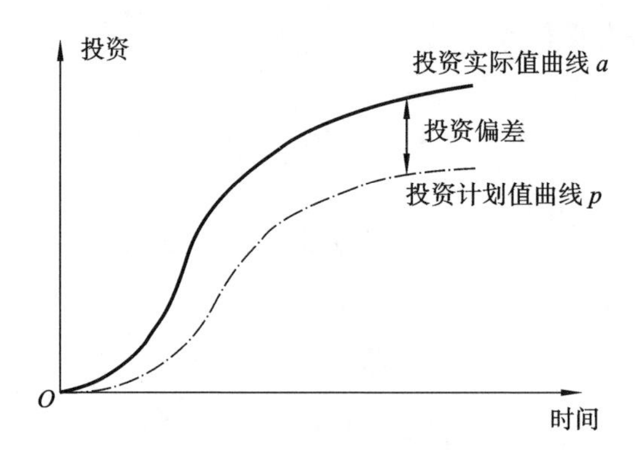

图8.7　投资计划值与实际值曲线

第 9 章　水利水电工程监理管理工作

9.1　合同管理

9.1.1　施工合同文件的组成

施工合同文件是施工合同管理的依据，根据标准施工合同通用条款中的规定，合同的组成文件包括：①合同协议书；②中标通知书；③投标函及投标函附录；④专用合同条款；⑤通用合同条款；⑥技术标准和要求；⑦图纸；⑧已标价的工程量清单；⑨其他合同文件——经合同当事人双方确认构成合同的其他文件。

组成合同的各文件中出现含义或内容矛盾时，如果专用条款没有另行的约定，以上合同文件序号为优先解释的顺序。

标准施工合同条款中未明确由谁来解释文件之间的歧义，但可以结合监理工程师职责中的规定，总监理工程师应与发包人和承包人进行协商，尽量达成一致。不能达成一致时，总监理工程师应认真研究后慎重确定。

施工合同文件中的中标通知书是招标人接受中标人的书面承诺文件，具体写明承包的施工标段、中标价、工期、工程质量标准和中标人的项目经理名称。

标准施工合同文件组成中的投标函，仅是投标人置于投标文件首页的保证中标后与发包人签订合同、按照要求提供履约担保、按期完成施工任务的承诺文件。

投标函附录是投标函内承诺部分主要内容的细化，包括项目经理的人选、工期、缺陷责任期、分包的工程部位、公式法调价的基数和系数等的具体说明。

其他合同文件包括的范围较宽，主要是针对具体施工项目的行业特点、工程的实际情况、合同管理需要而明确的文件。

9.1.2　合同履行涉及的几个时间期限

(1) 合同工期。合同工期是指承包人在投标函内承诺完成合同工程的时间期限，以及按照合同条款通过变更和索赔程序应给予顺延工期的时间之和。合同工期是用于判定承包人是否按期竣工的标准。

(2) 施工期。承包人施工期从监理人发出的开工通知中写明的日期起算，至工程接收证书中写明的实际竣工日。以施工期与合同工期比较，判定是提前竣工还是延误竣工。延误竣工承包人承担拖期赔偿责任，提前竣工是否应获得奖励视专用条款中是否有约定为准。

(3) 缺陷责任期。缺陷责任期从工程接收证书中写明的竣工日开始起算，期限视具体工程的性质和使用条件的不同在专用条款内约定(一般为 1 年)。对于合同内约定有分步移交的单位工程，按提前验收的该单位工程接收证书中确定的竣工日为准，起算时间相应提前。

由于承包人拥有施工技术、设备和施工经验，缺陷责任期内工程运行期间出现的工程缺陷，承包人应负责修复，直到检验合格为止。修复费用以缺陷原因的责任划分，经查验属于发包人原因造成的缺陷，承包人修复后可获得查验、修复的费用及合理利润。如果承包人不能在合理时间内修复缺陷，发包人可以自行修复或委托其他人修复，修复费用由缺陷原因的责任方承担。

承包人责任原因产生的较大缺陷或损坏，致使工程不能按原定目标使用，经修复后需要再行检验或试验时，发包人有权要求延长该部分工程或设备的缺陷责任期。影响工程正常运行的有缺陷工程或部位，以修复检验合格日重新计算缺陷责任期，但包括延长时间在内的缺陷责任期最长时间不得超过 2 年。

(4) 保修期。保修期自实际竣工日起算，发包人和承包人按照有关法律、法规的规定，在专用条款内约定工程质量保修范围、期限和责任。对于提前验收的单位工程起算时间相应提前。承包人对保修期内出现的不属于其责任原因的工程缺陷，不承担修复义务。

9.1.3 变更管理

施工过程中出现的变更包括监理人指示的变更和承包人申请的变更两类。监理人可按通用条款约定的变更程序向承包人作出变更指示，承包人应遵照执行。没有监理人的变更指示，承包人不得擅自变更。

1. 变更的范围和内容

标准施工合同通用条款规定的变更范围包括：取消合同中任何一项工作，但被取消的工作不能转由发包人或其他人实施；改变合同中任何一项工作的质量

或其他特性；改变合同工程的基线、标高、位置或尺寸；改变合同中任何一项工作的施工时间或改变已批准的施工工艺或顺序；为完成工程需要追加的额外工作。

2. 监理人指示变更

监理人根据工程施工的实际需要或发包人要求实施的变更，可以进一步划分为直接指示的变更和通过与承包人协商后确定的变更两种情况。如按照发包人的要求提高质量标准、设计错误需要进行设计修改、协调施工中的交叉干扰等情况，此时不需征求承包人意见，监理人经过发包人同意后发出变更指示，要求承包人完成变更工作。如监理人首先向承包人发出变更意向书，说明变更的具体内容、完成变更的时间要求等，并附必要的图纸和相关资料，承包人收到监理人的变更意向书后，如果同意实施变更，则向监理人提出书面变更建议，并经发包人同意后，发出变更指示。若承包人认为难以实施此项变更，也应立即通知监理人，说明原因并附详细依据，监理人与承包人和发包人协商后确定撤销、改变或不改变变更意向书。

3. 承包人申请变更

承包人提出的变更可能涉及建议变更和要求变更两类。

承包人对发包人提供的图纸、技术要求以及其他方面，提出了可能降低合同价格、缩短工期或者提高工程经济效益的合理化建议，均应以书面形式提交监理人。合理化建议书的内容应包括建议工作的详细说明、进度计划和效益及与其他工作的协调等，并附必要的设计文件。

监理人与发包人协商是否采纳承包人提出的建议。建议被采纳并构成变更的，监理人向承包人发出变更指示。

承包人收到监理人按合同约定发出的图纸和文件，经检查认为其中存在属于变更范围的情形，如提高了工程质量标准、增加工作内容、工程的位置或尺寸发生变化等，可向监理人提出书面变更建议。变更建议应阐明要求变更的依据，并附必要的图纸和说明。

监理人收到承包人的书面建议后，应与发包人共同研究，确认存在变更的，应在收到承包人书面建议后的14 d内作出变更指示。经研究后，不同意变更的，由监理人书面答复承包人。

4. 变更估价

变更估价程序:承包人应在收到变更指示或变更意向书后的 14 d 内,向监理人提交变更报价书,详细开列变更工作的价格组成及其依据,并附必要的施工方法说明和有关图纸。变更工作如果影响工期,承包人应提出调整工期的具体细节。

监理人收到承包人变更报价书后的 14 d 内,根据合同约定的估价原则,商定或确定变更价格。

变更估价的原则:已标价工程量清单中有适用于变更工作的项目,采用该项目的单价计算变更费用;已标价工程量清单中无适用于变更工作的项目,但有类似项目,可在合理范围内参照类似项目的单价,由监理人商定或确定变更工作的单价;已标价工程量清单中无适用或无类似项目的单价,可按照成本加利润的原则,由监理人商定或确定变更工作的单价。

不利物质条件属于发包人应承担的风险,是承包人在施工场地遇到的不可预见的自然物质条件、非自然的物质障碍和污染物,包括地下和水文条件,但不包括气候条件。

承包人遇到不利物质条件时,应采取适应不利物质条件的合理措施继续施工,并通知监理人。监理人应当及时发出指示,构成变更的,按变更对待。监理人没有发出指示,承包人因采取合理措施而增加的费用和工期延误成本,由发包人承担。

9.1.4 不可抗力

不可抗力是指承包人和发包人在订立合同时不可预见,在工程施工过程中不可避免地发生、不能克服的自然灾害和社会性突发事件,如地震、海啸、瘟疫、水灾、骚乱、暴动、战争和专用合同条款约定的其他情形。

合同一方当事人遇到不可抗力事件,使其履行合同义务受到阻碍时,应立即通知合同另一方当事人和监理人,书面说明不可抗力和受阻碍的详细情况,并提供必要的证明。不可抗力发生后,发包人和承包人均应采取措施尽量避免和减少损失的扩大,任何一方没有采取有效措施导致损失扩大的,应对扩大的损失承担责任。

如果不可抗力的影响持续时间较长,合同一方当事人应及时向合同另一方当事人和监理人提交中间报告,说明不可抗力和履行合同受阻的情况,并于不可

抗力事件结束后28 d内提交最终报告及有关资料。

通用条款规定，不可抗力造成的损失由发包人和承包人分别承担。

(1) 永久工程，包括已运至施工场地的材料和工程设备的损害，以及因工程损害造成的第三者人员伤亡和财产损失由发包人承担。

(2) 承包人设备的损坏由承包人承担。

(3) 发包人和承包人各自承担其人员伤亡和其他财产损失及其相关费用。

(4) 停工损失由承包人承担，但停工期间应监理人要求照管工程和清理、修复工程的金额由发包人承担。

(5) 不能按期竣工的，应合理延长工期，承包人不需支付逾期竣工违约金。发包人要求赶工的，承包人应采取赶工措施，赶工费用由发包人承担。

合同一方当事人因不可抗力导致不可能继续履行合同义务时，应当及时通知对方解除合同。合同解除后，承包人应撤离施工场地。

合同解除后，已经订货的材料、设备由订货方负责退货或解除订货合同，不能退还的货款和因退货、解除订货合同产生的费用，由发包人承担，因未及时退货造成的损失由责任方承担。合同解除后的付款，监理人与当事人双方协商后确定。

9.1.5 索赔管理

1. 承包人的索赔

承包人根据合同认为有权得到追加付款和(或)延长工期时，应按规定程序向发包人提出索赔。

承包人应在引起索赔事件后的28 d内，向监理人递交索赔意向通知书，并说明发生索赔事件的事由。承包人未在前述28 d内发出索赔意向通知书，丧失要求追加付款和(或)延长工期的权利。承包人应在发出索赔意向通知书后的28 d内，向监理人递交正式的索赔通知书，详细说明索赔理由以及要求追加的付款金额和(或)延长的工期，并附必要的记录和证明材料。

对于具有持续影响的索赔事件，承包人应按合理时间间隔陆续递交延续的索赔通知，说明连续影响的实际情况并记录，列出累计的追加付款金额和(或)工期延长天数。在索赔事件影响结束后的28 d内，承包人应向监理人递交最终索赔通知书，说明最终要求索赔的追加付款金额和延长的工期，并附必要的记录和证明材料。

监理人收到承包人提交的索赔通知书后，应及时审查索赔通知书的内容、查验承包人的记录和证明材料，必要时监理人可要求承包人提交全部原始记录副本。

监理人首先应争取通过与发包人和承包人协商达成索赔处理的一致意见，如果分歧较大，再单独确定追加的付款金额和(或)延长的工期。监理人应在收到索赔通知书或有关索赔的进一步证明材料后的 42 d 内，将索赔处理结果答复承包人。

承包人接受索赔处理结果，发包人应在做出索赔处理结果答复后的 28 d 内完成赔付。承包人不接受索赔处理结果的，按合同争议解决。

标准施工合同通用条款中，可以给承包人补偿的条款见表 9.1。

表 9.1 标准施工合同中应给承包人补偿的条款

序号	款号	主要内容	可补偿内容		
			工期	费用	利润
1	1.10.1	发现文物、化石	√	√	
2	3.4.5	监理人的指示延误或指示错误	√	√	√
3	4.11.2	遇到不利的物质条件	√	√	
4	5.2.4	发包人提供的材料和工程设备提前交货		√	
5	5.4.3	发包人提供的材料和工程设备不符合合同要求	√	√	√
6	8.3	基准资料错误	√	√	√
7	11.3(1)	增加合同工作内容	√	√	√
8	(2)	改变合同中任何一项工作的质量要求或其他特性	√	√	√
9	(3)	发包人迟延提供材料、工程设备或变更交货地点	√	√	√
10	(4)	因发包人原因暂停施工	√	√	√
11	(5)	提供图纸延误	√	√	√
12	(6)	未按合同约定及时支付预付款、进度款	√	√	√
13	11.4	异常恶劣的气候条件导致工期延误	√		
14	12.2	发包人原因的暂停施工	√	√	√
15	12.4.2	发包人原因无法按时复工	√	√	√
16	13.1.3	发包人原因导致工程质量缺陷	√	√	√
17	13.5.3	隐蔽工程重新检验质量合格	√	√	√
18	13.6.2	发包人提供的材料和设备不合格，承包人采取措施补救	√	√	√

续表

序号	款号	主要内容	可补偿内容		
			工期	费用	利润
19	14.1.3	对材料或设备的重新试验或检验证明质量合格	√	√	√
20	16.1	附加浮动引起价格调整		√	
21	16.2	法规变化引起价格调整		√	
22	18.4.2	发包人提前占用工程导致承包人费用增加	√	√	√
23	18.6.2	发包人原因试运行失败，承包人修复		√	√
24	22.2.2	因发包人违约，承包人暂停施工	√	√	√
25	21.3(4)	不可抗力停工期间对工程进行照管和后续清理		√	
26	(5)	因不可抗力不能按期竣工	√		

2. 发包人的索赔

发包人的索赔包括承包人应承担责任的赔偿扣款和缺陷责任期的延长。发生索赔事件后，监理人应及时书面通知承包人，详细说明发包人有权得到的索赔金额和(或)延长缺陷责任期的细节和依据。

监理人首先通过与当事人双方协商争取达成一致意见，分歧较大时在协商基础上确定索赔的金额和缺陷责任期延长的时间。承包人应付给发包人的赔偿款从应支付给承包人的合同价款或质量保证金内扣除，也可以由承包人以其他方式支付。

9.1.6　违约责任

通用条款对承包人和发包人违约的情况及处理分别作了明确的规定。

1. 承包人的违约

承包人违约的情况有：私自将合同的全部或部分权利转让给其他人，将合同的全部或部分义务转移给其他人；未经监理人批准，私自将已按合同约定进入施工场地的施工设备、临时设施或材料撤离施工场地；使用不合格材料或工程设备，工程质量达不到标准要求，又拒绝清除不合格工程；未能按合同进度计划及时完成合同约定的工作，已造成或预期造成工期延误；缺陷责任期内未对工程接收证书所列缺陷清单的内容或缺陷责任期内发生的缺陷进行修复，又拒绝按监理人指示再进行修补;承包人无法继续履行或明确表示不履行或实质上已停止履行合同;承包人不按合同约定履行义务的其他情况。

承包人违约的处理:发生承包人不履行或无力履行合同义务的情况时,发包人可通知承包人立即解除合同。

对于承包人违反合同规定的情况,监理人应向承包人发出整改通知,要求其在指定的期限内改正。承包人应承担其违约所引起的费用增加和(或)工期延误。监理人发出整改通知 28 d 后,承包人仍不纠正违约行为,发包人可向承包人发出解除合同通知。

合同解除后,发包人可派人员进驻施工场地,另行组织人员或委托其他承包人施工。

合同解除后,监理人与当事人双方协商承包人实际完成工作的价值,以及承包人已提供的材料、施工设备、工程设备和临时工程等的价值,达不成一致,由监理单位确定。同时,发包人应暂停对承包人的一切付款,查清各项付款和已扣款金额,包括承包人应支付的违约金。发包人应按合同的约定向承包人索赔由于解除合同给发包人造成的损失,合同双方确认上述往来款项后,发包人出具最终结清付款证书,结清全部合同款项。

2. 发包人的违约

发包人违约的情况有:发包人未能按合同约定支付预付款或合同价款,或拖延、拒绝批准付款申请和支付凭证,导致付款延误;发包人原因造成停工的持续时间超过 56 d 以上;发包人无正当理由没有在约定期限内发出复工指示,导致承包人无法复工;发包人无法继续履行或明确表示不履行或实质上已停止履行合同;发包人不履行合同约定的其他义务。

发包人违约的处理:承包人向发包人发出通知,要求发包人采取有效措施纠正违约行为。发包人收到承包人通知后的 28 d 内仍不履行合同义务,承包人有权暂停施工,并通知监理人,发包人应承担由此增加的费用和(或)工期延误,并支付承包人合理利润。

承包人暂停施工 28 d 后,发包人仍不纠正违约行为,承包人可向发包人发出解除合同通知。

发包人应在解除合同后 28 d 内向承包人支付的金额有:合同解除日以前所完成工作的价款;承包人为该工程施工订购并已付款的材料、工程设备和其他物品的金额;承包人为完成工程所发生的,而发包人未支付的金额;承包人撤离施

工场地以及遣散承包人人员的赔偿金额；由于解除合同应赔偿的承包人损失；按合同约定在合同解除日前应支付给承包人的其他金额。

发包人应按本项约定支付上述金额并退还质量保证金和履约担保，但有权要求承包人支付应偿还给发包人的各项金额。

因发包人违约而解除合同后，承包人尽快完成施工现场的清理工作，妥善做好已竣工工程和已购材料、设备的保护和移交工作，按发包人要求将承包人设备和人员撤出施工现场。

9.2 信息管理

9.2.1 监理信息的构成及类型

1. 监理信息的构成

监理信息主要由文字图形信息、语言信息、现代信息和市场信息等构成，它们又各自包含以下内容。

(1) 文字图形信息。如勘察、测绘、设计图纸及说明书、合同，工作条例及规定，项目施工组织设计、情况报告、原始记录，统计图表、报表、信函等。

(2) 语言信息。如口头分配任务、工作指示、工作汇报、工作检查、谈判交涉、建议、批评、工作讨论和研究、工作会议等。

(3) 现代信息。如网络、电话、电报、电传、计算机、电视、录像、录音、广播等。

(4) 市场信息。如材料价格、质量，供应商有关信息、承包人有关信息、分包人有关信息等。

2. 监理信息的类型

(1) 按照建设监理的目的划分。

①质量控制信息。如国家有关的质量政策及质量标准、项目建设标准、质量目标的分解结果、质量控制的工作流程、质量控制的工作制度、质量控制的风险分析、质量抽样检查的数据等。

②进度控制信息。如施工定额、项目总进度计划、关键线路和关键工作、进

度目标分解、进度控制的工作流程、进度控制的工作制度、进度控制的风险分析、某段时间的进度记录等。

③资金控制信息。如各种估算指标、类似工程的造价、物价指数、概算定额、工程项目投资估算、设计概算、合同价、工程报价表、币种汇率、利率、保险、施工阶段的支付账单、原材料价格、机械设备台班费、人工费、运杂费等。

(2) 按照建设监理信息的来源划分。

①第一种分类方法。

a. 发包人来函。如发包人的通知、指示、确认等。

b. 承包人来函。如承包人的请示、报批的技术文件、报告等。

c. 监理人发函。如监理人的请示、通知、指示、批复、报告等。

d. 监理机构内部技术文件、管理制度、通知、报告、现场记录、调查表、检测数据、会议纪要等。

e. 主管部门文件。

f. 其他单位来函。

②第二种分类方法。

a. 项目内部信息。项目内部信息即取自建设项目本身的信息,如工程概况、设计文件、施工方案、合同文件、合同管理制度、信息资料的编码系统、信息目录表、会议制度、监理团队的组织,以及项目的投资目标、质量目标、进度目标,施工现场管理、交通管理等。

b. 项目外部信息。项目外部信息即来自项目外部环境的信息,如国家有关的政策、法律及规章,国内及国际市场上的原材料及设备价格、物价指数,以及类似工程造价、类似工程进度,投标单位的实力、投标单位的信誉,毗邻单位情况与主管部门、当地政府的有关信息等。

(3) 按照信息功能划分。

①监理日志、记录、会议纪要。

②监理月报、年报,监理专题报告、监理工作报告。

③申请与批复。

④通知、指示。

⑤检查与检测记录及验收报告。

⑥合同文件、设计文件、监理规划、监理实施细则、监理制度、施工组织设计、施工措施计划、进度计划等技术和管理文件等。

(4) 按照信息形式划分。

①书面文件。包括纸质文件和电子文档。纸质文件包括合同书、函件、报告、批复、确认、指示、通知、记录、会议纪要和备忘录等；电子文件包括电子数据交换、电子邮件、传真、拷贝的电子文件、电报、电传等。

②声像。

③图片。

(5) 按照信息的稳定程度划分。

①固定信息(静态信息)。固定信息是指在一定时间内相对稳定不变的信息。它包括以下几种：a. 标准信息，主要是指各种定额和标准，如施工定额、原材料消耗定额、生产作业计划标准、设备和工具的耗损程度等；b. 计划信息；主要是指在计划期内拟定的各项指标情况；c. 查询信息，是指在一个较长的时期内很少发生变更的信息，如国家和专业部门颁发的技术标准、不变价格、监理工作制度、监理实施细则等。

②流动信息(动态信息)。流动信息是指在不断变化的信息，如项目实施阶段的质量、投资及进度的统计信息、原材料消耗量、机械台班数、人工工日数等。

9.2.2　信息管理与信息系统

1. 信息管理

信息管理是指信息资料的收集、分类、整编、归档、保管、传阅、查阅、复制、移交、保密等一系列工作的总称。信息管理的目的就是通过有组织的信息流通，使决策者能及时、准确地获得有用的信息。

监理信息管理的基本任务是及时掌握准确完整的信息，依靠有效信息对质量、进度、资金进行有效控制，以卓越成效完成监理任务。

2. 信息系统

(1) 信息系统的概念。

信息系统是指由人和计算机等组成，以系统思维为依据，以计算机为手段，进行数据(情况)收集、传递、处理、存储、分发、加工产生信息，为决策、预测和管理提供依据的系统。根据系统原理，信息系统由输入、处理、输出、反馈、控制等五个基本要素组成。

常见的信息系统主要有办公自动化系统(office automation system，OAS)、事务(业务)处理系统(transaction processing system，TPS)、管理信息系统

(management information system, MIS)和决策支持系统(decision support system, DSS)等。

(2) 工程建设监理信息系统。

监理信息系统就是管理信息系统原理和方法在工程建设监理工作中的具体应用。监理信息系统一般由质量控制子系统、进度控制子系统、资金控制子系统、合同管理子系统、行政事务管理子系统和数据库管理子系统等组成。各子系统之间既相互独立,各有其自身目标控制的内容和方法,又相互联系,互为其他子系统提供信息。

①质量控制子系统。监理人员为了实施对工程建设质量的动态控制,需要工程建设质量控制子系统提供必要的信息支持。

②进度控制子系统。工程建设进度控制子系统不仅要辅助监理人员编制和优化工程建设进度计划,更要对建设项目的实际进展情况进行跟踪检查,并采取有效措施调整进度计划以纠正偏差,从而实现工程建设进度的动态控制。

③投资控制子系统。工程建设投资控制子系统用于收集、存储和分析工程建设投资信息,在项目实施的各个阶段制订投资计划,收集实际投资信息,并进行计划投资与实际投资的比较分析,从而实现工程建设投资的动态控制。

④合同管理子系统。工程建设合同管理子系统主要是通过公文处理及合同信息统计等方法辅助监理人员进行合同的起草、签订,以及合同执行过程中的跟踪管理。

⑤行政事务管理子系统。行政事务管理是监理机构不可缺少的一项工作,在监理工作中应将各类文件分别归类建档,包括来自政府主管部门、项目法人、施工单位、监理单位等各个部门的文件,进行编辑登录整理,并及时进行处理,以便各项工作顺利进行。

9.2.3 施工阶段信息管理的内容及程序

1. 信息管理的内容及要求

(1) 监理机构建立的监理信息管理体系。

①配备信息管理人员并制定相应岗位职责。

②制定包括文档资料收集、分类、保管、保密、查阅、复制、整编、移交、验收和归档等的制度。

③制定包括文件资料签收、送阅程序,制定文件起草、打印、校核、签发等管

理程序。

④文件、报表格式应符合下列规定：常用报告、报表格式宜采用施工监理规范所列的和国务院水行政主管部门印发的其他标准格式；文件格式应遵守国家及有关部门发布的公文管理格式，如文号、签发、标题、关键词、主送与抄送、密级、日期、纸型、版式、字体、份数等。

⑤建立信息目录分类清单、信息编码体系，确定监理信息资料内部分类归档方案。

⑥建立计算机辅助信息管理系统。

（2）监理文件。

①应按规定程序起草、打印、校核、签发。

②应表述明确、数字准确、简明扼要、用语规范、引用依据恰当。

③应按规定格式编写，紧急文件宜注明“急件”字样，有保密要求的文件应注明密级。

（3）通知与联络。

①监理机构发出的书面文件，应由总监理工程师或其授权的监理工程师签名、加盖本人执业印章，并加盖监理机构章。

②监理机构与发包人和承包人以及与其他人的联络应以书面文件为准。在紧急情况下，监理工程师或监理人员现场签发的工程现场书面通知可不加盖监理机构章，作为临时书面指示，承包人应遵照执行，但事后监理机构应及时以书面文件确认。若监理机构未及时发出书面文件确认，承包人应在收到上述临时书面指示后 24 h 内向监理机构发出书面确认函，监理机构应予以答复。监理机构在收到承包人的书面确认函后 24 h 内未予以答复的，该临时书面指示视为监理机构的正式指示。

③监理机构应及时填写发文记录，根据文件类别和规定的发送程序，送达对方指定联系人，并由收件方指定联系人签收。

④监理机构对所有来往书面文件均应按施工合同约定的期限及时发出和答复，不得扣压或拖延，也不得拒收。

⑤监理机构收到发包人和承包人的书面文件，均应按规定程序办理签收、送阅、收回和归档等手续。

⑥在监理合同约定期限内，发包人应就监理机构书面提交并要求其做出决定的事宜予以书面答复。超过期限，监理机构未收到发包人的书面答复，则视为发包人同意。

⑦对于承包人提出要求确认的事宜，监理机构应在合同约定时间内做出书面答复，逾期未答复，则视为监理机构已经确认。

（4）书面文件的传递。

①除施工合同另有约定外，书面文件应按下列程序传递：第一，承包人向发包人报送的书面文件均应报送监理机构，经监理机构审核后转报发包人；第二，发包人关于工程施工中与承包人有关事宜的决定，均应通过监理机构通知承包人。

②所有来往的书面文件，除纸质文件外还宜同时发送电子文档。当电子文档与纸质文件内容不一致时，应以纸质文件为准。

③不符合书面文件报送程序规定的文件，均视为无效文件。

（5）监理日志、报告与会议纪要。

①现场监理人员应及时、准确完成监理日记。由监理机构指定专人按照规定格式与内容填写监理日志并及时归档。

②监理机构应在每月的固定时间，向发包人、监理单位报送监理月报。

③监理机构可根据工程进展情况和现场施工情况，向发包人报送监理专题报告。

④监理机构应按照有关规定，在工程验收前，提交工程建设监理工作报告，并提供监理备查资料。

⑤监理机构应安排专人负责各类监理会议的记录和纪要编写。会议纪要应经与会各方签字确认后实施，也可由监理机构依据会议决定另行发文实施。

2. 监理信息管理的程序

（1）建立监理信息管理制度。

（2）确定监理工作信息流内容。包括自上而下的信息流、自下而上的信息流、横向间的信息流、以咨询机构为集散中心的信息流、工程项目内部与外部环境之间的信息流。

（3）确定常用报告和报表格式。包括业主、质量监督站、设计单位、监理机构、承包单位、其他部门等常用报告和报表格式。

（4）建立监理信息库。包括信息采集系统、信息整理系统、信息查询系统等。

（5）建立现场监理信息分析系统。

（6）建立现场监理常用报告、报表编制处理系统。

(7) 建立文件档案管理系统。

(8) 按合同规定移交业主。

9.2.4 建设项目信息处理

建设项目信息处理一般包含信息收集、加工整理、传输、存储、检索和应用等六项内容。信息处理必须借助一定的载体和信息管理系统进行。

(1) 信息收集。信息收集即采集原始信息资料。信息收集需注意以下三点:①明确信息收集的目的性;②界定信息收集的范围,包括对象范围(需要什么样的信息)、时间范围(用多长时间收集这些信息)、空间范围(从哪里收集这些信息);③选择好信息源。

(2) 信息加工整理。信息加工整理即对收集到的大量原始信息进行鉴别、筛选、分类、排序、压缩、分析、比较、计算,使其标准化、系统化,形成标准的、系统的信息资料。信息加工整理的步骤如下:鉴别、筛选、分类、排序、初步激活、编写。

(3) 信息传输。信息传输即借助一定的载体(如纸张、胶片、软盘、电子邮件等)在监理机构内部、参建单位之间及与上级单位之间进行传播,通过传输形成各种信息流。信息传输需注意以下三点:①传输目的明确具体;②传输过程控制严格;③讲究时效性,防止信息失真、畸变。

(4) 信息存储。储存信息一般借助于纸张、胶卷、录像带、计算机等载体。信息存储需注意以下四点:①准确性,即内容准确、表述清楚、结构有序;②安全性,即防丢失、防毁坏;③方便性,即使用方便、更新方便;④经济性,即节约空间、节省费用。

(5) 信息检索。信息检索即为了查找信息方便而制定的一套科学、快速的查找方法和手段。完善的信息检索系统应达到信息保存完善且查找方便的要求。使用计算机存储和检索信息,是目前普遍实行的信息管理方式。

(6) 信息应用。信息应用即将处理好的信息,按照不同需求,编印成各种表格、文件,以书面形式或者计算机网络进行输出应用解决实际问题。信息应用需注意以下三点:①判断什么样的信息有利于问题的解决;②判断所需的信息是否存在;③利用或开发信息。

9.2.5 建设项目监理文档管理

1. 监理文档管理的主要内容

水利水电工程档案的归档工作,一般是由产生文件材料的单位或部门负责。总包单位对各分包单位提交的归档材料负有汇总责任,各参建单位技术负责人应对其提供档案的内容及质量负责。监理工程师对施工单位提交的归档材料应履行审核签字手续,监理单位应向项目法人提交对工程档案内容与整编质量情况的专题审核报告。监理文档管理的主要内容包括监理文件资料传递流程的确定、监理文件资料的登录与分类存放,以及监理文件资料的立卷归档等。

(1) 监理文件资料传递流程的确定。

监理组织中的信息管理部门是专门负责工程建设信息管理工作的,其中包括监理文件资料的管理。因此,在工程建设全过程中形成的所有文件资料,都要统一归口传递到信息管理部门,进行集中收发和管理。

首先,在监理组织内部,所有文件资料必须先送交信息管理部门,进行统一整理分类,归档保存,然后由信息管理部门根据总监理工程师的指令和监理工作的需要,分别将文件资料传递给有关的监理工程师。当然,任何监理人员都可以随时自行查阅经整理分类后的文件资料。

其次,在监理组织外部,在发送或接收业主、设计单位、承包人、材料供应单位及其他单位的文件资料时,也应由信息管理部门负责进行,这样使所有的文件资料只有一个进出口通道,从而在组织上保证了监理文件资料的有效管理。监理文件资料的管理和保存,主要由信息管理部门中的资料管理人员负责。作为文件资料管理的监理人员,必须熟悉各项监理业务,通过分析研究监理文件资料的特点和规律,对其进行系统、科学的管理,使其在整理工作中得到充分利用。

除此之外,监理资料管理人员还应全面了解和掌握工程建设进展和监理工作开展的实际情况,结合对文件资料的整理分析,编写有关专题材料,对重要文件资料进行摘要综述,包括编写监理工作月报、工程建设周报等。

(2) 监理文件资料的登录与分类存放。

监理信息管理部门在获得各种文件资料之后,首先要对这些资料进行登录,建立监理文件资料的完整记录。登录一般应包括文件资料的编号、名称和内容、收发单位、收发日期等。对文件资料进行登录,就是将其列为监理单位的正式财产。这样做不仅有据可查,而且也便于分类、加工和整理。此外,监理资料管理

人员还可以通过登录掌握文档资料及其变化情况，有利于文件资料的清点和补缺等。随着工程建设的进展，所积累的文件资料会越来越多，如果随意存放，不仅查找困难，而且极易丢失。因此，为了能在建设监理过程中有效地利用和传递这些文件资料，必须按照科学的方法将它们分类存放。监理文件资料可以分为以下几类。

①监理日常工作文件。包括监理工作计划、监理工作月报、工程施工周报及工程信函等。

②监理工程师函件。包括监理工程师主送项目法人、设计单位、承包人等有关单位的函件。

③会议纪要。包括监理工作会议、工程协调会议、设计工作会议、施工工作会议及工程施工例会等会议的纪要。

④勘察、设计文件。包括勘察、方案设计、初步设计、施工图设计及设计变更等文件资料。

⑤工程收函。包括业主、勘察设计单位、承包人等单位送交的函文。

⑥合同文件。包括监理委托合同、勘察设计合同、施工总包合同和分包合同、设备供应合同及材料供应合同等文件。

⑦工程施工文件资料。包括施工方案、施工组织设计、签证和核定单、联系备忘录、隐蔽工程验收记录及技术管理和施工管理文件资料等。

⑧主管部门函文。包括省、市发展改革委及建委、公用市政及有关部门的函文。

⑨政府文件。包括有关监理文件、勘察设计和施工管理办法、定额取费标准，以及文明、安全、市政等方面的规定。

⑩技术参考资料。包括监理、工程管理、勘察设计、工程施工，以及设备、材料等方面的技术参考资料。

上述文件资料应集中保管，对零散的文件资料应分门别类存放在文件夹中，每个文件夹的标签上要标明资料的类别和内容。为了便于文件资料的分类存放，并利用计算机进行管理，应按上述分类方法建立监理文件资料的编码系统。这样，所有文件资料都可按编码结构排列在书架上，不仅易于查找，也为监理文件资料的立卷归档提供了方便。

(3) 监理文件资料的立卷归档。

为了做好工程建设档案资料的管理工作，充分发挥档案资料在工程建设及

建成后维护中的作用，应将监理文件资料整理归档，即进行监理文件资料的编目、整理及移交等工作。

2. 计算机辅助监理文档管理

为了对监理文件资料进行有效的管理，应充分利用电子计算机存储潜力大和信息处理速度快等特点，建立计算机辅助监理文档管理系统。

(1) 计算机辅助监理文档管理系统功能概述。

计算机辅助监理文档管理系统是一个相对独立的系统，它既可以作为监理信息系统中的一个子系统而存在，也可以单独存在，因为它与工程建设监理信息系统中其他子系统之间没有数据传递关系，更没有功能调用关系。

计算机辅助监理文档管理系统的主要功能是对工程建设实施过程中与监理工作有关的各种往来文件、图纸、资料及各种重要会议和重大事件等信息进行管理。

(2) 计算机辅助监理文档管理功能。

①收文管理。收文管理就是输入、修改、查询、统计、打印收文的各种信息。

②发文管理。发文管理就是输入、修改、查询、统计有关发文信息，并可打印有关文件。

③图纸管理。图纸管理就是对图纸收发信息的输入、修改、查询、统计及打印。

④会议信息管理。会议信息管理就是输入、修改、查询、统计及打印工程会议的有关信息，并能打印会议纪要。

⑤重大事件信息管理。重大事件信息管理就是输入、修改、查询、统计及打印重大事件的有关信息，并能打印事件报告。

9.3 组织协调

9.3.1 组织协调的概念

协调就是联结、联合、调和所有的活动及力量。协调的目的是力求得到各方面协助，促使各方协同一致、齐心协力，以实现自己的预定目标。协调作为一种管理方法贯穿于整个项目和项目管理过程中。

项目系统是由若干相互联系而又相互制约的要素有组织、有秩序地组成的具有特定功能和目标的统一体。组织系统的各要素是该系统的子系统，项目系统就是一个由人员、物质、信息等构成的人为组织系统。用系统方法分析项目协调的一般原理有三大类：一是“人员/人员界面”；二是“系统/系统界面”；三是“系统/环境界面”。

项目组织是由各类人员组成的工作班子。由于每个人的性格、习惯、能力、岗位、任务、作用的不同，即使只有两个人在一起工作，也有潜在的人员矛盾或危机。这种人和人之间的间隔，就是所谓的“人员/人员界面”。

项目系统是由若干个项目组组成的完整体系，项目组即子系统。由于子系统的功能不同、目标不同，容易产生各自为政的趋势和相互推诿的现象。这种子系统和子系统之间的间隔，就是所谓的“系统/系统界面”。

项目系统是一个典型的开放系统，它具有环境适应性，能主动地向外部世界取得必要的能量、物质和信息。在“取”的过程中，不可能没有障碍和阻力。这种系统与环境之间的间隔，就是所谓的“系统/环境界面”。

工程项目建设协调管理就是在“人员/人员界面”“系统/系统界面”“系统/环境界面”之间，对所有的活动及力量进行联结、联合、调和的工作。系统方法强调，要把系统作为一个整体来研究和处理，因为整体的作用规模要比各子系统的作用规模之和大。为了顺利实现工程项目建设系统目标，必须重视协调管理，发挥系统整体功能。在工程项目监理中，要保证所有项目参与方围绕项目开展工作，使项目目标顺利实现。组织协调最为重要、最为困难，也是监理工作是否成功的关键，只有通过积极的组织协调才能实现整个系统全面协调的目的。

9.3.2　组织协调工作内容

组织协调工作内容包括监理组织内部的协调、与项目法人的协调、与承包人的协调、与设计单位的协调以及与政府部门及其他单位的协调。下面主要介绍与项目法人的协调和与承包人的协调。

1. 与项目法人的协调

工程监理是受项目法人的委托而独立、公正进行的工程项目监理工作。监理实践证明，监理目标的顺利实现和与项目法人的协调有很大的关系。

我国实行工程监理制度时间不长，工程建设各方对监理制度的认识还不够，还存在不少问题，尤其是一些项目法人的行为不规范。我国长期的计划经济体制使得项目法人合同意识较差，随意性大，主要体现在：一是沿袭计划经济时期的基建管理模式，搞“大统筹，小监理”，一个项目，往往是项目法人的管理人员要比监理人员多或管理层次多，对监理工作干涉多，并插手监理人员应做的具体工作；二是不把合同中规定的权力交给监理单位，致使总监理工程师有职无权，发挥不了作用；三是不讲究科学，项目科学管理意识差，在项目目标确定上压工期、压造价，在项目进行过程中变更多或时效不按要求，给监理工作的质量、进度、投资控制带来困难。因此，与项目法人的协调是监理工作的重点和难点。监理工程师应从以下几个方面加强与项目法人的协调。

(1) 监理工程师首先要理解项目总目标，理解项目法人的意图。对于未能参加项目决策过程的监理工程师，必须了解项目构思的基础、起因、出发点，了解决策背景，否则可能对监理目标及完成任务有不完整的理解，会给他的工作造成很大的困难，所以，必须花大力气来研究项目法人，研究项目目标。

(2) 利用工作之便做好监理宣传工作，增进项目法人对监理工作的理解，特别是对项目管理各方职责及监理程序的理解；主动帮助项目法人处理项目中的事务性工作，以自己规范化、标准化、制度化的工作去影响和促进双方工作的协调一致。

(3) 尊重项目法人，尊重项目法人代表，让项目法人一起投入项目全过程。尽管有预定的目标，但项目实施需要遵循项目法人的指令，使项目法人满意，对项目法人提出的某些不适当的要求，只要不属于原则问题，都可先行进行，然后利用适当时机，采取适当方式加以说明或解释；对于原则性问题，可采取书面报告等方式说明原委，尽量避免发生误解，以使项目顺利进行。

2. 与承包人的协调

监理目标的实现与承包人的工作密切相关。监理工程师对质量、进度和投资的控制都是通过承包人的工作来实现的。做好与承包人的协调工作是监理工程师组织协调工作的重要内容。监理工程师要依据工程监理合同对工程项目实施工程监理，对承包人的工程行为进行监督管理。

(1) 坚持原则，实事求是，严格按规范、规程办事，讲究科学态度。

监理工程师在观念上应该认为自己是提供监理服务，尽量少地对承包人行使处罚权，应强调各方面利益的一致性和项目总目标；监理工程师应鼓励承包人将项目实施状况、实施结果和遇到的困难及意见向他汇报，以减少对目标控制可能的干扰，双方了解得越多越深刻，监理中的对抗和争执就越少。

(2) 注重语言艺术、情感交流，把握用权适度。

协调不仅是方法问题、技术问题，更多的是语言艺术、感情交流和用权适度问题。有时尽管协调意见是正确的，但由于方式或表达不妥，会激化矛盾。而高超的协调能力则往往起到事半功倍的效果，令各方面都满意。

(3) 协调的形式可采取口头交流会议制度和监理书面通知等。

监理内容包括旁站监理、事后监理验收工作，监理工程师应树立寓监于帮的观念，努力树立良好的监理形象，加强对施工方案的预先审核，对可能发生的问题可事前口头提醒，督促改进。工地会议是施工阶段组织协调工作的一种重要形式，监理工程师通过工地会议对工作进行协调检查，并落实下阶段的任务。工地会议分第一次工地会议、常规的工地会议(例会)、现场协调会三种形式。工地会议应由监理工程师主持，会后应及时整理成纪要或备忘录。

(4) 施工阶段的协调工作内容。

施工阶段的协调工作，包括解决进度、质量、中间计量与支付的签证、合同纠纷等一系列问题。

①与承包人项目经理关系的协调。从承包人项目经理及其工地工程师的角度来说，他们最希望监理工程师是公正的、通情达理的。他们希望从监理工程师处得到明确而不是含糊的指示，并且能够对他们所询问的问题给予及时的答复。他们希望监理工程师的指示能够在他们工作之前发出，而不是在之后。这些心理现象，作为监理工程师来说，应该非常清楚。项目经理和他的工程师可能最为反感“本本主义者”以及工作方法僵硬的监理工程师。一个懂得坚持原则，又善于理解承包人项目经理的意见，工作方法灵活，随时可能提出或愿意接受变通办法的监理工程师肯定是受到欢迎的。

②进度问题的协调。对于进度问题的协调，监理人员应考虑影响进度因素错综复杂，协调工作也十分复杂。实践证明，有两项协调工作很有效：一是项目法人和承包人双方共同商定一级网络计划，并由双方主要负责人签字，作为工程承包合同的附件；二是设立提前竣工奖，由监理工程师按一级网络计划节点考核，分期预付工程工期奖，如果整个工程最终不能保证工期，由项目法人从工程款中将预付工期奖扣回并按合同规定予以罚款。

③质量问题的协调。质量控制是监理合同中最主要的工作内容，应实行监理工程师质量签字认可制度。对没有出厂证明、不符合使用要求的原材料、设备和构件，不准使用；严格执行质量控制程序，对工序交接实行报验签证；对不合格的工程部位不予验收签字，也不予计算工程量，不予支付进度款。在工程项目进

行过程中，设计变更或工程项目的增减是经常出现的，有些是合同签订时无法预料和未明确规定的。对于这种变更，监理工程师要仔细认真研究，合理计算价格，与有关部门充分协商，达成一致意见，并实行监理工程师签证制度。

④对承包人的处罚。在施工现场，监理工程师对承包人的某些违约行为进行处罚是很慎重而又难免的。每当发现承包人采用不适当的方法进行施工，或是用了不符合合同规定的材料时，监理工程师除了立即制止外，可能还要采取相应的处罚措施。遇到这种情况，监理工程师应该考虑自己的处罚意见是否在权限以内，根据合同要求，自己应该怎么做等。对于施工承包合同中的处罚条款，监理工程师应该十分熟悉，这样当他签署一份指令时，便不会出现失误，给自己的工作造成被动。在发现缺陷并需要采取措施时，监理工程师必须立即通知承包人，监理工程师要有时间概念，否则承包人有权认为监理工程师是满意或认可的。

监理工程师最担心的可能是工程总进度和质量要受到影响。有时，监理工程师会发现，承包人的项目经理或某个工地工程师不称职，耗费资金和时间，工程却没什么进展，而自己的建议并未得到采纳。此时明智的做法是继续观察一段时间，待掌握足够的证据时，总监理工程师可以正式向承包人发出警告。万不得已时，总监理工程师有权要求撤换项目经理或工地工程师。

⑤合同争议的协调。对于工程中的合同纠纷，监理工程师应首先协商解决，协商不成时才向合同管理机关申请调解，只有当对方严重违约而使自己的利益受到重大损失且不能得到补偿时才采用仲裁或诉讼手段。如果遇到非常棘手的合同纠纷问题，不妨暂时搁置等待时机，另谋良策。

⑥处理好人际关系。在监理过程中，监理工程师处于一种十分特殊的位置。一方面，项目法人希望得到真实、独立、专业的高质量服务；另一方面，承包人则希望监理单位能对合同条件有一个公正的解释。因此，监理工程师及其他工作人员必须善于处理各种人际关系，既要严格遵守职业道德，礼貌而坚决地拒收任何礼物、免费服务、减价物品等，以保证行为的公正性，也要利用各种机会增进与各方面人员的友谊与合作，以利于工程的进展。否则，稍有疏忽，便有可能引起项目法人或承包人对其可信赖程度的怀疑和动摇。

9.3.3 组织协调的方法

组织协调工作涉及面广，受主观和客观因素影响较大。所以监理工程师知识面要宽，要有较强的工作能力，能够因地制宜、因时制宜处理问题，这样才能保

证监理工作顺利进行。组织协调的方法主要有以下内容。

1. 第一次工地会议

第一次工地会议由项目总监理工程师主持，项目法人、承包人的授权代表必须出席会议，各方将在工程项目中担任主要职务的负责人及高级人员也应参加。第一次工地会议很重要，是项目开展前的宣传通报会，总监理工程师阐述的要点有监理规划、监理程序、人员分工，及项目法人、承包人和监理单位三方的关系等。具体任务如下。

(1) 介绍各方人员及组织机构。

(2) 宣布承包人的进度计划。承包人的进度计划应在中标后，合同规定的时限内提交监理工程师，监理工程师对进度计划作出说明。

(3) 检查承包人的开工准备。

(4) 检查项目法人负责的开工条件，监理工程师应根据进度安排，提出建议和要求。

(5) 明确监理工作的例行程序，并提出有关表格和说明；确定工地例会的时间、地点及程序。

(6) 检查讨论其他与开工条件有关的事项。

2. 工地例会

项目实施期间应定期举行工地例会，会议由监理工程师主持，参加者有监理工程师代表、承包人的授权代表、项目法人代表及有关人员。工地例会召开的时间根据工程进展情况安排，一般有旬、半月和月度例会等几种。工程监理中的许多信息和决定是在工地会议上产生的，协调工作大部分也是在此进行的，因此开好工地例会是工程监理的一项重要工作。

工地会议决定同其他发出的各种指令性文件一样，具有等效作用。因此，工地例会的会议纪要是很重要的文件。会议纪要是监理工作指令文件的一种，要求记录应真实、准确。当会议上对有关问题有不同意见时，监理工程师应站在公正的立场上作出决定；对一些比较复杂的技术问题或难度较大的问题，不宜在工地例会上详细研究讨论，可以由监理工程师作出决定，另行安排专题会议研究。

工地例会由于定期召开，一般均按照一个标准的会议议程进行，主要是对进度、质量、投资的执行情况进行全面检查，交流信息，并提出对有关问题的处理意见以及今后工作中应采取的措施。此外，还要讨论延期、索赔及其他事项。工地例会的具体议题可以有以下内容:①对上次会议记录的确认;②工程进展情况;③对下一个报告期的进度预测;④承包人投入的人力情况;⑤承包人投入的设备情况;⑥材料质量与供应情况;⑦技术事宜;⑧财务事宜;⑨行政管理事项;⑩索赔;⑪对承包人的通知和指令;⑫其他事项。

工地例会举行次数较多,要防止流于形式。监理工程师可根据工程进展情况确定分阶段的例会协调要点,保证监理目标控制的需要。对例会要点进行预先筹划,使会议内容丰富,针对性强,可以真正发挥协调的作用。

3. 专题现场协调会

对于一些工程中的重大问题,以及不宜在工地例会上解决的问题,根据工程施工需要,可召开相关人员参加的现场协调会,如设计交底、施工方案或施工组织设计审查、材料供应、复杂技术问题的研讨、重大工程质量事故的分析和处理,对工程延期、费用索赔等进行协调,提出解决办法,并要求各方及时落实。

专题会议一般由总监理工程师提出,或由承包人提出后,由总监理工程师确定。

参加专题会议的人员应根据会议的内容确定,除项目法人、承包人和监理单位的有关人员外,还可以邀请设计人员和有关部门人员参加。

由于专题会议研究的问题重大,又较复杂,因此会前应与有关单位一起,做好充分的准备,如进行调查、收集资料,以便介绍情况。有时为了使协调会达到更好的共识,避免在会议上产生冲突或形成僵局,可以先将议程打印发给各位参加者,并可以就议程与一些主要人员进行预先磋商,这样才能在有限的时间内,让有关人员充分地研究并得出结论。会议过程中,主持人应能驾驭会议局势,防止不正常的干扰影响会议的正常秩序。应善于发现和抓住有价值的问题,集思广益,补充解决方案。应通过沟通和协调,使大家意见一致,使会议富有成效。会议的目的是使大家协调一致,同时要争取各方心悦诚服地接受协调,并以积极的态度完成工作。对于专题会议,应有会议记录和会议纪要,并作为监理工程师发出的相关指令文件的附件或存档备查的文件。

4. 监理文件

监理工程师组织协调的方法除上述会议制度外,还可以通过一系列书面文件进行,监理书面文件形式可根据工程情况和监理要求制定。

第10章　水利水电工程项目施工监理实践

10.1　监理工程概述

太忻一体化经济区滹沱河供水工程利用已建的坪上应急引水工程，从滹沱河支流清水河上取水，向太忻一体化经济区提供城镇生活及工业用水。近期工程年引水能力 30000000 m^3，远期坪上水库建成后，工程年引水能力 50000000 m^3。

本次招标划分3个标段，本工程是太忻一体化经济区滹沱河供水工程监理03标项目。建设地点位于山西省忻州市定襄县和忻府区、太原市阳曲县。建设内容包括季庄至芝郡段重力流输水管线[长度约 29.8 km，PCCP 管（prestressed concrete cylinder pipe，预应力钢筒混凝土管），管径 1.8 m]、芝郡至上佐段泵压管线（长度约 19.1 km）和上佐至上原出水池泵压管线（长度约 4.7 km）；临时措施及其附属建筑物施工；太忻一体化经济区滹沱河供水工程全线水土保持和环境保护工程。

监理服务期是从施工准备阶段开始至缺陷责任期结束，工程项目施工预计开工日期为 2022 年 10 月，建设周期 2 年。

监理范围包括 PCCP 管（季庄分水点至芝郡泵站）土建安装、涂塑钢管和球墨铸铁管（芝郡泵站至上佐泵站）土建安装、临时措施及其附属建筑物施工期和缺陷责任期相关工程监理服务；太忻一体化经济区滹沱河供水工程全线水土保持和环境保护工程施工期的监理服务，并配合完成水土保持和环境保护专项验收。

10.2　监理工作程序、方法和制度

10.2.1　监理工作基本程序

(1) 签订监理合同，明确监理范围、内容和责权。

(2) 依据监理合同,监理合同生效后一周组建现场监理机构,根据合同要求总监理工程师及各类工作人员进驻现场。

(3) 熟悉工程建设有关法律、法规、规章以及技术标准,熟悉工程设计文件和监理、施工合同文件。

(4) 编制项目监理规划。

(5) 编制各专业或项目监理实施细则。

(6) 组织监理工作交底。

(7) 实施施工阶段监理工作。

(8) 督促承包人及时整理、归档各类工程资料。

(9) 受业主委托主持分部工程验收,参加单位工程、合同工程完工竣工验收工作。

(10) 向委托人提交有关档案资料、监理工作总结报告。

(11) 向委托人移交其所提供的文件资料和设备设施。

(12) 结清监理费用。

10.2.2 监理工作主要方法

(1) 现场记录。现场记录是现场施工情况最基本的客观记载,也是质量评定、计量支付、索赔处理、合同争议解决等的重要原始记录资料。监理人员认真、完整记录每日施工现场的人员、设备、材料和天气、施工环境以及施工中出现的各种情况,做好监理日记。同时,各监理组安排监理工程师填写监理日志。若标段较多,工程量较小,距离较近,个别监理组可合并填写。总监理工程师或总监代表按照规定分别做好对监理日志的检查。对于隐蔽工程、重要部位、关键工序的施工过程,监理人员采用照相、摄像等手段记录,并及时进行整理、编辑,妥善保管。

(2) 发布文件。指令性文件是现场管理的最重要手段,也是处理合同问题的重要依据。监理部采用通知、指示、批复、签认等文件形式进行施工全过程的控制和管理。

(3) 旁站监理。监理部按照监理合同约定,在施工现场对工程项目的一些重要部位和关键工序的施工实施连续性的全过程检查、监督与管理。

(4) 巡视检验。监理部对所监理的工程项目进行定期或不定期的检查、监督和管理,安排监理工程师经常有目的地对承包人的施工过程进行巡视检验,主要包括:是否按照设计文件、施工规范和批准的施工方案进行施工;是否使用合

格的材料、构配件和工程设备;施工现场管理人员尤其是质检人员是否到岗到位;施工操作人员的技术水平、操作条件是否满足工艺操作要求,特种操作人员是否持证上岗;施工环境是否对工程质量、施工安全产生不利影响;已完成施工的部位是否存在质量缺陷等。

(5) 跟踪检测。在承包人进行试样检测前,监理部对其检测人员、仪器设备以及拟订的检测程序和方法进行审核;在承包人对试样进行检测时,实施全过程的监督,确认其程序、方法的有效性以及检测结果的可信性,并对该结果再确认。重点对承包人采样部位的选择、样品的采取及送达试验室等过程进行跟踪。

(6) 平行检测。监理部在承包人对试样自行检测的同时,独立抽样进行检测,核验承包人的检测结果。

(7) 协调。监理部对参加工程建设各方之间的关系以及工程施工过程中出现的问题和争议进行调解,及时解决施工中各标段之间的安全、质量、进度、投资之间的矛盾,以及合同双方权利、义务之间的矛盾。

10.2.3　监理主要工作制度

(1) 技术文件审核、审批制度。监理部制定的对承、发包双方提交的施工图纸以及由承包人提交的施工组织设计、施工措施计划、施工进度计划、开工申请等文件的核查、审核或审批制度。

(2) 原材料、构配件和工程设备检验制度。进场的原材料、构配件和工程设备应有出厂合格证明和技术说明书,并经监理部检验合格后,方可在约定或指定部位使用。

(3) 工程质量检验制度。工序或单元工程完成,应经承包人自检合格和监理部复核检验。未经复核检验或复核检验不合格,不得进行下道工序或下一单元工程施工。

(4) 工程计量付款签证制度。所有申请付款的工程量均应进行计量,并经监理部确认。监理部应严格按照相关制度组织工程计量与支付。必须妥善保存工程量计算底稿等承包人计量申请附件和监理审核计算资料,为竣工审计提供参考。

(5) 会议制度。一般监理部的会议包括第一次工地会议、监理例会和监理专题会议。会议由总监理工程师或由其授权监理工程师主持,工程建设有关各方按要求派员参加。会议应形成会议纪要,并分发与会各方。

(6) 施工现场紧急情况报告制度。当施工现场发生紧急情况(如边坡坍塌、洪水超过导流标准、发现重要的化石和文物等)时,监理部应立即向委托人和(或)法律、制度规定的相关单位报告,并指示承包人立即采取有效措施处理。

(7) 工作报告制度。监理部应按时向委托人提交监理月报或监理专题报告。在工程验收时,提交监理工作报告;在监理工作结束后,提交监理工作总结报告。

(8) 工程验收制度。在工程施工各阶段验收时,监理部应针对承包人提交的验收申请审核是否具备验收条件,并根据有关水利水电工程验收规程或合同约定参与、组织或协助委托人组织工程验收。

此外,还有监理机构建立的监理内部管理制度。主要包括:文件记录借阅规定、在岗人员工作守则、各级监理人员任职条件、项目总监工作考核办法、项目监理工作检查及内审办法、监理服务检验办法、工程监理资料管理办法、职工考勤请假制度等。

10.3 监理工作重点与难点分析及对策

10.3.1 监理工作重点和难点分析

本工程为重力流输水管线(PCCP 管)和泵压管线(涂塑钢管、球墨铸铁管)输水工程,施工以露天作业为主,将受施工场地、外界气候和周边环境影响,工程涉及的项目战线长。如何通过科学的管理、有效的措施控制好工程质量、进度、投资、安全等,以满足发包人的要求,将成为本工程重点监理和控制的内容。

针对以上情况,本工程的监理工作重点、难点分析如下。

(1) 土方工程。做好测量工作和土方平衡计算是控制投资的前提,是监理工作的一个重点。本地地下水位较高,甚至超越滹沱河和牧马河,开挖时需加强排水,时刻注意边坡和沟槽基础的稳定,加强必要的支护,保持无水施工。土方填筑的质量受到各方面因素的影响,不易控制,是监理工作的难点之一。土方填筑质量控制不好,容易引起其管道的偏移,导致接头的渗漏,因此也是监理控制的重点。

(2) 混凝土工程。本项目混凝土工程主要为管道附属建筑物等工程,管道附属建筑物工程的施工战线较长,不利于混凝土施工质量控制。同时,本工程的混凝土工程还可能进行冬季施工,其拌和及施工时的温度控制是一个难点,也是

监理控制的重点。

(3) 管道工程。本工程管道工程包括 PCCP 管、涂塑钢管、球墨铸铁管的安装，是本工程的重点，也是关键线路的工程，控制工程质量、进度、投资，是实现合同目标的重中之重。施工单位要编制科学的施工方案，按规范施工。特别是管道的基础处理，如处理不好，易引起管道及其建筑物的沉陷破坏，进而导致管线渗漏。管材质量和管道安装质量不好会造成管线漏水，是质量控制的重点。

(4) 本工程水泥、钢筋、砂石骨料等任何材料出现质量问题，都会直接影响工程质量。因此加强对原材料的质量控制是监理工作的重点。

(5) 进度控制。因工程占地范围较大，协调顺利与否，将对工程进度产生直接影响，这也是监理进度控制工作的一个关键点。

(6) 施工期间的安全文明施工和环境保护。环保和文明施工涉及施工人员及周边人民的健康，安全生产直接关系到人的生命，这也是监理工作的一项重点。

(7) 本工程线路较长，有泵站和管线，水保工程涉及面较广，涉及的标段也多，必须按照批准的水保方案进行控制。既要保护现有生态和植被，又要美化环境，营造自然生态和园林氛围，实现人与自然的和谐。

(8) 新冠疫情猖獗，需做好疫情防控工作，特别是要求施工单位对高、中风险地区的人员进行控制，做到万无一失，确保安全控制、无疫情。

(9) 防汛工作是水利工程常抓不懈的工作。要求施工单位按照建设单位的防汛总体安排编制防汛度汛方案和安全应急预案，高度树立防大汛、度大汛的思想，克服麻痹思想，有安全隐患意识，确保汛期安全度汛。

10.3.2　监理工作措施及对策

1. 组织措施

(1) 配备优秀的监理人员，建立健全监理部的质量控制体系，明确监理控制的流程、人员分工、职责和管理制度，做到质量控制任务明确、责任清楚。

(2) 审查承包人的质量保证体系，了解承包人的质量保证体系的组织机构和相关制度是否健全，项目经理、总工程师、质检等专职管理人员是否到位并认真履行职责，各类技工或特种作业人员是否持证上岗并具有较高的技术水平。

(3) 对工程施工全过程、全方位实施巡视监督，对以上工程的关键部位、关键工序实施旁站监理，尤其对隐蔽工程，在旁站过程中加强监理现场平行抽检，

并会同建设、设计等单位进行验收。对符合工序质量要求的,监理工程师及时予以签认;对不符合要求的,要求承包单位整改。在再次检查合格前,不允许进行下道工序施工。

(4) 定期召开工地会议,总结阶段施工情况和监理工作,多方讨论和解决工程中遇到的各种复杂问题和困难,保证下一阶段的施工更加合理,监理工作更加高效。

2. 技术措施

(1) 总监理工程师组织监理工程师熟悉施工图纸,了解工程特点和质量要求。汇总发现的施工图纸中的问题,通过建设单位书面提交给设计单位,提出监理人员的建议。

(2) 审查承包人的施工技术方案,尤其深入研究工程重点部位、关键工序的施工程序、施工工艺和质量保证措施。需要时,提出合理的调整或补充意见,并监督承包人认真落实或实施。同时,监理工程师将针对重点部位、关键工序编制监理实施细则,明确监控重点和要求,做到主动控制,预防为主。

(3) 通过原材料进场验收和抽样检验,证实原材料的各项性能指标满足合同和技术规范的要求。凡质量资料不全、外观检查或检验不合格的,签发监理工程师通知单,限期将不合格的撤出现场。

(4) 现场监理工程师要对承包人报送的施工测量放线成果进行复验和确认。在各工序施工过程中,按合同技术要求和现行规范标准进行逐项检查或检测,验证中间产品和工序成品的质量。

3. 经济措施

经检验不合格的工程原材料、中间产品,以及未经监理工程师签证合格的工序、成品,监理部不予以计量和支付,直至合格。

4. 合同措施

(1) 拒收不合格原材料、中间产品,要求承包人限期运出施工现场,且由承包人承担由此造成的工期和经济损失。

(2) 对擅自使用不合格的工程材料或未经检验进入下一道工序的不规范行为,监理人员在征得发包人同意后,有权发布暂停施工、返工、复工等指令,确保材料或工序质量得到控制。

（3）监理人员根据工程实际情况，有权要求承包人更换不称职的施工技术或质检人员。

5. 具体措施与对策

（1）土方工程管理。在施工开始前，严格审核承包人的施工方案和质量保证措施。重点加强测量管理，时刻关注边坡的稳定。施工过程中，严格执行验收制度，加强现场巡视和检验。

（2）混凝土工程管理。在施工开始前，严格审核承包人的施工方案和质量保证措施。施工期严格控制混凝土原材料、配合比，管理模板浇筑、振捣、养护等关键工序，并加强旁站监理及检验。此外，要求冬季施工采取合理的保温措施。

（3）管道安装工程管理。在施工开始前，严格审核承包人的施工方案和质量保证措施。重点加强放线测量管理。严格实施管道安装质量测试，采用全方位监控和重点控制相结合的措施。实施过程中，严格执行验收制度，加强现场巡视和检验。

（4）原材料质量控制。严格执行材料进场报验制度，加强对原材料的抽检和检验。

（5）进度控制。在前期督促和配合业主和施工单位做好征地拆迁工作。施工过程中，检查承包人的资源投入情况和计划执行情况。一旦出现进度偏差，要求承包人采取应对措施。

（6）安全文明施工、环境保护和水保工程管理。督促承包人严格执行经批准的安全文明、环境保护和水保施工方案，并认真落实政府部门对安全文明、环境保护和水保施工的相关要求。

10.4 监理措施

10.4.1 质量控制

1. 质量控制措施

（1）组织措施。

①建立健全监理部的质量控制体系和质量控制组织机构，使质量控制任务

明确，责任清楚。

②制定质量监理实施细则，使质量控制有章可循，有法可依，标准统一。

③审查承包人的质量保证体系，了解其组织机构和相关制度是否健全，项目经理、总工程师、计划员、质检等专职管理人员是否经过培训并具有一定的技术水平。工程技术人员、焊工、电工、仪表工、铆工、钳工等特种作业人员是否具有较高的技术水平、较强的责任心，是否持证上岗。

④对施工过程进行现场督导，监理人员要亲临施工现场，随时对施工质量及有关技术进行检查、巡视、抽查。监理部根据工程的重要程度和施工难易程度，采用全程督导、部分时间督导、旁站监理和一般性检查等多种方法进行现场控制。

⑤专业监理工程师本人或安排监理人员对隐蔽工程的隐蔽过程、下道工序施工完后难以检查的重点部位进行旁站监理，及时发现、解决问题。

⑥专业监理工程师根据承包单位报送的隐蔽工程报验单(含模板预检等)和自检结果进行现场检查，对符合工序质量要求的予以签认，不符合要求的，监理工程师要求承包单位整改，在再次检查合格前，不允许进行下道工序施工。

⑦专业监理工程师对承包单位报送的单元工程质量验评资料进行审核，符合要求后予以签认。

⑧总监理工程师组织监理人员对承包单位报送的分部工程和单位工程质量验评资料进行审核和现场检查，符合要求后予以签认。

⑨定期召开监理例会或质量专题会，研究和提出改进工程质量的措施。

⑩参与建设单位组织的法人验收。和参建单位一起参加政府组织的阶段验收和竣工验收，协助建设单位和施工单位移交工程，提交监理资料，工程结束。

⑪对施工过程中出现的质量缺陷，专业监理工程师及时下达监理通知，要求承包单位整改，并检查整改结果。对影响下道工序的质量问题，整改后方可进行下道工序。

⑫如监理人员发现施工存在重大质量隐患，可能或者已经造成质量事故时，通过总监及时下达工程暂停令，要求承包单位停工整改。整改完毕并经监理人员复查，符合规定要求后，由总监及时签署复工报审表。下令停工和下令复工均需事先向建设单位报告。

⑬对需返工处理或加固补强的质量事故，总监将责令承包单位报送质量事故调查报告和经设计单位等相关单位认可的处理方案，项目机构对质量事故的处理过程和处理结果进行跟踪检查和验收。由总监及时向建设单位和本监理单

位提交有关质量事故的书面报告，并将完整的质量事故处理记录整理归档。

（2）技术措施。

①总监理工程师组织监理工程师熟悉施工图纸，了解工程特点以及质量要求。将发现的施工图纸中的问题汇总，通过建设单位书面提交给设计单位，提出监理工程师的建议，以便与各方协商研究、统一意见。

②对已批复的施工组织设计，要求承包单位按审批意见进行调整和补充，由总监审查和签认，并要求承包单位报送重点部位、关键工序的施工工艺和确保工期的质量措施，由专业监理工程师审核、签认。同时，专业监理工程师对重点部位、关键工序编制监理实施细则，明确监控重点和要求，真正做到主动控制、预防为主。

③专业监理工程师对承包单位报送的拟进场工程材料、构配件、设备进行审核和检验。凡质量资料不全、外观检查或检验（平行检验或见证取样）不合格的，签发监理工程师通知单，限期将不合格的撤出现场，合格后签报审表。如采用新材料、新工艺、新技术、新设备时，专业监理工程师要求承包单位报送相应的施工工艺措施和证明材料，组织专题论证，经审定后予以签认。

④施工测量放线属于事前控制，测量监理工程师对承包单位报送的施工测量放线成果进行复验和确认。

（3）合同措施。

①分析监理合同及建设工程施工合同。

②认真落实施工管理合同的责任、权力、利益及严格控制建设工程施工合同有关工程质量条款。

③定期对施工合同、监理合同执行情况进行检查分析，写出报告，分别送业主和监理公司。

（4）经济措施。

①审核变更费用、竣工结算，控制总造价。

②严格复核完成的工程量，不合格工程不计量。

③严格复核工程付款单。

④认真复核施工单位呈报的索赔事项和金额。

⑤审核、分析、比较施工方案的技术经济效果（质量指标、工期指标、劳动指标、主要材料和能源消耗、机械使用费、工程成本）。

2. 主要项目质量控制要点

(1) 土方开挖与回填质量控制。

土方开挖与回填质量控制适用于本工程施工图纸所示的永久工程和临时工程的土方明挖和回填工程,包括管沟及管线建筑物的基础等土方明挖和回填工程。其开挖工作内容包括:准备工作、场地清理、施工期排水、边坡观测、完工验收前的维护以及将开挖可利用或废弃的土方运至监理人员指定的堆放区并加以保护、处理等工作;回填包括压实碾压、清理、复垦等。

结合本工程特点,强调下列施工质量控制要求。

①开挖前,承包人须向监理人员提交包含施工总平面布置、施工进度计划、开挖方法程序、资源配置、降(排)水及岸坡保护方案、渣料利用和弃渣措施以及质量与安全保证措施等内容的施工措施计划,附送开挖前实测原始地形和开挖放样剖面图,经监理人员复核批准后,方可进行开挖。回填前,进行土方回填平衡测算,呈报土方回填方案,批准后进行回填施工。

②做好施工测量的控制。做好测量控制点的交桩,对承包人的复核和加密成果进行认真审核,并要求承包人妥善保护。施工控制测量精度应满足技术规范要求。开工前,进行原始地面测量。根据施工进度计划,施工前测放开挖中心线、开挖边线,标定桩号,应满足精度和施工需要。工程完成后,进行工程实体的收方测量,以利于计量支付。

③开挖。

a. 应按设计开挖线、设计边坡进行开挖,做好沟槽排水,以保证旱地施工,如遇到不稳定地层,根据设计和实际需要进行支护,并满足施工安全和进度需要。

b. 应结合后续工序的施工内容、工法和强度安排冬雨季沟槽及建筑物开挖,重点做好已成沟槽的质量保护,尽量减少扰动和水浸等其他破坏。开挖结束,及时安排后续工作施工,减少暴露时间。

c. 承包人进行工程开挖时,应将可利用渣料和弃置废渣分别运至指定地点分类堆存。对监理人员已确认的可用料,承包人在开挖、装运、堆存和其他作业时,采取可靠的保质措施,保护该部分渣料免受污染和侵蚀。承包人应严格按照监理人员批准的施工措施计划所规定的堆渣地点、范围和堆渣方式进行堆存,保持渣料堆体的边坡稳定,并有良好的自由排水措施。

d. 质量检查和验收。土石方开挖前,监理人员监督施工并复核承包人用于

开挖工程量计量的原地形测量剖面、按施工图纸所示的工程建筑物开挖尺寸所作的开挖剖面，进行测量放样成果的检查以及开挖区周围排水和防洪保护设施的质量检查和验收工作。经监理人员复核签认后的开挖剖面、放样成果作为工程量计量的依据。工程完工后，督促承包人提交竣工平面和剖面图、质量检查和验收(申请)报告等完工验收所需的资料。

④土方回填。

a. 回填土料必须符合设计要求，回填虚铺厚度、碾压遍数、相对密度符合设计、现场生产试验和规范规定。加强回填质量检测。不合格部位重新碾压或返工处理。

b. 按设计要求做好交叉或相接部位的排水或防护工程。

c. 加强汛期和冬季土方回填质量的管理。重点做好回填土料质量和碾压工序的质量控制。

d. 按设计或现场确定的技术方案要求，认真做好建筑物基础处理和土方回填。严格执行隐蔽工程验收程序，对必要的设计指标如承载力等进行严格控制。未经验收，不得进行建筑物基础的施工。

e. 建筑物两侧回填，必须两侧同步均匀上升，高差应不大于 0.5 m。相邻施工段均衡上升，否则以斜坡相接，其接缝坡度不得陡于 1∶3。顶部回填时，第一层的最小摊铺厚度不得小于 300 mm，最大粒径小于 50 mm，且不得使用大型碾压机械。附属管道两侧和管顶以上 50 cm 范围内，采用轻型设备薄层夯(压)实，管道两侧填土对称均匀上升，高差不得大于 30 cm。同一沟槽中双排管道之间的回填压实应与管道与槽壁之间的回填压实对称进行。

f. 回填过程中，严格控制回填土的土料质量、土料含水量、虚铺厚度、碾压遍数，按频率进行回填压实度检查，确保砂砾土回填相对密度符合设计要求。槽底至管顶以上 50 cm 范围内不得含有机物、冻土以及大于 50 mm 的砖、石等硬块。

g. 每回填一层并按规定的压实参数施工完毕后，经监理部检查合格后，才能继续铺填新土。经验收合格的填筑层因故未继续施工，复工前，应进行刨面、洒水，并经监理部检验合格后，才能继续铺填新土，以使层间接合紧密。

h. 基础换填的特殊质量控制。换填必须使用洁净、无草根等杂物、级配连续的砂砾土，其最大粒径、含砾量、压实度应符合设计要求。

i. 土地复垦。

施工营地和施工道路复垦：施工营地主要包括施工生活区、施工仓库、施工工厂等;施工道路主要是与主体工程平行修建的道路,大部分为泥结碎石路面。施工结束后,及时清理施工营地和施工道路上的各种杂物,拆除营地建筑物。土地翻耕、改良土壤(采取深翻松耕的土壤改良措施,翻松厚度 60 cm)。回填原地表耕作层。使用施工清表时临时堆放的表层 50 cm 腐殖土进行回填,并进行土地平整,消除凹凸。之后进行土地复垦。

临时堆土区土地复垦:待开挖区开挖土运走后进行复垦。施工作业时,不能对堆土区内的耕作层造成破坏。之后进行土地翻松和整平,每 666.66 m^2(1 亩)增施 100 kg 复合肥。

施工作业区土地复垦:主要为管道堆放区和施工道路。管道铺设完成后,经土地翻松、运回清表土、土地平整后进行土地复垦,之后对表层翻松、土地整平,每 666.66 m^2(1 亩)增施 100 kg 复合肥。

(2) 混凝土施工质量控制。

混凝土施工质量控制适用于所有管线范围内建筑物常态混凝土浇筑,主要包括基建面处理、垫层、底板、阀室等部位,混凝土工序包括模板、钢筋的浇筑和养护等。

①严格审查批准混凝土配合比设计。

②原材料的检查频率必须满足规范要求,不合格材料不得用于本工程,并限期由承包人运出工地。

③加强验仓监理,没有监理工程师签发的开仓证,承包人不得进行混凝土浇筑。

④模板材料的质量标准、制作、安装应符合现行国家标准或行业标准,满足平整、稳定、安全等要求。必要时,审查承包人的模板安装方案。

⑤钢筋。经监理工程师检验确认合格的钢筋才可投入使用;需焊接的钢筋应进行焊接工艺检验;钢筋加工、安装各个环节必须符合有关规范、图纸要求;承包人要求以其他种类钢筋替代设计文件规定的钢筋时,应按有关替代规定编写替代报告,经监理工程师审批,征得设计同意后,方可实施。

⑥混凝土拌和、振捣、拆模、养护必须满足设计或规范要求。

⑦处理混凝土的蜂窝、麻面等缺陷前,监理工程师应审核承包人的处理方案,并实施旁站监理。

⑧特别做好冬雨季混凝土施工方案的审核和现场施工质量控制工作。

(3) 管道安装质量控制。

管道安装质量控制适用于泵站上游的重力流 PCCP 管道和泵站下游两段泵

压涂塑钢管和球墨铸铁管的安装。

PCCP 管安装质量控制要点如下。

①对进场的 PCCP 管或钢制配件成品质量的检查。检查出厂合格证件，凡承包人运入现场的每批成品 PCCP 管或钢制配件，要对其出厂合格证件逐一进行检查。

②逐一检查成品 PCCP 管或钢制配件外观质量。主要要求如下：管子端面与管轴线垂直；管子承、插口端部不得有缺棱、掉角、孔洞等缺陷，管子内表面应平整，不出现浮渣、露石和不密实现象；成品 PCCP 管内表面不允许出现长度超过 150 mm、与管道纵轴平行线成 15°的可见裂缝；管道缠丝面上砂浆保护层的外表面不得有可见裂缝；承、插口椭圆度满足规范要求，承、插口钢环工作面应光洁，不得黏有混凝土、水泥浆及其他杂物；保护层不得出现空鼓、裂缝及剥落。

③尺寸偏差应符合有关规范和标准规定。

④管道内壁的标识明显。

(4) 钢管安装质量控制。

①安装措施。承包人提交的施工措施计划中，应详细说明钢管(包括岔管，下同)安装使用的设备、安装方法、临时工程设施、质量检验程序和安全措施等。钢管现场安装工作应符合《水利工程压力钢管制造安装及验收规范》(SL 432—2008)的规定。

②安装偏差。钢管的直管、弯管和岔管以及凑合节等附件与设计轴线的平行度误差应不大于 0.2%；钢管安装中心的偏差和管口圆度应遵守《水利水电工程单元工程施工质量验收评定标准——水工金属结构安装工程》(SL 635—2012)的有关规定；钢管始装节的里程偏差应不超过±5 mm，弯管起点的里程偏差应不超过±10 mm；始装节两端管口垂直度偏差应不超过±3 mm。

③安装规定。承包人在安装时应采取措施，使钢管准确就位，并将钢管、岔管牢固地支撑，以防安装、焊接、混凝土浇筑期间发生变形、浮动与位移。凑合节可在现场裁割成需要的长度，但不得用瓦片在现场拼凑。凑合节应设在直管段上。凑合节最后一道施焊的环缝，应采取措施降低施焊应力。

10.4.2　进度控制

1. 进度控制的任务

(1) 督促招标人按合同规定落实必须提供的施工条件，组织向承包人移交施工场地;检查承包人的开工准备情况;按照合同规定及授权,发布工程开工令。

(2) 依据合同中确定的工程控制性进度计划,审查并批准承包人递交的施工总进度计划、资源配置,检查其实施情况,督促承包人按施工进度计划实施工程施工。

(3) 审查和批准承包人提出的年、季、月施工进度计划及施工方案,并跟踪检查、控制进度,记录计划的实施情况。当发生实际进度与计划进度有实质性偏差时,及时向承包人发出书面指示,向招标人提出进度分析报告。

(4) 发生由承包人原因造成的工期延误时,应督促承包人提出补救措施。如属于招标人的原因,应向招标人提出报告,并提出应采取的补救措施供委托人决策。

(5) 主持监理合同授权范围内的有关协调工作,写出工程进度协调会议纪要,提出监理人员对工程进度的意见。

(6) 在收到承包人月进度报告后,7 d 内提出审查意见,并将审查意见及承包人的进度报招标人备案。

(7) 其他合同谈判时约定的事项。

2. 进度控制的具体措施

(1) 组织措施。建立以总监理工程师为责任人的进度控制体系。根据项目部工作安排,总监代表牵头,合同部、监理组具体负责,明确任务和职责,建立信息收集、反馈系统。进行项目和目标的分解,总进度计划分解为分部工程、单元工程计划,并分解到年、季、月计划,关键项目依据具体情况逐级分解到旬、日的计划,并及时进行分析。建立与委托人、承包人在控制上的协调关系,进度会议重点是进行进度计划落实、修正、实施的讨论和协调。

组织措施的具体分工是:总监代表依据总监理工程师的批示,审批承包人的总体进度计划、分部施工计划,年、季、月计划。关键线路上的项目,制订出工程进度计划,与承包人计划进行对比、分析。审查、检验承包人用于现场施工中的人员、设备、原材料的情况,提出相应报告报总监理工程师。监理工程师收集、整理、分析与进度有关的各种信息,提出分析数据、论点,用计算机分析、比较。

(2) 技术措施。副总监对承包人提出的加快进度的要求、建议、方法,依据合同要求进行审查、批准,并报总监理工程师,以保证按期完成工程项目。利用合同条款赋予的权力,采用宏观调节、微观督促的方法,保证承包人按期完成项目施工。

（3）合同措施。此项工作以合同部为主，监理组配合。公正地工作，以合同面前人人平等为出发点，采取积极可行的手段保证工期目标的实现。

（4）经济措施。在进度控制工作中，不回避承包人希望得到较多利益的矛盾，在可行的前提下，满足承包人的资金需求。按合同规定的期限提示承包人进行项目的检验、计量，签发支付证书；督促委托人按时支付；协调委托人依据工程进展情况，制定相应的奖罚措施。

3. 进度控制方法

（1）监督、检查和分析承包人的日进度报表和作业状况。

（2）进驻施工现场，检查进度执行情况，做好监理日志。

（3）定期召开现场会议。

（4）施工过程中，对以下原因需进行进度控制的动态分析：施工过程中的不确定因素；国家政策、法律的变化；承包人内部的原因；外部因素，如气候、供图、原材料供应、物价调整等。

（5）建立月、季、年报制度，及时分析出现偏差的问题。根据已批准的总体计划，对月、季、年计划进行调整，采取对策。

（6）建立承包人人员、设备档案，以进行分析比较。

（7）依据承包人进度计划，建立进度控制系统，定期、分阶段进行分析对比，找出进度出现偏差的原因，进行因素分析，找出关键因素，提出改进建议和意见。

（8）编制进度控制工作的相应表格，包括劳动力需要量计划表、主要材料需要量计划表、主要机械设备需要量计划表、资金需求计划、临时设施计划表、施工日报、分部工程记录表等。

（9）应用计算机技术进行进度控制，编制进度曲线，应用项目管理软件进行检查分析，对施工进度进行描述、预测。出现较大偏差时，要求承包人修订计划，以便使计划符合实际进度情况，调整后的进度计划交监理部审批。进度严重滞后时，将直接影响合同计划的按时完成，要求承包人采取措施加快进度，委托人备案。

10.4.3　投资控制

1. 投资控制的原则

根据承包人的投标报价，承包人提交的现金流量计划，综合考虑由委托人提供场地使用、图纸供应等有关的费用，考虑一定的可变因素影响，使资金投入需求量、资金筹措、资金分配等方面有计划、有措施地协调运作，以合理、稳妥地控制投资。

2. 投资控制的任务

(1) 审查、批准承包人递交的资金流向和年度(或季度)用款计划，并报招标人备案。

(2) 对质量验收合格的工程量进行现场计量，审查承包人递交的工程量清单和工程款支付申请表，签署工程款支付证书。工程结束时，核实最终工程量，审查承包人的竣工结算报表，与招标人、承包人协商一致后，签发竣工结算文件和最终工程款支付证书，报招标人批准。

(3) 按照合同规定及招标人授权，从项目功能、质量、工期等方面审查工程变更方案，分析并与各方协商确定变更的工期与费用，发布变更指令。

(4) 定期对工程项目造价目标进行风险分析，向招标人递交监理项目的费用控制分析报告，并提出防范性对策。

(5) 及时收集、整理有关的施工和监理资料，为处理费用索赔提供证据。

(6) 处理其他合同谈判时约定的事项。

3. 投资控制的方法和程序

投资动态比较和分析通常采用图表的方式进行。首先，通过图形比较直观地发现计划与实际投资支出的差异；其次，通过表格具体计算引起差异的各个原因所影响的金额；最后，根据投资动态分析的结果，制定工期、质量、投资控制的调整措施，并定期向委托人提交投资控制分析报告。

投资动态控制的方法是分析计划投资与实际投资之间的差异，分析引起差异的原因时，应重点考虑以下四个方面：进度原因造成的差异；质量原因造成的差异；工程师原因造成的差异；计划中没有考虑的变更和补偿因素。因为计划中没有考虑的变更和补偿因素在计划投资与实际投资的比较中没有可比性，所以在比较之前，应从实际投资中将该部分金额剔除。实际上要分析的只是前三个方面。

投资控制工作总流程：规划投资控制值→采集实际值→将实际值与计划值比较，并进行动态跟踪→分析原因并纠偏→提出有关报告。

4. 投资控制的措施

(1) 投资控制手段。①计量手段。计量是支付的重要依据之一,不符合合同要求的不予计量支付。②质控手段。必须坚持“质量一票否决制”,支付应做到有理、有据,对于无理、无据的支付申请,不予支付。③组织手段。投资控制不仅是合同工程师的工作,也是进度、质量工程师的工作。投资应有全方位的控制,支付审查必须会签。

(2) 经济措施。①进行工程量、计量支付证书的复核。②编制施工阶段详细的费用支出计划并控制其执行,做好一切付款的复核工作。在施工进展过程中进行动态的投资跟踪,定期向委托人提供投资控制报表。③审核完竣工结算并报委托人批准。

(3) 技术措施。对设计变更进行技术经济比较;继续寻求通过设计挖潜以节约投资的可能性;参与处理变更、索赔事宜等合同措施。

(4) 计算机辅助投资控制。①利用 Excel 电子表格软件对投资控制工作进行全程化、自动化、程序化的计算机管理。建立计算机投资控制管理系统,支付工作全部采用 Excel 软件进行,并对支付报表建立计算机档案,及时掌握投资的完成情况,进行分析并采取对策。②利用 Excel 软件分工程部位、分时间段来统计工程量和投资的完成情况,进行承包人资金流的审查、投资计划的编制、投资分析工作。

10.5 管理措施

10.5.1 合同管理

1. 合同管理的任务

合同管理的原则是从投资、进度、质量目标控制的角度出发,依据有关政策、法律、技术标准和合同条款来处理合同问题。

2. 合同管理的内容

(1) 在委托授权范围内管理工程施工承包合同的执行,全面掌握施工承包人及其分包单位的项目负责人、技术负责人和有关工种负责人的基本情况与施工情况，对不能满意履行合同的任何成员提出警告并报告招标人，严重者建议逐出工地。

（2）当工地发生必须工程暂停的情况时，及时向招标人报告，针对暂停原因，提出处理意见。当具备复工条件时，及时取得招标人同意，指示承包人继续施工。

（3）当施工过程中发现原设计存在缺陷，需要进行工程变更，或委托人、承包人提出需要进行工程变更时，监理工程师应立即搜集有关资料，对变更的费用与工期作出评估，报告招标人，并在招标人授权后，与承包人进行协商，提出协商意见，报告招标人，由招标人采取适宜的措施。

（4）分析、研究、评价承包人或招标人可能提出的索赔要求，协助做出对索赔的处理意见和决定。

（5）当出现任何因素引起的工程延期及工程延误时，研究实际情况并与有关方面协商，向招标人提出处理建议。

（6）参与工程合同争议、仲裁等有关问题的处理，公平对待有关各方，提出必要的证据资料、意见和分析报告。

3. 合同管理的方法

（1）预先调查，进行风险性分析。在施工阶段，项目监理部监理组长的首要任务是熟悉国家及地方有关政策法规，熟悉施工承包合同和监理合同，深入了解设计意图，结合现场情况分析在合同执行期间可能出现的风险，并通知有关监理人员采取预防措施，尽量避免出现不必要的纠纷。

（2）跟踪调查，及时协调纠偏。在合同执行过程中，项目监理部监理组长应经常深入工地现场，掌握第一手情况，及时发现问题并通告有关监理人员，必要时，可向委托人报告。针对已出现的问题，应及时处理，督促违约方纠正违约行为。

4. 合同管理的具体措施

（1）工程变更。工程变更指的是由于不可预见的原因，工程发生在形式、质量、数量或内容上的变动。监理人依据委托人（设计人的主动变更应通过委托人）指示，向承包人发布变更通知，并指示承包人实施变更工程。当承包人提出变更要求时或监理人认为需要变更时，需报请委托人或有关方面批准后办理有

关手续。在处理变更的过程中,应做好资料搜集、费用评估、协商价格、颁发变更令等工作。

(2) 索赔的处理。工程中由于不可预见因素、委托人原因、监理人责任,有时会发生补偿事件。处理这一问题,需遵守公正性、科学性、独立性的原则,依据合同条款进行工作。分析研究和评价承包人可能提出的索赔要求,完成历史分析、建议报告的编制,研究并做出对索赔的评估报告。

(3) 对承包人违约的处理。承包人未能按合同要求进行施工,给公共利益带来不良影响;未严格遵守和执行国家及有关部门的政策与法规;由于承包人的责任,委托人利益受到损害;不严格执行监理人的指示。对以上不能满意履行合同的任何成员提出警告直至逐出工地。全面掌握承包人项目负责人、技术负责人的基本情况。处理中,要求承包人对违约情况予以弥补和纠正,并及时通知委托人,针对有关情况协助委托人进行反索赔。

(4) 依据合同要求,监督承包人办理保险的有关事宜。

(5) 发生工期延长、工程分包及变更、费率调整时,及时了解情况,澄清有关问题,并及时与委托人沟通、协商进行处理。

(6) 依据合同文件的要求,处理合同外项目、计日工等有关问题。

10.5.2　信息管理

1. 信息管理的任务

(1) 收集、记录、分析工地质量控制、费用控制、进度控制等与工程施工有关的所有信息,包括重点工程部位隐蔽工程的照片、各种隐蔽工程验收资料、阶段验收资料等,定期向招标人报告工地情况,重大或重要事项随时报告。

(2) 收集施工中的各种信息,包括招标人的信息、承包人的信息、工程监理信息、工地会议信息等,进行加工整理和储存,供招标人的有关部门决策时使用。

(3) 按时递交旬报、月报、年报,包括质量控制、投资分析、进度分析等报告,以及各类专题报告、年终总结和最终监理报告。

(4) 做好有关工程资料和文件的汇总管理工作,随时接受招标人及政府有关质检部门的监督检查。

2. 信息管理的方法和手段

(1) 监理人文档分类。

采用整合管理体系文件统一进行工程信息的收集、管理、编码以及各种报表的编报，并指派专人进行信息的收集、整理、传递工作。

监理人文档主要分以下几类：①公司文件；②合同文件；③设计文件及图纸；④监理规划及细则；⑤委托人来文；⑥设计通知；⑦承包人来文；⑧监理人发文；⑨现场通知指令；⑩监理月报及其他专项报告；⑪监理抽检及原材料检验记录；⑫单元工程评定资料；⑬工程验收资料；⑭会议记录及纪要；⑮承包人报表(日报、月报)等。

(2) 收发文工作程序。

①收文。首先登记，设置收文簿，详细记录来文单位、文件编号、份数、文件内容、收文时间等；然后存档，将来文原件编码存档一份，以便查阅；最后发送，将来文送有关人员审阅处理。

②发文。首先拟稿，由监理工程师或监理组长负责，并校核、审查，由总监或总监代表指定专人负责，原始稿件应保存，以便核对；然后签发，由总监负责，总监离岗时由总监代表负责(不包括必须由总监签发的文件)；接着打印，审定后的文稿按文件类型统一编号、打印并认真校对；最后发送，成文发送有关单位，设置发文簿，记录发往单位、文件编号、份数、文件内容、发文时间等，由接收单位签收，并按文件分类进行登录、编码、归档。

③信息资料的编码登录及存储。本部所有信息资料均严格按照公司文件控制程序中关于监理信息编码的规定进行编码。编码后的信息资料登录计算机数据库进行存储，以便采用计算机信息管理系统。

④文档的查阅、复制及保密。本部人员查阅文档后，应回归原位，查阅过程中须保持文件完整清洁，不得丢损。外部人员要求查阅文档，需经总监或总监代表批准。归档文件复制报总监或总监代表批准，并记录复制份数、去向。监理人认为有保密需要的监理文件，归档时应注明“保密”字样，并予以密封保存，未经总监或总监代表批准不得外借、查阅、复制。

⑤监理档案资料管理。建立监理档案资料管理制度，由总监负责，代表协助，监理组组长和监理工程师(监理员)具体参加，信息管理员整理。监理档案资料主要包括合同文件、委托人指示文件、施工文件、设计文件和监理文件。监理服务期满后，及时向委托人办理监理档案资料移交手续。

⑥内部信息传递及分配。处理流程如表10.1所示。

表10.1　文件信息处理流程表

信息内容	周期	信息发出	委托人有关部门	办公室	监理组	承包人	总监、总监代表
计量支付	每月	办公室	√	—	√	√	√
质量月报	每月	办公室	√	√	√	—	√
监理月报	每月	办公室	√	√	√	—	√
会议纪要	—	办公室	√	√	√	√	√
现场通知	—	监理组	—	√	—	√	—
重要函件	—	总监	√	√	—	√	—
专题报告	—	总监	√	√	—	—	—
季度计划	季度	办公室	√	—	√	—	√
年度计划	年度	办公室	√	—	—	—	√
工作总结	每季	各部门	—	√	—	—	√
变更索赔	—	办公室	√	√	—	√	√

10.5.3　组织协调

1. 施工协调的内容

协助委托人做好监理工作范围内的各种组织协调工作，将组织协调工作贯穿到整个监理工作中。其主要任务是：项目参建各方及人际关系协调；项目各组织分工与配合的协调；项目实施中人、财、物、技术、管理等方面的协调。

2. 监理协调的措施

(1) 会议协调。

①第一次工地会议。第一次工地会议由总监主持，委托人和承包人有关负责人参加。主要介绍各方人员及组织机构，宣布承包人的进度计划，检查承包人的开工准备，检查委托人负责的开工条件准备情况，明确监理工作的例行程序，提出有关表格和说明，确定工地例会的时间、地点和程序，检查讨论其他与开工条件有关的事宜。

②工地例会。工地例会频次为每周一次或与委托人商定，由总监或总监代表主持。工地例会对工程目标控制情况进行全面检查，对存在的问题提出处理

建议，制订出下阶段工程目标控制计划和措施。工地例会纪要发送至与会各方。

③专题会议。根据工地情况及工程目标控制的需要，可不定期地举行专题会议。会议由总监、总监代表或现场监理工程师主持，会后形成会议纪要抄送至有关各方。

（2）文件协调。通过来往文件、传真、电子文件等书面形式来协调解决有关问题。

（3）谈话协调。监理部总监、总监代表与委托人、承包人、设计人代表保持密切的联系，对可能的施工干扰提前预见并协商对策，对可能出现的问题提出预防措施，积极为工程顺利实施着想。

参考文献

[1] 王显平.信息化时代背景下水利水电施工技术发展的机遇与挑战[J].绿色环保建材,2021(5):165-166.

[2] 田振强.水利水电工程施工技术现状及未来发展[J].科技展望,2016(33):24.

[3] 王文达.浅谈水利水电工程监理工作[J].建材与装饰,2020(6):294-295.

[4] 贾金生.中国水利水电工程发展综述[J].Engineering,2016(3):88-109.

[5] 常丽,向军.湖北省水利信息化工程监理探讨[J].软件导刊,2014(10):6-7.

[6] 邓艳华.水利水电工程建设与管理[M].沈阳:辽宁科学技术出版社,2022.

[7] 高明强,曾政,王波.水利水电工程施工技术研究[M].延吉:延边大学出版社,2019.

[8] 施荣,王会恩.水利水电工程施工技术与组织(上册)[M].成都:西南交通大学出版社,2013.

[9] 张连强,王晓东.基坑排水探析[J].东北水利水电,2012(4):32-33+42.

[10] 刘治峰.水利水电工程施工技术[M].石家庄:河北人民出版社,2013.

[11] 韦庆辉.水利水电工程施工技术[M].北京:中国水利水电出版社,2014.

[12] 高喜永,段玉洁,于勉.水利工程施工技术与管理[M].长春:吉林科学技术出版社,2019.

[13] 穆创国,芦琴.水利工程施工技术[M].北京:中国水利水电出版社,2018.

[14] 钟汉华,冷涛,刘军号.水利水电工程施工技术[M].3版.北京:中国水利水电出版社,2016.

[15] 魏温芝,任飞,袁波.水利水电工程与施工[M].北京:北京工业大学出版社,2018.

[16] 马振宇,贾丽炯.水利工程施工[M].北京:北京理工大学出版社,2014.

[17] 朱显鸽.水利工程施工与建筑材料[M].北京:中国水利水电出版社,2017.

[18] 张晓利.隧洞工程施工安全管理工作要点[J].水利建设与管理,2016(6):

18-20.

[19] 李建钊.水利水电工程监理工程师一本通[M].北京:中国建材工业出版社,2014.

[20] 赵静,马兴建,陈林.水利工程施工监理[M].北京:中国水利水电出版社,2019.

[21] 阿里木江·吐尔地.水利工程监理[M].北京:中国水利水电出版社,2017.

[22] 姜国辉,王艳艳.水利工程监理[M].2版.北京:中国水利水电出版社,2020.

[23] 赵平.水利工程监理[M].北京:中国水利水电出版社,2020.

[24] 周长勇,田英,李兆崔.水利工程监理[M].北京:中国水利水电出版社,2020.

[25] 贾玉.水利水电工程监理质量控制的工作要点分析[J].工程建设与设计,2022(22):244-246.

[26] 贾绪锦.水利水电工程灌浆施工技术与质量管理对策探析[J].工程建设与设计,2022(18):124-126.

[27] 赵杰.水利工程中水闸施工的技术要点[J].工程建设与设计,2023(18):187-189.

[28] 王烁然.水利工程施工监理质量和进度控制对策研究[J].工程建设与设计,2023(4):235-237.

[29] 贾绪锦.导流施工技术在水利工程施工中的运用要点分析[J].工程建设与设计,2022(22):112-114.

[30] 刘祥军.水利水电工程施工阶段建设监理的控制研究[D].济南:山东大学,2006.

[31] 陈晨.水利建设工程监理的项目管理模型研究[D].杭州:浙江工业大学,2018.

[32] 全国钢标准化技术委员会(SAC/TC 183).预应力混凝土用钢丝:GB/T 5223—2014[S].北京:中国标准出版社,2015.

[33] 中华人民共和国水利部.水工预应力锚固技术规范:SL/T 212—2020[S].北京:中国水利水电出版社,2020.

[34] 全国水泥标准化技术委员会(SAC/TC 184).通用硅酸盐水泥:GB 175—2007[S].北京:中国标准出版社,2008.

[35] 全国水泥制品标准化技术委员会.混凝土外加剂:GB 8076—2008[S].北京:中国标准出版社,2009.
[36] 中华人民共和国水利部.水工混凝土施工规范:SL 677—2014[S].北京:中国水利水电出版社,2015.
[37] 国家能源局.水工建筑物滑动模板施工技术规范:DL/T 5400—2016[S].北京:中国电力出版社,2016.
[38] 中华人民共和国水利部.水利水电工程施工质量检验与评定规程:SL 176—2007[S].北京:中国水利水电出版社,2007.
[39] 中华人民共和国水利部.水利工程压力钢管制造安装及验收规范:SL 432—2008[S].北京:中国水利水电出版社,2008.
[40] 中华人民共和国水利部.水利水电工程单元工程施工质量验收评定标准——水工金属结构安装工程:SL 635—2012[S].北京:中国水利水电出版社,2012.
[41] 中国电力企业联合会.水电水利工程施工监理规范:DL/T 5111—2012[S].北京:中国电力出版社,2012.

后　　记

纵观人类发展史，从原始社会的依河而居，到农业社会的开拓农田、治水利民，再到现代社会的高峡出平湖、征服江河，都在围绕“水”这个主题变化发展。因此，从一定程度上讲，人类社会文明进步的过程，也是人类开发与充分利用大自然水资源的过程。在这个过程中，人类从认知自然现象，到科学发现自然规律，进而衍生与推动技术革命，形成一种无形的生产力，促进人类社会在近三百年呈指数状高速发展。其中，水利水电技术在近一百年间高速发展，尤其是在中国近几十年的水利水电建设中，不断有新的纪录，进行了诸如南水北调、长江三峡的建设以及黄河、金沙江、澜沧江、雅砻江、大渡河等电站的开发。

但是，信息化时代的到来不仅影响人类现代的生活方式，而且给传统水利水电建设施工领域带来巨大的机遇与挑战。水利水电施工技术的发展，正在靠近现阶段“天花板”，值得我们去思考水利水电施工技术在未来将何去何从。同时，由于水利水电信息化项目具有技术含量高、技术难度大、跨学科等特点，加上部分建设单位对信息化不够重视，施工队伍技术力量不一等，水利信息化建设中还存在一些问题，迫切需要加强水利水电工程项目监理信息化建设。

对此，水利水电领域工程技术人员应当正视与迎接这个时代的到来，并主动将众多信息化技术带入传统的水利水电领域，通过一系列科学研究与实践，解决信息化与传统施工技术之间存在的矛盾，改变水利水电传统施工技术，提高社会生产力水平。水利水电领域工程监理人员则要提高对工程监理信息化建设的认识，不仅要发挥项目建设中的桥梁作用，而且要在工作中主动推进信息化监理，积极应用新技术，确保工程的质量和品质。

或许不久的将来，伴随着建筑信息模型(building information modeling，BIM)、人工智能(artificial intelligence，AI)、三维打印(3 dimensional printing，3DP)等在水利水电工程中的应用，我们将看到更高水平的无人化施工、智能化操控、大坝工程数字化建设与全生命周期的工程信息化管理。